国家出版基金项目
NATIONAL PUBLICATION FOUNDATION

信息光子学与光通信系列丛书

FTTx ODN 技术与应用

丛书主编　任晓敏

李春生　李琳莹　编著

U0282361

北京邮电大学出版社
www.buptpress.com

内 容 简 介

随着国家信息化战略和光纤入户国标的推进,FTTx 成为运营商之间竞争的重点。FTTx 的核心组成部分是光分配网络(ODN)。本书先简单介绍了互联网宽带发展现状和传统宽带接入技术,再对无源光网络(PON)技术的发展和应用进行了介绍。随后全书重点对 ODN 中涉及的弯曲不敏感玻璃光纤、塑料光纤、接入网用光缆、连接器、分路器等分别进行了系统介绍。从产品型号、类别、标准、制造、测试以及应用各个环节都进行了详尽地描述,尤其对 ODN 中广泛使用的弯曲不敏感 G. 657 新型光纤的测试方法进行了深入研究和探讨。该书还对 ODN 的发展现状和前景进行了分析,详细介绍了目前智能 ODN 的标准进展情况,对智能 ODN 的应用和发展也进行了探讨。

本书可为学习和研究 ODN 技术以及相关从业人员提供参考。

图书在版编目(CIP)数据

FTTx ODN 技术与应用 / 李春生,李琳莹编著. -- 北京:北京邮电大学出版社,2016.10
(2022.4 重印)

ISBN 978-7-5635-4784-5

Ⅰ. ①F… Ⅱ. ①李… ②李… Ⅲ. ①光纤网—研究 Ⅳ. ①TN929.11

中国版本图书馆 CIP 数据核字(2016)第 127343 号

书　　　名:FTTx ODN 技术与应用
著作责任者:李春生　李琳莹　编著
责 任 编 辑:刘　颖
出 版 发 行:北京邮电大学出版社
社　　　址:北京市海淀区西土城路 10 号(邮编:100876)
发 　行 　部:电话:010-62282185　传真:010-62283578
E-mail:publish@bupt.edu.cn
经　　　销:各地新华书店
印　　　刷:唐山玺诚印务有限公司
开　　　本:720 mm×1 000 mm　1/16
印　　　张:24.25
字　　　数:487 千字
版　　　次:2016 年 10 月第 1 版　2022 年 4 月第 2 次印刷

ISBN 978-7-5635-4784-5　　　　　　　　　　　　定价:50.00 元

丛书总序

2013 年 12 月 20 日联合国第六十八届会议决定将 2015 年设定为"International Year of Light and Light-based Technologies",即光和光基技术国际年,简称国际光年。人类对光的探索可以追溯到两三千年以前,早在我国春秋战国时期,墨翟及其弟子所著的《墨经》中就记载了光的直线传播和光在镜面上的反射等现象。光学的发展漫长而曲折:1015 年前后,伊本·海赛姆写成的《光学》(Book of Optics),全面介绍了希腊学者对光的认识,对后世欧洲学者产生了巨大影响;1657 年费马(Fermat)得出著名的费马原理,并从原理出发推出了光的反射和折射定律,这两个定律奠定了几何光学的基础,光学开始真正形成一门科学;1815 年菲涅尔(Fresnel)的光的波动性理论是光学发展之路里程碑式的贡献;1861 年麦克斯韦建立起著名的电磁理论,该理论预言了电磁波的存在,这是继牛顿力学之后划时代的巨大贡献;1905 年爱因斯坦运用量子论对光电效应提出了新的解释,说明了光具有粒子性;1965 年华裔科学家高锟在光纤光导理论方面提出的通信新模式引起了世界信息通信技术的一次革命,高锟也由此被誉为"光纤之父"。

早期的光学主要研究物质的宏观光学特性,如光的折射、反射、衍射、成像和照明等,随着 20 世纪 60 年代初激光的出现,光学进入了现代光学的新阶段,人们着重于研究光子与物质相互作用、光子的本质,以及光子的产生、传播、探测等微观机制。光子学(Photonics)这一领域应运而生,光子学是研究以光子作为信息或能量载体的科学。光子学相对于传统的光学有如电子学相对于经典电学,光子学一经提出即引起世界的高度重视。

如今光子学技术已经广泛应用到工业、农业、交通、国防、环保、医疗、生活娱乐等各个领域,当前的因特网超过 90% 的信息数据通过高速光纤通信网传输;微纳米光学广泛应用在信息处理和存储上;光伏太阳能发电具有节省能源、降低污染等优势,正向数以千万计用户提供电力。在世界各国经济实力与国防力量的较量中,光子学也起着重要作用。光子学,特别是信息光子学技术的应用已经深入到人类活动的方方面面,与日常生活密不可分,我们应该让人们清楚地认识到光子学对人类生活所起到的巨大作用,以及对人类社会可持续发展产生的重要意义。

　　2015 年是国际光年,也是著名光学科学家王大珩院士和著名光通信科学家叶培大院士(依托北京邮电大学的信息光子学与光通信国家重点实验室创始人)诞辰 100 周年;2016 年又恰逢通信光纤和半导体双异质结构制备成功 50 周年,信息论的创始人香农诞辰 100 周年。值此之际,信息光子学与光通信国家重点实验室编写完成了本丛书,旨在促进信息光子学的进一步发展。希望读者通过本丛书能够了解该领域中的一些新的重要进展,产生某些新的思考。

　　谨此小序,欢迎交流斧正。

信息光子学与光通信国家重点实验室(北京邮电大学)

　　　　　任晓敏　　　　　　　徐坤

　　　　　　　　　　　　　　　　2016 年 8 月

前　言

　　国家宽带战略、"互联网＋"以及智能制造等重大战略的出台,快速地推动了国家信息化的发展步伐。当前电子商务已经成为国民经济生活中重要的组成部分。互联网必将极大的影响未来人民生活乃至国民经济的每个环节。接入网是信息通信网络的末梢环节,是和最终用户直接建立连接的网络。接入网的带宽、速度等性能直接影响用户的感受和体验,关系到国家信息化的进程。光纤接入作为接入网最普遍、最高效的接入手段,近年来得到了广泛的应用,各运营商根据应用场景都推出了各种FTTx接入方案。FTTx工程涉及室内复杂环境下使用弯曲不敏感光纤、光纤连接器、分路器、交接箱等产品,也就是所谓的各种ODN(光配线网)设备。这些设备的具体性能、标准、测试以及应用是目前光通信行业发展中关注的焦点。

　　本书系统地介绍了FTTx的ODN网中涉及各种设备器件的分类、规范标准、测试和应用。对弯曲不敏感光纤测试过程中出现的新的问题重点进行了研究探讨。全书共分为9章。第1章是国家宽带战略,介绍中国和世界各国宽带发展情况和战略。第2章是接入网技术,对接入网中曾经采用的各种接入技术做了简单介绍。第3章是PON接入技术,本章对PON的两大主流技术EPON和GPON分别做了介绍和比较。第4章是FTTx中的光纤光缆,该章先对光纤光缆的原理、结构以及分类进行了系统介绍,后重点讲述了FTTx中使用的各种光缆及其施工方法。第5章是G657弯曲不敏感光纤,详细介绍了G657光纤的原理、分类、标准、测试以及应用等内容。第6章是塑料光纤,本章对塑料光纤的制造、性能、标准和测试进行了较为详细的介绍。第7章是光纤活动连接器,现场光纤活动连接器是FTTx的ODN中应用较广的器件之一,本章对各种现场连接器的特性、标准、施工和应用进行了探讨。第8章是光分路器,光分路器是ODN中非常关键的一个无源光学器件,其生产过程较为复杂,工艺要求高。本章对光分路器的原理、制造、分类和应用进行了介绍,有利于深入了解光分路器。第9章是智能ODN,随着FTTx工程的全面实施,ODN网络越来越大,维护的工作量直线上升,智能ODN可以有效提高ODN网络的管理和维护效率。本章对智能ODN的现状、结构、设施、发展以及应用进行了探讨,可供相关人员参考。全书内容通俗易懂,层次分明,实用性强。

全书由李春生主编和统稿,李琳莹参加了第 5 章和第 6 章的编写以及全书的校对,谭国华、刘骋、杨世信、李婧、王振岳等专家在本书的编写过程中提出过宝贵建议,樊俐鸥参加了具体编辑工作,特此感谢! 也感谢"国家出版基金"的支持和编辑的辛勤工作,让此书得以顺利出版。

本书可作为大专院校通信、电子和信息类专业的教材,也适合信息通信、计算机网络和有线电视网络以及在信息化相关企事业单位从事科研、教学和工程技术人员阅读参考。

由于作者水平有限,加上接入网技术的日新月异,编写过程中虽然尽心尽力,但书中的不足之处肯定存在,恳请广大读者不吝赐教。

电子邮件:66508991@qq.com

编者

2016 年 2 月于北京

目　　录

第 1 章　国家宽带战略

自 1994 年中国科学院计算机中心第一次连入 Internet 以来,中国开始向国际互联网敞开大门。数十年来互联网在中国飞速发展,在购物、娱乐、传媒、沟通交流等各个方面改变着人们的生活方式。十五年前的中国人都无法想象 21 世纪的今天,互联网在人们的生活和工作中,占据了如此重要的地位。宽带网络已经发展成为现代社会经济和民生的重要基础设施,是国家工业化与信息化融合的重要纽带。互联网的使用大幅度降低了信息交流的成本,使经济活动更加有效,并以前所未有的方式扩展了社会生活的互动性。互联网应用在广度上和深度上都迅速发展变化,而以 FTTx 为代表的宽带网络则是所有互联网应用的基础,为互联网应用提供了一个广阔的发展平台。当前,新一代信息通信技术正孕育重大变革,我国经济发展方式又面临着全方位转型,这些都为我国宽带网络基础设施发展提供了新的战略机遇。

1.1　中国互联网

1.1.1　中国互联网基础资源状况

互联网的基础资源包括 IP 地址、域名、网站以及出口带宽等。这些基础资源的数量和质量是互联网性能的重要指标。

IP(互联网协议)地址的作用是标识上网计算机、服务器或者网络中的其他设备,是互联网中非常重要的基础资源,只有获得 IP 地址(无论以何种形式存在),才能和互联网相连。自 2011 年年初全球 IPv4 地址总库分配完毕后,我国 IPv4 地址总数就基本保持不变,IPv4 地址数量共计 3.36 亿个。

域名是互联网上识别和定位计算机层次结构的字符标识,与该计算机的 IP 地址相对应。截至 2015 年 6 月,我国域名总数增至 2 231 万个。其中,中国".CN"域名总数为 1 225 万个,占中国域名总数比例为 54.9%;".COM"域名数量为 842 万个,占比为 37.8%;".中国"域名总数为 26 万个。

网站是指以域名本身或者"WWW."+"域名"为网址的 web 站点,其中包括中国的国家顶级域名".CN"和类别顶级域名(gTLD)下的 web 站点。到 2015 年 6 月月底,中国网站数量达到了 357 万个,半年增长 6.6%。

中国国际出口带宽是互联网资源国际互联性能的重要指标,截至 2015 年 6 月中国国际出口带宽为 4 717 761 Mbit/s,半年增长率为 14.5%。

1.1.2　中国网民规模及特点

据中国互联网信息中心的统计,到 2015 年 6 月,我国网民规模达 6.68 亿人,半年共计新增网民 1 894 万人。互联网的普及率为 48.8%,较 2014 年年底提升了 0.9%,整体网民规模增速继续放缓,增长趋势如图 1-1 所示。在整个网民群体中,学生群体的占比最高,为 24.6%,其次为个体户、自由职业者,比例为 22.3%,企业、公司的管理人员和一般职员占比合计达到 16.3%。

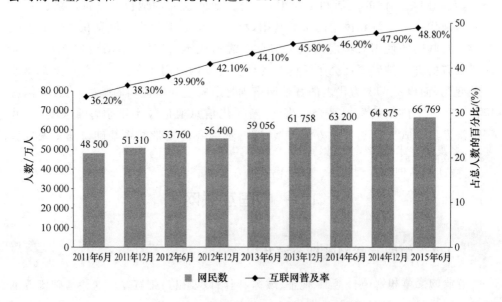

图 1-1　中国网民规模和互联网普及率

从网民的特点来看,手机网民规模进一步扩大。其主要原因是移动上网设备的逐渐普及,网络环境的日趋完善,移动互联网应用场景的日益丰富等因素。截至 2015 年 6 月,我国手机网民规模达 5.94 亿人,较 2014 年 12 月增加 3 679 万人。网民中使用手机上网的人群占比由 2014 年 12 月的 85.8% 提升至 88.9%。较 2014 年年底增长了 3.1%。通过台式电脑和笔记本电脑接入互联网的比例分别为 68.4% 和 42.5%,较 2014 年年底分别下降了 2.4% 和 0.7%,电脑端向手机端迁移趋势明显。此外,我国网民中使用平板电脑上网的比例为 33.7%,较 2014 年年底下降了 1.1%。手机大屏化以及应用体验的不断提升较好满足手机网民的娱乐需求,对平板电脑的使用和需求产生一定影响。

此外通信基础设施的建设和升级、运营商的积极推动以及网民对移动客户端高流量应用的使用需求,共同推动了 2G 用户向 3G/4G 用户的迁移。截止到 2015 年 6 月,我国手机网民中通过 3G/4G 上网的比例为 85.7%。除 3G/4G 外,WiFi 无线网络也成为主要的上网方式,到 2015 年 6 月,有 83.2% 的网民在最近半年曾通过 WiFi 接入过互联网,其中在家里接入 WiFi 无线网络的比例最高,为 88.9%,在单位和公共场所 WiFi 无线上网的比例相近,分别为 44.6% 和 42.4%。

城镇地区与农村地区的互联网普及率分别为 64.2% 和 30.1%,相差 34.1%。在人口结构方面,10~40 岁人群中,农村地区的互联网普及率比城镇地区低 15%~27%,但农村这个年龄段的人群受教育程度逐步在提高,比较容易接受新事物,互联网普及的难度相对较低,将来可转化的空间较大。

1.1.3 中国互联网的应用

个人互联网应用发展加速分化,电子邮件、BBS 等传统互联网络应用使用率将持续走低;搜索、即时通信等基础网络应用使用率趋向饱和,向面向连接的服务的方向逐步发展;移动商务类应用发展迅速,成为拉动网络经济的新增长点;搜索引擎、网络新闻作为互联网的基础应用,使用率均在会稳定在 80% 以上,未来几年内这类应用使用率提升的空间有限,但在使用深度和用户体验上会有较大突破。搜索引擎方面,多媒体技术、自然语言识别、人工智能与机器学习、触控硬件等多种技术探索融合,推动产品创新;网络新闻方面,在"算法"的支持下,新闻客户端能迅速分析用户兴趣并推送其所需信息,实现个性化、精准化推荐,提升用户体验。

随着网民规模的增长进入平台期,互联网对个人生活方式的影响进一步加深,从基于信息获取和沟通娱乐需求的个性化应用发展到与医疗、教育、交通等公用服务深度融合的民生服务;与此同时,随着"互联网+"行动计划的出台,互联网将带动传统产业的变革和创新。未来,在云计算、物联网及大数据等应用的带动下,互联网将加速农业、现代制造业和生产服务业转型升级,形成以互联网为基础设施和实现工具的经济发展新形态。

1.2 中国宽带接入技术的新特点

在国家宏观政策的引导和现实需求的双重推动下,我国宽带接入发展非常迅速,高速率的宽带(如光纤接入)发展尤其明显,主要的体现有以下两点。

1. 光纤接入用户和高速率宽带用户占比提升明显

如图 1-2 所示,2014 年三家基础电信企业固定互联网宽带接入用户净增 1 157.5 万户,比上年净增减少 748.1 万户,总数突破 2 亿户。宽带城市建设继续推动光纤接入的普及,光纤接入(FTTH/0)用户净增 2 749.3 万户,总数达 6 831.6 万户,占宽带用户总数的比重比上年提高 12.5％达到 34.1％。8 M 以上、20 M 以上宽带用户总数占宽带用户总数的比重分别达 40.9％、10.4％，分别比上年提高 18.3％、5.9％。城乡宽带用户发展差距依然较大，城市宽带用户净增 1 021 万户，是农村宽带用户净增数的 7.5 倍。

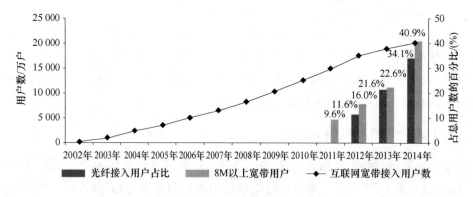

图 1-2　宽带接入用户占比情况

2. 宽带基础设施日益完善，"光进铜退"趋势明显

据国家工业和信息化部的统计，2014 年互联网宽带接入端口数量突破 4 亿个，比上年净增 4160.1 万个，同比增长 11.5％。互联网宽带接入端口"光进铜退"趋势更加明显，xDSL 端口比上年减少 968.7 万个，总数达到 1.38 亿个，占互联网接入端口比重由上年的 41％下降至 34.3％。光纤接入（FTTH/0）端口比上年净增 4763.9 万个，达到 1.63 亿个，占互联网接入端口比重由上年的 32％提升至 40.6％，如图 1-3 和图 1-4 所示。

图 1-3　2009—2014 年互联网宽带接入端口发展情况

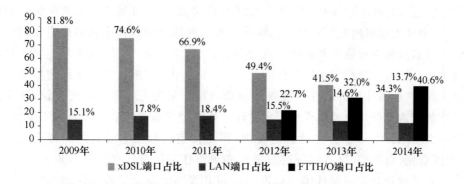

图1-4 2009—2014年互联网宽带接入端口按技术类型占比情况

1.3 中国国家宽带战略

在全球性的信息化不断加快的今天,宽带在推动社会经济发展和提升国家长期竞争力方面的作用日益突出。当下全球经济依旧低迷,众多国家纷纷将发展宽带作为战略优先选择,加速推进。目前全世界已经有130多个国家实施了宽带战略或行动计划,宽带化正在推动着新一轮的信息化发展浪潮。据宽带发展联盟发布的2015年第三季度《中国宽带速率状况报告》的数据显示:中国固定宽带互联网网络的平均网络下载速率达到7.9 Mbit/s,相比去年同期,提升了93.15%,几乎增长一倍;相比今年第二季度,提升了近三成。从各省的情况来看,上海的宽带网络下载的速率排名居全国首位,达到了11.11 Mbit/s,北京和天津分别以9.79 Mbit/s和9.36 Mbit/s的宽带网络速率分别名列第二、三位。同时,四川、辽宁、山东、河南等13个省份网络下载速率均达到8 Mbit/s以上,超过全国平均水平。

1.3.1 宽带网络十二五规划

2012年9月18日,国家科技部发布了《国家宽带网络科技发展"十二五"专项规划》,规划明确了在"十二五"期间,将面向100 Mbit/s宽带接入需求,突破宽带网络高速、高频段、高集成度、低功耗的核心技术,研究向1 000 Tbit/s以上业务总流量演进的网络技术方案。这一规划无疑为国家宽带战略提供了坚实的科技政策保障,指明了我国宽带网络技术创新的方向和产业化方向,为宽带中国战略实施提供了坚实的科技政策保障。对于支撑我国宽带网络基础设施建设,提升我国信息化应用水平,加快转变经济发展方式和保持经济平稳较快发展具有十分重要的意义。

1.3.2 光纤到户国标的发布

2013年1月国家工业和信息化部(以下简称"工信部")为满足"加快宽带中国建

设""加快普及光纤入户"的要求,推进光纤到户建设,工信部通信发展司组织编制的《住宅区和住宅建筑内光纤到户通信设施工程设计规范》和《住宅区和住宅建筑内光纤到户通信设施工程施工及验收规范》两项国家标准发布,并于 2013 年 4 月 1 日起正式实施。标准主要规定了以下强制性要求:在公用电信网已实现光纤传输的县级及以上城区,新建住宅区和住宅建筑的通信设施应采用光纤到户方式建设;住宅区和住宅建筑内光纤到户通信设施工程设计必须满足多家电信业务经营者平等接入、用户可自由选择电信业务经营者的要求;新建住宅区和住宅建筑内的地下通信管道、配线管网、电信间、设备间等通信设施必须与住宅区及住宅建筑同步建设、同步验收。光纤到户建设强制性国家标准的制定并发布实施对于破解住宅小区宽带建设难题,促进住宅小区通信设施共建共享,推进光纤到户建设的重要基础,对于加快宽带网络发展和实施宽带中国工程具有重要意义。

1.3.3　宽带中国战略及实施方案

2013 年 8 月 1 日,国务院发布了《宽带中国战略及实施方案》(以下简称方案),部署了未来 8 年我国宽带发展目标及路径。方案十分明确地设定了国家宽带发展的时间进程:至 2013 年年底是全面提速阶段,2014—2015 年是推广普及阶段;2016—2020 年是优化升级阶段;同时,每一阶段的发展目标也都做出详细规划:比如到 2015 年,城市宽带用户接入能力达到 20 Mbit/s(部分发达城市达到 100 Mbit/s),农村宽带接入能力达到 4 Mbit/s。这意味着"发展宽带"在我国已经从部门行动上升为国家战略,宽带首次成为国家战略性公共基础设施,迎来新一轮的快速发展。

1. 推广普及阶段(2014—2015 年)

重点在继续推进宽带网络提速的同时,加快扩大宽带网络覆盖范围和规模,深化应用普及。城市地区加快扩大光纤到户网络覆盖范围和规模,农村地区积极采用无线技术加快宽带网络向行政村延伸,有条件的农村地区推进光纤到村;持续扩大3G/4G 覆盖范围和深度,推动 TD-LTE 规模商用;进一步扩大下一代广播电视网建设和覆盖范围,加速互联互通;全面优化国家骨干网络,加强光通信、宽带无线通信、下一代互联网、下一代广播电视网、云计算等重点领域新技术研发,在部分重点领域取得原创性新成果。

到 2015 年:固定宽带用户超过 2.7 亿户,城市和农村家庭固定宽带普及率分别达到 65％和 30％;3G/LTE 用户超过 4.5 亿户,用户普及率达到 32.5％;行政村通宽带比例达到 95％。城市家庭宽带接入能力基本达到 20 Mbit/s,部分发达城市达到 100 Mbit/s,农村家庭宽带接入能力达到 4 Mbit/s。3G 网络基本覆盖城乡,LTE 实现规模商用,无线局域网全面实现公共区域热点覆盖,服务质量全面提升。互联网骨干网间互通质量,互联网服务提供商接入带宽和质量满足业务发展需求。互联网网民规模达到 8.5 亿人,应用能力和服务水平显著提高。全国有线电视网络互联互通平台覆盖有线电视网络用户比例达到80%。在宽带无线通信、云计算等重点领域掌握拥有自主知识产权的核心关键技术,宽带技术标准体系逐步完善,在国际标准制定中的话语权明显提高。

2. 优化升级阶段(2016—2020年)

重点推进宽带网络优化和技术演进升级,宽带网络服务质量、应用水平和宽带产业支撑能力达到世界先进水平。到2020年:基本建成覆盖城乡,服务便捷,高速畅通和技术先进的宽带网络基础设施。固定宽带用户达到4亿户,家庭普及率达到70%,光纤网络覆盖城市家庭。3G/4G用户超过12亿人,用户普及率达到85%。行政村通宽带比例超过98%,并采用多种技术方式向有条件的自然村延伸。城市和农村家庭宽带接入能力分别达到50 Mbit/s和12 Mbit/s,50%的城市家庭用户达到100 Mbit/s,发达城市部分家庭用户可达1 Gbit/s,LTE基本覆盖城乡。互联网网民规模达到11亿人,宽带应用服务水平和应用能力大幅提升。全国有线电视网络互联互通平台覆盖有线电视网络用户比例超过95%。全面突破制约宽带产业发展的高端基础产业瓶颈,宽带技术研发达到国际先进水平,建成结构完善、具有国际竞争力的宽带产业链,形成一批世界领先的创新型企业。

在国务院的实施方案中指出:对于接入网和城域网要积极利用各类社会资本,统筹有线、无线技术加快宽带接入网建设。以多种方式推进光纤向用户端延伸,加快下一代广播电视网宽带接入网络的建设,逐步建成对光纤为主、同轴电缆和双绞线等接入资源有效利用的固定宽带接入网络。加大无线宽带网络建设力度,扩大3G/4G网络覆盖范围,提高覆盖质量,协调推进TD-LTE商用发展,加快无线局域网重要公共区域热点覆盖,加快推进地面广播电视数字化进程。推进城域网优化和扩容,加快接入网、城域网IPv6升级改造。规划用地红线内的通信管道等通信设施与住宅区、住宅建筑同步建设,并预先铺设入户光纤,预留设备间,所需投资纳入相应建设项目概算。探索宽带基础设施共建共享的合作新模式。

国家宽带战略的提出及其实施方案的实施明确了国家宽带发展的具体目标,制定了技术路线和发展时间表,必将极大地推动我国宽带的发展和应用。

1.3.4 国家网络安全和信息化领导小组成立

2014年2月27日,中央网络安全和信息化领导小组宣告成立,在北京召开了第一次会议。中共中央总书记、国家主席、中央军委主席习近平亲自担任组长,李克强、刘云山任副组长,体现了中国最高层全面深化改革、加强顶层设计的意志,表明保障网络安全、维护国家利益、推动信息化发展的决心。会上透露出来的信息显示,领导小组将围绕"建设网络强国",重点发力以下任务:要有自己的技术,有过硬的技术;要有丰富全面的信息服务,繁荣发展的网络文化;要有良好的信息基础设施,形成实力雄厚的信息经济;要有高素质的网络安全和信息化人才队伍;要积极开展双边、多边的互联网国际交流合作。会议还强调,建设网络强国的战略部署要与"两个一百年"奋斗目标同步推进,向着网络基础设施基本普及、自主创新能力增强、信息经济全面发展、网络安全保障有力的目标不断前进。

1.3.5 "互联网十"行动计划

李克强在 2015 年的政府工作报告中提出:"制订'互联网十'行动计划,推动移动互联网、云计算、大数据、物联网等与现代制造业结合,促进电子商务、工业互联网和互联网金融健康发展,引导互联网企业拓展国际市场"。"互联网十"战略就是利用互联网的平台,利用信息通信技术,把互联网和包括传统行业在内的各行各业结合起来,在新的领域创造一种新的生态。

简单地说就是"互联网十××传统行业＝互联网××行业",虽然实际的效果绝不是简单的相加。比如,"传统集市＋互联网"有了淘宝,"传统百货卖场＋互联网"有了京东,"传统银行＋互联网"有了支付宝,"传统的红娘＋互联网"有了"世纪佳缘","传统交通＋互联网"有了"快的滴滴",如图 1-5 所示。

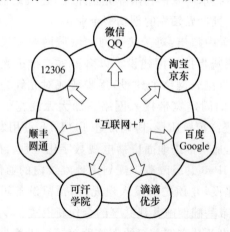

图 1-5　互联网和传统经济结合的新生产业

在通信领域,"互联网十"通信有了即时通信,现在几乎人人都在用即时通信App 进行语音、文字甚至视频交流,典型的应用有微信和 QQ。然而传统运营商在面对微信这类即时通信 App 诞生时简直如临大敌,因为语音和短信收入大幅下滑,但现在随着互联网的发展,来自数据流量业务的收入已经大大超过语音收入的下滑,可以看出,互联网的出现并没有彻底颠覆通信行业,反而是促进了运营商进行相关业务的变革升级。

在交通领域,过去没有移动互联网,车辆运输、运营市场不敢完全放开,有了移动互联网以后,过去的交通监管方法受到很大的挑战。从国外的 Uber、Lyft 到国内的滴滴、快的,移动互联网催生了一批打车、拼车以及专车软件,虽然它们仍存在争议,但它们通过把移动互联网和传统的交通出行相结合,改善了人们出行的方式,增加了车辆的使用率,推动了互联网共享经济的发展,提高了效率、减少了排放,对环境保护也做出了贡献。

在金融领域,余额宝横空出世的时候,银行觉得不可控,也怀疑二维码支付存在安全隐患,但随着国家对互联网金融研究的推进,银联对二维码支付制定标准,互联网金融得到较为有序的发展,得到了国家相关政策的支持和鼓励。

在零售、电子商务等领域,过去这几年都可以看到和互联网的结合,正如马化腾所言,"它是对传统行业的升级换代,不是颠覆掉传统行业"。在其中,又可以看到"特别是移动互联网对原有的传统行业起到了很大的升级换代的作用"。

事实上,"互联网+"不仅正在全面应用到第三产业,形成了诸如互联网金融、互联网交通、互联网医疗、互联网教育等新生态,而且正在向第一和第二产业渗透。工业互联网正在从消费品工业向装备制造和能源、新材料等工业领域渗透,全面推动传统工业生产方式的转变;各个国家都提出了自己的传统工业尤其是制造业和互联网结合的战略。典型的有德国的工业4.0、美国的工业互联网和中国的智能制造2025等。这些国家战略的推行必将给互联网的应用开发一个无比广阔的空间。农业互联网也在从电子商务等网络销售环节向生产领域渗透,为现代农业带来新的发展机遇,提供广阔发展空间。

1.3.6　宽带提速降费

国家工业和信息化部于2015年5月8日已出台意见,开展"宽带中国"2015专项行动,提出今年内要让55%的用户能够享受到8 Mbit/s(8兆)及以上的宽带接入速率,并鼓励"有条件的地区推广50 Mbit/s、100 Mbit/s等高带宽接入服务"。5月13日,李克强总理在国务院常务会议上再次明确提出确定加快建设高速宽带网络促进提速降费的措施,助力创业创新和民生改善。5月20日,国务院发布《关于加快高速宽带网络建设推进网络提速降费的指导意见》,提出包括宽带提速和电信资费下降的14条具体意见。7月,工信部通信发展司司长闻库再次强调,工信部下一步还将强化定期跟踪,确保企业按照承诺落实全年网络提速任务,在年底前实现手机流量和固定宽带单位带宽的平均资费水平平均同比下降30%。截至9月月底,三大电信运营商在网络建设和升级提速方面已完成投资2 590亿元,全年固定宽带资费下降30%的任务已基本完成。

2015年10月,国务院印发关于推进价格机制改革的若干意见,再次强调推进提速降费并对电信资费行为提出规范意见。意见指出:要规范电信资费行为,推进宽带网络提速降费,为"互联网+"发展提供有力支撑;指导、推动电信企业简化资费结构,切实提高宽带上网等业务的性价比,并为城乡低收入群体提供更加优惠的资费方案等。这已经是政府部门年内第五次针对提速降费发声。三大运营商也做出了提速降费的计划,移动的提速降费方案如图 1-6 所示,但运营商提出的降费和提速方案似乎和消费者的愿望以及中央政府层面的目标还是有很大距离。要想真正实现提速降费,其根本出发点就是实现全国光纤宽带全覆盖,只有普遍的光纤入户才能提升宽带网速,同时光进铜退能节省运营商的运营维护成本,实现真正意义上的降价。

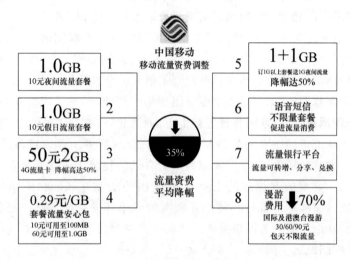

图 1-6　移动提速降费方案

1.4　世界各国宽带战略

从世界范围看,宽带作为国家信息化的重要基础设施,是承载各种信息化应用的重要载体,其重要性不言而喻,大力发展宽带网络已成为共识,许多发达国家已经将宽带发展作为国家战略的重要组成部分。截至 2012 年年底,超过 127 个国家和地区发布并实施了宽带国家战略,把加快宽带网络发展作为抢占新一轮科技和产业变革制高点来塑造发展新优势的先导领域,力图通过战略指引,统筹政府和市场力量,加大政策扶持。

1.4.1　日本

日本宽带网近十年来发展迅速,已进入了普及的阶段,宽带网促进了新兴产业的形成和发展,提高了日本产业的竞争力,同时为人们的生活提供了极大的便利,改变着人们的生活方式。

日本的宽带开始于 2001 年,"YAHOO! BB"使日本的宽带发生了巨大变化,NTT 东日本、EAccess 等公司同年也陆续实施网络传输高速化,从此点燃 DSL 高速化竞争的火种。正因为如此,2001 在日本被称为"宽带元年"。

2001 年之后,宽带由于 CABAL 网络和 DSL 获得普及,而后经过向 FTTH(光纤到户)转移,宽带网更加高速化、大容量化。移动通信也是日本国宽带接入的重要手段,2009 年在日本被称为手机宽带元年,当年传输速度最大可达 10 Mbit/s。至 2010 年,日本手机上网用户已突破 4 000 万人,2011 年功能型手机用户约为 4 000 万人,其中近 60％为智能手机,直接经济效益估计为 36 567 亿日元。2010 年调查数据表明,采用网络下载音乐、影像、动漫、游戏的用户大大增加。此外,利用窄带网络购物者占比为 36.8％,宽带利用者为 52.5％,这说明宽带网在改变日本国民的生活方式。

日本宽带网的普及与政府大力推进密切相关。2001 年 1 月日本实施《高度信息通信网络社会形成基本法》,同时成立高度信息通信网络社会推进战略本部,首相任部长,相关内阁成员为本部成员,从体制上确保推进宽带落到实处。同年 1 月还推出了 e-Japan 战略,旨在 5 年内使日本成为世界最先进的 IT 国家,普及宽带网。同年 3 月 29 日提出 e-Japan 重点计划,2003 年推出 e-Japan 战略 2、e-Japan 重点计划 2003,2004 年推出 e-Japan 重点计划 2004,2006 年提出 IT 新改革战略,2008 年推出重点计划 2008,2009 年提出 i-Japan 战略 2015,与以往的信息化战略强调数字化技术的研发、过多侧重于技术方面不同,"i-Japan"着眼于应用数字化技术打造普遍为国民所接受的数字化社会。"i-Japan"战略分为三个目标。第一个目标:聚焦与政府、学校和医院的信息化应用推广,电子政府和电子自治体、医疗保健、教育与人才。第二个目标:激发产业与区域活力、培育新兴产业,制定提高 ASP(应用服务提供商)能力与普及 SaaS(软件即服务)的各种指导性政策,促进中小企业的业务发展,强化现有产业的竞争力,促进信息产业的变革,推广绿色 IT 与智能道路交通系统,为开创新的创意市场提供条件。第三个目标:完善数字基础设施建设,将超高速宽带建设提升到一个新的高度,即固定宽带速率达到 Gbit/s 级、移动宽带速率为 100 Mbit/s 级。2015 年光纤接入到所有家庭。

2010 年日本又推出新信息技术战略工程表,根据每年的具体情况不断提出新的目标,如 2010 年宽带覆盖全国,到 2015 年所有家庭使用宽带等。

日本的宽带投资都是民间企业,他们根据政府提出的目标进行设备投资,作为对新兴产业的支持,政府在税收方面给予一定的优惠,在科研方面给予一定的资助,但总体来说,政府直接投资不多。目前,IT 信息技术产业产值占日本 GDP 的 10％,各种与网络有关的新兴产业不断涌现,这些都与宽带网的技术支撑有很大的关系,总之,日本经济因网络而产生活力,国民的生活因网络而更加精彩。

1.4.2　韩国

韩国作为全球最早提出国家宽带战略的国家,凭借多年的发展和建设,目前已经成为全球宽带发展的领先者,其宽带速度、宽带普及率已连续多年保持领先。这也从另一个侧面反映了韩国充分认识到了宽带对于国家在全球市场竞争力的影响，发展宽带就是要占领制高点。依托高速宽带接入，带动韩国信息通信技术在科学、教育、医疗等应用领域的快速发展，而且使民众享用基于宽带各种新业务。韩国是全球宽带发展最好的国家之一。

作为全球宽带普及率最高的国家，韩国重视宽带网络的多元化发展和应用，将其与 IP 有线电话、3G/4G 无线上网和数字电视、地面广播的发展紧密结合。在国际信息技术与创新基金会 ITIF 发布的 2008 年全球宽带网络建设状况排名中，韩国排名第一。2015 年的调查数据显示，韩国智能手机用户占国民总数的比例达 83%，居世界第四位。深入分析韩国国家宽带的发展，不难得出以下四个显著特点。

1. 危机意识造就宽带发展

在 20 世纪 90 年代末，当亚洲金融危机对韩国的制造业和银行业造成沉重打击的时候，国家经济发展面临巨大的危机。时任总统金大中就决定将宽带发展提升至国家战略的高度，希望将宽带等新技术作为振兴国家的有力武器，1987 年，韩国就制定了世界上第一个国家宽带政策来发展 ICT 产业。此外韩国政府也制定了相关政策，引导民众增强应用互联网的意识，而强烈的危机意识也使得韩国民众全力支持国家的发展方向。

韩国政府规定电脑教育是韩国初中的必修课程，并在公共图书馆和社区福利中心提供免费使用的个人电脑，同时计划为 5 万个低收入家庭的儿童提供 5 年的免费个人电脑与免费上网服务。此外韩国还在全国范围开设了"家庭主妇互联网培训班"，对全国 100 万名家庭主妇进行为期 1 个多月的互联网培训，为家庭主妇讲授网上购物、网上股市交易、电子邮件、网上拍卖、信息检索等网络知识。政府的大力推动使韩国拥有了大量具备互联网使用意向和能力的潜在用户群，公众的网络意识普遍觉醒，几乎形成了全民上网的局面。在韩国，互联网的运用能力已经逐渐被认为是一项基本的技能，如果不及时地掌握就会脱离飞速发展的信息社会，这一意识推动着人们对互联网的发展做出迅速的反应，同时也在推动着韩国宽带建设不断发展。

2. 高标准建设并保持技术领先

韩国国家宽带战略的成功还得益于对于技术方案的及时演进，以及相关建设的高标准设计。目前全球已经有几十个国家提出了国家宽带战略，韩国是其中少数几个高标准建设的国家之一，其建设规划中明确指出目标覆盖率为 100%，未来宽带速率将达 1 Gbit/s，正是得益于建设初期的高标准目标，使得韩国的宽带质量持续提升。目前在固定宽带方面，韩国目前的光纤到户（FTTH）和光纤到楼（FTTB）都能够提供 50~100 Mbit/s 的高速接入，领先于各国。在移动领域，韩国拥有约全球 30% 的 WiFi 热点，广泛布局的热点使得用户可以方便地通过 3G 手机、平板电脑和笔记本电脑等终端设备接入网络。在现有发展基础上，韩国还开展了 GTTH 项目，即在现有 100 Mbit/s 带宽的基础上增长 10 倍，为用户提供 1 Gbit/s 的传输速率。

2012年,GTTH项目已经开启商用,韩国19城市的6 000户家庭用户将率先使用这一服务,而在2013年该项目正式进入商用扩展阶段。

3. 国家政策长期持续的支持

韩国国家宽带战略成功的原因是多方面的,如人口密度大、铺设成本相应降低等,但国家层面持续的政策支持和投入是其成功最重要的保障。从1999年开始,韩国每年都会提出发展宽带的政策,力促信息通信产业发展;2003年,韩国制订了详尽的《IT839战略规划》,重点支持国家信息化战略U-Korea目标,计划逐步发展FTTx替代原有的DSL网络;2004年,韩国提出了为期6年的BCN(宽带融合网络)计划,使宽带网络最后一公里全面走向FTTx;到2009年韩国发布了内容更为广泛的宽带发展策略"Korean Broadband Plan",计划在2012年前实现其IT基础设施的进一步升级。在未来5年内,韩国计划在宽带发展上投资约246亿美元,提供速率至少1 Gbit/s的有线宽带接入和10 Mbit/s的无线宽带接入,同时也将为韩国创造12万个就业机会。随着国家整体宽带布局的不断成熟,韩国以主要城市为重点,开始着力优化宽带建设。2011年首尔市发布了"智能首尔2015"计划,该计划指出到2015年,首尔市将利用智能手机办公,解决市民的需要;市民在任何公共场所都可以免费使用无线网络;行政、福利、生活等领域都将通过信息技术服务于市民,实现使用智能设备的"灵活办公",并构筑社会安全网。可以预见在未来几年中,韩国国家宽带战略将逐步向重点城市倾斜,未来将依托重点城市的发展,带动国内宽带建设新一轮的升级。

据美国电信工会的报告显示,从宽带网络接入方式看,韩国超宽带用户超过1 600万户。而目前,韩国家庭宽带的普及率已经达到95%,平均速率为20.4 Mbit/s,居全球宽带性能综合排名首位。但是,韩国政府仍不能满足,其相关部门表示,韩国于2013年建成在10秒钟内即可下载完一部DVD级电影的千兆位宽带网。

4. 网络经济的良性循环

发达的网络,与商业、金融、娱乐、教育、交通、医疗等领域和行业的充分融合,释放出巨大的"互联网+"效应,为韩国运营商带来了大量的增值服务以及随之而来的新收益来源。比如,近年来VOD(视频点播)在韩国迅速发展,成为新型的视听传播渠道,目前韩国宽带业务收入中约20%的收费来自于VOD。再比如,4G服务商用化之前的2011年,韩国手机网络游戏市场规模约为4 200亿韩元,但到2012年,随着4G网络的开通,市场规模增长了89%,2013年更是激增191%,市场规模达到2.3万亿韩元。

正是得益于相关附加增值服务收入的大幅上升,尽管韩国运营商一直在"贴身肉搏"、价格战不断,但整体收入却并没有受到影响,一直稳中有升。以韩国KT公司为例,2014年第四季度该公司的APRU值环比提高1.3%,较2013年同期更是提高了9.7%。这反过来,也促使韩国运营商继续加大网络基础设施投入,提升网络速度、优化服务,从而形成了良性循环。

1.4.3 美国

1. 美国国家宽带战略定位

美国凭借其在互联网领域的先发优势,从 20 世纪 80 年代至今一直占据着全球信息通信领导者的地位。在全球信息通信技术变革和产业融合转型的关键时期,尤其是在应对全球金融危机的重要关头,美国希望通过发展宽带战略来促进信息通信的技术创新和业务创新,构建新型国家信息基础设施,继续保持其在未来信息社会的技术和产业制高点。

美国发展宽带战略有着良好的基础。美国商务部 2010 年 2 月发布的报告显示,2009 年美国的宽带普及率已经达到 63.2%,相比 2007 年提高了 13%,提高幅度比较大。而与之相反的是,美国宽带的性能比较差,提升速度显得比较缓慢。根据美国电信工会(CWA)的报告显示,美国的宽带接入速率为 5.1 Mbit/s,相比 2007 年 3.5 Mbit/s的速率仅提高了 1.6 Mbit/s。并且,在美国不同收入、年龄、种族群体、地域的宽带用户分化严重。年收入不足 1.5 万美元的家庭宽带普及率最低,为 29.9%;年收入超过 15 万美元的普及率最高,达到 88.7%。18~24 岁年龄组的家庭宽带普及率最高,为 80.8%;55 岁及以上年龄组的普及率最低,为 46%。同时,美国很多郊区及农村的宽带网络基础设施不完善,到 2009 年年底,农村家庭的宽带普及率为 54%,比城市低 12%。

2. 美国国家宽带战略目标

2009 年 2 月美国为了应对金融危机,奥巴马签署美国经济恢复与投资计划(ARRA2009),其中用于宽带发展的资金达到 72 亿美元。2009 年 4 月 FCC(美国联邦通信委员会)开始着手制定有关美国宽带发展的战略计划。2010 年 3 月 15 日美国 FCC 在征询本国公民意见的基础上,向国会提交《国家宽带发展战略》,将实现六大目标。

美国最新的宽带战略发展重点是提高基础设施水平,提高速率,扩大覆盖面,最终实现全民共享。这些目标包括:目标一,到 2010 年保证至少 1 亿美国家庭应能使用平价宽带,实际下载速度至少达 100 Mbit/s,实际上载速度至少达 50 Mbit/s。目标二,美国应在移动创新上领先世界,在世界所有国家中拥有最快和范围最广的无线网络,每个美国人能够接入得起宽带服务。目标三,每个美国人都应能获得强大的宽带服务,在选择订购时具备相应的手段和技能。目标四,每个美国社区都应能获得至少 1 Gbit/s 的宽带服务,从而为学校、医院和政府大楼等机构提供支持。目标五,为确保美国人民的安全,每个急救者都应能使用全国范围内的无线、互通互操作的宽带公共安全网络。目标六,为确保美国在清洁能源经济上领先,每个美国人应能使用宽带实时跟踪和管理其能源消耗。

3. 美国宽带战略举措

美国政府计划从四个方面着手,实现六个长期目标,确保宽带生态系统的健康发展：

（1）建立竞争机制，通过健康竞争使消费者利益最大化，并在此基础上促进创新和投资。

① 收集、分析、发布每个市场详细的宽带服务价格和竞争情况。

② 要求宽带服务提供商公布其宽带服务的价格和性能等信息，以便消费者能够选择市场上的最佳服务。

③ 对竞争条例进行全面评估。

④ 释放并分配无牌照使用的额外频谱。

⑤ 提高宽带服务在城区的容量和在农村地区的覆盖范围。

⑥ 采取行动，确定如何最好的实现广泛、无缝、具有竞争力的宽带覆盖。

⑦ 改革相关法规，营造具有竞争力和创新性的视频机顶盒市场。

⑧ 充分保护消费者隐私。

（2）通过对国有资产进行有效分配及管理，促进宽带基础建设的实施，并降低竞争门槛。

① 计划在 10 年内，重新获得 500 MHz 频谱，并在 5 年内将 300 MHz 用于移动用途。

② 确保频谱的分配和使用更加透明，鼓励频谱拍卖，不断加强对新频谱技术的研究。

③ 改进通行权管理，促进宽带基础设施的使用。实施"一次挖掘（dig-once）"等政策，促进基础设施的有效建设。

④ 为国防部提供超高速宽带连接，为军队开发下一代宽带网络应用。

（3）建立连接美国基金（Connect America Fund），以普及大众能支付得起的、实际下载速度至少为 4 Mbit/s 的宽带和语音服务。

① 建立连接美国基金，确保普通大众对宽带网络的普遍访问。

② 创建移动基金，确保任何一个州都能达到 3G 无线网络覆盖的平均水平。

③ 改革运营商之间的载波频谱补偿制度。

④ 以减轻赋税的方式，设计新的连接美国基金，以缩小宽带鸿沟，并减轻消费者负担。针对低收入家庭，建立确保其能支付得起的宽带服务机制。

（4）完善法律、政策、标准和奖励措施，在政府主要部门最大限度发挥宽带所带来的好处。

① 卫生保健：通过宽带服务提升卫生保健的质量并降低其价格。

② 教育：学生可以通过使用宽带服务进行远程教育并获取在线内容，促进公共教育改革。

③ 能源和环境：利用宽带技术的创新，减少碳排放、提高能源利用率，从而减轻美国对外国石油的依存度。

④ 经济机会：宽带可以提高劳动者获取工作和接受培训的机会，支持企业的发展等。

⑤ 政府执行力和公民参与度：宽带可以促进政府服务制度和内部流程操控更加有效，并能提高和改善公民参与的数量及质量。

⑥ 公共和国家安全：宽带通信服务可以使应急救护人员及时获取相关信息等。

4. 美国国家宽带战略成果

美国国家电信和信息管理局在"国家宽带数据和发展基金计划"下完成了国家宽带地图的绘制。NTIA 负责拨付款项，以资助遍布全国的 56 个州政府（含 5 个特别行政区）或其指定的代理机构搜集、验证各州的宽带服务数据。NTIA 为宽带地图计划预留了 3.5 亿美元左右的资金。

E-rate 项目是美国针对学校，图书馆的普遍服务项目。按照宽带计划的建议，FCC 需要更新和提升 E-rate 项目，目前美国 97% 的学校和几乎所有的公共图书馆都有基本的互联网接入，但速率慢。FCC 最新通过的 E-rate 政策包括：①高速光纤。对学校的光纤接入进行资金支持，学校可以选择多种方式得到光纤接入，包括通过现有的地区和本地网，或利用当地未使用的光纤线路进行的高速接入。②学校热点。学校可以建设热点，向周边社区提供互联网接入，以方便学生回家使用，并带动周边发展。③学习随身行。FCC 试点把上网本、平板电脑等无线终端用于课堂的内外，使学生不用在固定的地点进行学习。

宽带计划公布一年后，美国联邦通信委员会公布，宽带计划中有 83% 的工作已经完成。在宽带战略的引导下，美国加快了网络部署步伐。Google 已经在堪萨斯城提供 1 Gbit/s 的超高速光纤业务，有线电视网络公司 Comcast 开始处理 50 Mbit/s、100 Mbit/s 的业务，而以 Verizon 为代表的电信运营商已经把 FTTH/FTTP 的速率从 100 Mbit/s 提速到 150 Mbit/s。与此同时，政府资助的 E-Rate 等项目也在促进宽带的广泛使用。美国统计部门的最新数据（2014 年 12 月）显示：美国人当中有 86% 可以访问至少 25 Mbit/s 的互联网连接，其中有 37% 的用户可以从两个或更多个 ISP 当中选择，9% 的用户可以从 3 个或者多个 ISP 当中选择；而拥有 100 Mbit/s 宽带的用户比例达到了 59%，还有 3% 的美国人使用的带宽达到了千兆，而 10 Mbit/s 宽带用户只占 6%。

1.4.4 欧盟

目前，欧盟各成员国的互联网用户已经超过 2.5 亿人，英、德、法、瑞典等成员国的宽带使用率也都排在世界前列。根据国际电信联盟（以下简称"ITU"）发布的《2014 年信息与通信技术》报告可知，欧洲是移动宽带普及率最高的国家，达到了 84%，固定宽带使用率已经达到 28%。

1. 欧盟宽带战略定位

在全球宽带发展提速的大背景下，欧盟期望能够在自身无线和移动通信发展具备较大优势的基础之上,将下一轮宽带的发展与移动互联网等紧密结合,逐步摆脱在现有互联网发展格局中一直以来欧盟对美国的跟随态势,从而实现欧盟在全球互联网领域对美国的超越,并能够最终奠定欧盟在全球互联网领域的领先地位。国际金融危机爆发后,欧盟已经把发展信息技术提升到战略高度,将信息技术确立为欧洲实现经济复苏的重要手段。2010 年 3 月欧盟委员会出台《欧洲 2020 战略》,把"欧洲数字化议程"确立为欧盟促进经济增长的七大旗舰计划之一,其目标就是在高速和超高速互联网的基础上,提高信息化对欧洲经济社会的贡献率,到 2013 年实现全民宽带接入,2020 年所有互联网接口的速度达到每秒 30 兆以上。欧盟委员会预计电信运营商需要投资 2 500 亿欧元(3 180 亿美元)实现这一目标。

欧盟宽带战略中尤其重视基于欧盟在移动通信领域的既有优势来发展无线宽带网络。集宽带与无线特点于一身,具备性价比优越、建设周期短、服务提供快速、灵活性较大、系统资源可动态分配、系统维护成本低等优点,已经在整个欧盟电信市场中占据着越来越重要的地位。而同时,几乎每个欧洲人都拥有自己的一部或者几部手机。欧洲已经具备开展无线宽带业务的天然用户群体和成熟的市场。

2. 欧盟宽带发展战略的实现目标

具体说来,在《欧洲 2020 战略》中,欧盟关于宽带战略的发展目标,可以分为三个阶段:

第一阶段(到 2013 年)为近期基本目标。到 2012 年年底,在欧盟各成员国内至少发展 1 400 万的 FTTH 用户;到 2013 年,实现欧盟范围内的全民宽带接入。

第二阶段(到 2015 年)为中期发展目标。到 2015 年,50% 的欧盟公民可以在线购物,20% 的公民可以实现跨境网上服务,互联网的应用率从 60% 上升到 75%,而在残疾人中互联网的应用从 41% 上升到 60%,从没用过互联网的欧盟公民数量从 30% 下降到 15%,至少 50% 的欧盟公民可以享受到在线的公共服务。

第三阶段(到 2020 年)为最终实现目标。到 2020 年,所有互联网接口的速率都在 30 Mbit/s 以上,至少一半的欧盟家庭宽带接入速率可以达到 100 Mbit/s,欧盟成员国每年在 ICT 研发上的投资总额要达到 110 亿欧元。

3. 欧盟发展宽带战略的具体举措

为了实现在《欧洲 2020 战略》中所设定的宽带发展战略目标,欧盟希望在联合和协调各个成员国的基础上,放眼整个欧洲,通过鼓励和增加投资、发展无线宽带和合理使用发展基金等具体建议促进欧洲的宽带通信发展,从而推动整个欧盟社会的信息化进程。

(1)降低宽带投资成本资金投入是宽带发展的首要保障。

欧盟积极鼓励各成员国从国家和地区等不同层面加大对宽带通信发展的投资。同时,欧盟建议在宽带建设和发展过程中,积极寻求宽带建设和发展投资成本的降低。关于宽带建设和投资成本的降低,欧盟对其各成员国及其各级相关部门的建议如下：

① 通过提高信息透明度和减少信息壁垒以及合理调配相关资源等方式和有效利用现有资源以及防止重复建设等，降低和减少投资成本。

② 通过消除相关行政障碍，如新基站等基础建设项目获取权限的层层审批、已有合同在续签方面存在的困难等，减少宽带建设的投资成本。

（2）推进无线宽带发展

由于在无线宽带方面已经发展多年并具备较大优势，欧盟希望借助无线宽带的发展来带动其整个宽带领域的战略发展。频谱是发展无线宽带的重要资源，欧盟正在尝试通过合理分配频谱这种稀缺资源，来建立泛欧的无线宽带与有线宽带相配合的泛在网络。关于无线宽带频谱资源的分配，欧盟的建议如下：

① 欧盟委员会建议欧盟各成员国在 2013 年之前把电视台使用的一部分有价值的广播频率提供给移动运营商，以支持创建一个欧盟范围的无线宽带服务市场。这一建议是欧盟宽带网改革计划的一部分，要求其 27 个欧盟成员国在 2013 年 1 月之前把 800 GHz 频带分配给移动宽带网。

② 在全球宽带提速的背景下，欧盟通过合理分配频谱，增加在频谱资源分配方面的灵活性和竞争性，如鼓励频谱资源的快速应用、允许频谱资源的二次交易等，以充分发挥稀缺资源的价值。泛欧无线宽带与有线宽带配合的泛在网络不仅将推动整个社会信息化进程，更将成为提振经济、增强核心竞争力的手段。

（3）合理使用宽带发展基金

欧盟通过建立宽带发展（Structural and Rural Development，SRD）基金的形式来支持欧盟范围内宽带通信的建设和发展。从 2007 年到 2013 年期间，总共计划 23 亿欧元的 SRD 基金用来投资宽带的建设和发展。关于 SRD 基金有关投资的管理、分配和推广等问题，欧盟采取的具体措施有：

① 发布宽带投资指南，鼓励和指导各成员国及其相关部门申请并有效使用宽带发展基金和投资。

② 邀请业内外人士参加基金支持的宽带发展项目，并征询关于宽带发展的相关意见和看法。

③ 重新启动和扩大的欧洲宽带门户网站，以提供一个多语言宽带平台。基于该平台，可方便相关宽带发展项目信息、资料的交流以及诸如国家援助规则、监管框架执行等问题上的指导。

1.5　宽带战略会推动 FTTx 发展

2015 年 10 月 13 日全球交付、优化及网络内容安全等云服务供应商阿卡迈技术公司（Akamai Technologies，Inc.，简称 Akamai）（NASDAQ：AKAM）发布了《2015

年第二季度互联网发展状况报告》。根据这个报告显示：在全球范围内，连接到 Akamai 且平均速度达到 25 Mbit/s 的独立 IP 地址的百分比为 4.9%，比前一季度增加了 7.5%。平均速度达到 15 Mbit/s 的独立 IP 地址的百分比超过了 14%，与第一季度相比增长了 2.5%。平均速度达到 10 Mbit/s 的独立 IP 地址的百分比为 27%，与上季度相比增长了 2.1%。平均宽带速度达到 4 Mbit/s 的独立 IP 地址的百分比上升 1.1%～64%，排名前十位的国家或地区中大部分只表现出小幅环比增长。全球 107 个符合条件且采纳此项指标的国家或地区中，有 85 个国家或地区的 4 Mbit/s 宽带使用率出现环比增长。从这些数据中可以看出全球宽带接入处于不断持续增长之中，而且空间很大。

世界银行最近对 120 个国家的计量经济分析显示，在中低收入国家中，每 10% 的宽度渗透率能够带来 1.38% 的经济增长率，这与其他电信服务相比而言都是很高的。麦肯锡的研究则显示 10% 的家庭宽带渗透率将带来 0.1%～1.3% 的 GDP 增长。爱立信公司预测，全球宽带普及率增长 10%，将拉升 GDP 增长 1%，对中国而言将推动 GDP 增长 2.5%。各国基于现实发展，也极为重视发展信息生产力。然而，国家宽带战略涉及利用全国资源建设一项带有"类基础设施性质"的工程，其内涵，需要关注的主要问题，具体建设模式，相应配套设施的建设，如何发挥宽带战略的经济带动作用，如何对战略进行评估调整等问题都需要进行全面综合考量。

当前，我国正处于全面建成小康社会的关键时期。处在信息技术不断创新、信息应用不断深化的时代，实现稳增长、促改革、调结构、惠民生、有效扩大信息消费是一项既利当前又利长远的重要举措。而宽带网络是信息基础设施的基石，加快宽带发展既可以带动智能终端等信息产品消费，又可以促进信息服务消费，充分释放消费潜力，推动民生建设，还可以拉动有效投资，带动新兴产业成长，是扩大信息消费的重要渠道和基础平台，是一举多得的重要举措，已成为我国未来发展的迫切需要和战略选择。为此，近期国务院在研究部署促进信息消费时，将实施"宽带中国"战略作为工作重点之一，明确提出加快网络、通信基础设施建设和升级等一揽子具体举措。因此，"宽带中国"战略发布和实施，必将有力提升 FTTx 网络建设、技术研发、产业发展、应用服务和安全保障整体水平，对我国未来相当长一段时期经济、科技和社会发展形成有力支撑。

参 考 文 献

[1] 曹蓟光,张健.发达国家宽带战略及我国与其发展差距分析［J］.信息通信技术，2011.20(1):18-23.

[2] 杨然,李晖.英美日韩新国家宽带战略详解［EB/OL］.（2012-02-29）［2014-5-04］.http://www.cnii.com.cn/wlkb/rmydb/content/2012-02/29/content_

960185. htm.

[3] 中国互联网络信息中心. 第 36 次中国互联网络发展状况统计报告[R/OL]. (2012-02-29) [2014-5-05]. http://www. cnnic. cn/hlwfzyj/hlwxzbg/hlwtjbg/ 201507/P020150723549500667087. pdf.

[4] 工业和信息化部. 2014 年通信运营业统计公报[R/OL]. (2015-01-22)[2015-5-06]. http://guoxinzixun. com/a/news/hydt/891. html.

[5] EuropeanCommission, "Commission Working Document. Consultation of the Future 'EU 2020' Strategy" [R], COM (2009) 647 final, Brussels, 24. 11. 2009.

第 2 章　接入网技术

2.1 引　言

随着信息通信技术的不断进步,传统的电信业务向综合化、数字化、智能化、宽带化和个人化方向迅猛发展,人们对电信业务多样化和个性化的需求也不断增加,同时由于主干网上 SDH、ATM、无源光网络(PON)及 DWDM 技术的日益成熟和使用,也为实现话音、数据、图像的"三线合一,一线入户"奠定了基础。如何充分利用现有的网络资源增加业务类型,提高服务质量,已成为信息通信领域的专家以及电信运营商日益关注和研究的课题,"最后一公里"解决方案是大家最关心的焦点,因此,接入网成为网络应用和建设的热点。

2.1.1　接入网的基本概念

"接入网"的概念是由国际电信联盟电信标准化部门(ITU-T)根据电信网的发展趋势提出来的。所谓接入网是指骨干网络到用户终端之间的所有设备,即为本地交换机与用户之间的连接部分,通常包括用户线传输系统、复用设备、交叉连接设备或用户网络终端设备,其长度一般从几百米到几公里,因而被形象地称为"最后一公里"。

近几年来,全球"最后一公里"接入市场异常火爆,接入网技术也获得了飞速发展。宽带接入成为目前应用和发展的重点技术之一,也是推动其他技术发展和应用的重要力量。从国内电信市场来看,宽带接入对全业务运营商的业务发展起着举足轻重的作用,已成为全业务运营商主要的投资方向和业务收入来源之一。

2.1.2　接入网的功能模型

1996 年 4 月 1 日,原邮电部根据国际电联关于接入网框架建议(G.902)制定了 YDN005—1996 内部标准,该标准提出了接入网的概念,其定义为接入网由相关用户网络接口(UNI)和业务节点接口(SNI)组成,提供所需的承载能力服务于电信业务的传送,对它的管理和配置通过 Q 接口进行。接入网由传输媒介、线路终端、分配单元、网络单元以及网络终端构成。接入网功能结构图如图 2-1 所示。

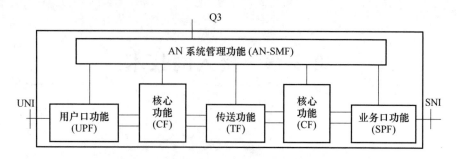

图 2-1　接入网功能结构图

提供业务的实体即业务节点,其可由特定配置的广播电视和点播电视业务节点、租用线业务节点以及本地交换机等规定业务的业务节点予以提供。

业务节点和接入网之间的接口即 SNI,存在综合接入 SNI 和单一接入 SNI 两种类型。包括 V5.1、V5.2 在内的 V5 接口即对综合业务接入予以支持的接口,对一次群速率(30B+D)提供的 V3 接口以及对 ISDN 基本速率(2B+D)提供的 Vl 接口及对单一接入予以提供的标准化接口。

UNI 接口在用户和接入网之间,其可对网络目前可以提供的所有业务和接入类型予以支持,现有的接入类型和业务不应受到接入网的发展的限制。

管理接入网时经 Q 接口与电信管理网(TMN)相连,以便统一协调管理不同的网元,可用 3 个接口对接入网进行界定,即 Q 接口连接管理方面和电信管理网(TMN),UNI 连接用户和用户,SNI 连接网络和业务节点。

2.2　接入网的分类

2.2.1　接入技术分类

接入技术可以分为有线接入技术和无线接入技术两大类,目前向用户提供宽带业务的主要有基于铜线的 ADSL 技术、光纤技术、基于 HFC 的 Cable Modem 及宽带无线等接入方式,而 ADSL 和光纤两种接入方式占 90% 以上。

2.2.2　接入网的分类

用户接入网的数字化、宽带化,提高用户上网速度,使得光纤到户(FTTH)是接入网今后发展的必然方向。目前宽带接入网技术,接入方式主要有 ISDN、ADSL、Cable、LAN、DDN 专线、宽带卫星接入和 FTTH 等几种,就家庭用户而言,ADSL、Cable 和 LAN 是使用最为普及的。

根据宽带接入网采用的传输媒介和传输技术的不同,接入网可分为宽带有线接入网和宽带无线接入网两大类,如图 2-2 所示。

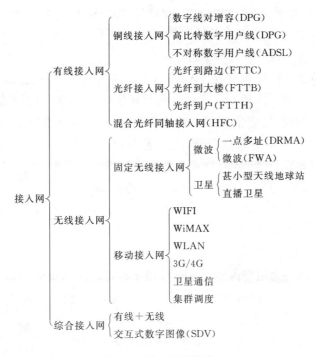

图 2-2　接入网分类表

传统的接入网主要以铜缆的形式为用户提供一般的语音业务和少量的数据业务。随着社会经济的发展,人们对各种新业务特别是宽带综合业务的需求日益增加,一系列接入网新技术应运而生,其中包括应用较广泛的以现有双绞线为基础的铜缆新技术、混合光纤/同轴(HFC)技术、混合光纤/无线接入技术、无线本地环路技术(WLL/DWLL)及以太网到户技术[FTTx(光纤到路边、光纤到大楼、光纤到户等的统称)+ETTH(Ethernet To the Home)]。

2.3　基于双绞线的 xDSL 技术

xDSL 技术是基于普通电话线向终端客户提供宽带接入的一种技术,能在双绞铜线上经济地传输每秒几兆比特的信息,它既支持传统的话音业务,又支持面向数据的因特网接入。目前 xDSL 技术有:ADSL,是一种非对称的传输模式,下行带宽最大达到 8 Mbit/s,上行速率最大 512 kbit/s;ADSL2+,下行带宽最大达到 25 Mbit/s,上行带宽最大可扩展到 3 Mbit/s;VDSL2,短距离内(1.5 km 之内)带宽优势明显(相比 ADSL2+)。xDSL 的带宽承载能力与铜缆距离有较为密切的关系,带宽与距离成反比。

非对称数字用户线系统（ADSL）是充分利用现有电话网络的双绞线资源，实现高速、高带宽的数据接入的一种技术。ADSL 是 DSL 的一种非对称版本，它采用 FDM（频分复用）技术和 DMT 调制技术，在保证不影响正常电话使用的前提下，利用原有的电话双绞线进行高速数据传输。

从实际的数据组网形式上看，ADSL 所起的作用类似于窄带的拨号 Modem，担负着数据的传送功能。按照 OSI 七层模型的划分标准，ADSL 的功能从理论上应该属于七层模型的物理层，它主要实现信号的调制、提供接口类型等一系列底层的电气特性。同样，ADSL 的宽带接入仍然遵循数据通信的对等层通信原则，在用户侧对上层数据进行封装后，在网络侧的同一层上进行开封。因此，要实现 ADSL 的各种宽带接入，在网络侧也必须有相应的网络设备相结合。

ADSL 的接入模型主要由中心交换局模块和远端模块组成，中心交换局模块包括中心 ADSL Modem 和接入多路复用系统 DSLAM，远端模块由用户 ADSL Modem 和滤波器组成。

ADSL 能够向终端用户提供 8 Mbit/s 的下行传输速率和 1 Mbit/s 的上行速率，比传统的 28.8 kbit/s 模拟调制解调器将快近 200 倍，这也是传输速率达 128 kbit/s 的 ISDN（综合业务数据网）所无法比拟的。与电缆调制解调器（Cable Modem）相比，ADSL 具有独特的优势是：它是针对单一电话线路用户的专线服务，而电缆调制解调器则要求一个系统内的众多用户分享同一带宽。尽管电缆调制解调器的下行速率比 ADSL 高，但考虑到将来会有越来越多的用户在同一时间上网，电缆调制解调器的性能将大大下降；另外，电缆调制解调器的上行速率通常低于 ADSL。

不容忽视的是：目前，全世界有将近 7.5 亿铜制电话线用户，而享有电缆调制解调器服务的家庭比例还很小。ADSL 无须改动现有铜缆网络设施就能提供宽带业务，由于技术成熟，在一些欠发达地区和国家还有一定的优势和发展空间。

2.4 基于 HFC 网的 Cable Modem 技术

HFC 即 Hybrid Fiber-Coaxial 的缩写，是光纤和同轴电缆相结合的混合网络，是借助有线电视同轴电缆接入数据业务的宽带接入方案。基于 HFC 网的 Cable Modem 技术是宽带接入技术中最先成熟和进入市场的，其巨大的带宽和相对经济性使得对有线电视网络公司和新成立的电信公司很具吸引力。

Cable Modem 通信和普通 Modem 一样，是数据信号在模拟信道上交互传输的过程，但也存在差异，普通 Modem 的传输介质在用户与访问服务器之间是独立的，即用户独享传输介质，而 Cable Modem 的传输介质是 HFC 网，将数据信号调制到某个传输带宽与有线电视信号共享介质；另外，Cable Modem 的结构较普通 Modem 复杂,它由调制解调器、调谐器、加/解密模块、桥接器、网络接口卡、以太网集线器等组成,它无须拨号上网,不占用电话线,可随时提供在线连接的全天候服务。

目前 Cable Modem 产品有欧、美两大标准体系,DOCSIS 是北美标准,DVB/DAVIC 是欧洲标准。欧、美两大标准体系的频道划分、频道带宽及信道参数等方面的规定,都存在较大差异,因而互不兼容。北美标准是基于 IP 的数据传输系统,侧重于对系统接口的规范,具有灵活的高速数据传输优势;欧洲标准是基于 ATM 的数据传输系统,侧重于 DVB 交互信道的规范,具有实时视频传输优势。

Cable Modem 的工作过程是:以 DOCSIS 标准为例,Cable Modem 的技术实现一般是从 87～860 MHz 电视频道中分离出一条 6 MHz 的信道用于下行传送数据。通常下行数据采用 64QAM(正交调幅)调制方式或 256 QAM 调制方式。上行数据一般通过 5～65 MHz 之间的一段频谱进行传送,为了有效抑制上行噪音积累,一般选用 QPSK 调制(QPSK 比 64QAM 更适合噪音环境,但速率较低)。CMTS(Cable Modem 的前端设备)与 CM(Cable Modem)的通信过程为:CMTS 从外界网络接收的数据帧封装在 MPEG-TS 帧中,通过下行数据调制(频带调制)后与有线电视模拟信号混合输出 RF 信号到 HFC 网络,CMTS 同时接收上行接收机输出的信号,并将数据信号转换成以太网帧交给数据转换模块。用户端的 Cable Modem 的基本功能就是将用户计算机输出的上行数字信号调制成 5～65 MHz 射频信号进入 HFC 网的上行通道,同时 CM 还将下行的 RF 信号解调为数字信号送给用户计算机。

Cable Modem 的前端设备 CMTS 采用 10Base-T,100Base-T 等接口通过交换型 HUB 与外界设备相连,通过路由器与 Internet 连接,或者可以直接连到本地服务器,享受本地业务。CM 是用户端设备,放在用户的家中,通过 10Base-T 接口,与用户计算机相连。

有线电视 HFC 网络是一个宽带网络,具有实现用户宽带接入的基础。早在 1998 年 3 月,ITU 组织就接受了 MCNS 的 DOCSIS 标准,确定了在 HFC 网络内进行高速数据通信的规范,为电缆调制解调器(Cable Modem)系统的发展提供了保证。与 ADSL 不同,HFC 的数据通信系统 Cable Modem 不依托 ATM 技术,而直接依靠 IP 技术,所以很容易开展基于 IP 的业务。通过 Cable Modem 系统,用户可以在有线电视网络内实现国际互联网访问、IP 电话、视频会议、视频点播、远程教育、网络游戏等功能。此外,电缆调制解调器也没有 ADSL 技术的严格距离限制。采用 Cable Modem 在有线电视网上建立数据平台,已成为有线电视事业发展的必然趋势。

2.5 基于五类线的以太网接入技术 LAN

从 20 世纪 80 年代开始以太网就成为最普遍采用的网络技术,根据 IDC 的统计,以太网的端口数约为所有网络端口数的 85%。1998 年以太网卡的销售就达到了 4 800 万端口,而令牌网、FDDI 网和 ATM 等网卡的销售量当年总共才是 500 万端口,只是整个销售量的 10%。而以太网的这种优势仍然有继续保持下去的势头。市场研究机构 Dell Oro 集团给出的数据则显示,25 G 以太网在未来 5 年内有可能成为第二大服务器以太网端口,到 2018 年,端口数量将达到 4 000 万,跃居第二,仅次于排在首位的 10 G 以太网。建立在五类线基础上的以太网接入技术,它是通过一般的网络设备,例如交换机、集线器等将同一幢楼内的用户连成一个局域网,再与外界光纤主干网相连。该技术传输距离短,五类线的传输距离在 100 m 以内;网络层级多,一般情况下需要三级以上的汇聚;网络带宽大,理论上每个用户能到 100 Mbit/s,但同一交换机下的用户共享带宽,因此出口带宽是以太网的真正的瓶颈所在之处。

传统以太网技术不属于接入网范畴,而属于用户驻地网(CPN)领域。然而其应用领域却正在向包括接入网在内的其他公用网领域扩展。历史上,对于企事业用户,以太网技术一直是最流行的方法,利用以太网作为接入手段的主要原因是:

(1) 以太网已有巨大的网络基础和长期的经验知识;

(2) 目前所有流行的操作系统和应用都与以太网兼容;

(3) 性能价格比好、可扩展性强、容易安装开通以及可靠性高;

(4) 以太网接入方式与 IP 网很适应,同时以太网技术已有重大突破,容量分为 10 Mbit/s、100 Mbit/s、1 000 Mbit/s 三级,可按需升级,10 Gbit/s、25 Gbit/s、40 Gbit/s、100 Gbit/s 以太网系统也已问世并开始大量应用。

基于以太网技术的宽带接入网由局侧设备和用户侧设备组成。局侧设备一般位于小区内,用户侧设备一般位于居民楼内;或者局侧设备位于商业大楼内,而用户侧设备位于楼层内。局侧设备提供与 IP 骨干网的接口,用户侧设备提供与用户终端计算机相接的 10/100 Base-T 接口。局侧设备具有汇聚用户侧网管信息的功能。

宽带以太网接入技术具有强大的网管功能。与其他接入网技术一样,能进行配置管理、性能管理、故障管理和安全管理;还可以向计费系统提供丰富的计费信息,使计费系统能够按信息量、按连接时长或包月制等方式计费。

基于五类线的高速以太网接入无疑是一种较好的选择方式。它特别适合密集型的居住环境,非常适合中国国情。因为中国居民的居住情况不像西方发达国家,个人用户居住分散,中国住户大多集中居住,这一点尤其适合发展光纤到小区,再以快速以太网连接到户的接入方式。在局域网中 IP 协议都是运行在以太网上,即 IP 包直接封装在以太网帧中,以太网协议是目前与 IP 配合最好的协议之一。以太网接入手段已成为宽带接入新潮流,它将快速进入家庭。目前大部分的商业大楼和新建住宅楼都进行了综合布线,布放了 5 类 UTP,将以太网插口布到了桌边。以太网接入能给每个用户提供 10 Mbit/s 或 100 Mbit/s 的接入速率,它拥有的带宽是其他方式的几倍或者几十倍,能很好地满足用户对带宽接入的需要。

2.6　光　接　入　网

2.6.1　光接入网的基本概念

光接入网(Optical Acess Network,OAN)又称光纤环路系统,其是一种接入链路群,受到光接入传输系统的支持,且对相同的网络侧接口进行共享。光接入网可以包含与同一光线路终端(Optical Line Terminal,OLT)相连的多个光分配网(Optical Distribution Net,ODN)和光网络单元(Optical Net Unit,ONU)。

OLT 是光线路终端,位于接入网的局端,它的位置既可以位于局内本地交换机的接口处,也可以位于野外的远端模块和远端集中器或复用器接口处。OLT 的作用是为光接入网网络侧和本地交换机之提供接口,并通过一个或 N 个 ODN 与用户端的 ONU 进行通信。

光分配网络 ODN 在一个 OLT 和一个或者多个 ONU 之间提供一条或者多条光传输通道,ONU 位于 ODN 的用户侧,它的作用是为光接入网提供直接或远程的用户端接口。

2.6.2　拓扑结构

光接入网(OAN)就是以光纤传输技术为手段的接入网,泛指本地交换机或远端模块与用户之间采用光纤通信或部分采用光纤通信的网络。

光接入网拓扑结构是指由 OAN 局端设备、用户端设备和光分配网所构成网络的拓扑结构,ODN 可以是有源的,也可以是无源的,分为 5 种拓扑结构:点对点、星型、树型、总线型和环形。

(1) 点对点拓扑

局端 OLT 在 ODN 侧只有一个光接口,只同一个光网络终端光接口进行连接和通信,如图 2-3 所示。

图 2-3　点对点拓扑结构

(2) 星型拓扑

从局端 OLT 的多个 ODN 侧光接口以点对点的光纤连接多个 ONU,每个 ONU 的 ODN 侧光接口只同一个 OLT 光接口进行连接,如图 2-4 所示。

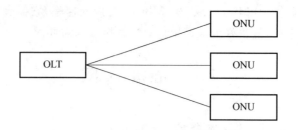

图 2-4　星型拓扑结构

（3）树型拓扑

ODN 中出现光分配点的一种网络结构，是点对多点的结构，利用 ODP（光分/合路器）对下行信号进行分配，传给多个用户，同时也靠这些 ODP 将上行信号聚合在一起送给 OLT，如图 2-5 所示。

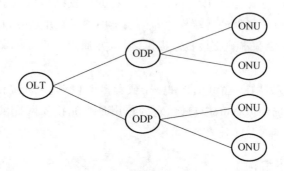

图 2-5　树型拓扑结构

（4）总线型拓扑

由一条光线路和连接在上面的多个 ODP 组成。这种结构利用了一系列串联的 ODP 以便从总线上分配 OLT 发送的信号，同时又能够将每一个 ONU 发送的信号插入总线送回给 OLT，可以看成树型结构的一种特例，如图 2-6 所示。

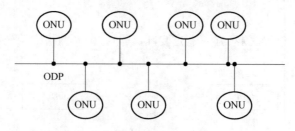

图 2-6　总线型拓扑结构

（5）环形拓扑

将 OLT 与所有 ODP 首尾相连串联起来就形成环形结构，环形结构可以改进网络的可靠性,如图 2-7 所示。

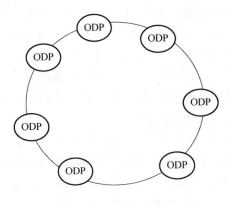

图 2-7　环形拓扑结构

2.6.3　有源光纤接入网络

光纤接入网(OAN)从系统分配上分为有源光网络(Active Optical Network, AON)和无源光网络(Passive OpticaOptical Network,PON)两类。

有源光网络又可分为基于 SDH 的 AON 和基于 PDH 的 AON。有源光网络的局端设备(CE)和远端设备(RE)通过有源光传输设备相连,传输技术是骨干网中已大量采用的 SDH 和 PDH 技术,但以 SDH 技术为主,本书主要讨论 SDH(同步光网络)系统。

1. 基于 SDH 的有源光网络

SDH 的概念最初于 1985 年由美国贝尔通信研究所提出,称为同步光网络(Synchronous Optical NETwork,SONET)。它是由一整套分等级的标准传送结构组成的,适用于各种经适配处理的净负荷(即网络节点接口比特流中可用于电信业务的部分)在物理媒质如光纤、微波、卫星等进行传送。该标准于 1986 年成为美国数字体系的新标准,国际电信联盟标准部(ITU-T)的前身国际电报电话资询委员会(CCITT)于 1988 年接受 SONET 概念,并与美国标准协会(ANSI)达成协议,将SONET修改后重新命名为同步数字系列(Synchronous Digital Hierarchy,SDH),使之成为同时适应于光纤、微波、卫星传送的通用技术体制。

SDH 网是对原有 PDH(Plesiochronous Digital Hierarchy,准同步数字系列)网的一次革命。PDH 是异步复接,在任一网络节点上接入接出低速支路信号都要在该节点上进行复接、码变换、码速调整、定时、扰码、解扰码等过程,并且 PDH 只规定了电接口,对线路系统和光接口没有统一规定,无法实现全球信息网的建立。随着SDH 技术引入,传输系统不仅具有提供信号传播的物理过程功能,而且有提供对信号的处理、监控等过程的功能。SDH 通过多种容器 C 和虚容器 VC 以及级联的复帧结构的定义,可支持多种电路层的业务,如各种速率的异步数字系列、DQDB、FDDI、

ATM 等,以及将来可能出现的各种新业务;段开销中大量的备用通道增强了 SDH 网的可扩展性。通过软件控制使原来 PDH 中人工更改配线的方法实现了交叉连接和分插复用连接,提供了灵活的上/下电路的能力,并使网络拓扑动态可变,增强了网络适应业务发展的灵活性和安全性,可在更大几何范围内实现电路的保护、高度和通信能力的优化利用,从而为增强组网能力奠定基础,只需几秒就可以重新组网,特别是 SDH 自愈环,可以在电路出现故障后,几十毫秒内迅速恢复。SDH 的这些优势使它成为宽带业务数字网的基础传输网。

在接入网中应用 SDH(同步光网络)的主要优势:SDH 可以提供理想的网络性能和业务可靠性;SDH 固有的灵活性使对于发展极其迅速的蜂窝通信系统采用 SDH 系统尤其适合。当然,考虑到接入网对成本的高度敏感性和运行环境的恶劣性,适用于接入网的 SDH 设备必须是高度紧凑,低功耗和低成本的新型系统,其市场应用前景看好。

接入网用 SDH 的最新发展趋势是支持 IP 接入,目前至少需要支持以太网接口的映射,于是除了携带话音业务量以外,可以利用部分 SDH 净负荷来传送 IP 业务,从而使 SDH 也能支持 IP 的接入。支持的方式有多种,除了现有的 PPP 方式外,利用 VC12 的级联方式来支持 IP 传输也是一种效率较高的方式。总之,作为一种成熟可靠提供主要业务收入的传送技术在可以预见的将来仍然会不断改进支持电路交换网向分组网的平滑过渡。

2. 基于 PDH 的有源光网络

准同步数字系列(PDH)以其廉价的特性和灵活的组网功能,曾大量应用于接入网中。尤其近年来推出的 SPDH 设备将 SDH 概念引入 PDH 系统,进一步提高系统的可靠性和灵活性,这种改良的 PDH 系统在相当长一段时间内,可能仍会被应用。

2.6.4 无源光纤接入网络

FSAN 联盟于 1995 年成立,对通用的 PON 技术的标准进行的定义。在 1987年,PON 的概念由英国电信公司的研究人员首次提出。1998 年,ITU-T 以 155 Mbit/s ATM 技术为基础,发布了 G.983 系列 APON(ATMPON)标准,同时各电信设备制造商也开发出了 APON 产品,APON 产品目前在北美、日本和欧洲都有实际的应用。然而,在我国由于价格较高,又受到 ATM 推广受阻的影响,所以 APON 在我国几乎没有什么应用。

FSAN 于 2001 年年底,更新了网页,把 APON 命名 BPON,即"宽带 PON"。同年 IEEE 的 EFM (Ethernet in the First Mile)工作组制定了 EPON 标准,并在 2004年 9 月,IEEE 批准了 EPON 标准作为了 IEEE 802.3 ah—2004 的标准。EPON 标准为了适应 PON 的点到多点的网络拓扑结构,传承了很多以太网的设计思想的内容设计,并且对吉比特以太网的速率和物理层编码等相关内容进行了重用,并修改了 MAC 层协议和以太网帧前导码序列。EPON 系统的上行标称波长为 1 310 nm，下行标称波长为 1 490 nm，物理层速率上下行均为 1.25 Gbit/s，除去到 8B10B 的编码效率和系统所需的必要开销，实际上的 EPON 系统每个 PON 口的有效带宽约为 800～950 Mbit/s，信道编码采用 8B10B 编码。其传输方式为单纤双向传输，标准中将 EPON 接口光收发指标依照最大传输距离的不同，分为 10 km(PX10-U/D) 和 20 km(PX20) 两类规范，在实际网络中多采用 PX20 类型接口，1:32 分路比和可实现 20 km 的传输距离，这样光功率预算会达到较大的效果。此外，对 TDM 业务来说，EPON 系统可以采用 CESoP(TDM over Packet) 技术承载。

ITU-T 第 15 研究组对 GPON 技术进行了标准化工作，GPON 标准的设计内容相对复杂，但是此标准对运营商的业务和运行维护需求做了比较全面的考虑，全面完备了标准体系。GPON 相关的标准包括 G.984.1～G.984.6 六个标准，分别涵盖了 GPON 系统的架构、传输汇聚层、物理媒质相关层、ONU 控制管理协议和对增强的波长使用和距离扩展的规定。GPON 同样采用单纤双向传输方式，上行标称波长为 1 310 nm，下行标称波长为 1 490 nm，由于 GPON 系统的管理开销丰富，较强的 QOS 管理能力，所以其具有灵活的多业务接入能力和运营商级的 OAM 能力。GPON 利用 GEM 封装方式对以太网业务、ATM 业务或 TDM 业务进行承载，采用 GEM 封装方式对多种业务进行适配。GPON 由于采用了与 EPON 的类以太网的变长帧传输方式不同的 125 μs 固定帧长，这很大程度上提高了传送时钟信号的精确。GPON 信道编码采用 NRZ 码，上行速率为 1.244 Gbit/s，下行速率为 2.488 Gbit/s，每个 PON 口的实际有效带，在除去系统开销后约为上行 1～7.1 Gbit/s，下行 2.45 Gbit/s。目前，GPON 系统采用主流的 B+ 类光器件，可实现 20 km 传输距离下的 1:64 分路比，和最大支持 60 km 的逻辑距离。

针对不同设备商的实现方式，GPON 既可采用 Native(TDM over GEM) 方式承载 TDM 业务，也可与 EPON 同样采用 CESoP(TDM over Packet) 技术对 E1 业务进行承载。

GPON 在技术上比 EPON 完善，但是就目前的国内接入市场和诸多 FTTH 试点工程中而言，EPON 占一定的优势，EPON 能够从运营商的经济成本的角度出发，对网络接入和网络部署的实现更灵活。然而，GPON 应该具有更广阔、更长远的应用前景，不仅是因为在技术上的完善，而且在扰码效率、传输汇聚层效率、承载协议效率和业务适配效率等方面，GPON 都比 EPON 更高。

2.6.5　光纤接入网特点

与其他接入技术相比，光纤接入网具有如下优点。

(1) 光纤接入网更能满足用户对各种业务的需求。人们对通信业务的需求越来越高，除了传统的打电话、看电视以外，还需要有网络购物、网络银行、远程教学、视频点播(VOD)以及高清晰度电视(HDTV)等。这些业务用铜线或双绞线是比较难实现的。

(2) 光纤可以克服铜线电缆无法克服的一些限制因素。光纤损耗低、频带宽,解除了铜线径小的限制。此外,光纤不受电磁干扰,保证了信号传输质量,用光缆代替铜缆,可以解决城市地下通信管道拥挤的问题。

(3) 光纤接入网的性能不断提高,价格不断下降,而铜缆的价格在不断上涨。

(4) 光纤接入网提供数据业务,有完善的监控和管理系统,能适应将来宽带综合业务数字网的需要,打破"瓶颈",使信息高速公路畅通无阻。

当然,与其他接入网技术相比,光纤接入网也存在一定的劣势:一是成本相对较高,尤其是光节点离用户越近,每个用户分摊的接入设备成本就越高。二是,与无线接入网相比,光纤接入网还需要管道资源,这也是很多新兴运营商看好光纤接入技术,但又不得不选择无线接入技术的原因。

现在,影响光纤接入网发展的主要原因不是技术,而是成本。但是采用光纤接入网是光纤通信发展的必然趋势,尽管目前各国发展光纤接入网的步骤各不相同,但光纤到户是公认的接入网发展目标。

2.7　光纤接入网的应用类型

目前 ONU 可以分为单口 ONU、多口 ONU 和综合型 ONU 三种,按照 ONU 在 PON 接入网中所处的位置不同,可以将光接入网划分为光纤到户(FTTH)、光纤到大楼(FTTB)、光纤到路边(FTTC)几种类型,统称为 FTTx。

FTTH 的 ONU 为单口通常放置在用户家中,能够快速部署迅速解决用户的通信需求(如图 2-8 所示)。

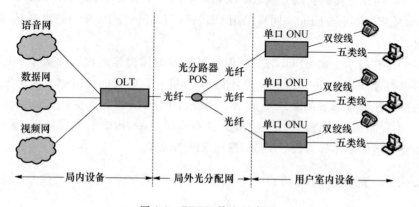

图 2-8　FTTH 接入示意图

OLT 安装在通信机房内,通过传输设备与现有的语音和数据网络相连。OLT 通过主干光缆与光分路器 POS 相接,从 POS 到每个用户家布放小芯数光缆皮线,从用户 ONU 分别布放五类线和双绞线,实现宽带业务和语音业务的接入。

FTTB 的 ONU 为多口,通常放置在楼内,采用 PON+LAN 的结构(如图 2-9 所示)。

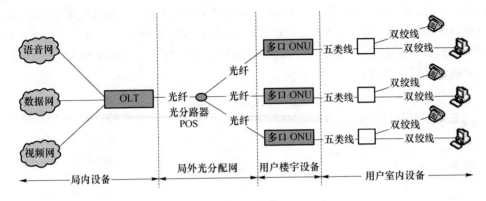

图 2-9　FTTB 结构示意图

FTTB 的光分路器 POS 安装在模块局机房或住宅小区机房的 ODF 内,每栋楼宇按照各单元总用户数确定多口 ONU 的安装数量,ONU 的安装位置一般选择在有电源箱的竖井内,便于设备取电。从 ONU 到用户家中采用五类线接入,在室内墙壁上安装品字型面板,面板五类线接口连接电脑,双绞线接口连接电话机。

FTTC 的 ONU 为综合接入型,实际多采用 PON+ADSL 的结构(如图 2-10 所示)。

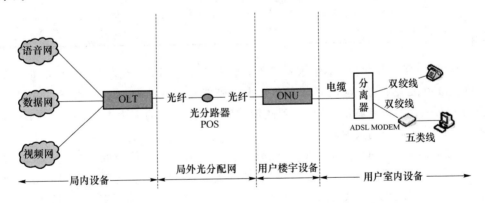

图 2-10　FTTC 结构示意图

FTTC 方式 OLT 设置在局端机房,局内安装光分路器,将具有综合接入功能的 ONU 安装在村内接入点。综合接入型 ONU 具有 ADSL DSLAM 的功能,通过实线电缆和用户家中分离器相连,分离器实现低频语音信号与高频数据信号的分离。分离器的 TELEPHONE 口通过双绞线连接用户电话机,分离器的 MODEM 口通过双绞线接到用户 ADSL MODEM 上,再通过五类线接到电脑上。

表 2-1 对 EPON 的 3 种主要应用模式做了具体比较。通过比较可以看出：FTTH 方式带宽速率最高、便于维护，但需要在每个家庭放置一台 ONU 设备，成本最高，FTTC 方式成本最低，但速率低且障碍率较高；FTTB 方式在各方面都居中。从 2005 年以来，运营商在 EPON 应用上采用了多种应用模式的尝试，由于 2005 年时单口 ONU 非常昂贵，单价在 2 500 元以上，为节约成本运营商在前几年只在新建的高档别墅小区采用 FTTH 方式，对于新建和改建居民小区主要采用 FTTB 方式，对于农村地区主要采用 FTTC 方式。

表 2-1　FTTx 各种方式的比较

英文缩写	FTTH	FTTB	FTTC
中文名称	光纤到户	光纤到大楼	光纤到路边
ONU 位置	用户家中	用户所在楼内	用户所在附近区域
能力	单用户单设备	用户单设备承载 16 或 24	单设备承载上百用户
带宽	理论速率≤1 000 Mbit/s	理论速率≤100 Mbit/s	理论速率≤20 Mbit/s
成本	成本最高	成本适中	成本最低
建设	光纤入户新建大量光缆，建设速度较慢	新建光缆入楼层线路，入户线路可利用原有五类线，建设速度较快	新建光缆到小区边上，入户线路则可以利用原有电缆，建设速度较快
安装	ONU 设备配置时间较长，安装速度慢	室内不需要安装设备，比较容易安装，安装速度快	ADSL、MODEM 不需要调测，安装较快
维护	结构简单，全程光纤，故障率低，便于维护	光纤到楼，故障率较低，维护简单	结构复杂，电缆接入，故障率较高

从 2008 年开始单口 ONU 大幅降价，到 2009 年降到 700 元左右，2010 年进一步下降到 400 元左右，使得 FTTH 具备了大规模普及的条件。北京、广州等一些城市作为三网融合的试点城市，将会得到政策、资金等各方面的大力支持，加之 ONU 设备、光皮线、光面板的成熟和成本下降，FTTH 已成为当今主流的应用模式。

FTTx 将继 20 世纪 90 年代数字移动通信之后，成为电信业的另一次革命性转变，给设备商、运营商以及整个产业链带来巨大冲击。对于电信运营商和业务提供商来说，FTTH 无疑是对它们有着重大影响的全球性技术革命，与移动电话业务、有线数字网络一样，这一次大规模的产业和应用变迁既蕴含着巨大的商机，也潜藏着极大挑战。

2.8　无线宽带技术 WiFi

WiFi 的全称是 Wireless Fidelity，又称为 802.11b 标准，是 IEEE 定义的一个无

线网络通信的工业标准。该技术使用的是 2.4 GHz 附近的频段,该频段目前尚属不用许可的无线频段。其主要特性为:速度快,可靠性高,在开放性区域通信距离可达305 m,在封闭性区域通信距离为 76～122 m,方便与现有的有线以太网络整合,组网的成本更低。

2.8.1 主流的 WiFi 种类

WiFi 是无线网络中的一个标准,比如说那些 IEEE 802.11a、IEEE802.11b、IEEE 802.11g 之类的都属于这个标准。

现在主流的 WiFi 种类如下。

IEEE802.11:1997 年 IEEE 无线局域网标准制定。

IEEE802.11b:2.4 GHz,直序扩频,传输速率,1～11 Mbit/s。

IEEE802.11a:5 GHz,正交频分复用,传输速率 6～54 Mbit/s。

IEEE802.11g:2.4 GHz,兼容 802.11b,传输速率 22 Mbit/s。

IEEE802.1x:基于端口的访问控制协议(Port Based Network Access Control Protocol)。

IEEE802.11i:增强 WiFi 数据加密和认证(WPA,RSN)。

IEEE802.11e:QoS 服务。

1. IEEE 802.11

1990 年 IEEE 802 标准化委员会成立 IEEE 802.11 无线局域网标准工作组。该标准定义物理层和媒体访问控制(MAC)规范。物理层定义了数据传输的信号特征和调制,工作在 2.400 0～2.483 5 GHz 频段。IEEE 802.11 是 IEEE 最初制定的一个无线局域网标准,主要用于难于布线的环境或移动环境中计算机的无线接入,由于传输速率最高只能达到 2 Mbit/s,所以业务主要被用于数据的存取。

2. IEEE 802.11a

1999 年,IEEE 802.11a 标准制定完成,该标准规定无线局域网工作频段在 5.15～5.825 GHz,数据传输速率达到 54～72 Mbit/s(Turbo),传输距离控制在 10～100 m。802.11a 采用正交频分复用(OFDM)的独特扩频技术,可提供 25 Mbit/s 的无线ATM 接口和 10 Mbit/s 的以太网无线帧结构接口,以及 TDD/TDMA 的空中接口,支持语音、数据、图像业务,一个扇区可接入多个用户,每个用户可带多个用户终端。

3. IEEE 802.11b

1999 年 9 月 IEEE 802.11b 被正式批准,该标准规定无线局域网工作频段在 2.4～2.483 5 GHz,数据传输速率达到 11 Mbit/s。该标准是对 IEEE 802.11 的一个补充,采用点对点模式和基本模式两种运作模式,数据传输速率方面可以根据实际情况在 11 Mbit/s、5.5 Mbit/s、2 Mbit/s、1 Mbit/s 的不同速率间自动切换,而且在

2 Mbit/s、1 Mbit/s 速率时与 802.11 兼容。802.11b 使用直接序列（Direct Sequence）DSSS 作为协议。802.11b 和工作在 5 GHz 频率上的 802.11a 标准不兼容，由于价格低廉，802.11b 产品已经被广泛地投入市场，并在许多实际工作场所运行。

4. IEEE 802.11e/IEEE 802.11f/IEEE 802.11h

IEEE 802.11e 标准对无线局域网 MAC 层协议提出改进，以支持多媒体传输，支持所有无线局域网无线广播接口的服务质量保证 QoS 机制。IEEE 802.11f 定义访问节点之间的通信，支持 IEEE 802.11 的接入点互操作协议（IAPP）。IEEE 802.11h 用于 802.11a 的频谱管理技术。

5. IEEE 802.11g

IEEE 的 802.11g 标准是对流行的 802.11b（即 WiFi 标准）的提速（速度从 802.11b 的 11 Mbit/s 提高到 54 Mbit/s），802.11g 接入点支持 802.11b 和 802.11g 客户设备。同样，采用 802.11g 网卡的笔记本电脑也能访问现有的 802.11b 接入点和新的 802.11g 接入点；不过，基于 802.11g 标准的产品目前还不多见。如果需要高速度，已经推出的 802.11a 产品可以提供的最高速度是 54 Mbit/s，但其主要缺点是不能和 802.11b 设备互操作，而且与 802.11b 相比，802.11a 网卡贵 50%，接入点贵 35%。

6. IEEE 802.11i

IEEE 802.11i 标准是结合 IEEE 802.1x 中的用户端口身份验证和设备验证对无线局域网 MAC 层进行修改与整合，定义了严格的加密格式和鉴权机制，以改善无线局域网的安全性。IEEE 802.11i 新修订标准主要包括两项内容："WiFi 保护访问（WPA）技术"和"强健安全网络"。WiFi 联盟采用 802.11i 标准作为 WPA 的第二个版本，并于 2004 年年初开始实行。

2.8.2　WiFi 突出优势

根据无线网卡使用的标准不同，WiFi 的速度也有所不同，其中 IEEE802.11a 最高为 11 Mbit/s（部分厂商在设备配套的情况下可以达到 22 Mbit/s），IEEE802.11b 为 54 Mbit/s，IEEE802.11g 也是 54 Mbit/s（Netgear SUPER G 技术可以将速度提升到 108 Mbit/s，但是不属于 802.11n 标准）。

WiFi 是由 AP（Access Point）和无线网卡组成的无线网络。AP 一般称为网络桥接器或接入点，它是当作传统的有线局域网络与无线局域网络之间的桥梁，因此任何一台装有无线网卡的 PC 均可透过 AP 去分享有线局域网络甚至广域网络的资源，其工作原理相当于一个内置无线发射器 HUB 或路由，而无线网卡则是负责接收由 AP 所发射信号的 CLIENT 端设备。

新一代的无线网络，以无须布线和使用相对自由，建立起人们对无线局域网的全新感受。需求决定市场的发展，很少见到哪种 IT 技术或产品能够像它一样有如此迅猛的增长势头,不受任何约束随时随地访问互联网,其中,WiFi发挥了至关重要的作用。WiFi代表了"无线保真",指具有完全兼容性的802.11标准IEEE802.11b子集,它使用开放的2.4 GHz直接序列扩频,最大数据传输速率为11 Mbit/s,也可根据信号强弱把传输率调整为5.5 Mbit/s、2 Mbit/s和1 Mbit/s带宽;无须直线传播传输范围为室外最大300 m,室内有障碍的情况下最大100 m,是现在使用最多的传输协议。它与有线网络相较之下,有许多优点:

① 无线电波的覆盖范围广,基于蓝牙技术的电波覆盖范围非常小,半径大约只有15 m,而WiFi的半径则可达100 m左右,办公室自不用说,就是在整栋大楼中也可使用。由Vivato公司推出的一款新型交换机,据悉,该款产品能够把目前WiFi无线网络100 m的通信距离扩大到约6.5 km。

② 虽然WiFi技术传输的无线通信质量不是很好,数据安全性能比蓝牙差一些,传输质量有待改进,但传输速度非常快,可以达到54 Mbit/s,符合个人和社会信息化的需求。

③ 运营商进入该领域的门槛比较低。运营商只要在机场、车站、咖啡店、图书馆等人员较密集的地方设置"热点",并通过高速线路将因特网接入上述场所。这样,由于"热点"所发射出的电波可以达到距接入点半径10~100 m的地方,用户只要将支持无线LAN的笔记本电脑或PDA拿到该区域内,即可高速接入因特网,也就是说,运营商不用耗费资金来进行网络布线接入,从而节省了大量成本。

参 考 文 献

[1] 雷维礼.接入网技术[M].北京:人民邮电出版社,2012.
[2] 张中荃.接入网技术[M].3版.北京:人民邮电出版社,2013.
[3] 李元元,张婷.接入网技术[M].北京:清华大学出版社,2014.

第3章 PON 接入技术

3.1 PON 技术概述

3.1.1 PON 的基本概念

PON（Passive Optical Network，无源光网络）技术是一点到多点的光纤接入技术，如图 3-1 所示，它由局侧的 OLT（Optical Line Terminal，光线路终端）、用户侧的 ONU（Optical Network Unit，光网络单元）以及 ODN（Optical Distibution Network，光分配网络）组成。所谓"无源"是指在 ODN 中不含有任何有源电子器件及电子电源，全部都由光分路器（Splitter）等无源器件组成。

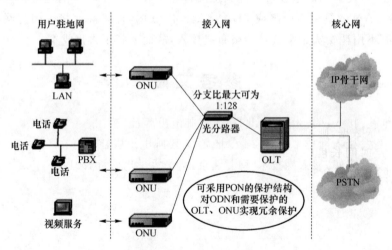

图 3-1 PON 系统结构

PON 是一种纯介质网络，避免了外部设备的电磁干扰和雷电影响，减少了线路和外部设备的故障率，提高了系统可靠性，同时节省了维护成本，是通信行业长期期待的技术。同有源系统比较，PON 具有节省光缆资源、带宽资源共享，节省机房投资，设备安全性高，建网速度快，综合建网成本低等优点。

3.1.2 PON 的工作原理

PON 使用波分复用（WDM）技术，同时处理双向信号传输，上、下行信号分别用不同的波长,但在同一根光纤中传送。OLT 到 ONU/ONT 的方向为下行方向,反之为上行方向,下行方向采用 1 490 nm,上行方向采用 1 310 nm(见图 3-2)。

下行时 OLT 可以随时发送数据给任意 ONU。发送数据时,OLT 采用广播方式,ONU 则根据接收帧中的逻辑链路标识符识别并只接收属于自己的数据包,如图 3-3 所示。如果

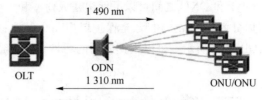

图 3-2 PON 系统信号传输

OLT 所发送的数据帧是针对网络中所有 ONU 的时候,则 OLT 会在数据帧前插入一个广播 LLID,此 LLID 可被所有 ONU 识别、接收。

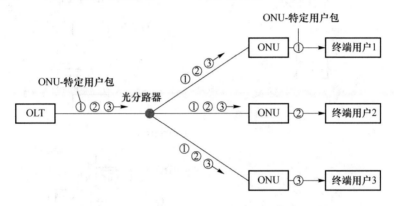

图 3-3 PON 下行数据传输方式

在上行方向,OLT 在同一时间只能接收一个 ONU 的数据,如果两个 ONU 同时向 OLT 发送数据,则 OLT 不能正确接收数据(ONU 发送冲突)。上行时把光纤的占用按一定时间长度分成时段,在每一个时段,只有一台 ONU 能够占用光纤向 OLT 发送数据,其余 ONU 则关闭激光器。如果给每个 ONU 分配固定的时隙,会因为业务的突发性使带宽利用率大幅度下降,故目前普遍采用集中式仲裁方法确定每个 ONU 的发送时隙,发送过程如图 3-4 所示。

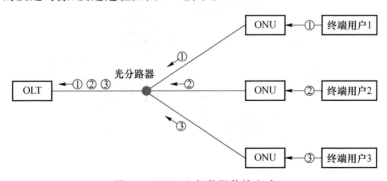

图 3-4 PON 上行数据传输方式

3.1.3 PON 网络拓扑

OLT 和 ONU 之间可以灵活组建成树型和总线型拓扑结构,根据保护方式的不同还可以分为主干保护树型、全保护树型和全保护总线型等拓扑结构,如图 3-5(a)、(b)、(c)、(d)和(e)所示。可以根据应用的场景和保护等级灵活选择 PON 的网络拓扑结构。

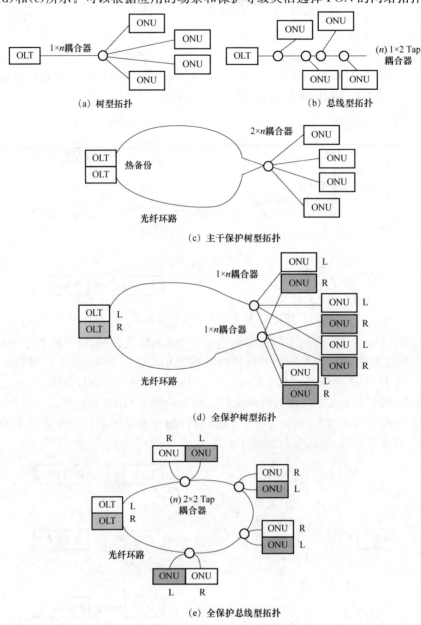

图 3-5　PON 的网络拓扑结构

3.1.4 PON中基本网络单元设备

PON中基本的网络单元设备包括OLT、ODN和ONU。

1. OLT

在PON技术应用中,OLT设备是重要的局端设备,用于连接光纤干线的终端设备,它实现的功能是:

(1)与前端(汇聚层)交换机用网线相连,转化成光信号,用单根光纤与用户端的分光器互联;

(2)实现对用户端设备ONU的控制、管理、测距等功能;

(3)OLT和ONU一样,也是光电一体的设备;

(4)向ONU(光网络单元)以广播方式发送以太网数据。

PON无源光网络系统中的局端设备(OLT),还是一个多业务提供平台,同时支持IP业务和传统的TDM业务。放置在城域网边缘或社区接入网出口,收敛接入业务并分别传递到IP网。

OLT除了具有业务汇聚的功能外,还是集中网络管理平台,在OLT上可以实现基于设备的网元管理和基于业务的安全管理和配置管理,不仅可以监测、管理设备及端口,还可以进行业务开通和用户状态监测,而且还能够针对不同用户的QoS/SLA要求进行带宽分配。

OLT路由功能测试方法可用CDRouter进行全自动测试。OLT设备的接口如图3-6所示。

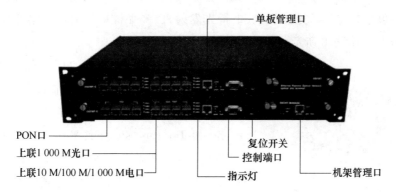

图 3-6 OLT 设备及接口

2. ODN

ODN(Optical Distribution Network,光分配网)位于OLT和ONU之间,其定

界接口为紧靠 OLT 的光连接器后的 S/R 参考点和 ONU 光连接器前 R/S 参考点，如图 3-7 所示。

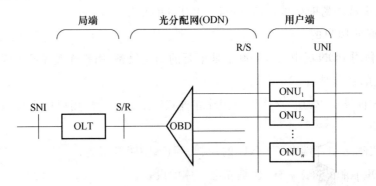

图 3-7　ODN 定界接口

从网络结构来看，光分配网由馈线光缆、光分路器、配线光缆及入户光缆组成，它们分别由不同的无源光器件组成，主要的无源光器件有：

（1）单模光纤；

（2）光分路器（Optical Branching Device，OBD）；

（3）光纤连接器，包括活动连接器和冷接子。

光分配网（ODN）的基本功能是将一个光线路终端（OLT）和多个光网络单元（ONU）连接起来，提供光信号的双向传输。

3. ONU

ONU（Optical Network Unit，光网络单元）分为有源光网络单元和无源光网络单元。一般把装有包括光接收机、上行光发射机、多个桥接放大器网络监控的设备称为光节点，如图 3-8 所示。

图 3-8　ONU 设备

ONU 是 PON 系统的用户侧设备，通过 PON 用于终结从 OLT 传送来的业务，与 OLT 配合，ONU 可向相连的用户提供各种宽带服务，如 Internet surfing、VoIP、HDTV、Video Conference 等业务。ONU 作为 FTTx 应用的用户侧设备，是"铜缆时代"过渡到"光纤时代"所必备的高带宽高性价比的终端设备。ONU 作为用户有线接入的终极解决方案，在将来 NGN（下一代网络）整体网络建设中具有举足轻重的作用。

3.1.5 PON 典型应用

1. 商业用户宽带接入升级

早期商业用户的宽带需求采用光纤收发器的点对点方式来提高传输距离和传输速率。利用 PON 技术可以对这种 P2P 方式进行升级改造,具体方案如图 3-9 所示。

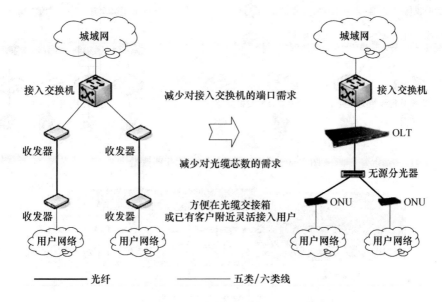

图 3-9 商业用户接入升级方案

利用 OLT、无源分光器和 ONU 代替了收发器接入系统。从图 3-9 可以看出,这种改造方案有效减少了对交换机端口的需求。光缆的用量也大大下降,有效节约了线路资源,布线相对方便,故网络开通的速率也大大提高,方便了在光缆交接箱或已有客户附近的用户灵活接入。

2. 住宅小区用户接入

住宅用户宽带接入,从小区中心机房交换机到大楼配线柜交换机之间早期一般是采用一对 100 M 的光收发器进行传输,从大楼配线柜到每家每户采用 5 号线。这种模式显然满足不了当下对宽带应用的需求。对于这种已有 5 号线接入的住宅小区,利用 PON 升级改造时,到户接入部分的 5 号线可以不动,在城域网汇聚设备和大楼配线柜之间采用 PON 网络,如图 3-10 所示。

对于新建小区,按照新的国标要求,一律要光纤到户,布局设计更为简单,每个家庭配置一个 ONU 提供数据业务,如图 3-11 所示。

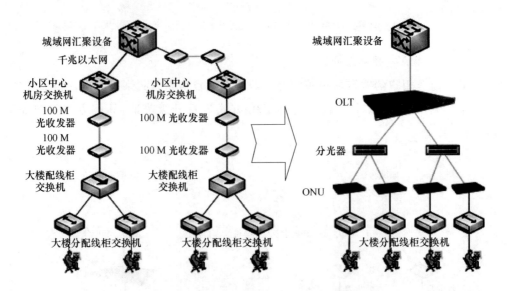

图 3-10　小区宽带接入的 FTTH 改造

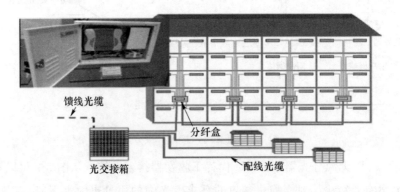

图 3-11　新建小区 FTTH 建设模式

3. 视频监控

为了构建大治安格局,推动城市信息化建设,视频监控由模拟监控、模数混合到网络监控再到智能监控,将推动视频监控业务逐步走向 IP 网络化、高清化,其发展势必对网络承载提出更高的要求,如图 3-12 所示。

而随着现代城市向多职能化发展,城市布局日趋复杂,地面监控点有上百、数百个甚至成千上万个,要保证职能部门在第一时间掌握实时、清晰高品质的视频图像,就突现出光纤资源的紧张。但是在城市功能日趋强大的今天,重新敷设光缆成本非常昂贵,各方的协调更是困难重重。为解决"平安城市"建设中光纤资源紧张问题,促进我国视频监控事业的发展,可将电信领域先进可靠的无源光网络技术——PON

引入到视频监控领域,如图 3-13 所示。

图 3-12　视频监控的发展方向

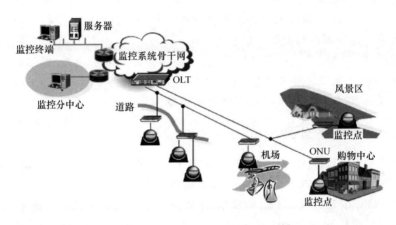

图 3-13　视频监控的 PON 接入网络

PON 接入符合视频监控大带宽、高质量和高稳定的海量多场景接入需求,是最好的技术选择。相对交换机和 WiFi 方案,无源网络更可靠,系统扩展性更强、更灵活,覆盖范围更广,3 种接入方式的比较如表 3-1 所示。

表 3-1　视频监控的接入技术比较

比较项	PON 接入	交换机接入	WiFi 接入
适用场景	全场景	全场景	适合不便于布线的场景,比如低速移动或危险场景
接入带宽	GPON 提供 2.5 G(上行)/1.25 G(下行)带宽 EPON 提供 1.25 G(上行)/1.25 G(下行)带宽 升级可支持 10 Gbit/s 或更高带宽	FE/GE 100 M/1 000 M 光电接口	802.11n 支持 54～300 Mbit/s 带宽,其他制式带宽更低

比较项	PON 接入	交换机接入	WiFi 接入
传输距离	<20 km	在仅有以太接口的情况下,支持最长 100 m 有效距离	受天线、型号功率、天气、障碍物、干扰等诸多因素影响,一般在百米量级
可靠性	无源光网络,故障率非常低	有源设备,故障率相对较高	受诸多因素影响,一般而言近距离可靠性更高
组网及供电	分光器任意处分纤,组网灵活分光器无须供电,传输中无须供电	有源设备,需要全程供电	无线接入点 AP 需要供电

PON 技术承载数字非压缩视频,是数字非压缩视频光端机技术与 PON 技术的完美结合,在组网形态、光纤资源、视频质量、可靠性等诸多方面具有无可比拟的优越性,是一种全新的视频接入层传输解决方案。PON 网络作为视频监控的承载网,能够实时回传监控画面与数据;采用 Type B/Type C/Type C 双归属线路保护,保证网络可靠性;采取 MAC 地址绑定技术,防止前端摄像头非法更换,保障视频流可靠安全。QOS 技术保障多业务质量,采用 CBR(上行支持不同类型 T-CONT)技术保障视频监控带宽,提高视频监控业务视频流质量。

3.1.6 PON 的分类

目前主要的 PON 技术主要分为窄带 PON、APON/BPON(ATMPON/宽带 PON)、EPON(以太网 PON)、GPON(吉比特 PON)和 WDM PON 等。

窄带 PON 在 ITU-TG.982 中规定,主要用于承载最高 2 Mbit/s 速率、以电路型为主的业务(如传统的语音、窄带数据专线等),目前还没有新的应用。APON/BPON 的国际标准为 ITU-TG.983,其核心是 ATM 技术,特点是技术成熟,但没有大规模的商用。BPON 最初被称为 APON,即 ATM(Asynchronous Transfer Mode)技术与 PON 技术的结合,由 FSAN(Full Service Access Networks)提出,作为基本的传输技术 APON 能够为用户提供更低的开销,更强的鲁棒性以及更加自由的解决方案。随着研究的进展逐步增加了对动态带宽分配、扩展的波长分配、增强的生存性、ONT 控制管理接口(OMCI)等机制,因此 ITU-T 将 APON 改为涵盖面更广的BPON。BPON 的下行速率有 622 Mbit/s 和 155 Mbit/s 两种,上行速率为155 Mbit/s,典型的分路比为 1:32,传输距离最长可达 20 km。从长远的业务发展趋势看,ATM 化的无源光网络/宽带无源光网络(APON/ BPON)可用带宽远远不够。以 FTTC 为例,尽管典型主干下行速率可达 622 Mbit/s,但分路后实际可分到每个用户的带宽却大大减小,按 32 路计算,每一个分支的可用带宽仅剩 19.5 Mbit/s,再按 10 个用户共享计算,则每个用户仅能分到约 2 Mbit/s,远远不够现在各种业务的带宽需求,未来不会有大的发展。

EPON 以以太网为载体,采用点到多点结构、无源光纤传输方式,下行速率目前可达到 10 Gbit/s,上行以突发的以太网包方式发送数据流。考虑 PON 是一种点到多点的物理、逻辑拓扑结构,而传统的以太网是点到点的协议,所以如何在点到多点的 EPON 中传送点到点的以太网协议,是以太网需解决的技术问题。此外 EPON 技术中还需解决的问题包括:点到多点的光系统中突发模式传送的问题,PON 中不同 ONU 与 OLT 的距离相差较大,需要解决到达 OLT 光信号强度的巨大偏差问题,解决非授权 ONU 的累积噪声对授权 ONU 发出的光信号的干扰问题,EPON 中带宽共享和动态带宽分配的处理问题,窄带语音和宽带业务在 EPON 中的兼容等问题。

GPON 技术是基于 ITU-TG.984.x 标准的最新一代宽带无源光综合接入技术,具有高带宽、高效率、大覆盖范围、用户接口丰富等众多优点,被大多数运营商视为实现接入网业务宽带化、综合化改造的理想技术。PON 技术起源于 1995 年并逐渐形成 ATM-PON 技术标准,PON 是英文"无源光网络"的缩写;而 GPON(Gigabit-Capable PON)最早由 FSAN 组织于 2002 年 9 月提出,ITU-T 在此基础上于 2003 年 3 月完成了 ITU-TG.984.1 到 G.984.2 的制定,2004 年 2 月到 6 月完成了 G.984.3 的标准化,从而最终形成了 GPON 的标准族。基于 GPON 技术的设备基本结构与已有的 PON 类似,也是由局端的 OLT(光线路终端)、用户端的 ONT/ONU(光网络终端或称作光网络单元),连接前两种设备的单模光纤(SMfiber)和无源分光器(Splitter)组成的 ODN(光分配网络)以及网管系统组成。

APON/BPON、EPON、GPON 等都属于 TDM PON 技术,即不同用户(ONU)的数据是采用时分多址接入(Time Division MultipleAccess,TDMA)方式。随着 WDM 技术的发展,目前又出现了 WDM PON 技术,在 WDM PON 系统中,不同用户(ONU)的数据是采用各自独立的波长来接入的。与 TDM PON 相比,WDM PON 在点对多点的光纤物理网络上实现点对点的逻辑结构,具有用户独享带宽、能够实现更高带宽、扩展性更强的特点,而且不需要测距、动态带宽分配、下行数据加密、突发模式等复杂机制,具有良好的发展前景。

3.2　EPON

3.2.1　EPON 简介

无源光网络(PON)的概念由来已久,它具有节省光纤资源、网络协议透明等特点,在光接入网中扮演着重要的角色。同时,以太网(Ethernet)技术经过二十年的发展,以简便实用,价格低廉的特性,几乎完全统治了局域网,并在事实上被证明是 IP 数据包的最佳载体。随着 IP 业务在城域和干线传输中所占的比例不断攀升,以太网也在通过传输速率、可管理性等方面的改进,逐渐向接入、城域甚至骨干网上渗透。

而以太网与 PON 的结合，产生了以太网无源光网络（EPON），它同时具备了以太网和 PON 的优点，正成为光接入网领域中的热门技术。

3.2.2 EPON 协议的层次结构

EPON 采用点到多点结构、无源光纤传输，在以太网之上提供多种业务。它在物理层采用 PON 技术，在链路层使用以太网协议，利用 PON 的拓扑结构实现了以太网的接入。因此，它综合了 PON 技术和以太网技术的优点：低成本，带宽高，扩展性强，灵活快速的服务重组，与现有以太网的兼容性，方便的管理等。

从标准上看，吉比特以太网与 EPON 同属于 IEEE 802.3，只是位于不同的章节，但很多要求都是一致的，EPON 在吉比特以太网相关要求的基础上，规定了点对多点专用的物理层，并在数据链路层中增加了点对多点控制和 OAM 的相关要求。

如图 3-14 所示，EPON 协议对应于 OSI 网络分层模型的数据链路层和物理层。从吉比特以太网的协议层次结构（如图 3-15 所示）对比可以看出，在数据链路层中，EPON 的 MAC 子层与吉比特以太网相同，但引入了多点 MAC 控制子层和 OAM 子层。

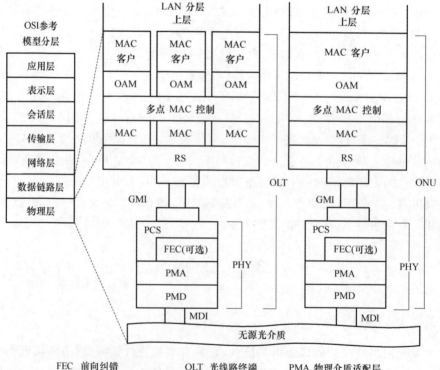

图 3-14　EPON 协议参考模型

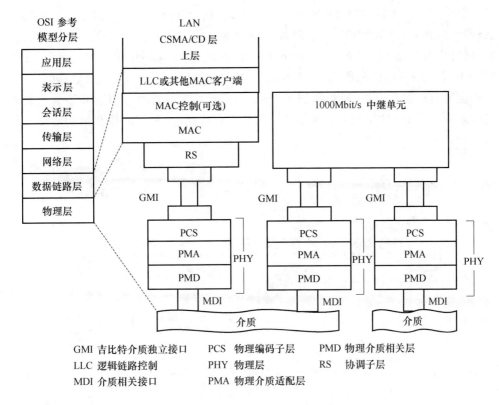

图 3-15 吉比特以太网协议参考模型

多点 MAC 控制子层的主要作用是在点对多点的物理网络中实现点对点的逻辑链路,使 OLT 能够与多个 ONU 之间进行正常的数据收发。

OAM 子层提供了链路级的性能及状态监视、故障诊断和定位的手段。在物理层中,EPON 协议在架构上与吉比特以太网相同,但根据点对多点的要求定义了 PMD 子层,同时对 RS、PCS、PMA 子层做了少量扩展。

对 RS 子层的扩展主要是利用以太网前导码(Preamble)中的两个字节作为逻辑链路表示(LLID)。对 PCS 子层的扩展主要包括两方面:第一,支持点对多点系统的上行突发模式的要求;第二,为提高光链路预算,规定了前向纠错(FEC)机制。对 PMA 子层的扩展包括时钟恢复和时延抖动方面的一些具体要求。

总之,EPON 采用了多种成熟和广泛应用的以太网机制,并结合 PON 网络的特点进行扩展,可以看作是运行在点对多点拓扑上的吉比特以太网。

3.2.3　EPON 多点控制协议的机制

EPON 是运行在点对多点拓扑上的吉比特以太网,因此需要在吉比特以太网 MAC 子层功能的基础上增加点对多点控制机制,其基本工作原理如图 3-16 和

图 3-17所示。在下行方向,OLT 采用广播方式,把发往任意一个 ONU 的数据都广播到所有 ONU,而每个 ONU 根据数据帧中的 LLID 接收属于自己的数据帧并转发,同时丢弃其他 ONU 的数据帧;而在上行方向,EPON 系统采用时分多址(TD-MA)方式,每个 ONU 只能在 OLT 分配的特定时隙(Time Slot)中发送数据帧,每一个特定时刻只能有一个 ONU 发送数据帧,否则产生时隙冲突,导致 OLT 无法正确接收数据。对 ONU 发送上行数据帧的时隙进行控制,就是多点控制机制的主要作用之一。

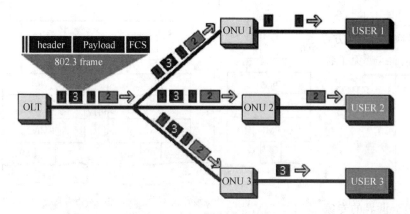

图 3-16　下行数据帧传输原理

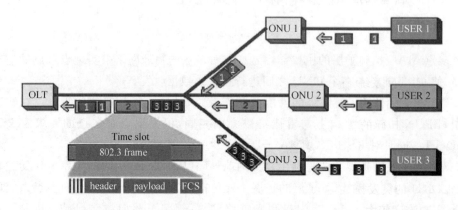

图 3-17　上行数据帧传输原理

PON 媒质的性质是共享媒质和点到点网络的结合,在下行方向,拥有共享媒质的连接性,而在上行方向其行为特性就如同点到点网络。

下行方向:OLT 发出的以太网数据报经过一个 1∶n 的无源光分路器或几级分路器传送到每一个 ONU,n 的典型取值在 4～64 之间(由可用的光功率预算所限制)。这种行为特征与共享媒质网络相同。在下行方向,因为以太网具有广播特性,与 EPON 结构和匹配,OLT 为已注册的 ONU 分配 PON-ID,OLT 广播数据包,由各个 ONU 监测到达帧的 PON-ID,以决定是否接收该帧,目的 ONU 有选择的提取,如果该帧所含的 PON-ID 和自己的 PON-ID 相同,则接收该帧,反之则丢弃。

上行方向:由于无源光合路器的方向特性,任何一个 ONU 发出的数据包只能到达 OLT,而不能到达其他的 ONU。EPON 在上行方向上的行为特点与点到点网络相同,但是,不同于一个真正的点到点网络,在 EPON 中,所有的 ONU 都属于同一个冲突域——来自不同的 ONU 的数据包如果同时传输依然可能会冲突。因此在上行方向,EPON 需要采用某种仲裁机制来避免数据冲突。

上行采用时分多址接入(TDMA)技术:OLT 接收数据前比较 LLID 注册列表;每个 ONU 在由局方设备统一分配的时隙中发送数据帧,分配的时隙补偿各个 ONU 距离的差距,避免了各个 ONU 之间的碰撞。

3.2.4　EPON 技术发展

EPON 是一种新兴的宽带接入技术,它通过一个单一的光纤接入系统,实现数据、语音及视频的综合业务接入,并具有良好的经济性。业内人士普遍认为,FTTH 是宽带接入的最终解决方式,而 EPON 也将成为一种主流宽带接入技术。由于 EPON 网络结构的特点,宽带入户的特殊优越性,以及与计算机网络天然的有机结合,使得全世界的专家都一致认为,无源光网络是实现"三网合一"和解决信息高速公路"最后一公里"的最佳传输媒介。

2000 年 11 月,IEEE 成立了 802.3 EFM(Ethernet in the First Mile)研究组,业界有 21 个网络设备制造商发起成立了 EFMA,实现 Gbit/s 以太网点到多点的光传送方案,所以又称 GEPON(GigabitEthernet PON),EFMA 标准 IEEE 802.3ah。

10G-EPON 系统采用更高速率的传输技术,下行方向为 10 Gbit/s,显著提高了系统的下行传输能力。具体而言,IEEE 802.3av 规定了两种速率模式:10 Gbit/s 下行、1 Gbit/s 上行的非对称模式(10/1GBase-PRX),10 Gbit/s 上下行对称模式(10GBase-PR)。

对称 10G-EPON 系统的上行方向数据速率是 10 Gbit/s 且必须工作于突发模式,对 ONU 的突发模式光发送机和 OLT 的突发模式光接收机的指标提出了较高的要求,实现难度较大。

10G-EPON 标准规定了更高的链路光功率预算(Power Budget),除了与 1G-EPON(为了与 10G-EPON 区分,本节中采用 1G-EPON 特指吉比特级速率的 EPON)相同的 20 dB、24 dB 外,还根据实际组网的需要,定义了 29 dB 的光功率预算,10G-EPON 光功率预算具体包括以下 3 种:

(1) 20 dB(PRX10、PR10),传输能力的标称值为 10 km,1∶16 分光。

(2) 24 dB(PRX20、PR20),传输能力的标称值为 20 km,1∶16 分光或 10 km,1∶32 分光。

(3) 29 dB(PRX30、PR30),传输能力的标称值为 20 km,1∶32 分光。

10G-EPON 采用 64 B/66 B 编码,效率为 97%,与 1G-EPON 的 8B/10B(效率为 80%)相比有了明显提升。10G-EPON 的 FEC 功能采用 RS(255,223)编码,可增加光功率预算 5～6 dB,与 1G-EPON 的 RS(255,239)编码相比能力更强。

为了实现 10G-EPON 与 1G-EPON 的兼容和网络的平滑演进,IEEE 802.3av 标准在波长分配、多点控制机制方面都有专门的考虑,以保证 10G-EPON 与 1G-EPON 系统在同一 ODN 上的共存。

如图 3-18 所示,在波长规划方面,为了实现与 1G-EPON 的兼容,10G-EPON 没有使用 1G-EPON 系统所使用的 1 480～1 500 nm 的下行波长,同时考虑避开模拟视频波长(1 550 nm)和 OTDR 测试波长(1 600～1 650 nm),IEEE 802.3av 标准规定 10 Gbit/s 下行信号的波长范围为 1 575～1 580 nm(标称波长 1 577 nm)。因此,在下行方向,10 Gbit/s 信号与 1 Gbit/s 信号为 WDM 方式,而上行方向,1 Gbit/s 信号的波长范围是 1 260～1 360 nm(标称波长 1 310 nm),IEEE 802.3av 标准规定 10 Gbit/s 信号的波长范围为 1 260～1 280 nm(标称波长 1 270 nm),二者有重叠,因此不能采 WDM 方式,只能采用双速率 TDMA 方式。

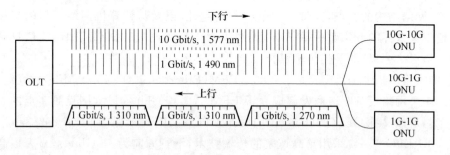

图 3-18　10G-EPON 系统的上下行波长

多点控制机制方面,IEEE 802.3av 标准对 1G-EPON 的 MPCP 协议进行扩展,增加了 10 Gbit/s 能力的通告与协商机制。在 10G-EPON 系统的发现注册过程中,OLT 在 Discovery GATE 帧中增加 Discovery Information 字节来告知 ONU 其是否支持 10 Gbit/s 速率,ONU 在 REGISTER REQ 帧中增加 Discovery Information 字节向 OLT 通告 10 Gbit/s 速率的支持能力。

3.2.5　EPON 接入系统的特点

局端(OLT)与用户(ONU)之间仅有光纤、光分路器等光无源器件,无须租用机房、配备电源、有源设备维护人员,因此,可有效节省建设和运营维护成本。

EPON 采用以太网的传输格式同时也是用户局域网/驻地网的主流技术,二者具有天然的融合性,消除复杂的传输协议转换带来的成本因素。

采用单纤波分复用技术(下行 1 490 nm,上行 1 310 nm),仅需一根主干光纤和一个 OLT，传输距离可达 20 km。在 ONU 侧通过光分路器分送给最多 32 个用户，因此可大大降低 OLT 和主干光纤的成本压力。

上下行均为千兆速率，下行采用针对不同用户加密广播传输的方式共享带宽，上行利用时分复用（TDMA）共享带宽。高速宽带，充分满足接入网客户的带宽需求，并可方便灵活的根据用户需求的变化动态分配带宽。

点对多点的结构，只需增加 ONU 数量和少量用户侧光纤即可方便地对系统进行扩容升级，充分保护运营商的投资。

EPON 具有同时传输 TDM、IP 数据和视频广播的能力，其中 TDM 和 IP 数据采用 IEEE 802.3 以太网的格式进行传输，辅以电信级的网管系统，足以保证传输质量。通过扩展第三个波长（通常为 1 550 nm）即可实现视频业务广播传输。

EPON 目前可以提供上下行对称的 1.25 Gbit/s 的带宽，并且随着以太技术的发展可以升级到 10 Gbit/s。在北京举办的 2009 中国 FTTH 高峰发展论坛上，中兴通信就发布了全球首台"对称"10G-EPON 设备样机。

3.2.6　EPON 关键技术

EPON 技术由 IEEE 802.3 EFM 工作组进行标准化，2004 年 6 月，IEEE 802.3EFM 工作组发布了 EPON 模板标准——IEEE 802.3ah（2005 年并入 IEEE 802.3—2005 标准）。在该标准中将以太网和 PON 技术相结合，在无源光网络体系架构的基础上，定义了一种新的、应用于 EPON 系统的物理层（主要是光接口）规范和扩展的以太网数据链路层协议，以实现在点到多点的 PON 中以太网帧的 TDM 接入。此外，EPON 还定义了一种运行、维护和管理（OAM）机制，以实现必要的运行管理和维护功能。

在物理层，IEEE 802.3—2005 规定采用单纤波分复用技术（下行 1 490 nm，上行 1 310 nm）实现单纤双向传输，同时定义了 1000 BASE-PX-10 U/D 和 1000 BASE-PX-20 U/D 两种 PON 光接口，分别支持 10 km 和 20 km 的最大距离传输。在物理编码子层，EPON 系统继承了吉比特以太网的原有标准，采用 8B/10B 线路编码和标准的上下行对称 1 Gbit/s 数据速率（线路速率为 1.25 Gbit/s）。

在数据链路层，多点 MAC 控制协议（MPCP）的功能是在一个点到多点的 EPON 系统中实现点到点的仿真，支持点到多点网络中多个 MAC 客户层实体，并支持对额外 MAC 的控制功能。MPCP 是通过在 MAC 控制层增加子层来实现的。MPCP 主要处理 ONU 的发现和注册，多个 ONU 之间上行传输资源的分配、动态带宽分配，统计复用的 ONU 本地拥塞状态的汇报等。

利用其下行广播的传输方式，EPON 定义了广播 LLID（LLID＝0xFF）作为单拷贝广播（SCB）信道，用于高效传输下行视频广播/组播业务。EPON 还提供了一种可选的 OAM 功能，提供一种诸如远端故障指示和远端环回控制等管理链路的运行机制,用于管理、测试和诊断已激活 OAM 功能的链路。此外,IEEE 802.3—2005 还定义了特定的机构扩展机制,以实现对 OAM 功能的扩展,并用于其他链路层或高层应用的远程管理和控制。

相对于 BPON 和 GPON,EPON 协议简单,对光收发模块技术指标要求低,因此系统成本较低。另外,它继承了以太网的可扩展性强,对 IP 数据业务适配效率高等优点,同时支持高速 Internet 接入,语音、IPTV、TDM 专线甚至 CATV 等多种业务综合接入,并具有很好的 QoS 保证和组播业务支持能力,是目前建设高质量接入网的重要备选技术之一。

3.3　GPON

GPON(Gigabit-Capable PON)为千兆无源光网络或称为吉比特无源光网络,GPON 技术是基于 ITU-TG.984.x 标准的最新一代宽带无源光综合接入标准,具有高带宽、高效率、大覆盖范围、用户接口丰富等众多优点,被大多数运营商视为实现接入网业务宽带化,综合化改造的理想技术。

3.3.1　GPON 简介

GPON 最早由 FSAN 组织于 2002 年 9 月提出,ITU-T 在此基础上于 2003 年 3 月完成了 ITU-TG.984.1 和 ITU-TG.984.2 的制定,2004 年 2 月和 6 月完成了 ITU-TG.984.3 的标准化,从而形成了 GPON 的标准族。基于 GPON 技术的设备基本结构与已有的 PON 类似,也是由局端的 OLT(光线路终端),用户端的 ONT/ONU(光网络终端或称作光网络单元),连接前两种设备的单模光纤(SM fiber)和无源分光器(Splitter)组成的 ODN(光分配网络)以及网管系统组成。

对于其他的 PON 标准而言,GPON 标准提供了前所未有的高带宽,下行速率高达 2.5 Gbit/s,其非对称特性更能适应宽带数据业务市场,提供 QoS 的全业务保障,同时承载 ATM 信元和(或)GEM 帧,有很好的提供服务等级、支持 QoS 保证和全业务接入的能力。承载 GEM 帧时,可以将 TDM 业务映射到 GEM 帧中,使用标准的 8 kHz(125 μs)帧能够直接支持 TDM 业务,如图 3-19 所示。作为电信级的技术标准,GPON 还规定了在接入网层面上的保护机制和完整的 OAM 功能。

GPON 传输网络可以是任何类型,如 SONET/SDH 和 ITU-T G.709(ONT),用户信号可以是基于分组的(如 IP/PPP,或 Ethernet MAC)或持续的比特速率,或其他类型的信号;而 GFP 则对不同业务提供通用、高效、简单的方法进行封装,经由同步的网络传输,对于最靠近用户的接入层来说,GPON 具有前所未有的高比特率、高带宽;而其非对称特性更能适应未来的 FTTH 宽带市场。因为使用标准的8 kHz (125 μs)帧,从而能够直接支持 TDM 业务。

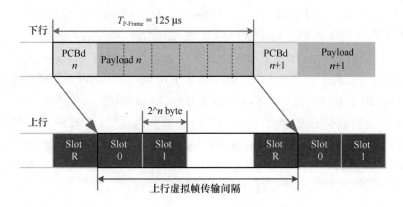

图 3-19　GPON 帧结构

3.3.2　GPON 工作机制

GPON 拥有高速宽带及高效率传输的特性。GPON 采用全新的传输汇聚层协议"通用成帧协议"(Generic Framing Protocol,GFP)实现多种业务码流的通用成帧规程封装;另一方面又保持了 ITU-T G.983 中与 PON 协议没有直接关系的许多功能特性,如 OAM 管理、DBA 等。

GPON 采用定长的帧结构,上下行均为 125 μs,下行速率为 2.488 32 Gbit/s,下行帧的长度为 38 880 B。对于 1.244 16 Gbit/s 的上行速率,上行帧的长度为 19 440 B。

如图 3-20 所示,GFP 基本的帧格式主要由两部分组成:4 B 的帧头(Core Header)和 GFP 净负荷(其范围从 4~65 535B),Core Header 域由 2 B 的帧长度指示(PDU Length Indicator,PLI)和 2 B 的帧头错误检验(Header Error Check,HEC)组成。

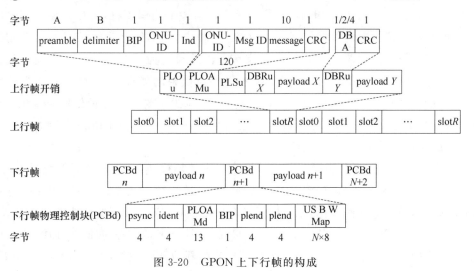

图 3-20　GPON 上下行帧的构成

　　PCBd可分为7个部分：Psync用于帧同步，Ident用于指示复帧及是否采用下行FEC，PLOAMd用于承载下行PLOAM消息，BIP（Bit-Interleaved Parity）为比特交织校验。ONU将收到的BIP字段与计算接收数据流得到的BIP进行对比，可以判断是否存在误码，两个连续的Plend用于指示BW Map（BandWidth Map）字段长度，而BW Map用于上行带宽分配，GTC净荷由GEM帧组成。

　　GPON上行帧为突发方式，每一个上行突发帧，包括3个部分：一个"上行物理层开销（Physical Layer Overhead upstream，PLOu）"，可细分为前导码、定界符、ONU-ID、BIP、Ind（用于ONU实时状态报告，包括紧急PLOAM消息等待、上行FEC指示、远端缺陷指示）等字段，PLOAMu用于承载上行PLOAM消息，以及若干"上行带宽报告（Dynamnic Bandwidth Report upstream，DBRu）"和GTC净荷。

　　GFP的净负荷中又分为净负荷的帧头（Payload Header）、净负荷本身及4 B的FCS（Frame Check Sequence）可选项。Payload Header用来支持上层协议对数据链路的一些管理功能，由类型（Type）域及其HEC检验字节和可选的GFP扩展帧头（Extension Header）组成，在Type域中提供了GFP帧的格式、在多业务环境中的区分以及Extension Header的类型。目前，GFP定义了3种Extension Header（Null、Linear、Ring），分别用于支持点对点和环网逻辑链路上的GFP帧的复用，在相应的Extension Header域中会给出源/目的地址、服务类别、优先权、生存时间、通道号、源/目的MAC端口地址等。当没有数据包传输时，GFP会插入空闲帧（Idle Frame），Idle Frame是一种特殊的GFP控制帧，只有4 B的Core Header（PLI值为0）。

　　GFP简单灵活尤其适合于在字节同步通信信道上传输块编码和面向分组的数据流，它成功吸收了ATM中基于帧描述的差错控制技术来适应固定或可变长度的数据业务。GFP不需要预先处理客户的字节流，不需要像8 B/10 B或64 B/66 B那样需要插入数据控制比特，也不需要HDLC帧结构中的标志符，它仅依赖于当前净荷载的长度及帧边界的差错控制校验，有效的确认这两类信息并在GFP的帧头中传输是决定数据链路同步及进入下一帧字节数的关键。为了方便在同一时间里处理到达的随机字节块，GFP充分减少了数据链路解映射的处理，通过使用具有低比特错误率的新型光纤来作为传输介质，GFP进一步减少了收端的逻辑处理。这减少了运行的复杂性，使得GFP特别适合于点到点的SONET/SDH的高速传输链路及OTN的波长信道。

　　GFP允许执行共存于同一传输信道中的多传输模式：一种模式是帧映射GFP，这种模式适合于PPP、IP、MPLS及以太网业务；另一种模式是透明映射GFP，它可用于对延迟敏感的存储域网，也可用于光纤信道、FICON及ESCON业务。

　　总之，GPON继承了ITU-T G.983的成果，具有丰富的业务管理能力。GPON的核心基础是GFP，它具有覆盖任何可能出现的新业务的适配能力，包括数字视频、存储网络(SAN)、电子商务等。GPON 具有面向未来的、可升级的多业务环境,能为将来的业务提供清晰的转移路线,而不需要中断和改变现有的 GPON 设备,也不需要以任何方式改变其传输层。

3.3.3　10G-PON

10G-PON(10-Gigabit Passive Optical Network)系统采用了更高速率的传输技术。其中,10G-PON1 的速率为 10 Gbit/s 下行、2.5 Gbit/s 上行,10G-PON2 采用 10 Gbit/s 对称速率。10G-PON1 包括 4 种链路预算,其中 N1 Class 为 14~29 dB, N2 class 的 16E1Class 为 18~33 dB,E2Class 为 20~35 dB。10G-PON1 采用了更强的 FEC,其中,下行算法为 RS(248,216),上行算法为 RS(248,232)。FEC 的实现在上下行方向都是可能的,而其使用在下行是必选的、上行是可选的。

10G-PON1 的 10 Gbit/s 下行信号的波长范围为 1 575~1 580 mn(标称波长 1 577 nm),这与 10G-EPON 相同,有利于共用光模块;10G-PON1 的 2.5 Gbit/s 上行信号的波长范围为 1 260~1 280 nm(标称波长 1 270 nm),而对于 GPON 的 1.25 Gbit/s 上行信号通常采 ITU-TG.984.5 规定的“缩减波段(Reduced Wave-length Band)”,即 1 290~1 330 nm(标称波长 1 310 nm),这样 10G-PON1 和 GPON 的上行信号能够以波分方式实现共存。

10G-PON 系统的封装方法采用 10GEM(10G-PON Encapsulation Method)。考虑到 10G-PON 系统可能支持更多的 ONU 和用户,在 TC 层对 ONU-ID、Alloc-lD 及 10GEM Port ID 的范围进行了扩展,其中,ONU-ID 从 GPON 的 8 bit 扩展为 10 bit, Alloc-ID 从 GPON 的 12 bit 扩展为 14 bit,10GEM Port ID 从 GPON 的 12 bit 扩展为 16 bit。

3.3.4　GPON 的应用

GPON 相关终端产品与 EPON 基本类似,主要分为以下三种:

(1) 面向大客户、商业用户为主的 FTTH/FTTO 类终端,一般称 SFU/SBU 型 ONU。PON 口下行光纤经过分光器后直连到用户 ONU,一个 ONU 仅供一个用户使用,用户数据业务通过 FE 或 GE 口上行,安全性好,成本也高,一般针对高端用户和商业用户。

(2) 面向集中的新建小区或中高端居民区为主的 FTTB 类终端,一般称 MDU (LAN)型 ONU,一般几户到几十户共用一个 ONU 终端,用户数据业务通过 FE 口上行,也能提供较大接入带宽。

(3) 面向集中的中低端居民区、厂区为主的 FTTC 类终端,一般称 MDU(DSL) 型 ONU,一般几十户到几百户共用一个 ONU 终端,用户数据业务通过电缆线上行,提供 ADSL/ADSL2＋等接入速率。

　　GPON 主要采用的组网方式除 ONU 直接入户以外，还包括 FTTX＋LAN 和 FTTX＋DSL 两种。FTTX＋LAN 利用 ONU 提供的 FE/GE 口，接入楼道交换机或企业网关等设备的方式，灵活调整企业机关对内外网访问的不同带宽需求；FTTX＋DSL 则利用 ONU 提供的 FE/GE 口接入 DSLAM 设备，灵活利用光纤资源，扩大传统接入网设备的覆盖范围。GPON 上下行最大速率为 2.488 32 Gbit/s，可提供对称和非对称的带宽需求。支持最大分光比 1∶128，局端 OLT 到下行 ONU(ONT)最大逻辑距离 60 km。GPON 传输网络支持如下对称和非对称的线路速率选择，如表 3-2 所示。

表 3-2　GPON 上下行速率表

上行速率(up)，单位 Gbit/s	下行速率(down)，单位 Gbit/s
0.155 52	1.244 16
0.622 08	1.244 16
1.244 16	1.244 16
0.155 52	2.488 32
0.622 08	2.488 32
1.244 16	2.488 32

3.4　EPON 和 GPON 的技术比较

　　EPON 和 GPON 各有千秋，从性能指标上 GPON 要优于 EPON，但由于 IEEE 的 EPON 标准化工作比 ITU-T 的 GPON 标准化工作开展得早，而且 IEEE 的关于 Ethernet 的 802.3 标准系列已经成为业界的最重要的标准，使得 EPON 拥有了时间和成本上的优势，GPON 正在迎头赶上，展望未来的宽带接入市场也许并非谁替代谁，应该是共存互补。对于带宽、多业务，QoS 和安全性要求较高以及 ATM 技术作为骨干网的客户，GPON 会更加适合。

3.4.1　技术参数比较

　　GPON 和 EPON 的技术差别很小，两者的区别主要是接口，其交换、网元管理、用户管理都是类似，甚至相同的。比较而言，GPON 在多业务承载、全业务运营上更有优势，这主要是由于 GPON 标准是 FSAN 组织制定的，而 FSAN 是运营商主导的。

表 3-3　EPON 与 GPON 技术参数的比较

性能	GPON	EPON
下行线路速率(Mbit/s)	1 244/2 488	1250
上行线路速率(Mbit/s)	155/622/1 244/2 488	1250
线路编码	NRZ	8B/10B
以太网传送效率	上行 93%,下行 94%	上行 61%,下行 73%
分路比	64:128	32:64
最大传输距离(km)	60	20
TDM 支持能力	TDM over ATM 或 Packet	TDM over Ethernet
视频支持能力	支持有线电视和 IPTV	不支持有线电视
安全性	支持高级封装标准(AES)	未定义
管理(OAM)	提供标准 ONT 管理控制标准	以太(可选 SNMP)

3.4.2　QoS 比较

服务质量(Quality of Service,QoS)指一个网络能够利用各种基础技术,为指定的网络通信提供更好的服务能力,是网络的一种安全机制,是用来解决网络延迟和阻塞等问题的一种技术。在正常情况下,如果网络只用于特定的无时间限制的应用系统,并不需要 QoS,比如 Web 应用或 E-mail 设置等。但是对关键应用和多媒体应用就十分必要,当网络过载或拥塞时,QoS 能确保重要业务量不受延迟或丢弃,同时保证网络的高效运行,在 RFC 3644 上有对 QoS 的说明。

EPON 在 MAC 层 Ethernet 报头增加了 64 字节的多点控制协议(Multi Point Control Protocol,MPCP),MPCP 通过消息、状态机和定时器来控制访问 P2MP 点到多点的拓扑结构,实现 DBA 动态带宽分配。MPCP 涉及的内容包括 ONU 发送时隙的分配、ONU 的自动发现和加入、向高层报告拥塞情况以便动态分配带宽。MPCP 提供了对 P2MP 拓扑架构的基本支持,但是协议中并没有对业务的优先级进行分类处理,所有的业务随机的竞争带宽。

GPON 则拥有更加完善的 DBA,具有优秀 QoS 服务能力。GPON 将业务带宽分配方式分成 4 种类型,优先级从高到低分别是固定带宽(Fixed)、保证带宽(Assured)、非保证带宽(Non-Assured)和尽力而为带宽(Best Effort)。DBA 又定义了业务容器(Traffic Container,T-CONT)作为上行流量调度单位,每个 T-CONT 由 Alloc-ID 标识,每个 T-CONT 可包含一个或多个 GEM Port-ID。T-CONT 分为 5 种业务类型,不同类型的 T-CONT 具有不同的带宽分配方式,可以满足不同业务流对时延、抖动、丢包率等不同的 QoS 要求。T-CONT 类型 1 的特点是固定带宽固定时隙,对应固定带宽(Fixed)分配,适合对时延敏感的业务,如话音业务;类型 2 的特点是固定带宽但时隙不确定,对应保证带宽(Assured)分配,适合对抖动要求不高的固定带宽业务,如视频点播业务;类型3的特点是有最小带宽保证又能够动态共享富余带宽,并有最大带宽的约束,对应非保证带宽(Non-Assured)分配,适合于有服务保证要求而又突发流量较大的业务,如下载业务;类型4的特点是尽力而为(Best Effort),无带宽保证,适合于时延和抖动要求不高的业务,如WEB浏览业务;类型5是组合类型,在分配完保证和非保证带宽后,额外的带宽需求尽力而为进行分配。从以上分析可以看出QoS方面,GPON技术是优于EPON技术。

3.4.3 成本分析

在芯片方面,EPON继承了以太网"简单即是美"的优良传统,尽量只做最小的改动来提供增加的功能。EPON从技术角度"进入门槛"很低,容易吸引大批厂商加入EPON产业联盟;GPON芯片功能比较复杂,需要全新设计封装格式,GPON芯片厂商数量太少,芯片价格也难以下降。在这方面,ATM就是一个前车之鉴。

在光模块方面,由于GPON的光模块要满足很高的突发同步指标,对模块中的驱动和前后放大器芯片的要求很高,还要满足三类ODN的功率预算,对ONU发射机功率和OLT接收机的灵敏度也有很高要求,只能采用DFB发射机和APD的接收机,而它们的成本几乎是EPON模块中使用的传统FP发射机和PIN接收机的6倍。

从技术上看,EPON设计原则就是以牺牲性能(如带宽、速度)来降低技术复杂度和实现难度,从而可以较好地控制初期成本;从技术适应场景看,EPON技术比较适合互联网接入的应用类型。

GPON在成本上难以和EPON竞争。不过从另一个角度看,不能简单地说GPON比EPON成本高,如果以单个光口计,GPON比EPON贵;但是从整体建网成本计,GPON要便宜。这是因为从带宽、业务的支持能力看,每GPON端口能够接入64个、甚至128个用户,而每EPON端口只能接入32个用户。此外,在实际网络建设中,局端设备的成本占比小于10%,OLT则占到50%,而运营商看重的主要是建网成本,而不是设备成本。

3.4.4 成熟度比较

我国从EPON国际标准制订一开始就把EPON列入国家的863重大项目,支持国内厂商对EPON的关键技术进行攻关,2004年初完成863项目的验收,之后滚动投入二期资金支持优秀厂商进行EPON系统的商业化推广。中国电信运营商在固网方面一直具有较大优势,国内EPON的行业使用规范就是由中国电信率先制定的,这部规范也成为国内EPON建设的指导规范。与EPON相比,GPON的产业链还不完整,成熟度稍逊一些。

由于网络建设规模相对较大,EPON 的技术简单,技术成熟较早,而且由于商用进程的领先,EPON 在互联互通方面具有相对优势。EPON 技术简单有效,成熟稳定,尤其是针对中低端客户和住宅用户,相对 ADSL(非对称数字用户线路)而言具有很大优势。

3.4.5　业务性能与 OAM 比较

GPON 标准由 FSAN 组织制定,ITU-T 颁布。FSAN(Full Service Access Networks,全业务接入网)联盟是由运营商主导的光接入标准论坛,其主要成员是网络运营商、设备制造商以及作为观察员的业内资深专家,GPON 技术提供语音、数据和视频等三网融合业务能力,GPON 是由运营商推动建立的标准,对带宽、业务承载、管理和维护等考虑得更多。GPON 拥有比 EPON 更高的带宽,覆盖范围更广,可以承载更多的业务种类,更完善的操作维护功能,由于考虑了较多的高等级业务支持,初期成本较高。从技术适应场景看,GPON 技术比较适合全业务运营和三网融合的应用类型。GPON 能够提供较高的带宽效率,具有传输时钟等能力,并且能够在网络运维以及网络综合管理等方面满足运营商更高的要求。

EPON 没有对 OAM 进行过多考虑,只是简单地定义了对 ONT 远端故障指示、环回和链路监测,并且是可选支持。

GPON 在物理层定义了 PLOAM(Physical Layer OAM),高层定义了 OMCI(ONT Management and Control Interface),在多个层面进行 OAM 管理。PLOAM 用于实现数据加密、状态检测、误码监视等功能。OMCI 信道协议用来管理高层定义的业务,包括 ONU 的功能参数集、T-CONT 业务种类与数量、QoS 参数,请求配置信息和性能统计,自动通知系统的运行事件,实现 OLT 对 ONT 的配置、故障诊断、性能和安全的管理。故在运营管理层 OAM 面来讲 GPON 是优于 EPON 的。

3.4.6　EPON 与 GPON 应用比较

GPON 和 EPON 各有千秋,适用范围各有不同,应用场景也有重叠的地方,展望未来的宽带接入市场也许并非谁替代谁,应该是共存互补。对于带宽、多业务,QoS 和安全性要求较高以及 ATM 技术作为骨干网的客户,GPON 会更加适合;而对于成本敏感,QoS 和安全性要求不高的客户群,EPON 成为主导。

在住宅用户 FTTB 应用方面会产生重叠,都能满足宽带提速应用需求;在 FTTH 应用场景下,特别是在全业务运营场景下 GPON 更具优势(更高的带宽能力:2.55 倍于 EPON 下行带宽,1.37 倍于 EPON 上行带宽;更高的分光比 1∶128),组网成本比 EPON 更低。

实际上,在建网和组网的过程中,GPON 和 EPON 的建设模式并没有太大区别,只不过是运营商在宽带接入上面临的技术选择而已。从当前看来,GPON 的业务提供能力与 EPON 基本一致,目前还没有出现 GPON 能做,而 EPON 做不了的业务接入。

由于技术特点不一样,EPON 和 GPON 技术实际是两个不同的市场应用,EPON 技术比较适合互联网接入的应用类型,GPON 技术比较适合全业务运营和三网融合的应用类型。从商业角度看,这其实是两个细分市场,不过从终端用户角度看,不管是 EPON、GPON,其实对用户都是不可见的,尤其是 FTTB 建设模式,用户家里的终端设备,只看到了以太网接口和电话接口,不需要考虑 GPON 和 EPON 的事情。

3.5 PON 应用中实际问题

PON 系统提供的话音业务,相比传统 PSTN 设备提供的语音业务,还是有一些缺点的,除软交换系统所共有的时延、话音质量等问题外,PON 系统因为自身的组网特点和技术特点,还存在一些特有的问题,在一定程度上影响了用户感知,导致运营商很多大客户营销人员在跟用户讨论组网方案时谈 PON 色变,这些问题的有效解决,将大大提高运营商在 PON 网络使用上的信心。

3.5.1 PON 网络的保护性问题

PON 网络的先天点到多点的树形结构,决定了网络的保护实施是非常困难的。PON 保护主要有以下两种解决方案,主干光缆保护方式及全保护方式。

这两种方式都要求 OLT 具备 1+1 冗余 PON 端口,第一种方式要求采用 2∶N 的分光器,第二种方式采用要求 ONU 具备双光口,无论哪种方式投资都相对较大,并且实现业务保护非常复杂,这也违背了选择 PON 网络简单、廉价的初衷。考虑到目前固网投资匮乏的现状,运营商可选择除个别用户的分光器使用 2∶N 分光器外,其他绝大部分 PON 无保护方式,相比于原来模块局、V5 接入网在传输上通过 SDH 环保护,以及传统 AG 接入方式的双上联保护,PON 网络无疑具有很大的隐患,同时也制约了很多中高端用户使用 PON 网络提供更高带宽的服务。

3.5.2 ONU 的供电问题

基础电信业务,要求提供不间断的服务,所以必须配备后备电源。当电信设备遭遇停电,短期可通过蓄电池供电,时间稍长则必须启动油机进行供电。但是在 PON 网络中,其网络结构决定了 ONU 必然具有数量巨大、网点分散的特点,这给 ONU 配备后备电源带来了极大的困难。对于 ONU 的不间断供电问题,主要有两种解决方案。

① 本地备电:即给 ONU 配备交流 UPS 或直流蓄电池,本地备电的局限性是成

本高,电源与电池管理1 000～1 500元,电池350～500元,大量配备投资巨大。体积和重量大,无法在某些比较狭窄的安装位置使用;易被盗,电池本身价值比较高,如配置在室外的模块,有被盗的风险;寿命短,蓄电池工作在40 ℃以上寿命不足1年;维护费用高,至少1年要维护一次,需考虑物料成本和人力成本。

② 混合线缆远供:远供电源放于中心机房经过配电,使用远供电源将−48 V直流电升压到220 V左右,进行远程传输到用户端为MDU供电,传输介质可选择电力线或复合光缆,该方式的问题主要是有损耗。一般使用1 mm和1.5 mm的电缆进行供电,供电效率一般在70％～80％之间,其中线径越大,供电效率越高;ONU功率约大,供电效率越低。

安全性,安全生产要求信号线盒电力线必须分别铺设,复合光缆有较大的安全隐患,如光缆和电缆分开铺设,则会大幅提高建设成本。由此可见,目前两种解决方案都存在缺陷,ONU的备电在行业内还是一个难题,尚无完善的解决方案。

3.5.3　网管和运维的挑战

运营商的传统接入层的模块局、接入网,网点少,设备种类少,维护人员使用Excel表格就可以进行统计管理,而现在庞大的PON网络必须依靠OSS系统来管理,这就要求PON网管要通过北向接口和OSS系统进行对接,由OSS系统向网管下发指令,对相关网元进行配置。早期的OLT、ONU配置参数的下发速度慢、效率低,很难满足业务快速开通的要求,很多还依靠维护人员手工配置,而且管理上、技术上还存在漏洞,经常会出现漏发、错发相关参数的问题。至于与软交换上相关配置的同步,至今还没有实现,还需要由维护人员手工完成。

PON的大量使用,其点到多点的网络结构,以及光纤传输的特点,极大地冲击着原有的"母局—光缆—接入网—线路"的运维管理思路,尤其是网络末端的维护工作,由偏重铜缆逐渐转变为偏重设备、光缆,这就要求运维力量向接入层转移,加强培训,提高网络末端维护人员的技术水平。从现实情况看,情况并不乐观,大部分线路维护人员只能对ONU设备上的出现的故障进行简单的定位,而接入层也没有足够的人员为他们提供技术支持,出现故障时疲于奔命,处理效率低,严重依赖设备厂家技术支撑的现象非常严重。

3.6　总　　结

无论GPON还是EPON,都属于千兆比特级的PON系统。与EPON力求简单的原则相比,GPON更注重多业务和QoS保证。GPON的标准更加完善,管理层的互通性定义使得OLT厂商的网络管理系统具有对其他厂商的ONU进行正常的认证、配置管理、故障管理、性能管理、安全管理等完善的OAM功能,因此更易受运营商的青睐。但从实际情况来看,由于 GPON 标准复杂且开发较晚,产品成熟度相对要低,在现有技术基础上,要想以可以接受的成本来实现完全符合标准要求的设备还需要一定的时间。而 EPON 由于标准较为宽松和技术实现较为简单,又继承了以太网技术的大量优点,在当前具有很强的现实发展意义。

从应用场景看,EPON 凭借成本的优势比较适合大量部署中低端用户 FTTB,如个人住宅、一般企事业单位等,而 GPON 凭借技术优势适合于部署高端用户 FTTH/O,如高档商务写字楼、别墅区等。

总之,抛开各种现实情况单纯讨论和比较 EPON 和 GPON 技术的理想实现情况并没有多大的现实意义。充分认清 EPON 和 GPON 的技术定位,让它们在以后的共同运用中各尽其能、互为补充、协调发展,发挥更大更好的市场效应才是关键。对于运营商而言,要合理区分市场,积极实验,稳步投资,积累经验,为全光接入网的大规模部署做好准备。从长远来看,我国的发展趋势将从宽带点到点以太网光纤系统和 EPON 开始,最终过渡到 GPON 阶段。

参 考 文 献

[1] 郭世满,马蕴颖,郭苏宁.宽带接入技术及应用[M].北京:北京邮电大学出版社,2006.

[2] 阎德升.EPON-新一代宽带光接入技术与应用[M].北京:机械工业出版社,2007.

[3] 华为技术有限公司研发部.PON 技术培训教材[Z].深圳:华为技术有限公司,2009[2014-06-01].

[4] 山东联通研发中心.山东联通 PSTN 网络改造策略研究[Z].山东:山东联通研发中心,2010[2014-06-03].

[5] 赵嘉.无源光网络主流技术及其应用[D].南京:南京邮电大学,2013.

第 4 章　FTTx 中的光纤光缆

4.1　概　　述

光纤是光导纤维的简写,是一种由玻璃或塑料制成的纤维,可作为光传导工具,传输原理是光的全反射。

光纤呈圆柱形,由纤芯、包层和涂覆层 3 部分组成,如图 4-1 所示。

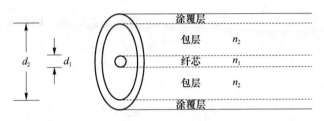

图 4-1　光纤结构

(1) 纤芯。纤芯位于光纤的中心部位,单模光纤的芯径一般为 $8\sim10\ \mu m$,多模光纤的芯径一般为 $50\ \mu m$ 或 $62.5\ \mu m$。纤芯是光波的主要传输通道,其成分是高纯度 SiO_2,此外,还掺有极少量的掺杂剂(如二氧化锗 GeO_2,五氧化二磷 P_2O_5),其作用是适当提高纤芯对光的折射率(n_1),用于传输光信号。

(2) 包层。包层位于纤芯的周围(直径 $d_2=125\ \mu m$),其成分也是含有极少量掺杂剂的高纯度 SiO_2,掺杂剂(如三氧化二硼 B_2O_3)的作用是适当降低包层对光的折射率 n_2),使之低于纤芯的折射率,$n_1>n_2$ 是光纤结构的关键,它使得光信号封闭在纤芯中传输。

(3) 涂覆层。光纤的最外层为涂覆层,包括一次涂覆层,二次涂覆层。一次涂覆层一般使用紫外线光固化的丙烯酸酯、有机硅或硅橡胶材料,二次涂覆层一般多用聚丙烯或尼龙等高聚物。涂覆的作用是保护光纤不受水汽侵蚀和机械擦伤,同时又增加了光纤的机械强度与可弯曲性,起着延长光纤寿命的作用,涂覆后的光纤其外径约 $250\ \mu m$。

纤芯的粗细、纤芯材料和包层材料的折射率对光纤的特性起着决定性的影响。由纤芯和包层组成的光纤称为裸纤,它的强度、柔韧性较差,在它从高温炉拉出后 2 秒内进行涂覆,经过涂覆后的光纤制成光缆,才能满足通信传输的要求。我们通常所说的光纤就是指这种经过涂覆后的光纤。

4.2 光纤原理

光是一种频率极高的电磁波,而光纤本身是一种介质波导,因此,光在光纤中的传输理论是十分复杂的,要想全面地了解它,需要应用电磁场理论、波动光学理论、甚至量子场论方面的知识。但作为一个光纤通信系统工作者,无须对光纤的传输理论进行深入探讨与学习,为了便于理解,我们从几何光学的角度来讨论光纤的导光原理,这样会更加直观、形象、易懂。更何况对于多模光纤而言,由于其几何尺寸远远大于光波波长,所以可把光波看作成为一条光线来处理,这正是几何光学处理问题的基本出发点。

4.2.1 折射和折射率

光线在不同的介质中以不同的速度传播,看起来就好像不同的介质以不同的阻力阻碍光的传播,描述介质的这一特征的参数就是折射率,或称折射指数。所以,如果 v 是光在某种介质中的速度, c 是光在真空中的速度,那么折射率 $n=c/v$,表 4-1 中给出了一些介质的折射率。

表 4-1 不同介质的折射率

材料	空气	水	玻璃	石英	钻石
折射率	1.003	1.33	1.52~1.89	1.43	2.42

在折射率为 n 的介质中,光的所有特性将发生变化。光传播速度变为 c/n,光波长变为 λ_0/n(λ_0 表示光在真空中的波长)。

当一条光线从空气中照射到物体表面(如玻璃)时,不仅它的速度会减慢,它在介质中的传播方向也会发生变化。所以,折射率可以根据光从一种介质进入另一种介质时的弯曲程度来测量。通常,当一条光线照射到两种介质相接的边界时,入射光线分成两束:反射光线和折射光线(如图 4-2 所示)。

现在问题出现了:折射光线和反射光线的方向是什么呢? 为了得到答案,我们需要对特定角度确定的方向进行观察: θ_1 是入射角, θ_3 是反射角, θ_2 是折射角,这些角度是光线和与边界垂直线之间的角度,它们之间的关系由光射入的介质决定。菲涅耳定律给出了定义这些光线方向的规则:

$$\theta_1 = \theta_3 \tag{4-1}$$

$$n_1 \sin\theta_1 = n_2 \sin\theta_2 \tag{4-2}$$

当光从折射率较大的介质(如玻璃)进入折射率较小的介质(如空气)时,会出现什么情况呢? 如图 4-3 所示,当入射角 θ_1(见图中虚线箭头)达到一定值时,折射角 θ_3

（见图中虚线箭头）等于 $90°$，光不再进入第二种介质（本例中是空气），这时入射角被
称为临界角。如果继续增加入射角使 $\theta_1 > \theta_c$，所有的光将反射回入射介质（见图中实
线箭头），这一现象被称为全反射现象，光传输正是应用全反射原理才得以实现。

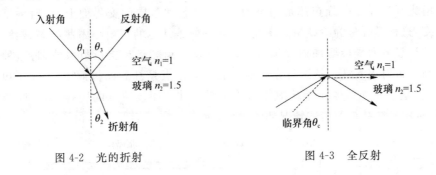

图 4-2　光的折射　　　　　　　　　　　图 4-3　全反射

4.2.2　传输功率的分配与模场直径

了解光纤传输功率在纤芯包层中的分配是有实际意义的。对于某一模式来说，
在理想情况下，其电磁场能量应完全被封闭在纤芯中，沿轴向传输，但实际上，在光
纤的纤芯与包层的交界面处，电磁场并不为零，因此，光纤中传输的能量（用功率来
表示）并非全部包含在纤芯中，纤芯的直径不能反映光纤中光能量的分布，于是提出
了模场直径的概念。模场直径是指描述单模光纤中光能集中程度的参量，模场直径
越小，通过光纤横截面的能量密度就越大。当通过光纤的能量密度过大时，会引起
光纤的非线性效应，造成光纤通信系统的光信噪比降低，大大影响系统性能。因此，
对于传输光纤而言，模场直径（或有效面积）越大越好。能量在包层中所占比例的大
小和该模式的归一化频率 ν 有关，当 ν 远离截止频率越大时，它的能量将越聚集在纤
芯中；当 ν 越趋近截止频率 ν_c 时，能量将越容易跑到包层中。关于模场直径的定义
和测量将在下一章叙述。

4.3　光纤分类

光纤的基本结构尽管大致相同（如图 4-1 所示），但它的种类繁多，通常可以按工
作波长、折射率分布、传输模式、材料性质和套塑方法等分成不同的种类。

4.3.1　按传输波长分类

按传输波长不同，光纤可分为短波长光纤和长波长光纤，短波长光纤的波长为
$0.85\ \mu m$（$0.8{\sim}0.9\ \mu m$），长波长光纤的波长为 $1.3{\sim}1.6\ \mu m$，主要有 $1.31\ \mu m$ 和 $1.55\ \mu m$ 两
个窗口。波长为 $0.85\ \mu m$ 的多模光纤以前主要用于短距离市话中继线路或专用通信网
等线路，现在已基本很少使用，长波长光纤主要用于干线网、城域网和接入网的传输。

4.3.2 按折射率分布分类

在纤芯和包层横截面上,折射率剖面有两种典型的分布:一种是纤芯和包层折射率沿光纤半径方向分布都是均匀的,而在纤芯和包层的交界面上,折射率呈阶梯形突变,这种光纤称为阶跃折射率光纤;另一种是纤芯的折射率不是均匀常数,而是随纤芯半径方向坐标增加而逐渐减少,一直渐变到等于包层折射率值,将这种光纤称为渐变折射率光纤。这两种光纤剖面的共同特点是纤芯的折射率 n_1 大于包层折射率 n_2,这也是光信号在光纤中传输的必要条件。比较特殊的还有三角型、双包层型等,常用光纤结构及传输情况如图 4-4 所示。

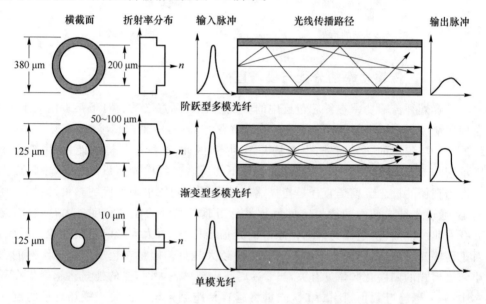

图 4-4　三种基本类型的光纤

阶跃型多模光纤(Step-Index Fiber,SIF)如图 4-4 所示,纤芯折射率为 n_1 保持不变,到包层突然变为 n_2。光线以折线形状沿纤芯中心轴线方向传播,特点是信号畸变大。

渐变型多模光纤(Graded-Index Fiber,GIF)如图 4-4 所示,在纤芯中心折射率最大为 n_1,沿径向向外逐渐变小,直到包层变为 n_2。光线以正弦形状沿纤芯中心轴线方向传播,特点是信号畸变小。这种光纤一般纤芯直径 $2a$ 为 50 μm,包层直径 $2b$ 为 125 μm。

单模光纤(Single-Mode Fiber,SMF)如图 4-4 所示,折射率分布和突变型光纤相似,纤芯直径只有 8～10 μm,包层直径仍为 125 μm。光线以直线形状沿纤芯中心轴线方向传播。因为这种光纤只能传输一个模式,所以称为单模光纤,其信号畸变很小。

4.3.3　按套塑结构分类

根据光纤的套塑结构不同,有紧套光纤和松套光纤两种,如图 4-5 所示。紧套光纤就是在一次涂覆的光纤上再紧紧地套上一层尼龙或聚乙烯等塑料套管,光纤在套管内不能自由活动。紧套光纤的预涂覆,即一次涂覆层厚度为 $5\sim40\ \mu m$,缓冲层厚度为 $100\ \mu m$ 左右;二次涂覆层,即尼龙塑层,外径为 $60\sim90\ \mu m$。松套光纤,就是在光纤涂覆层外面再套上一层塑料套管,光纤可以在套管中自由活动,松套光纤又称光固化环氧树脂一次涂层光纤。紧套光纤的耐侧压能力不如松套光纤,但其结构相对简单,无论是测量还是使用都比较方便;松套光纤的耐侧压能力和防水性能较好,且便于成缆。有些骨架式光缆不用松套管,而是将光纤直接置于光缆骨架的纤槽内。

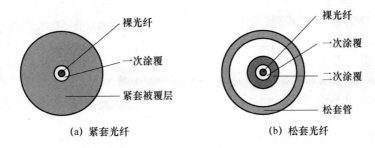

(a) 紧套光纤　　　　　　　　　(b) 松套光纤

图 4-5　紧套光纤和松套光纤

4.3.4　按传输模式分类

根据光纤中传输模的数量不同,光纤可分为多模光纤和单模光纤。传播模式是指光在光纤中传播时的电磁场分布形式,一种电磁场分布称为一个传播模式,换句话说,如果能够看到光纤内部的话,会发现一组光束以不同的角度传播,传播的角度从零到临界角 α_c,传播的角度大于临界角 α_c 的光线穿过纤芯进入包层(不满足全反射的条件),最终能量被涂覆层吸收,如图 4-6 所示。这些不同的光束称为模式,通俗地讲,模式的传播角度越小,模式的级越低。所以,严格按光纤中心轴传播的模式称为基模,其他与光纤中心轴成一定角度传播的光束皆称为高次模。

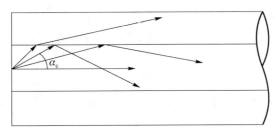

图 4-6　光在阶跃折射率光纤中的传播

1. 多模光纤

光纤中传输多种模式时,这种光纤被称为多模光纤,如图 4-7 所示。由于多模光纤的纤芯直径较粗,既可以采用阶跃折射率分布,也可以采用渐变折射率分布,目前多采用后者。多模光纤中存在着模式色散,使其带宽变窄,但是制造、连接、耦合比较容易。

2. 单模光纤

光纤中只传输一种模式(基模),如图 4-8 所示,其余的高次模全部截止,这种光纤被称为单模光纤。光在单模光纤中的传播轨迹,简单地讲,是以平行于光纤中心轴线的形式以直线传播,单模光纤芯径极细,其折射率分布一般采用阶跃折射率分布。

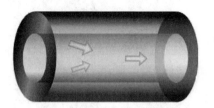 

图 4-7　多模光纤传输模式　　　　　图 4-8　单模光纤传输模式

因为光在单模光纤中仅以一种模式(基模)进行传播,其余的高次模全部截止,从而避免了模式色散的问题,故单模光纤特别适用于大容量长距离传输,但由于尺寸小,制造、连接、耦合比较困难。

4.3.5　按光纤的材料分类

根据光纤的组成材料不同,可分为石英玻璃光纤、多组分玻璃光纤、石英芯塑料包层光纤、塑料光纤。

(1)石英玻璃光纤:以二氧化硅为主要材料,适当添加改变折射率的材料制成,这种类型的光纤耐火性能高,损耗低,是目前应用最广泛的光纤。

(2)多组分玻璃光纤:由二氧化硅、氧化钠、氧化钙等多组分玻璃材料组成,这种类型的光纤损耗较低,但可靠性较差。

(3)石英芯塑料包层光纤:纤芯材料是石英,包层用硅树脂,这种类型的光纤只能在 $-50\sim +70$ ℃范围内工作。

(4)塑料光纤:纤芯和包层均由塑料制成,这种类型的光纤价格便宜,但是损耗较大,可靠性不高,其适宜的温度范围与石英芯塑料包层光纤相同。

4.4　常用单模光纤

ITU-T建议规范了 G.652、G.653、G.654、G.655、G.656 和 G.657 六种单模光纤，下面分别予以介绍。

4.4.1　G.652 光纤(非色散位移单模光纤)

按 G.652 光纤的衰减、色散、偏振模色散、工作波长范围及其在不同的传输速率的 SDH 系统的应用情况，将 G.652 光纤进一步细分为 G.652A、G.652B、G.652C 和 G.652D 四种类型。就其实质而言，G.652 光纤可分为两种，即常规单模光纤(G.652A和G.652B)和低水峰单模光纤(G.652C 和 G.652D)。

1. 常规单模光纤(G.652A 和 G.652B)

常规单模光纤于1983年开始商用。常规单模光纤的性能特点是：在 1 310 nm 波长处的色散为零；在波长为 1 550 nm 附近衰减系数最小，约为 0.22 dB/km，但在 1 550 nm附近其具有最大色散系数，为 17 ps/(nm·km)，如图 4-9 所示；这种光纤工作波长即可选在 1 310 nm 波长区域，又可选在 1 550 nm 波长区域，它的最佳工作波长在 1 310 nm 区域，光纤色散很小，系统的传输距离只受光纤损耗的限制，但这种光纤在 1 310 nm 波段的损耗较大，为 0.3~0.4 dB/km，典型值 0.35 dB/km，在1 550 nm 波段的损耗较小，典型值 0.20 dB/km。色散在 1 310 nm 波段为 3.5 ps/(nm·km)，在 1 550 nm 波段的色散较大，一般为 17~20 ps/(nm·km)。这种光纤可支持用于 1 550 nm波段的 2.5 Gbit/s 的干线系统，但由于在该波段的色散较大，当系统速率达到 2.5 Gbit/s 以上时，需要进行色散补偿，在 10 Gbit/s 时系统色散补偿成本较大，它是前期传输网中敷设最为普遍的一种光纤，这种光纤常称为"常规"或"标准"单模光纤。

2. 低水峰单模光纤(G.652C 和 G.652D)

众所周知，常规单模光纤 G.652A 和 G652B 工作波长区窄的原因是 1 383 nm 附近高的水吸收峰。在 1 383 nm 附近，常规 G.652 光纤中只要含有 10^{-9} 量级个数的 OH^- 离子就会产生几个分贝的衰减，使其在 1 350~1 450 nm 的频谱区因衰减太高而无法使用。为此，国内外著名光纤公司都纷纷致力于研究消除这一高水峰的新工艺技术，从而研发出了工作波长区大大拓宽的低水峰光纤。美国朗讯科技公司 1998 年研究出的低水峰光纤——全波光纤。

它的性能特点是全波光纤与常规单模光纤 G.652 的折射率剖面一样，所不同的是全波光纤的生产中采用一种新的工艺，几乎完全去掉了石英玻璃中的 OH^- 离子，从而消除了由 OH^- 离子引起的附加水峰衰减，如图 4-9 所示，这样，光纤即使暴露在氢气环境下也不会形成水峰衰减，具有长期的衰减稳定性。

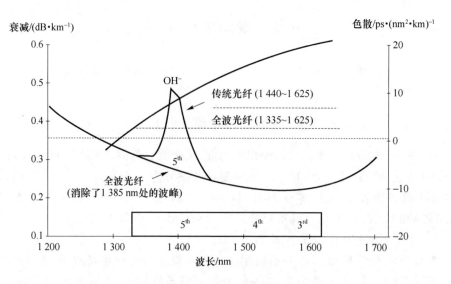

图 4-9　光纤谱衰减图

由于低水峰，光纤的工作窗口开放出第五个低损耗传输窗口，进而带来了诸多的优越性：波段宽，由于降低了水峰，使光纤可在 1 280～1 625 nm 全波段进行传输，即全部可用波段比常规单模光纤 G.652 增加约一半，同时可复用的波长数也大大增多，故 ITU 又将低水峰光纤命名 G.652C 和 G.652D 光纤，即波长段扩展的非色散位移单模光纤；色散小，在 1 280～1 325 nm 波长区，光纤的色散仅为 1 550 nm 波长区的一半，这样就易于实现高速率、远距离传输，例如，在 1 400 nm 波长附近，10 Gbit/s速率的信号可以传输 200 km，而无须色散补偿；改进网管可以分配不同的业务给最适合这种业务的波长传输，改进网络管理，例如，在 1 310 nm 波长区传输模拟图像业务，在 1 350～1 450 nm 波长区传输高速数据（10 Gbit/s）业务，在 1 450 nm以上波长区传输其他业务；系统成本低，光纤可用波长区拓宽后，允许使用波长间隔宽、波长精度和稳定度要求低的光源，合（分）波器和其他元件，网络中使用有源、无源器件成本降低，进而降低了系统的成本。G.652D 是目前应用最广泛的光纤。

4.4.2　G.653 光纤(色散位移单模光纤)

G.653 光纤也称色散位移光纤（DSF），1985 年开始商用。色散位移光纤是通过改变光纤的结构参数、折射率分布形状，力求加大波导色散，从而将最小零色散点从 1 310 nm 位移到 1 550 nm，实现 1 550 nm 处最低衰减和零色散波长一致，并且在掺铒光纤放大器 1 530～1 565 nm 工作波长区域内，系统速率可达到 20～40 Gbit/s，是单波长超长距离传输的最佳光纤，非常适合于长距离单信道高速光放大系统。

色散位移光纤富有生命力的应用场所为单信道数千里的信号传输的海底光纤通信系统。另外，陆地长途干线通信网也已敷设一定数量的色散位移光纤。

虽然,业界已证明色散位移光纤特别适用于单信道通信系统,但该光纤在 EDFA 通道进行波分复用信号传输时,存在的严重问题是在 1 550 nm 波长区的零色散产生了四波混频非线性效应。因此,WDM 系统一般不使用色散位移光纤。所以现代通信线路很少使用 G653 光纤。

4.4.3　G.654 光纤(截止波长位移单模光纤)

为了实现跨洋洲际海底光纤通信,人们又在 G.652 单模光纤基础上进一步研究出了截止波长位移单模光纤,这种光纤折射率剖面结构形状与 G.652 单模光纤基本相同。它是通过采用纯二氧化硅(SiO_2)纤芯来降低光纤衰减,靠包层掺杂氟使折射率下降而获得所需要的折射率差。与 G.652 光纤相比,这种光纤性能上的突出特点是在 1 550 nm 工作波长,衰减系数极小,一般为 0.15～0.19 dB/km,典型值为 0.185 dB/km,其零色散点仍然在 1 310 nm 附近,但在 1 550 nm 窗口的色散较高,可达 18 ps/(nm · km)。市场上已有长飞公司开发的远贝超强 G.654 光纤,其指标满足或优于 ITU-T G.654.B 标准,1 550 nm 衰减典型值为 0.165 dB/km,1 550 nm 有效面积典型值为 110 μm^2,宏弯曲性能优于 ITU-T G.657.A1 标准的产品。

4.4.4　G.655 光纤(非零色散位移单模光纤)

由于色散位移光纤(G.653)的色散零点在 1 550 nm 附近,WDM 系统在零色散波长处工作很容易引起四波混频效应,导致信道间发生串扰,不利于 WDM 系统工作。为了避免该效应,零色散波长不在 1 550 nm,而是在 1 525 nm 或 1 585 nm 处,这种光纤就是非零色散位移光纤,如图 4-10 所示。

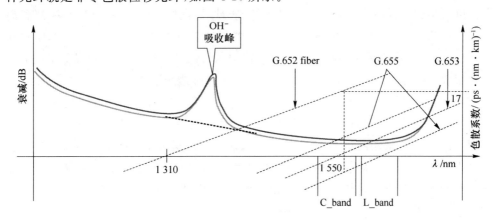

图 4-10　光纤色散衰减性能图

G.655 非零色散位移光纤的衰减一般在 0.19～0.25 dB/km,在 1 530～1 565 nm 波段的色散为 1～6 ps/(nm · km),色散较小,G.655 光纤的基本设计思想是 1 550 nm 波长区域具有合理的低色散,足以支持 10 Gbit/s 的长距离传输而无须色散补偿;同时,其色散值又必须维持非零特性来抑制四波混频和交叉相位调制等非线性效应的影响,以求 G.655 光纤适宜同时满足开通时分复用和密集波分复用系统的需要。为此,人们先后研发出了第一代非零色散位移单模光纤,又陆续开发出第二代第三代产品,如低色散斜率非零色散位移单模光纤、大有效面积非零色散位移单模光纤和色散平坦型非零色散位移单模光纤。

4.4.5　G.656 光纤(宽波长段光传输用非零色散单模光纤)

G.656 光纤是一种宽带光传输非零色散位移光纤。G.656 光纤与 G.655 光纤不同的是:具有更宽的工作带宽,即 G.655 光纤工作带宽为 1 530～1 625 nm(C＋L 波段,C 波段 1 530～1 565 nm 和 L 波段 1 565～1 625 nm),而 G.656 光纤工作带宽则是 1 460～1 625 nm(S＋C＋L 波段),将来还可以拓宽超过 1 460～1 625 nm,可以充分发掘石英玻璃光纤的巨大带宽的潜力;色散斜率更小(更平坦),能够显著地降低 DWDM 系统的色散补偿成本。G.656 光纤是色散斜率基本为零、工作波长范围覆盖 S＋C＋L 波段的宽带光传输的非零色散位移光纤。

4.4.6　新型光纤

随着通信需求的扩展,各种新型光纤技术也在不断地出现。

1. 新型多模光纤

以太网的发展对多模光纤所能支持的速率也提出了新的要求,对于万兆以太网的业务,需要有新型的多模光纤支持,据此,国内外光纤厂商先后研制并推出适用于万兆以太网的 50 μm 芯径的新型多模光纤,通过对折射率分布曲线的精确控制和消除中心凹陷,50 μm 芯径多模光纤可以改善光纤传输性能,在 850 nm 波长上可做到支持 10 Gbit/s 网络系统 500 m 以上的传输距离,在数据网络市场拥有较好的前景。

塑料光纤(Plastic Optical Fiber,POF)是用一种透光聚合物制成的多模光纤,以其芯径大、制造简单、连接方便、光源便宜等优点,正在受到宽带局域网建设者的青睐。一般在局域网工程中应用的 POF 是以全氟化的聚合物为基本组成的氟化塑料光纤。POF 生产采用的是"界面凝胶"工艺,该工艺是利用作为包层的塑料管与塑料管内作为纤芯的混合液体之间发生的"界面凝胶"作用来形成 POF 的梯度折射率分布。此种方法反应时间较长,成本较高,为进一步降低 POF 的制造成本,美国 OFS 实验室开发了一种简单的挤塑工艺来生产 PF-POF,目前,挤塑 PF-POF 的性能已经达到了相当高的水平。

2. 新型单模光纤

(1) 色散补偿光纤

色散补偿光纤(DCF)是具有大的负色散的光纤,它是针对现已敷设的 G.652 标准单模光纤而设计的一种新型单模光纤。现在大量敷设和实用的仍然是 G.652 光纤,为使已敷设的 G.652 标准单模光纤系统采用 WDM 技术,就必须将光纤的工作波长从 1 310 nm 转为 1 550 nm,而标准光纤在 1 550 nm 波长的色散不为零,是正的 17~20 ps/(nm·km),并且有正的色散斜率,所以就必须在这些光纤线路中补充具有负色散的色散补偿光纤,进行色散补偿,以保证光纤线路的总色散值近似为零,从而实现高速度、大容量、长距离的通信。

(2) G.657 光纤

G.657 光纤是弯曲不敏感光纤,它随着 FTTH 的发展而产生。众所周知接入网最后一公里的瓶颈最理想的解决方法是光纤接入,然而它要求允许的弯曲半径要很小,经研究生产出 G.657A 和 G.657B 二类光纤。G.657A 类光纤是与 G.652 光纤模场直径基本相同、具有熔接的相容性,G.657A 类光纤又分为 A1、A2 两型,G.657A1 光纤的弯曲半径为 10 mm,G.657A2 光纤的弯曲半径为 7.5 mm。G.657B 型光纤是小模场直径的光纤,它与 G.652 光纤熔接衰减损耗较大,它分为 B1、B2 和 B3 三型,分别允许的最小弯曲半径是 10 mm、7.5 mm 和 5 mm。目前通信运营商应用最多的是 G.657A2 光纤。

(3) 晶体光纤(PCF)

光子晶体光纤又称多孔光纤或微结构光纤。PCF 是由在纤芯周围沿着轴向规则排列微小空气孔构成,通过这些微小空气孔对光的约束,实现光的传导。PCF 由石英玻璃管和石英玻璃棒制成,PCF 又可分为实芯光纤和空芯光纤,前者是由石英玻璃棒和石英玻璃毛细管加热拉制而成,而后者则是由石英玻璃管和石英玻璃毛细管加热拉制形成。按照预先设计的形状(如六边形)将石英玻璃毛细管紧密地排列在作为纤芯的石英玻璃棒或一圈石英玻璃毛细管周围,即集束成棒,再通过加热拉制就可以制成所需要的 PCF。表征 PCF 性能的三个特征参数是:纤芯直径、包层空气孔直径、包层空气孔直径之间的距离,通过调整纤芯直径、包层空气孔直径、包层空气孔直径之间距离的方式,可分别制出具有低衰减、低色散、非线性效应小、保偏和小弯曲损耗等性能适用于长途通信系统的 PCF。

(4) 超低损耗光纤

超低损耗光纤为 G.652 标准光纤,使用了纯硅纤芯,在 1 550 nm 处的衰减值为 0.17~0.18 dB/km,比普通 G.652 光纤的 0.2 dB/km 指标低 0.02~0.03 dB/km,典型值为 0.168 dB/km。在联合实验中,其实测值为 0.169 dB/km,而在 2015 年康宁公司的成缆实验中,其实测值则达到了 0.160 dB/km。

严格来讲,超低损耗光纤属于 G.652B 光纤,属非低"水峰"光纤,但由于"水峰"所在的 E 波段在通信中几乎没有实际的使用,所以并不影响它在通信系统中的应用。根据实际测试,除了在 E 波段大部分频点上的衰减值高于 G.652D 光纤外,超低损耗光纤在 1 310 nm 所在的 O 波段、1 480 nm 所在的 S 波段、1 550 nm 所在的 C 波段、L 波段及 U 波段的衰减均明显低于 G.652D 光纤。

对于短距离传输，衰耗从 0.2 dB/km 降低到 0.166 dB/km(即每千米损耗降低 0.034 dB)，效果不是很明显，因为以 80 km 计算，总的衰耗值降低了 2.72 dB，可以延长传输距离 16 km。但是对于超长站距而言，以 321 km 来计算，总的衰耗值降低了 10.914 dB，则可以延长传输距离 65 km。相同衰耗条件下普通 G.652 光纤与 ULL 光纤所能传输的距离对比如图 4-11 所示。

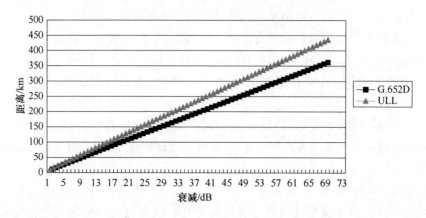

图 4-11　相同衰减下 G.652 和超低损耗光纤的传输距离对比

4.5　光缆基础知识

4.5.1　概述

光缆是为了满足光纤的光学、机械或环境的使用性能规范而制造的，它是利用置于包覆护套中的一根或多根光纤作为传输媒质并可以单独或成组使用的通信线缆组件。光缆主要是由光导纤维(细如头发的玻璃丝)和塑料保护套管及塑料外皮构成，光缆内没有金、银、铜铝等金属，一般无回收价值。

光缆是一定数量的光纤按照一定方式组成缆芯，外包有护套，有的还包覆缆芯外护层，用以实现光信号传输的一种通信线路。即由光纤(光传输载体)经过一定的生产工艺而形成的线缆。

光缆的基本结构一般是由缆芯、加强钢丝、填充物、金属铠装阻水层和护套等几部分组成，另外根据需要还可能有防水层、缓冲层、绝缘金属导线等构件，如图 4-12 所示。

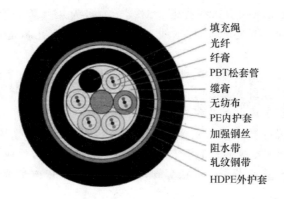

图 4-12 光缆截面图

填充绳
光纤
纤膏
PBT松套管
缆膏
无纺布
PE内护套
加强钢丝
阻水带
轧纹钢带
HDPE外护套

4.5.2 光缆类别

光缆技术经历了 40 多年的发展历程,使得光缆制造技术业已成熟,品种非常繁多,应用场合不断拓宽。因此,必须对种类繁多的光缆进行科学合理的分类,以使读者在对光缆特点有个清晰理解的基础上,按使用场所的具体要求正确合理地选择光缆。

为了便于读者理解,我们按照光缆工作的网络层次、光纤形态、缆芯结构、敷设方式、使用环境分别将光缆作大致分类,具体的类别如图 4-13 所示。

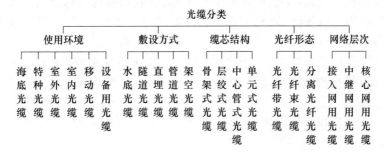

图 4-13 光缆的分类

1. 按网络层次分类

按照电信网网络功能和管理层次,公用电信网可以划分为核心网(长途端局以上部分)、中继网(长途端局与市话局之间以及市话局之间部分)和接入网(端局到用户之间部分)。由此,可根据光缆服务的网络层次将光缆分为核心网光缆、中继网光缆和接入网光缆。

核心网光缆是指用于跨省的长途干线网用的光缆。核心网光缆多为几十芯的室外直埋光缆。中继网光缆是指用于进入长途端局与市话局之间以及市话局之间中继网的光缆,中继网光缆多为几十芯至上百芯的室外架空、管道和直埋光缆。接入网光缆是指从端局到用户之间所用的光缆,接入网光缆按其具体的作用又可细分为馈线光缆、配线光缆和引入线光缆。馈线光缆多为几百至上千芯的光纤带光缆，配线光缆为几十至上百芯光缆，引入线光缆则为几芯至十几芯光缆。

2. 按光纤形态分类

按光纤在缆芯松套管中所呈现的形态是分离的单根光纤、多根光纤束和光纤带可将光缆分为分离光纤光缆、光纤束光缆和光纤带光缆。分离光纤光缆就是常用松套光缆，即若干根光纤，每根光纤在松套管中都成分离状态的光缆；光纤束光缆则是将几根至十几根光纤扎成一个光纤束后置于松套管中制成的光缆；光纤带光缆是将4芯、6芯、8芯、10芯、12芯、16芯、24芯甚至36芯的光纤带叠成一个光纤带矩阵后再置入一个大松套管或若干个大松套管，或者将4芯、6芯、8芯光纤带置入管架中所制成的大芯数光缆。

3. 按缆芯结构分类

按光缆缆芯结构的特点不同，光缆又可分为中心管式光缆、层绞式光缆、骨架式光缆和单元式光缆。中心管式光缆是将光纤或光纤束或光纤带无绞合直接放到光缆中心位置而制成的光缆；层绞式光缆是将几根至十几根或更多根光纤或光纤束或光纤带子单元围绕中心加强件螺旋绞合（S绞或SZ绞）成一层或几层式的光缆；骨架式光缆是将光纤或光纤带螺旋绞合放入骨架槽中构成的光缆；单元式光缆一般是指单芯或两芯的室内光缆。

4. 按敷设方式分类

接光缆的敷设方式，光缆可分为架空光缆、管道光缆、直埋光缆、隧道光缆和水底光缆。敷设方式的不同，对光缆结构和性能的要求截然不同，直埋光缆对抗压抗拉的性能就要求比较高，水底光缆要求保护的等级更高。

架空光缆是指光缆线路经过地形陡峭、跨越江河等特殊地形条件和城市市区无法直埋及赔偿昂贵的地段时，借助吊挂钢索或自身具有抗拉元件悬挂在已有的电线杆、塔上的光缆。

管道光缆是指在城市光缆环路，人口稠密场所和横穿马路时，穿入用来保护的聚乙烯管内的光缆。

直埋光缆是长途干线经道辽阔田野、戈壁时，直接埋入规定深度和宽度的缆沟中的光缆。

隧道光缆是指光缆线路经过公路、铁路等交通隧道的光缆，水底光缆是穿越江河湖泊水底的光缆。

由于敷设方式不同，对光缆提出的机械性能要求就不同。表4-2列出了国家标准YD/T 901—2009《层绞式通信用室外光缆》中对架空光缆、管道光缆和直埋光缆的机械特性，即允许拉伸力和压扁力的要求。

5. 按使用环境分类

按光缆使用环境场所又可将光缆分为室外光缆和室内光缆。由于光缆在室外环境中使用，要经受到各种外界的机械作用力、温度变化的影响、风雨雷电等作用，这样室外光缆必须具有足够机械强度、能够抵抗风雨雷电作用和良好温度稳定性等,其所需的保护措施更多,结构比室内光缆复杂得多。室内光缆用于室内环境中,光缆所受的机械作用力、温度变化和雨水作用很小,故室内光缆结构的最大特点是多为紧套结构、柔软、阻燃,以满足室内布线的灵活便利的要求。

表 4-2　光缆的允许拉伸力和压扁力

敷设方式	允许拉伸力(最小值)			允许压扁力(最小值)		适用光缆型式示例
	F_{ST}/G	$F_{ST}(N)$	$F_{LT}(N)$	$F_{SC}(N/100\ mm)$	$F_{LC}(N/100\ mm)$	
管道、非自乘架空	1.0	1 500	600	1 000	300	GYTA GYA GYTS GYS GYTY53 GYFTY GYFTY63
直埋（Ⅰ）	—	3 000	1 000	3 000	1 000	GYTA53 GYTY53 GYFTY63
直埋（Ⅱ）	—	4 000	2 000	3 000	1 000	GYTA53 GYTY53
水下（Ⅰ）、直埋（Ⅲ）	—	10 000	4 000	5 000	3 000	GYTA33 GYTS33
水下（Ⅱ）	—	20 000	10 000	5 000	3 000	GYTA33 GYTA333 GYTS33 GYTS333
水下（Ⅲ）	—	40 000	20 000	6 000	4 000	GYTA33 GYTS333 GYTS43

注1:敷设方式栏目下的(Ⅰ)、(Ⅱ)和(Ⅲ)用以区分允许力值的不同。

注2:F_{ST}为短暂拉伸力,F_{LT}为长期拉伸力;G为1 km 光缆重量;F_{SC}为短暂压扁力,F_{LC}为长期压扁力。

注3:同一结构型式可有不同的拉伸力要求,应在订货合同中规定。

注4:光缆派生型式的拉伸和压扁性能要求和其对应的主要型式的要求相同。

特种光缆主要有缠绕式光缆、光纤复合地线光缆、全介质自承式光缆、阻燃光缆、防白蚁光缆等。缠绕式光缆是柔性光缆,可以借助缠绕设备缠绕在高压电力线上。

光缆复合地线光缆是一种集地线和通信光纤为一体的光缆,如图 4-14 所示,其被安放在高压电力线的地线上。

图 4-14　OPGW 光缆

全介质自承式架空光缆是一种非金属加强型自承式的光缆,其借助光缆自身的附有非金属抗拉构件承受得起光缆自身的重量和外界气候,如风、冰雹等的作用,被悬挂在高压电线杆、塔上的相线下电场强度最小的位置。

阻燃光缆则是指敷设入室内外有阻燃要求场所的光缆,现阻燃泛指的是低烟、阻燃光缆。

4.6 光缆结构

4.6.1 结构类型

根据光缆结构特点光缆可分为中心管式光缆、层绞式光缆、骨架式光缆等。对各种结构类型的光缆最重要的是确保光缆生产中和使用中光纤的传输性能不会发生永久性变化。除了要选择合适的光缆基本结构类型和松套管或骨架尺寸外,还要选择好合适的光纤种类。光缆基本结构类型的选择主要依据光缆线路所处的环境的路由情况,而光纤的选型则取决于设计的传输系统的传输速率和传输容量要求。总之,光纤的种类决定了光缆线路的传输容量,光缆的结构类型则决定了光缆对外界机械和环境作用的适应性。

4.6.2 中心管式光缆

中心管式光缆结构是由一根二次被覆光纤松套管或螺旋形光纤松套管,无绞合直接放在缆中心位置,缆包阻水带和双面覆塑钢(铝)带,两根平行加强圆磷化碳钢丝或玻璃钢圆棒位于聚乙烯护层中组成的,如图 4-15 所示。按松套管中放入的是分离光纤、光纤束、光纤带,中心管式光缆可进一步分为分离光纤中心管式光缆、光纤束中心管式光缆和光纤带中心管式光缆,三种中心管式光缆的结构,如图 4-16 所示。

图 4-15 中心管式光缆

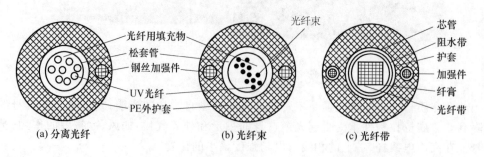

(a) 分离光纤　　　　　　　(b) 光纤束　　　　　　　(c) 光纤带

图 4-16 中心管式光缆结构

中心管式光缆结构的优点是光缆结构简单、制造工艺简捷,光缆截面小、重量轻,很适宜架空敷设,也可用于管道或直埋敷设,中心管式光缆的缺点是缆中光纤芯数不宜多(如分离光纤为12芯、光纤束为36芯、光纤带为216芯),另外若松套管挤塑工艺中松套管冷却不够,成品光缆中松套管会出现变大,光缆中光纤余长不易控制。

4.6.3　层绞式光缆

通信用层绞式光缆结构是由4根或更多根二次被覆光纤松套管(或部分填充绳)绕中心金属加强件绞合成圆整的缆芯,缆芯外先缆包复合铝带并挤上聚乙烯内护套,再缆包阻水带和双面覆膜皱纹钢(铝)带加上一层聚乙烯外护层组成,如图4-17所示。

图 4-17　层绞式光缆

按松套管中放入的分离光纤或光纤带,层绞式光缆又可分为分离光纤层绞式光缆和光纤带层绞式光缆,它们的结构如图4-18所示。

层绞式光缆的结构特点是光缆中容纳的光纤数多,光缆中光纤余长易控制、光缆的机械、环境性能好,它适宜于直埋、管道敷设,也可用于架空敷设。层绞式光缆结构的缺点是光缆结构复杂、生产工艺环节多、工艺设备较复杂、材料消耗多等。

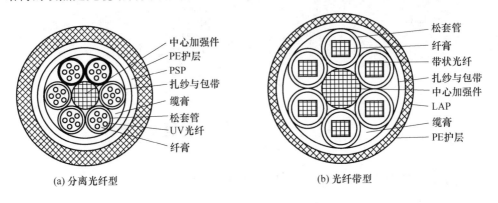

(a) 分离光纤型　　　　　　　　　　　(b) 光纤带型

图 4-18　通信用层绞式光缆

4.6.4　骨架式光缆

骨架式光缆在国内仅限于干式光纤带光缆。将光纤带以矩阵形式置于 U 型螺旋骨架槽或 SZ 螺旋骨架槽中,阻水带以绕包方式缠绕在骨架上,使骨架与阻水带形成一个封闭的腔体如图 4-19 所示。当阻水带遇水后,阻水粉吸水膨胀产生一种阻水凝胶屏障,阻水带外再纵包上双面覆塑钢带,钢带处挤上聚乙烯外护层,图 4-20 所示为骨架式光纤带光缆结构。

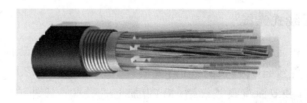

图 4-19　骨架式光缆

骨架式光纤带光缆的优点是结构紧凑,缆径小,光纤芯密度大(上千芯甚至数千芯),施工接续中无须清除阻水油膏,减少了油膏对环境的影响,接续效率高。干式骨架式光纤带光缆适用于在接入网、局间中继、有线电视网络中作为传输馈线。骨架式光纤带光缆的缺点是制造设备复杂(需要专用的骨架生产线),工艺环节多,生产技术难度大等。

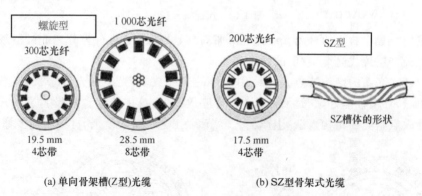

图 4-20　骨架式光纤带光缆结构

4.7　光缆的命名规范

4.7.1　型号的组成内容、代号及意义

光缆型号一般由型式代号和规格代号两大部分组成,如果需要,还可以加上特殊性能标识。型式由 5 个部分构成,各部分均用代号表示,如图 4-21 所示。其中结构特征是指光缆缆芯结构和光缆派生结构。

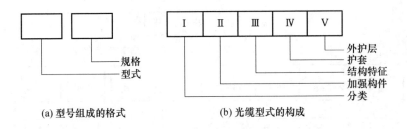

(a) 型号组成的格式　　　　(b) 光缆型式的构成

图 4-21　光缆的型号和型式构成

1. 分类的代号

光缆按适用场合分为室外、室内、室内外和其他类型四大类,每一大类下面还细分成小类,主要分类及其代号如图 4-22 所示。

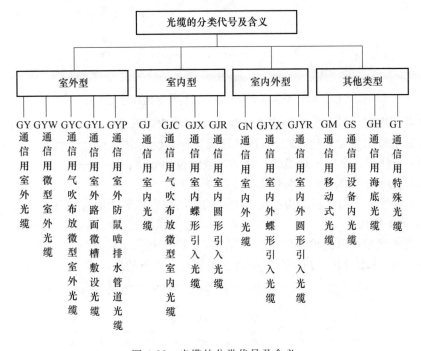

图 4-22　光缆的分类代号及含义

2. 加强构件的代号

加强构件指护套以内或嵌入护套中用于增强光缆抗拉力的构件:

- (无符号)——金属加强构件。
- F——非金属加强构件。

3. 缆芯和光缆的派生结构特征的代号

光缆结构特征应表示出光缆缆芯的主要类型和光缆的派生结构。当光缆型式有几个结构特征需要注明时,可用组合代号表示,其组合代号按下列相应的各代号自上而下的顺序排列。具体的代号编码及含义如图 4-23 所示。

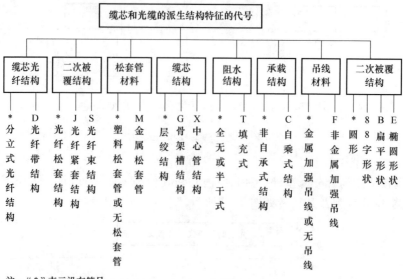

注："＊"表示没有符号

图 4-23　缆芯和光缆的派生结构特征的代号及含义

当遇到现有代号不能准确表达光缆的缆芯结构和派生结构特征时,应在相应位置加入新字符以方便表达,加入的新字符应符合下列规定:

（1）应使用一个带下划线的英文字母或阿拉伯数字;

（2）使用的字符应与下面列出的字符不重复;

（3）应尽量采用与新结构特征相关的词汇的拼音或英文的首字母。

4. 护套的代号

护套的代号表示出护套的材料和结构,当护套有几个特征需要表明时,可用组合代号表示,其组合代号按下列相应的各代号自上而下的顺序排列。

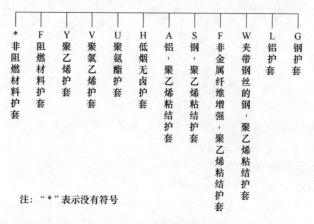

注："＊"表示没有符号

图 4-24　护套代号

5. 外护层的代号

当有外护层时,它可包括垫层、铠装层和外被层的某些部分和全部,其代号用两组数字表示(垫层不需表示),第一组表示铠装层,它可以是一位或两位数字,见表4-3;第二组表示外被层或外套,它应是一位数字,见表4-4。

表 4-3　铠装层的代号及含义

代号	铠装层
0 或(无符号)[a]	无铠装层
1	钢管
2	缆包双钢带
3	单细圆钢丝[b]
33	双细圆钢丝[b]
4	单粗圆钢丝[b]
44	双粗圆钢丝[b]
5	皱纹钢带
6	非金属丝
7	非金属带

a. 当光缆有外被层时,用代号"0"表示"无铠装层";光缆无外被层时,用代号"(无符号)"表示"无铠装层"。

b. 细圆钢丝的直径<3.0 mm;粗圆钢丝的直径≥3.0 mm。

表 4-4　外被层或代号及含义

代号	外被层或外套
(无符号)	无外被层
1	纤维外被
2	聚氯乙烯套
3	聚乙烯套
4	聚乙烯套加覆尼龙套
5	聚乙烯保护管
6	阻燃聚乙烯套
7	尼龙套加覆聚乙烯套

4.7.2　规格

光缆的规格由光纤、通信线和馈电线的有关规格组成。规格组成的格式如图4-25所示。光纤、通信线以及馈电线的规格之间用"+"号隔开。通信线和馈电线可以全部或部分缺省。

（1）规格组成的格式

如图 4-25 所示，光纤的规格与通信线以及馈电线的规格之间用"＋"号隔开。

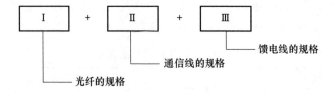

图 4-25　光缆规格的构成

（2）光纤规格的构成

光纤的规格由光纤数和光纤类别组成，如果同一根光缆中含有两种或两种以上规格（光纤数和类别）的光纤时，中间应用"＋"号连接。

①光纤数的代号

光纤数的代号用光缆中同类别光纤的实际有效数目的数字表示。

②光纤类别的代号

光纤类别应采用光纤产品的分类代号表示，按 IEC60793-2(1998)《光纤第 2 部分：产品规范》等标准规定用大写 A 表示多模光纤，大写 B 表示单模光纤，再以数字和小写字母表示不同种类型光纤，A-多模光纤，如表 4-5 所示，B-单模光纤，如表 4-6 所示。

表 4-5　多模光纤的分类代号

分类代号	特性	纤芯直径/μm	包层直径/μm	材料
A1a.1	渐变折射率	50	125	二氧化硅
A1a.2	渐变折射率	50	125	二氧化硅
A1a.3	渐变折射率	50	125	二氧化硅
A1b	渐变折射率	62.5	125	二氧化硅
A1d	渐变折射率	100	140	二氧化硅
A2a	突变折射率	100	140	二氧化硅
A2b	突变折射率	200	240	二氧化硅
A2c	突变折射率	200	280	二氧化硅
A3a	突变折射率	200	300	二氧化硅芯塑料包层
A3b	突变折射率	200	380	二氧化硅芯塑料包层
A3c	突变折射率	200	230	二氧化硅芯塑料包层
A4a	突变折射率	965～985	1 000	塑料
A4b	突变折射率	715～735	750	塑料

续 表

分类代号	特性	纤芯直径/μm	包层直径/μm	材料
A4c	突变折射率	465～485	500	塑料
A4d	突变折射率	965～985	1 000	塑料
A4e	渐变或多阶折射率	≥500	750	塑料
A4f	渐变折射率	200	490	塑料
A4g	渐变折射率	120	490	塑料
A4h	渐变折射率	62.5	245	塑料

表 4-6 单模光纤

分类代号	名称	ITU 分类代号
B1.1	非色散位移光纤	G.652.A,B
B1.2	截止波长位移光纤	G.654
B1.3	波长段扩展的非色散位移光纤	G.652.C,D
B2	色散位移光纤	G.653
B4a		G.655.A
B4b		G.655.B
B4c	非零色散位移光纤	G.655.C
B4d		G.655.D
B4e		G.655.E
B5	宽波长段光传输用非零色散光纤	G.656
B6a1		G.657.A1
B6a2	接入网用弯曲损耗不敏感光纤	G.657.A2
B6b2		G.657.B2
B6b3		G.657.B3

（3）通信线的规格

通信线规格的构成应符合通信行业标准 YD/T322—1996 中表 3 的规定,一般表示方法为"电缆标称对数组数×2×线缆标称直径"。

例如,2×2×0.5,表示 2 对线径为 0.5 mm 的通信铜导线对。

（4）馈电线的规格

馈电线规格的构成应符合通信行业标准 YD/T1173—2010 中表 3 的规定,一般表示方法为"馈电线的根数×线缆标称截面积"。

例如,4×1.5,表示 4 根标称截面积为 1.5 mm^2 的馈电线。

4.7.3 实例

例 1　金属加强构件、松套层绞、填充式铝聚乙烯粘结护套、皱纹钢带铠装、聚乙烯护层的通信用室外光缆,包含 12 根 50 μm/125 μm 二氧化硅系列渐变型多模光纤、2 对标称直径为 0.4 mm 的通信线和 4 根标称截面积为 1.5 mm² 的馈电线,其型号应表示为 GYTA53 12A1+2×2×0.4+4×1.5。

例 2　金属加强构件、光纤带、松套层绞、填充式、铝聚乙烯粘护套通信用室外光缆,包含 24 根"非零色散位移型"类单模光纤,光缆的型号应表示为 GYDTA 24B4。

例 3　非金属加强构件、光纤带、扁平型、无卤阻燃聚乙烯烃护层通信用室内光缆,包含 12 根常规或"非色散位移型"类单模光纤和 6 根"非零色散位移型"类单模光纤,光缆的型号应表示为 GJDBZY 12B1+6B4。

4.7.4 光缆主要型式

根据不同的需求和角度,提出了很多不同的光缆分类方法。为了规范光缆制造厂家产品类型和便于广大光缆用户选择,中国通信标准化协会组织制定了通信行业标准 YD/T 908《光缆型号命名方法》,为光缆厂家生产和用户的选用都提供了规范。

本书按 YD/T908—2011 规定的光缆型号命名方法将国内光缆线路工程中最常用的光缆类型、敷设方法和用途列入表 4-7,供广大读者实验和选用光缆时参考。

表 4-7　一些常用光缆主要型式及用途

光缆名称	主要型式	全称	敷设方式及用途
中心管式光缆	GYXTY	室外通信用、金属加强构件、中心管、全填充、夹带加强件聚乙烯护套光缆	架空
	GYXTS	室外通信用、金属加强构件、中心管、全填充、钢-聚乙烯护套光缆	架空
	GYXTW	室外通信用、金属加强构件、中心管、全填充、夹带平行钢丝的钢-聚乙烯护套光缆	架空、管道
层绞式光缆	GYTA	室外通信用、金属加强构件、松套层绞、全填充、铝-聚乙烯护套光缆	管道
	GYTS	室外通信用、金属加强构件、松套层绞、全填充、钢-聚乙烯护套光缆	架空
	GYTA53	室外通信用、金属加强构件、松套层绞、全填充、铝-聚乙烯粘结护套、皱纹钢带铠装聚乙烯外护层光缆	直埋

续　表

光缆名称	主要型式	全称	敷设方式及用途
光纤带光缆	GYDTA	室外通信用、金属加强构件、光纤带、松套层绞、全填充、铝-聚乙烯护层光缆	管道、架空
	GYDTS	室外通信用、金属加强构件、光纤带、松套层绞、全填充、钢-聚乙烯护套光缆	管道、架空
	GYDXTW	室外通信用、金属加强构件、光纤带中心管、全填充、夹带平行钢丝的钢、聚乙烯粘结护层光缆	管道、架空
骨架式光缆	GYDGA	金属加强构件、光纤带骨架干式、铝-聚乙烯粘结护套通信用室外光缆	管道、架空及沟槽等地段
阻燃光缆	GYTZS	室外通信用、金属加强构件、松套层绞、全填充、钢、阻燃聚烯烃粘结护层光缆	架空、管道、无卤阻燃场合
	GYTZA	室外通信用、金属加强构件、松套层绞、全填充、铝、阻燃聚烯烃粘结护层光缆	架空、管道、无卤阻燃场合
蝶形光缆	GJXH	金属加强件、低烟无卤(LSZH)护套、蝶形引入光缆	室内布线
	GJYXFCH	非金属(KFRP)加强件、低烟无卤(LSZH)护套、自承式蝶形引入光缆	室外架空引入

4.8　FTTx中的光纤光缆

FTTx中的ODN系统是由OLT局端至ONT光网络终端之间的所有光缆和无源器件所组成的,其结构如图4-26所示。ODN系统从中心局机房向用户终端方向延伸,整个ODN光缆线路部分可分为馈线段、配线段和入户段,基本节点包括CO(中心局)、LCP(用户汇聚点)、DP(用户接入点)以及Home(用户终端)。

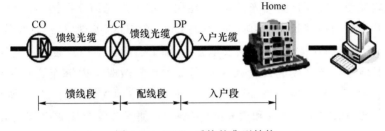

图4-26　FTTx系统的典型结构

FTTx中的光缆按工作环境可分为室外光缆、室内光缆和室内室外两用缆三种类型。在室外环境下使用的室外型光缆必须具有良好的防水结构,其形式、规格、结构、机械性能和环境性能均应满足 GB/T 13993.4 或者行业标准 YD/T 901 的要求。在室内环境下使用的室内光缆的性能应符合 YD/T 1258 的要求,从室外跨入室内时应用室内室外两用型光缆,其必须具有防水结构,并应符合有关消防和电气性能的特定要求,其他性能应符合 GB/T 13993 的要求。

4.8.1 馈线段光缆

从中心局 CO 到用户汇聚点 LCP 为 FTTx 工程中 ODN 系统的馈线段,如图 4-27 所示。馈线段光缆常用在室外,实际上应属于城域网的一部分,在通常情况下,常用的管道光缆和带状光缆是应用比较多的类型。但随着城域网和接入网发展非常迅猛,而城市市政建设的管理逐渐完善,开挖以及敷设审批手续日趋严格,城市网管孔资源日益紧张,光缆路由选择日渐困难。为解决这一难题,人们开始尝试利用雨水管道甚至污水管道和路面开槽等新的路由资源,对已有管道通过增加微管充分发掘现有管道资源的潜在价值。开发了适应新的路由环境的各种光缆,如雨水管道光缆、路槽光缆和气吹微型光缆等。近几年新建的馈线段光缆及 80% 的干线光缆均采用 G.652D 光纤,与 G.652A 和 G.652B 光纤相比,其消除了 1 383 nm 波段处的水峰,拓宽了光纤的可用波长。

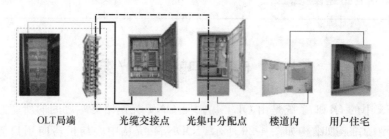

| OLT局端 | 光缆交接点 | 光集中分配点 | 楼道内 | 用户住宅 |

图 4-27　馈线段光缆

1. 常规光缆

馈线段光缆一般都是室外光缆,有可能用到室内外光缆。在馈线段使用得最多的光缆是管道光缆和带状光缆,典型号有 GYTA、GYDXTW 和 GYDTA 等。

GYTA(金属加强构件、松套层绞填充式、铝聚乙烯粘结护套通信用室外光缆)光缆的结构是将单模或多模光纤套入由高模量的塑料做成的内填充防水化合物松套管中。缆芯的中心是一根金属加强芯,对于某些芯数的光缆来说,金属加强芯外还包一层聚乙烯(PE)。松套管(和填充绳)围绕中心加强芯绞合成紧凑和圆形的缆芯,缆芯内的缝隙充以阻水化合物,涂塑铝带纵包后聚乙烯护套成缆。

GYDXTW(金属加强构件、光纤中心管填充式、夹带钢丝的钢聚乙烯粘结护套通信用室外光缆)光缆的结构是将松套管置于缆的中心,把单模光纤带套入由高模量的塑料做成的内填充防水化合物松套管中。松套管外纵包阻水带及钢带,缆芯的两边是两根平行钢丝作为加强件后阻燃聚乙烯护套成缆。

GYDTA(金属加强构件、光纤带松套层绞填充式、铝聚乙烯粘结护套通信用室外光缆)光缆的结构是将单模光纤带套入由高模量的塑料做成的内填充防水化合物松套管中。缆芯的中心是一根金属加强芯,对于某些芯数的光缆来说,金属加强芯可以是一根钢绞线,外还可挤包一层聚乙烯(PE)。松套管(和填充绳)围绕中心加强芯绞合成紧凑和圆形的缆芯,缆芯内的缝隙充以阻水化合物,涂塑铝带纵包后聚乙烯护套成缆。

2. 雨水管道光缆

在城市中尚未得到充分开发和利用的雨水管道网络几乎覆盖了每个城市所有的业务区域。城市排水分为雨水排水和污水排水,在新城区雨水和污水管道通常是分开的;在有些老城区,雨水和污水管道是合二为一的。雨水管大部分使用钢筋混凝土管,直径在300~2 000 mm之间,腐蚀性化合物含量较少,除汛期外,其他时间较为干燥,利于施工和维护。与其他非常规通信管道相比(如自来水管道其管道全程封闭不利于维护,燃气管道安全性较差,下水管道污染较大,影响维护和光缆使用年限等)。雨水管道建设光缆最为适宜,雨水管道光缆在最后一公里的光缆敷设中,优势愈加明显,应用雨水管道资源可以显著降低光缆投资成本。通常其是将光纤放置在套管内或封装到平坦的阵列中形成光纤带放置在松套管中,制成层绞式或中心管式松套光缆,这种光缆单根光纤带最大芯数可达24芯,具有光纤密度高、直径细、管道利用率高等特点。

依据敷设要求和特点,缆芯单元、抗拉元件、护套材料、安装附件均应特殊设计,其典型的结构如图4-28所示。光缆采用铝带包覆,有两层护套,具有良好的防潮性能,防止了水分和潮气的侵蚀;抗拉单元采用了芳纶丝,重量轻,强度高;根据实际的需求,抗拉元件也可以采用高强度钢丝或者铝包钢线包覆来实现,其成本比采用芳纶丝高,但抗拉性能更好,更能防止老鼠的啮咬。在实际应用时,应充分权衡路由情况、技术性能和经济性能等因素,综合考虑,慎重使用。雨水管道光缆的外护套采用高密度聚乙烯并且添加了特殊的化学原料,外护套的耐化学腐蚀性能好,且具有防老鼠和防白蚁的功能,能有效提高光缆的安全性能。此种雨水管道光缆除了在接入网馈线段使用外,也可以用在城域网中;在雨水管道中可以敷设,也可以在污水管道中进行敷设使用;可以代替常用的管道光缆和架空光缆,适用范围非常广泛。

典型的雨水管道光缆类似于管道光缆GYTA与全介质自承式光缆ADSS的组合,其型号可以表示为GYTAA3(FS)-X Xn。具体含义如图4-29所示。

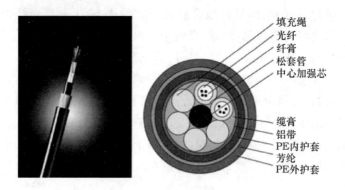

填充绳
光纤
纤膏
松套管
中心加强芯

缆膏
铝带
PE内护套
芳纶
PE外护套

图 4-28 雨水管道光缆

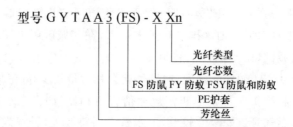

型号ＧＹＴＡＡ３(ＦＳ)-ＸＸn

光纤类型
光纤芯数
FS 防鼠 FY 防蚁 FSY 防鼠和防蚁
PE护套
芳纶丝

图 4-29 典型雨水光缆型号

雨水管道光缆通常采用专门设计的预绞丝小,耐张金具利用自承式的方式敷设在雨水管道中。光缆敷设用的紧固件全部采用不锈钢材料制造以保证使用寿命,雨水管道光缆安装无须在管道中架设吊线和吊管,只需要吊挂在两个人孔之间的雨水管道的顶端,如图 4-30 所示,基本上不影响管道排水和疏通。敷设时无须机器人协助操作,施工效率高,节省了昂贵的施工设备投资和施工费用,总体工程造价低。光缆的连接可以使用常用的光缆接头盒,雨水管道、架空、管道和直埋光缆之间相互连接非常方便。

3. 气吹微缆

(1)光缆管道技术

20 世纪 90 年代进入光通信时代后,国内通信网络在城域通信管道建设方面仍然采用适合铜缆布放的水泥管道。在 2000 年前后,各地的城域网建设逐步开始使用塑料管道,先是大量使用内径 100 mm 左右的波纹塑料管(穿放光缆前,在大管孔内一次性穿放几根 32 mm/28 mm 或 30 mm/25 mm 的塑料子管以提高管孔使用率),如图 4-31(a)所示,后又衍生出了塑料栅格管道、5 孔/7 孔梅花型塑料管道以及适应气吹法施工的硅芯管等,如图 4-31(b)和(c)所示。

2010 年后国内多个城市出现了在 40 mm/33 mm 硅芯管中气吹或牵引多根小直径微管,然后在微管中气吹微缆的高管道利用率建设方式,如图 4-31(d)所示。

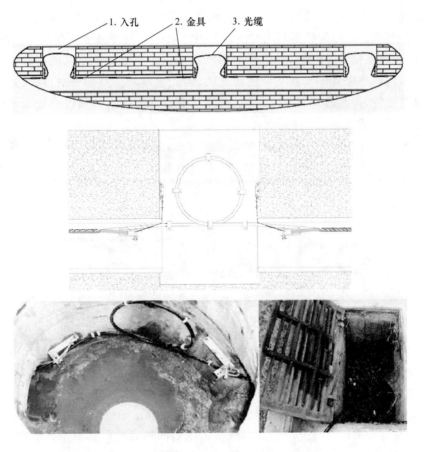

图 4-30　雨水管道的安装

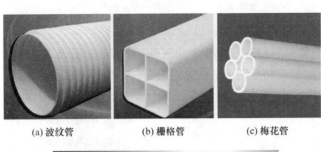

(a) 波纹管　　　　　(b) 栅格管　　　　　(c) 梅花管

(d) 气吹微管

图 4-31　塑料管道

在硅芯管中敷设微管的方式大大提高了管道的利用率,对已有管道资源的扩容不失为一种快捷高效的管道利用方法。但由于新建通信管道依然存在建造周期长、成本高、市政审批难等问题,利用技术手段实现在完全无管道资源的条件下建设通信网络线路将是极具现实意义的创新之法,因此也有利用路面开槽技术,敷设集束管或厚壁微管,再在微管中吹入微缆,此种建设方式也能有效地以低成本的方式增加管道资源。

与传统微管和完全对称结构(圆形或正方形)的集束管不同,竖排状的排式集束管更易于放入路面微槽中,能起到节省空间和便捷施工的作用。排式集束管是由多根微管通过一层薄 HDPE 材料并排连接组成,分为半包和全包两种,分别如图 4-32(a)、(b)所示。

(a) 半包排式集束管　　　　　(b) 全包排式集束管

图 4-32　排式集束管

集束管中微管即耐压性更强的直埋型微管(尺寸有 10 mm/6 mm、12 mm/8 mm、14 mm/10 mm、16 mm/12 mm 等),抗压力在 2 000 N 以上。在管道敷设完毕、道路回填完成后可使用气吹方式将微缆气吹到排式集束管中,排式集束管多采用 8 孔、6 孔、4 孔及 2 孔的结构,在微槽内垂直布放且易于转弯。半包结构的排式集束管质量更轻、分歧更加灵活、布放也更为简便;全包结构的排式集束管耐压性能更好,安全性较高。排式集束管的施工及布放所需工具与普通集束管相同,是一种适用于路面微槽技术、结构优化的集束管产品。

(2)微型管道缆(微缆)

微型管道光缆有层绞式和中心管式两种结构,松套层绞式气吹微型光缆尺寸较小,采用非金属加强芯并且无铠装结构,如图 4-33 所示。

中心管式结构可以分为全介质结构与中心不锈钢管式结构,如图 4-34 所示。与全介质结构相比,中心不锈钢管微型光缆结构尺寸小、抗拉抗侧压能力好,因此,可作为气吹敷设首选方案。

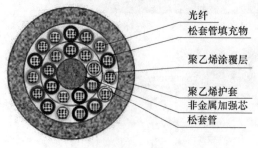

光纤
松套管填充物
聚乙烯涂覆层
聚乙烯护套
非金属加强芯
松套管

图 4-33　层绞式气吹微缆

微缆可通过气流吹送方式敷设到微管中。所谓微管,就是预先敷设 HDPE 或 PVC 塑料管,称为母管,而后将 HDPE 子管束用气流吹进母管中,以后就可以方便地分批次敷设微型光缆。光缆施工时,由气吹机把空压机生产的高速压缩气流和微型光缆一起送入子管中,突破了现有管道光缆布放技术的局限性,提高了管道利用效率。微缆可以随时随地进行分歧,易于平行和纵向扩容,微缆具备护套摩擦系数低、直径小、重量轻、硬度适中的特点,在微管中气吹敷设速度可达 50 m/min 或更高,一次最大气吹的距离可达 1 000 m 以上,光缆布放效率大幅提高。同时微缆可根据业务量需求状况分批布放,可在排式集束管中根据需求量的增加逐步增加光缆,投资分步进行。后期也可利用气流将微缆吹出管道,便于维护或更换、光纤光缆新产品升级等。

图 4-34　中心管式气吹微缆

（3）气吹工艺

气吹微缆技术起源于欧洲,1996 年开始研发,1998 年开始正式商用,迄今为止已经有超过十多年的商用历史,在欧洲、美洲的长途网和城市接入网都有大规模应用,目前最长线路为美国圣地亚哥 625 km 的长途干线。该技术于 2002 年由国内厂商引进中国,在国内的杭州、南通、银川、福州、北京等地都已经有正式商用,河北、浙江、江苏、广州等省的一些运营商也进行了可行性分析和网络规划。

气吹技术是通过高压空气和气吹机的机械推力共同作用,使微缆在微管中快速、平稳的前进敷设,如图 4-35 所示。在高速气流下,以后根据发展需求分期扩容,将光缆分批吹入已建母管的子管中,节省了初期投放,避免了大量光纤闲微缆在管道中处于悬浮状态,所以地势的变化和管道的弯曲对光缆的影响小;可以利用子管和微缆提高光纤组装密度,节省管道资源;初期只需布放适当容量的光缆,可以根据业务需要随时增加光缆分支,采用 Y 型连接器减少光缆的接头。

气吹微缆技术有效地解决运营商一次性投资成本高、管道资源紧缺等问题,实现了"一管多缆"的梦想,可广泛应用于骨干网、城域网、接入网中。用于气吹的高密度聚乙烯硅芯管道（简称硅芯管）可以被敷设在高速公

图 4-35　气吹微缆施工

路、铁路沿线、天然气和石油管道旁以及农田内。由于硅芯管可以盘绕成卷,因此可以大大简化管道敷设的施工工艺和减少管道的接头。

气吹微缆施工需综合考虑微管、微缆以及环境等影响因素,以获得最优气吹效果。微管在布放敷设时即要注意避免起伏和扭曲,气吹前需做贯通和添加润滑剂以降低其摩擦系数;微缆在气吹以前应在其端头加装子弹头,可使微缆在微管中转向灵活,并且使得高压气体不会从端头进入微缆造成其表皮破裂。吹放前也需注意微缆的存放,不得将沾有泥沙、雨水的微缆气吹到微管中去,以免降低气吹速度。施工环境温度高于 35 ℃时应在空压机后加装冷却器,应为空压机排出的压缩气体温度至少比环境温度高 20 ℃,而管道和光缆护套材料遇高温均会发生软化,造成摩擦系数增大从而影响气吹效率。施工环境湿度较大时须在空压机后加装水分离器,防止过多水分进入微管,水面张力粘附微缆阻碍其前进,图 4-36 为微缆和微管的施工现场图片。

飓风型微管气吹机　　　　微管气吹过程中　　　　微缆气吹过程中

图 4-36　气吹微缆施工

(4) 微缆和微管技术优势

相对于传统的光缆直埋式和管道式敷设方法,微管和微缆敷设技术主要有以下优点:

① 充分利用有限的管道资源,实现"一管多缆"。比如,一根 40/33 的管道可以容纳 5 根 10 mm 或 10 根 7 mm 的微管,而一根 10 mm 的微管可以容纳 60 芯的微缆,因此一根 40/33 的管道可以容纳 300 芯光纤,这样就加大了光纤的敷设密度,提高了管道的利用率。

② 减少了初期投资,运营商可以根据市场的需求,分批吹入微缆,分期进行投资。

③ 微管微缆提供了较大的弹性扩容能力,大大满足了城市宽带业务对光纤的突发性需求。

④ 易于施工,气吹速度快、一次性气吹距离长,大大缩短了施工周期。由于钢管具有一定的刚性与弹性,在入管处推进容易,一次性吹入长度最长可达2 km以上。

⑤ 光缆长久存放于微管中,不受水、潮气的侵蚀,能确保光缆有30年以上的工作寿命。

⑥ 便于今后增加新品种的光纤,在技术上保持领先,不断适应市场需要。

4. 路面微槽光缆

(1) 直埋型路面微槽光缆

直埋型路面微槽光缆用来解决FTTH光缆穿越室内外水泥路面、沥青路面和花园草坪等施工难题。这种施工方法简单,只要在所需敷设路段切割微型槽道埋缆即可,具有降低成本,提高光缆敷设效率,破坏路面程度小的特点。路槽光缆是在微型光缆上派生出来的一种结构,两种典型结构如图4-37所示。路槽光缆在拉伸和抗侧压力方面要求稍高于微型管道光缆。由于光纤单元结构及用材上差异,导致同类光缆不同结构性能也有区别。以不锈钢松套技术为基础的路面微槽光缆,光纤芯数可达48芯,外径小于6.0 mm,光缆单位重量小于60 kg/km。其中,不锈钢管既是光纤的松套保护管,能提供适当的光纤余长,也是光缆密封套,用于完全隔绝外界潮气进入套管内,同时也是光缆的加强构件,通过选取适当的钢管横截面来确保光缆的拉伸性能和压扁性能。不锈钢管内填充了触变型阻水复合物,确保了光缆符合渗水性能要求,钢管外是聚乙烯护套。

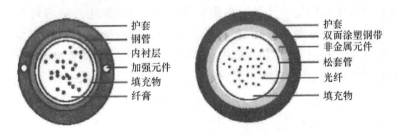

图4-37 路面微槽直埋光缆结构

直埋型路面微槽光缆和气吹光缆具有相似的结构,也是一种直径小、自重轻的光缆,而且成本低、易敷设,敷设方式灵活、简单、高效。路面微槽光缆敷设只需要在路面开一道狭窄的槽,在底部铺上一层细沙,将泡沫棒等材料的缓冲层铺在细沙上,再将光缆埋入槽内,然后在光缆上再铺一层缓冲层,最后根据路面情况填入水泥或沥青,恢复原有路面即可。在通过花园、草坪时,先在花园或草坪上开槽,再把套有PVC管的光缆铺在上面,然后回填恢复地表即可。路面微槽光缆十分简单地解决了

FTTH穿越室内外水泥地面、花园草坪等地形时的施工和布放难题。

（2）路面开槽技术

传统路面开挖技术需要使用大型挖掘机进行施工，工作界面大且对交通阻碍严重，开挖和回填周期较长，工程造价高昂，对环境污染较大。而路面微槽技术仅需使用小型路面切槽机即可实现，其施工具有开挖及回填效率高、施工成本低、对道路交通环境阻碍、污染少以及对现有管线或路面设施破坏小等特点。目前国际上多采用宽度及深度可控的自动化开槽设备以适应不同通信设计（微缆、微管外径不同）的需要，小型化切槽机如图4-38所示。

图4-38　路面开槽机

小型化的路面切槽机仅需单人操作，开挖的细、窄槽道可满足微管敷设，实施区域可涵盖高速公路路面、城区混凝土路面、岩石路面、沙漠地区以及泥田路面等（不同地质开挖速度不同）。开挖前需根据市政规划与探查的实际地下管线情况确定路由并做好相关标记。开挖时根据路由标记切槽，需注意微槽转弯半径应大于微管和微缆的最小弯曲半径，开挖速度在70～120 m/h范围内，开槽完成后使用人工或机械方式对开挖废料进行清理。在敷设微管前应先在槽底布放少量细沙，以防止槽底不平整而划坏微管。微管塞入后应使用细窄工具将其压至槽底，回填应采用与路基密度相同、流动性好、强度高的混凝土填充，需保证回填后槽道的力学和结构性能与开挖前相近。微管HDPE材料受热可能会产生氧化变性现象，故不能使用热拌沥青回填。根据不同路面情况，回填方式有所不同。如果是水泥道路则仅须使用混凝土回填至原路面高度，如果是沥青路面则回填混凝土须与路面高度预留一定高度（至少5 cm），待混凝土凝固后在其上方填入具有防水和密封功能的沥青材料，如图4-36所示。某些地质结构或道路情况不好的地区，微管敷设后可在上方加垫同外径尺寸泡沫棒，防止上方回填材料下陷对微管产生挤压力，如图4-39所示。开槽一般选取为靠近路沿位置，且宽度较小，故车辆轮胎不会直接作用于微槽上方，回填材料不会出现传统路面修复产生的沉陷现象，微管不会受较大挤压力。

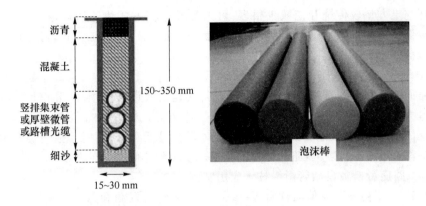

图 4-39　路面微槽结构示意图

（3）路面微槽敷设微管微缆技术特点与优势

① 路由建设及光缆敷设效率高

路面微槽气吹技术所采用的开窄、浅槽道方式较传统开挖路面方式效率更高。由于微管体积较小，故开挖土方较少，挖掘速率也更高。开挖后可立即敷设排式集束管并进行回填，回填量少故道路恢复时间也更短，而由于排式集束管可后期分批进行气吹，故光缆敷设可在路由完全建设好、道路交通恢复后进行，且微缆的气吹敷设速率也比传统牵引或直埋方式布放更快。采用路面微槽气吹技术的通信网络工程施工效率和建设周期较传统的架空、直埋和牵引方式要优化很多。

② 施工成本低

传统通信管道路由建设须采用大型挖掘机开挖路面后敷设大直径管道并回填，其设备运输、施工折旧与损耗、人力及材料成本均较高。路面微槽气吹技术中核心的微型管道和微型光缆使得开挖、回填、敷设等工序更加便捷、小型化，因此设备、人力以及材料等方面均产生一定比例的减少。开挖体积少使得设备损耗更少，小型化的开槽机其运行成本也较低。高效率的施工模式及机械化的开槽机、吹缆机等可使人工工日减少，人力成本降低。而微槽回填料、排式集束管和微缆等原材料也较传统通信路由建设用料更省。

③ 管孔利用率高

根据气吹占空比选择，在 12 mm 内径微管中可气吹 288 芯微缆，而 8 mm 内径的微管中也至少可以气吹 96 芯微缆。其单位体积内光纤密度远高于传统普通光缆，且集束管本身由于其设计特点即在单位体积内形成最多的管孔资源，是一种空间利用最优的方式。而目前微缆小体积、高密度的发展趋势也会使得管孔的资源利用率越来越高。

④ 对道路交通阻碍和环境污染少

市政管理中出于市容和交通方面考虑，现已很少有大型城市允许路面开挖。而路面微槽模式对交通和环境几乎无影响，开微槽仅需较小工作界面，施工、回填时间短。开挖土方量较传统开挖减少很多,可人工或机械方式快速清理,在无法大面积开挖敷设路由的场景下进行小型化的"微槽＋微管＋微缆"施工方式,可在市政影响程度最低的情况下完成路由建设。

⑤ 对现有管线或路面设施破坏小

路面大面积开挖难以避免会造成已有公共建筑或设施的损坏,开挖也存在破坏其他电力、输气等管道的风险,而路面微槽气吹方式的安全保障性要高很多。由于其开挖深度、宽度都很小,对现有设施的破坏降至最低程度,同时普通电力和输气管线埋深都在 600 mm 以上,路面微槽的开挖深度不致影响到其他管线。

（4）路面微槽敷设微管微缆技术应用实例

2013 年年初美国电信运营商 Verizon 出于无管道资源和急于开展其 FTTH 业务等原因,在美国东海岸最大城市纽约曼哈顿街区,采用路面微槽气吹技术,在路面切割出尺寸宽度 20 mm、深度 300 mm 的微槽,随后布放竖排微管并在其中气吹微缆（图 4-40）,实现了管道资源的快速增加且并未对纽约繁华城区的交通和环境产生较大影响,线路开通后成功开展通信业务,使得全美第二大运营商能够提供更快的网络服务以及受众更广的用户。

图 4-40　纽约路面微槽施工现场

2013 年马来西亚某电信运营商采用路面微槽气吹技术进行城市 FTTH 建设,施工采用大功率切槽机,施工效率高,开挖废料少,采用人工方式清理（图 4-41）。该项目埋入的是厚壁微管,由于微槽宽度较小,多根微管垂直布放进入后还是处于竖排状态,布放微管后即回填水泥,对道路交通影响降至最低。

图 4-41　马来西亚路面微槽施工现场

4.8.2 FTTx中的配线光缆

从用户光缆分配点到用户接入点为FTTx系统ODN网络的配线段,如图4-42所示。从图中可以看出分配点的位置决定了配线段光缆的长度和选型。一个光缆分配点可覆盖一栋建筑、一个建筑群或一个小区,应根据用户分布、所覆盖的用户数量和预期用户增长,合理规划光缆分配点的容量。当系统采用一级分光时,通常一个光缆分配点最多容纳1 000个光纤用户。光缆分配点以机架方式管理光纤光缆,馈线光缆与配线光缆采用活动连接方式相连接;光缆分配点可以设置在室外(光缆交接箱)或室内(光纤配线架、光缆交接箱),其位置应便于光缆出入。当OLT离用户很近时,光分配点可以设置在OLT局端机房内。

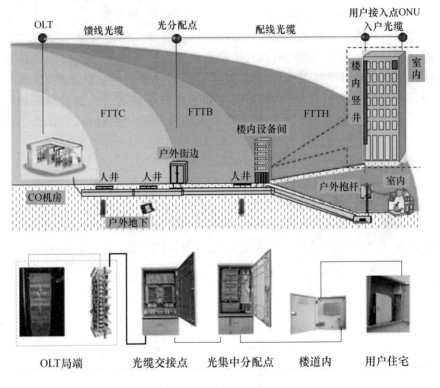

图 4-42　配线光缆位置

配线段光缆根据分配点和用户接入点所在的环境位置,可以是室外光缆、室内光缆或室内室外光缆,敷设方式可以是架空或管道敷设。室外用配线光缆若芯数较大,可选用光纤带室外光缆;若芯数较小,可选用层绞式光缆,其敷设的方式和选型可以参照馈线段光缆。室内用配线光缆即竖井光缆,常选用垂直布线光缆,便于光分线盒、终端盒抽芯。垂直布线光缆分为分支型室内垂直布线光缆和束状室内垂直布线光缆,这两种室内垂直布线光缆的特点如表4-7所示。室内室外用配线光缆常选用悬挂式布线光缆,可为单芯或多芯结构,若芯数较大,可采用光纤带结构。

表 4-7　两种室内布线光缆的特点

性能	分支型	束状
光纤结构	单芯子单元光缆结构	0.9 mm 或 0.5 mm 紧套光纤
光缆性能	全介质、优良的阻燃性能	
适用特点	适用于分散分光	适用于集中分光
光缆允许拉力/N	660(≤12 芯)	1 320(>12 芯)

1. 室外配线光缆

GYXTW(金属加强构件、夹带钢丝的钢聚乙烯粘结护套中心束管式全填充型通信用室外光缆)光缆的结构是将松套管置于缆的中心,把单模光纤带套入由高模量的塑料做成的内填充防水化合物松套管中。松套管外纵包阻水带及钢带,缆芯的两边是两根平行钢丝作为加强件后聚乙烯护套成缆。

GYXTF(玻璃纤维纱加强的中心束管式填充型通信用室外光缆)光缆的结构是将松套管置于缆的中心,把单模光纤带套入由高模量的塑料做成的内填充防水化合物松套管中。松套管外放置玻璃纤维纱或带作为加强材料,外加聚乙烯护套成缆。

2. 室内配线光缆

(1)组合式配线光缆 GJPFJH

GJPFJH(非金属加强构件、紧套被覆、低烟无卤护套通信用室内光缆)光缆的结构是在单模或多模光纤外直接覆以高粘结强度的紧套材料制成紧套光纤,多根单模或多模紧套光纤外采用高强度的芳纶作为加强元件,采用低烟无卤作为护套制成单元缆。多模单元缆绕中心加强件绞合后,绕包扎带,再采用低烟无卤作为外护套。

(2)分支光缆 GJBFJH

GJBFJH(非金属加强构件,紧套被覆,低烟无卤护套通信用室内分支光缆)光缆的结构是在单模或多模光纤外直接覆以高粘结强度的紧套材料制成紧套光纤,单元缆采用高强度的芳纶作为加强元件,并在外部制一层低烟无卤内护套,多根单元缆绕中心加强件绞合后,绕包扎带,再采用低烟无卤作为外护套。

4.8.3　FTTx 中的入户光缆

入户段光缆源于网络接入点,将分别独立的光缆连接到每个用户的光网络接口。因此,入户光缆应是一些非常小型的室内用水平布线光缆,光纤数一般为 1～4 芯,不多于 12 芯,要求重量轻且价格便宜,适于短距离传输。入户光缆采用特殊工艺使护套和加强件牢固粘结,并且具有光纤易分离的特点。入户光缆按照入户方式的不同,可分为室内入户光缆、管道入户光缆和架空入户光缆,它们的结构如图 4-43 所示。

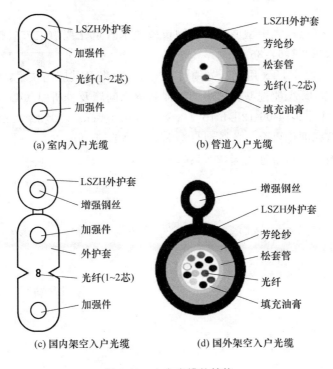

图 4-43 入户光缆的结构

图 4-43(a)所示的室内入户光缆采用"8"字形结构,也称蝶形入户光缆或皮线光缆,其采用 G.657 光纤,加强件可采用高强度不锈钢丝或磷化钢丝等金属加强件,也可采用芳纶丝或其他合适的纤维束等非金属加强件,通常光缆的加强件为 2 根,并且平行对称于光缆中,可同一些现场连接器匹配。

图 4-43(b)所示的管道入户光缆多为室内室外光缆,属半干式光缆,全非金属结构,具有 LSZH 外护套,多为 1~2 芯。管道入户光缆还应有良好的抗渗水性能,光缆护套以内的所有间隙应采用有效的阻水措施,在铝带和普通蝶形光缆之间应有阻水层或间隔设置的阻水环,阻水层材料可以是吸水膨胀带或阻水纱,也可以是热熔胶。

图 4-43(c)所示的国内架空入户光缆为"8"字形自承式结构,具有 LSZH 外护套,可室内室外两用,光纤单元为全非金属结构,多为 1~2 芯,满足 50 m 跨距自承安装要求,可以同一些现场连接器匹配。

图 4-43(d)所示的国外架空入户光缆的加强钢丝下部为多芯光纤,这种光缆成本低且可多达 12 根光纤,极大地满足了 FTTx 接入网对光纤根数的要求。

参 考 文 献

［1］ 秦治安,辛荣寰.大中型城域传输网市政雨水管道光缆敷设方式探讨[J].邮电设计技术,2005(6):36-39.

［2］ 姚爽,张立永.FTTx用光纤光缆[J].光纤与电缆及其应用技术,2011(1):4-6.

［3］ 吕捷,赵双旗.光缆选型测试中的拉伸和渗水问题及分析[J/OL].现代电信科技,2007(9)[2014-06-12].http://www.educity.cn/tx/973913.html.

［4］ 中国通信标准化协会.光缆型号命名方法 YD/T 908-2011[S].北京:中华人民共和国工业和信息化部,2011:12.

第 5 章 G.657 弯曲不敏感光纤

5.1 G.657 光纤概述

通信光纤的型号规格以及性能研究是与传输系统、通信网络的研究和发展同步进行的。随着传输距离延长、传输速率提高和传输容量增大，新的光纤品种不断产生，以满足各种通信系统和网络发展的需要。在光纤通信技术发展的 30 多年中，已经先后诞生了 6 个光纤品种。国际电信联盟 ITU-T 将它们分别命名为 ITU-G.651（多模光纤）、ITU-G.652（非色散位移单模光纤）、ITU-G.653（色散位移单模光纤）、ITU-G.654（截止波长位移单模光纤）、ITU-G.655（非零色散位移单模光纤）和 ITU-G.656（宽带光传输用非零色散位移单模光纤）光纤。

这些不同种类的光纤的本质区别体现在它们各自所具有的衰减、色散、非线性效应和工作波长等传输性能上。不同性能的光纤品种不断产生，恰好反映了传输系统和通信网络从短距离、低速率和小容量向长距离、高速率和大容量的发展历程。同时，这个发展历程又告诉我们传输技术和通信网络的发展一定会推动光纤性能研究和新的光纤品种诞生。

正如人们所预料的那样，随着宽带业务向家庭延伸，通信光网络的建设重点正在由核心骨干网向光纤接入网乃至于光纤到户（FTTH）发展。在 FTTx 尤其是 FTTH 建设中，由于光缆被安放在拥挤的管道中或者经过多次小半径的弯曲后再被固定在接线盒和插座等空间狭小的线路终端设备中，如图 5-1 所示。光缆因为多次小半径的弯曲带来的损耗会大大增加，过去干线网络中常用的 G.652 光纤难以适应这种复杂的安装环境，所以 FTTH 用的光缆应该是结构简单、敷设方便和抗弯曲性能好的光缆。因此，一些著名的光纤制造商纷纷开展了弯曲不敏感单模光纤的研究。

为了规范弯曲不敏感单模光纤产品的性能，ITU-T 于 2006 年 10 月 30 日到 11 月 10 日在日内瓦通过 ITU-T G.657"接入网用弯曲不敏感单模光纤和光缆特性"建议，随后又经过 2009 年和 2012 年两次的修订，G.657 光纤的标准日趋完善。

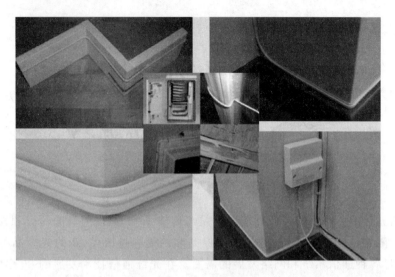

图 5-1　复杂的室内布线环境

5.2　弯曲对光传播的影响

光纤具有一定的可弯曲性,尽管可以弯曲,但当光纤弯曲到一定程度时,将引起光传播途径的改变,一部分光能渗透到包层中或穿过包层成为辐射模向外泄漏损失掉,产生弯曲损耗。当光在弯曲部分中传输时,越靠近光纤外侧,传输速度就越大,当传输到某一位置时,其速度就会超过光速,传导模变成辐射模产生损耗。

光纤弯曲损耗包括宏弯损耗和微弯损耗。宏弯损耗主要发生在光纤现场敷设、光缆接续等场合下弯曲引起的;微弯损耗主要发生在光纤套塑、光纤成缆过程中,周围稳定发生变化等场合下引起的。

5.2.1　弯曲损耗的物理机制

图 5-2 是弯曲光纤中与基模相应的场的示意图。可以看出,任何一个束缚的纤芯模,都有一个延伸到包层中的消失场尾部,这个尾部随着离纤芯的距离的增加呈指数方式损耗,这个消失场尾部跟随纤芯中的场一起运动,因此传导模的部分能量就在光纤的包层中传输。而电磁波在传输时,要想保持同相位的电场和同相位的磁场在一个平面内,即保持导行或保持波形的完整性,则越靠近外边的速度越大(即传播常数 β 越小)。这样,当光纤发生弯曲以后,电磁波如还在弯曲波导内传输,位于曲率中心远侧的消失场尾部就必须以较大速度前进,以便能够与纤芯中的场同步前进,在离光纤中心的距离为某一临界距离 X_r 处,消失场尾部必须以大于光速的速度运动,而这是不可能的。因此,比 X_r 远的消失场尾部中的能量就会辐射出去,把从

X_r 处起一直到无穷远处的能量积分起来，就是弯曲损耗的能量或功率，即弯曲损耗的物理机制。

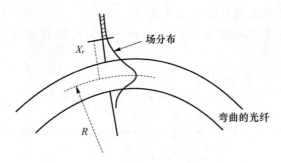

图 5-2　弯曲光纤中与基模相应的场示意图

在图 5-2 中用薄膜波导代替光纤进行分析，可求取损耗系数 a_r 为

$$a_r = C_1 \exp(-C_2 R) \tag{5-1}$$

其中，R 为曲率半径，C_1，C_2 为常数，与 R 无关。从式(5-1)可以看出，当曲率半径变化时，损耗并不作线性变化，R 小到某一值时，损耗可以突然增大很多。一般认为曲率半径 R 超过 10 cm，弯曲损耗可以忽略。

5.2.2　光纤弯曲对数值孔径(NA)的影响

光纤的数值孔径(NA)对光纤系统的脉冲响应特性、接头损耗等有影响，是光纤设计、生产和应用中的主要参数，也是反映光纤集光性能的主要参数。

用几何光学的方法进行分析如图 5-3 所示，芯径为 $2a$ 的直光纤轴 AE 弯曲成 AF，弯曲半径为 R，光线 i 以 φ 角向端面 M 入射，经 θ_1 角折射后以 θ_2 角入射到 N 界面的 B 点产生临界全反射。现因弯曲，光线在 C 点达到 N 界面，因入射角小于 θ_2 而进入包层，因此当入射角 φ 减小为 φ' 向 M 面入射，即减小数值孔径时，才能在 N 界面处产生全反射。根据数值孔径定义，参考图 5-3 则有

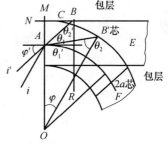

图 5-3　光纤弯曲前后光路变化

$$(NA)' = n_0 \sin\varphi = n_1 \sin\theta_1' = n_1(1 - \cos^2\theta_1')^{1/2} \tag{5-2}$$

其中，$(NA)'$ 为弯曲后的数值孔径。

在 $\triangle ABO$ 中根据正弦定理，有

$$\cos^2\theta_1' = (1 + a/R)^2 \sin^2\theta_2' \tag{5-3}$$

在 B' 点和 B 点又可得

$$\sin^2\theta_2' = 2(n_2/n_1) = \sin^2\theta_2' \tag{5-4}$$

将式(5-3)和式(5-4)代入式(5-2),利用$(NA)^2 = n_1^2 - n_2^2$可得

$$(NA)' = [(NA)^2 - n_2^2(2+a/R)a/R]^{1/2} \tag{5-5}$$

式(5-5)是光纤弯曲后数值孔径的表达式,从中看出,光纤在平直状态下的数值孔径(NA)最大,而弯曲使(NA)减小为$(NA)'$,减小的程度随R的减小或纤芯a的增大而增大。

把式(5-5)对R,a求导,可得

$$d(NA)'/(NA)' = f(a/R)(dR/R - da/a) \tag{5-6}$$

式(5-6)代表$(NA)'$的相对变化率,其中

$$f(a/R) = \frac{a(1+a/R)}{R[(NA)/n_2]^2 - (2+a/R)a/R} \tag{5-7}$$

式(5-6)和式(5-7)代表(NA)的变化速率,不论是$f(a/R)$还是$(dR/R - da/a)$,均随R的减小和a的增大而增大,即变化率增加。

5.3 光纤弯曲损耗的射线分析

5.3.1 光纤弯曲部分中子午光线的传播

子午光线的特点是在一个反射周期内和光学纤维轴相交两次,它传输的轨迹为通过轴的一个平面内的锯齿形轨迹,如图5-4所示。子午光线由光纤直部和弯部的界面上X点进入弯部,弯部的O点在光纤轴线上,$OC = R$为弯部的曲率半径,d为光纤纤芯直径,φ_0、φ_1、φ_2为各子午光线在直部、弯部外表面和弯部内表面的入射角。可以看出图5-4的子午面是唯一的子午面。

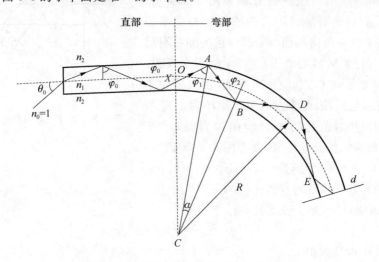

图5-4 光纤弯曲后对传播子午光线的影响

弯曲部分的 φ_1、φ_2 角不等于 φ_0 角。而 φ_0 角定义为光纤内的临界反射角,其表达式为 $\varphi_0 = \sin^{-1}(n_2/n_1)$,它和 θ_0 的关系是:

$$n_0 \sin \theta_0 = n_1 \cos \varphi_0$$

那么 φ_0、φ_1、φ_2 三者的关系推导如下。

设 O 点为原点,X 点的坐标 x,则有 $-d/2 \leqslant x \leqslant d/2$。在 $\triangle AXC$ 和 $\triangle ABC$ 内分别应用正弦定理有

$$\sin \varphi_1 = (R+x)/(R+d/2)\sin \varphi_0 \tag{5-8}$$

$$\sin \varphi_2 = (R+x)/(R-d/2)\sin \varphi_0 \tag{5-9}$$

因为 $-d/2 \leqslant x \leqslant d/2$,所以根据式(5-8)、式(5-9)有

$$\sin \varphi_1 \leqslant \sin \varphi_0 \leqslant \sin \varphi_2$$

即

$$\varphi_1 \leqslant \varphi_0 \leqslant \varphi_2$$

不难看出,当 R 小到一定程度时,有可能使 φ_1 小于临界角,这样原来在直部能产生全反射的子午光线,到了弯部便要从纤芯弯曲侧面逸出,从而造成弯曲损耗。

5.3.2 光纤弯曲后对出射光锥的影响

在直圆柱光学纤维的传输过程中,子午光线的方位保持不变,并且入射角和出射角相同(当内全反射次数为奇时)或者相反(当内全反射次数为偶时)。但在实际情况下,对于一个直径很小的光线束以角度 α 入射在光学纤维的端面上时,在传播过程中,其方位角将逐渐变化,这是因为或多或少地总是存在斜光线成分,而且当反射次数很大时,在出射端就成为半锥角为 α 的空心圆锥,如图 5-5 所示。

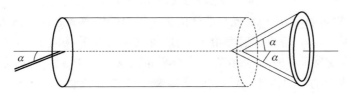

图 5-5 子午线通过光纤的直圆锥行为

当光纤发生弯曲以后,这种性质遭到了破坏。设光纤的直径为 d,曲率半径为 R,入射光锥半角为 α_0,出射光锥半角为 α_1,则有以下关系:

$$\Delta \cos \alpha_1 = 2dR\cos \alpha_0 / [R^2 - (d/2)^2] \tag{5-10}$$

如果 $R \gg d$,则式(5-10)可简化为

$$\Delta \cos \alpha_1 = 2d\cos \alpha_0 / R \tag{5-11}$$

对于平行光束,$\cos \alpha_1 = 1$,当光纤直径为 9 μm,弯曲半径为 20 mm 时,由式(5-11)可得 $\cos \alpha_1 = 0.01$,即 $\Delta \alpha_1 = 8$。由此可知,对于 $R/d = 200/1$ 的光纤,出射光锥的偏离角 $\Delta \alpha_1$ 为 8,因而出射光锥不再是平行光锥而是一个发散光锥。

5.4 弯曲损耗的电磁理论分析

5.4.1 等效折射率分布

在折射率分布为 $n(r)$ 的直弱导光纤中,模式场为 y 向偏振并沿 z 向传播,可表示为

$$E = E_0(r)^{-\mathrm{i}\beta z y} \tag{5-12}$$

在光纤弯曲部分,场必然有 $\mathrm{e}^{-\mathrm{i}\theta}$ 的变化,如果 z 表示弯曲半径为 R_c 的弯光纤中平行于轴的长度,并且当 $\theta = 0$ 时 $z = 0$,则定义一个弯曲光纤中的"本地传播常数"如下:

$$\mathrm{e}^{-\mathrm{i}y} = \mathrm{e}^{-\mathrm{i}\beta z} \tag{5-13}$$

且有

$$\beta' = \beta(1 - r\cos\phi)/R_c \tag{5-14}$$

引入本地坐标系 r, φ, z' 代替原柱坐标系 ρ, ψ, z 则标量亥姆霍兹方程变为

$$\left[\frac{\partial^2}{\partial^2 r} + \frac{1}{r}\frac{\partial}{\partial r} + \frac{1}{r^2}\frac{\partial^2}{\partial^2 \varphi} + \kappa_0^2 n^2(r) - \beta^2 \right] E_2(r, \varphi = 0) \tag{5-15}$$

将式(5-14)代入,上式可改写为

$$\left[\frac{\partial^2}{\partial^2 r} + \frac{1}{r}\frac{\partial}{\partial r} + \frac{1}{r^2}\frac{\partial^2}{\partial^2 \varphi} + \kappa_0^2 n_c^2 - \beta^2 \right] E_2(r, \varphi = 0) \tag{5-16}$$

$$n_c^2 = n^2(r)(1 + 2r\cos\varphi/R_c) \tag{5-17}$$

其中,n_c 是等效折射率,$n(r)$ 是光纤芯区的某一平均折射率或芯区中最大折射率 n_1,从式(5-17)可以看出,等效折射率沿 r 增加,这必然意味着场向 $+r$ 方向偏移,所有的导波模都将变为泄漏模;必然存在一个临界距离 $X_r > 0$,使 $r > X_r$ 时有 $\kappa^2 n_c^2 - \beta^2 - v^2/r^2 > 0$,即有波的径向传播,显然它是泄漏波。当然,在弯曲半径足够小的情况下,某些导波模也会直接变为辐射波。

5.4.2 传导模的变化

阶跃型光纤在弯曲以前,其剖面折射率分布是比较简单的。当弯曲以后,纤芯折射率分布发生了变化,不再是均匀分布,而是 r,ψ 和 R 的函数,如式(5-17)。可用下式来描述纤芯折射率的变化规律:

$$\begin{aligned} n(r) &= n_1[1 - 2\Delta(r/\alpha)^\alpha]^{1/2}, & 0 \leqslant r \leqslant \alpha \\ n(r) &= n_1[1 - 2\Delta]^{1/2} \approx n_1(1 - \Delta) = n_2, & r \geqslant \alpha \end{aligned} \tag{5-18}$$

其中,r 是光纤轴线的径向距离,a 是纤芯半径,n_1 是纤芯轴线的折射率,n_2 是包层折射率,α 为无量纲参量,它确定了剖面折射率分布的形状,Δ 为相对折射率差,其定义为

$$\Delta = (n_1^2 - n_2^2)/2n_1^2 \approx (n_1 - n_2)/n_1$$

可见弯曲后阶跃光纤变成了渐变折射率光纤,而其中的传导模数量也从 N_0 变为 N_1 且 $N_0 > N_1$,即弯曲后光纤中较少的模能传播。因此,可以用光纤中的传导模数量的变化来近似表征弯曲损耗的大小。

由于仅当纤芯的折射率均匀时,亦即是在阶跃光纤情况下,才能基于求解麦克斯韦方程进行严格的光纤模式分析。因此在渐变折射率光纤的情况下,需要以量子力学中通常使用的 WKB 法,即假定解具有以下形式:

$$E_Z = AF_1(r)F_2(\varphi)E_3(z)F_4(t) \tag{5-19}$$

其中,

$$F_3(z)F_4(t) = e^{j(a - \beta^2)}, \quad F_2(\varphi) = e^{je\theta}$$

所以把式(5-19)整理后可得

$$\frac{dF_1}{d^2 r} + \frac{1}{r}\frac{dF_1}{dr} + \left[k^2 n^2(r) - \beta^2 - \frac{v^2}{r^2} \right]F_1 = 0 \tag{5-20}$$

其中,$n(r)$ 由式(5-18)给出。在 WKB 法中,令

$$F_1 = Ae^{jkQ(r)} \tag{5-21}$$

其中,系数 A 与 r 无关,代入式(5-20),给出

$$jkQ'' - (kQ')^2 + \frac{j\kappa}{r}Q' + \left[\kappa^2 n^2(r) - \beta^2 - \frac{v^2}{r^2} \right] = 0 \tag{5-22}$$

其中,撇号表示对 r 的微分,$Q(r)$ 是沿 r 的方程。在约为一个波长的距离内 $n(r)$ 的变化是缓慢的,因此函数 $Q(r)$ 按 λ 的幂次或按与它相当的 $k^{-1} = \lambda/2\pi$ 幂次的展开式是收敛很快的。于是设

$$Q(r) = Q_0 + \frac{1}{k}Q_1 + \cdots \tag{5-23}$$

其中,$Q_0,Q_1\cdots$ 是 r 的某个函数,把式(5-23)代入式(5-22)并合并 k 的相同幂次,令其系数为零,得 Q 的一阶、二阶微分方程:

$$-k(Q_0')^2 + \left[k^2 n^2(r) - \beta^2 - \frac{v^2}{r^2} \right] = 0 \tag{5-24}$$

$$jkQ_0' - 2kQ_0'Q_1' + \frac{jk}{r}Q_0' = 0 \tag{5-25}$$

为了求取传导模的数量,对式(5-24)积分,就得到

$$kQ_0 = \int_{r_1}^{r_2} \left[k^n n^2(r) - \beta^2 - \frac{y^2}{r^2} \right]^{1/2} dr \tag{5-26}$$

仅当 Q_0 为实数时,一个模式才能约束在纤芯中。当 Q_0 为实数时,被积函数中的根式必须大于零,如式(5-26)中的积分范围所表明的,对于给定的某一模式存在着两个能使根式为零的数值 r_1 和 r_2。

r 的这两个数值是 v 的函数,当 r 位于这两个数值之间时存在着传导模。当 r 为其他数值时,函数是虚数,它导致损耗场如图 5-6 所示。r_1 和 r_2 是散焦面的内半径和外半径,半径 r_1 和 r_2 被称为转折点,因为当 r 的数值由增变减时,光线会发生偏

折,反之亦然。

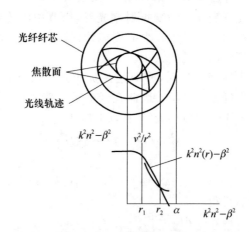

图 5-6　折射率渐变光纤中的斜光线的剖视图

为了求得转折点,图 5-6 中分别以实线和虚线画出了函数 $k^2 n^2(r) - \beta^2$ 和 v^2/r^2。这两条曲线的交点 r_1 和 r_2。当实线位于虚线之上时,就存在着振荡场,它表示束缚场解;当实线位于虚线之下时,就出现消失场(非束缚的损耗模)。

为了形成渐变折射率光纤的束缚模,即在 r_1 和 r_2 之间的相位函数 Q_0 必须是 π 的整数倍,因此

$$m\pi \approx \int_{r_1}^{r_2} \left[k^2 n^2(r) - \beta^2 - \frac{v^2}{r^2} \right]^{1/2} \mathrm{d}r \qquad (5\text{-}27)$$

其中,纵向模号 $m = 0, 1, 2, \cdots$,它记录了两个转折点间半周期的数目。把式(5-27)对从 0 到 $v_{\max}$($v_{\max}$ 是给定 β 值下的最高次束缚模)的一切 v 值求和,可以得到束缚模的总数 $m(\beta)$。如果 $v_{\max}$ 是一个大数,就可以用积分来代替求和,从而得到

$$m\beta = \frac{4}{\pi} \int_0^{v_{\max}} \int_{r_1}^{r_2} \left[k^2 n^2(r) - \beta^2 - \frac{v^2}{r^2} \right]^{1/2} \mathrm{d}r \mathrm{d}v \qquad (5\text{-}28)$$

因子 4 来源于每个组合 (m, v) 都表示由不同偏振或不同取向的 4 个模式组成的简并群。

如果改变积分次序,为了能把所有模式考虑在内,r 的下限必须是 $r_1 = 0$,而 v 的上限则可由下述条件得到

$$k^2 n^2(r) - \beta^2 - \frac{v_{\max}^2}{r^2} = 0 \qquad (5\text{-}29)$$

因此

$$m\beta = \frac{4}{\pi} \int_0^{r_2} \int_0^{v_{\max}} \left[k^2 n^2(r) - \beta^2 - \frac{v^2}{r^2} \right]^{1/2} \mathrm{d}v \mathrm{d}r \qquad (5\text{-}30)$$

把上式对 v 积分,得到

$$m\beta = \int_0^{r_1} \left[k^2 n^2(r) - \beta^2 \right] r \mathrm{d}r \qquad (5\text{-}31)$$

为了对式(5-31)进行进一步的计算,选择由式(5-18)给出的剖面折射率 $n(r)$,积分上限 r_2 由条件 $\kappa n(r)=\beta$ 确定,其中 $n(r)$ 满足式(5-18),可给出

$$r_2=\alpha\left[\frac{1}{2\Delta}\left(1-\frac{\beta}{k^2 n_1^2}\right)\right]^{1/2} \tag{5-32}$$

利用式(5-18)和式(5-21),就得到模式的数量为

$$m\beta=\alpha^2 k^2 n_1^2\Delta\frac{\alpha}{\alpha+2}\left(\frac{k_1^2 n^2-\beta^2}{2\Delta k^2 n_1^2}\right)^{|\alpha+2|/2} \tag{5-33}$$

光纤中所有的束缚模都必须满足条件 $\beta\geqslant kn_2$。如果这个条件不成立,那么就不再能把模式完全约束在纤芯中,因而会损失功率。因此,在令 $\beta=kn_2=kn_1(1-\Delta)$ 以后,可以得到束缚模的最大数目 M 为

$$M=m(kn_2)=\frac{\alpha}{\alpha+2}\alpha^2 k^2 n_1^2\Delta=\frac{1}{2}\frac{\alpha}{\alpha+2}\alpha^2 k^2 (NA)^2 \tag{5-34}$$

对于折射率阶跃型光纤中的传导模的数量 M_r,式(5-34)中 $\alpha=\infty$ 即可,有

$$M_0=\frac{1}{2}\alpha^2 k^2 (NA)^2 \tag{5-35}$$

5.4.3　弯曲损耗的表达式

如前所述,光纤弯曲使折射率轮廓 α 发生了变化,这个变化依赖于弯曲半径 R,同时改变了一定长度内光纤的数值孔径,这样使光纤中的传导模数量减少,它相应于光输出处光强度的减少,即产生了弯曲损耗。因此根据损耗的定义有

$$L(R)=10\lg\frac{M}{M_0}=10\lg\frac{\alpha(R)}{\alpha(R)+2}+20\lg\frac{(NA)'}{NA} \tag{5-36}$$

5.5　影响弯曲损耗的因素

在对光纤衰减的长期研究中,人们早已发现,造成光纤衰减的机理是吸收衰减、散射衰减和附加衰减。吸收衰减主要来自于光纤材料的本征吸收和光纤材料中的杂质吸收。光纤的吸收衰减主要指的是由石英玻璃中的 OH 离子和过渡金属离子吸收所造成的衰减。吸收衰减使光纤中传导的光功率中的一部分通过吸收转变为热能损失掉,从而使在光纤中传导的光功率产生衰减。现在,由于原料提纯和去除 OH 离子工艺已经相当成熟,光纤的吸收衰减基本上可以忽略不计。散射衰减主要取决于瑞利散射和波导散射,瑞利散射属于固有散射,是由于光纤材料中折射率不均匀造成的,波导散射是与光纤波导结构缺陷有关的散射。散射衰减是由于光纤本身和制造缺陷引起光纤中传导的光功率中的一部分通过散射形式辐射出光纤之外的一种衰减,附加衰减是光纤成缆之后产生的衰减。在实际使用的光缆线路中,光缆中的光纤不可避免地受到各种弯曲应力作用,这些弯曲应力作用的结果是使光纤中的传导模变换为辐射模导致光功率损失。研究证明,光纤的弯曲损耗 α 与光纤的折射率分布结构参数(相对折射率 Δ、纤芯半径 a)有关,即

$$\alpha = k(a/\Delta)^2 \tag{5-37}$$

其中，k 是比例常数，它与光纤接触面的粗糙程度和材料特性有关。从式（5-37）可以通过增大 Δ 提高光纤抗弯曲性能。

另外，阶跃折射率单模光纤的弯曲性能也可以用一个著名的无量纲参数 MAC，即模场直径（MFD）与截止波长（λ）之间的函数关系来表示

$$MAC = \frac{MFD}{\lambda} \tag{5-38}$$

光纤的弯曲损耗随着 MAC 值的减小而降低。这就意味着，具有小 MFD 和长截止波长的光纤比具有大 MFD 数值和短截止波长的光纤所具有更低的弯曲敏感性。因此，G.657 光纤应该是一种具有小 MFD 或者长 λ 的光纤。

5.6 弯曲不敏感光纤 G.657 标准

5.6.1 国际标准

1. G.657ITU-T—2006 版标准建议

为了规范抗弯曲单模光纤产品的性能，ITU-T 于 2006 年 10 月 30 日～11 月 10日在日内瓦通过了 ITU-T G.657"接入网用弯曲不敏感单模光纤和光缆特性"建议。2006 年 12 月 ITU-T 第十五工作组正式发布了这个标准，即 G.657 光纤标准。在这个标准中，G.657 光纤分为两类：A 类和 B 类。G.657A 光纤可用在 D、E、S、C 和 L这 5 个波段，可以在 1 260～1 625 nm 整个工作波长范围工作。G.657A 光纤的传输和互连性能与 G.652D 相同，能和 G652D 光纤直接熔接互连；G.657B 光纤的传输工作波长分别是 1 310、1 550 和 1 625 nm。G.657B 光纤的应用只限于建筑物内的信号传输，它的熔接和连接特性与 G.652D 光纤不同，不可以与 G.652D 光纤直接熔接互连，但 G.657B 光纤可以在弯曲半径非常小的情况下正常工作。G.652 光纤的性能如表 5-1 所示。

表 5-1　G.652.A、G.652.B、G.652.C 和 G.652.D 光纤光缆的特性

特性	参数	单位	数值			
	光纤类型		G.652A	G.652B	G.652C	G.652D
模场直径	范围	μm	8.6～9.5	8.6～9.5	8.6～9.5	8.6～9.5
包层直径	标称	μm	125.0	125.0	125.0	125.0
色散	λ_{0min}	nm	1 300	1 300	1 300	1 300
	λ_{0max}	nm	1 324	1 324	1 324	1 324
	S_{0min}	ps/nm^2·km	0.093	0.093	0.093	0.093

续　表

特性	参数	单位	数值			
衰减	1 310 nm	dB/km	0.5	0.4	—	—
	1 550 nm	dB/km	0.4	0.35	0.3	0.3
	1 625 nm	dB/km	—	0.4	—	—
PMD 系数	M	段	20	20	20	20
	Q	%	0.01	0.01	0.01	0.01
	最大 PMD_Q	ps/km$^{1/2}$	0.5	0.2	0.5	0.2

为了进一步比较 G.657A 光纤和 G.657B 光纤的本质差别,图 5-7 给出了在不同工作波长下,G.657A(class A)光纤和 G.657B(class B)光纤的弯曲半径与弯曲损耗的关系。由图 5-7 可以看出,G.657B 光纤的抗弯曲性能优于 G.657A 光纤,弯曲损耗随着波长的增大而增大。因此,如果光纤的工作波长选在 1 625 nm,要特别注意光纤的弯曲损耗问题。

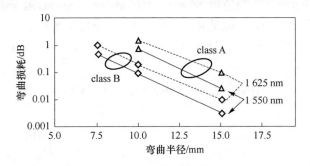

图 5-7　弯曲半径和弯曲损耗的关系

这个标准比预计的时间提前一年获得了通过,主要原因来自两方面的推动力:一方面是运营商希望在他们的网络中引入 FTTH,另一方面是光纤光缆行业产业升级动力的推动。

2. G.657ITU-T—2009 版标准

2009 年 ITU-T 第十五工作组发布了 ITU-TG.657"接入网用弯曲不敏感单模光纤和光缆特性"的标准建议的第一个修订版本。此次修订版本中的产品分类较 2006 年版本有了较大变化。

在 ITU-TG.6572009 修订版本中依然维持了 A 和 B 两个大类的整体结构,A 类与 G.652 光纤能够完全兼容使用,而 B 类在部分指标上并不要求与 G.652 光纤兼容,允许更小的模场直径(MFD)、更大的衰减系数和不同的光纤结构等。

在 A 和 B 两个大类整体结构的基础上,最新标准版本的产品分类中引进了三个弯曲等级的概念,弯曲等级按照最小弯曲半径进行区分:弯曲等级 1 对应最小弯曲半径为 10 mm 的产品,弯曲等级 2 对应最小弯曲半径为 7.5 mm 的产品,弯曲等级 3 对应最小弯曲半径为 5 mm 的产品。同时,还将是否与 G.652 兼容(A 和 B),以及弯曲等级(1、2、3)两种分类原则结合起来,就构成了 2009 年标准建议版本中新的子类结构:A1,A2,B2,B3。表 5-2 中列出了 2009 年标准建议版本中新的产品子类和 2006 年标准版本中 G.657A 和 G.657B 的对应关系。

表 5-2　2009 年和 2006 年标准建议版本中产品分类的对应关系

ITU-T G.657	A 类(要求与 G.652 完全兼容)	B 类(不要求与 G.652 完全兼容)
弯曲等级 1 (最小弯曲半径 10 mm)	G.657A1(2009) G.657A(2006)	—
弯曲等级 2 (最小弯曲半径 7.5 mm)	G.657A2(2009) G.657B(2006)+G.652	G.657B2(2009) G.657B(2006)
弯曲等级 3 (最小弯曲半径 5 mm)	—	G.657B3(2009)

在 2009 年新标准建议版本中,G.657A2 是新增加的子类。G.657A2 完全满足 2006 年标准建议版本中的 G.657B,且同时要求与 G.652 光纤相互兼容,最小弯曲半径建议为 7.5 mm,模场直径范围为$(8.6\sim9.5\ \mu m)\pm0.4\ \mu m$,属于大模场直径弯曲不敏感单模光纤。G.657B3 也是新增加的子类,最小弯曲半径能够达到 5 mm,支持一些极端弯曲条件下的使用,不要求与 G.652 光纤相互兼容,模场直径范围为$(6.3\sim9.5\ \mu m)\pm0.4\ \mu m$。

表 5-3　G.657 光纤 2009 版标准主要参数

特性	单位	技术指标										
		G.657A1		G.657A2			G.657B1			G.657B2		
1 310 nm 模场直径	μm	$(8.6-9.5)\pm0.4$		$(8.6-9.5)\pm0.4$			$(6.3-9.5)\pm0.4$			$(6.3-9.5)\pm0.4$		
最大弯曲损耗 — 弯曲半径	mm	15	10	15	10	7.5	15	10	7.5	10	7.5	5
最大弯曲损耗 — 弯曲圈数	—	10	1	10	1	1	10	1	1	1	1	1
最大弯曲损耗 — 1 650 nm 最大值	dB	0.25	0.75	0.03	0.1	0.5	0.03	0.1	0.5	0.03	0.08	0.15
最大弯曲损耗 — 1 625 nm 最大值	dB	1.0	1.5	0.1	0.2	1.0	0.1	0.2	1.0	0.1	0.25	0.45
衰减特性 — 1 310~1 625 nm	dB/km	≤0.4								≤0.5		
衰减特性 — 1 383±3 nm	dB/km	≤0.4					不规定					
衰减特性 — 1 550 nm	dB/km						≤0.3					
色散特性 — 零色散波长	nm	1 300~1 324					不规定					
色散特性 — 零色散斜率	ps/nm²·km	≤0.092										
偏振模色散特性 — M	—	20					不规定					
偏振模色散特性 — Q	—	0.01%										
偏振模色散特性 — PMD_Q 最大值	$ps/km^{1/2}$	≤0.2										

　　针对新标准建议中四个子类，表5-3列出了关键的技术参数模场直径和弯曲附加损耗的对比指标。在表5-3中，对于B类光纤，由于其主要应用于短距离通信，因此对色散和偏振模色散没有特殊要求，也允许较G.652D更大的衰减系数。

　　对于宏弯曲附加损耗，在2009年版ITU-T标准建议中，强调了成缆光纤和未成缆光纤的弯曲附加损耗之间的区别。关于成缆后的光纤宏弯曲附加损耗的测试方法和指标范围都将在ITU-T继续深入讨论和研究。同时，对于室内光缆安装的一些施工细节，在2009年版的标准建议中也有相关的说明："在楼内使用时，成缆光纤的弯曲附加损耗可能受到施工安装方法的影响。根据ITU-TL.59标准建议，光缆施工后所保留下的长期弯曲半径应在可能的情况下尽量大一些，以减少宏弯附加损耗，以及可能影响到光纤寿命的长期应力。故在光缆施工时，要特别注意避免野蛮粗糙的安装方法"。

　　3. G.657 ITU-T 2012 的建议

　　国际电信联盟ITU-T在2012年9月通过的弯曲不敏感单模光纤G.657标准建议的最新修订版本。此修订版本在2009年版本上做了微小调整，在ITU-T G.657最新的修订版本中依然维持了A和B两大类的整体结构。

　　最新2012版与2009版比较，A类的技术指标基本没有变化。A大类适用于O、E、S、C和L波段（1 260～1 625 nm），满足G.652D类光纤的全部特性，并且在宏弯曲损耗参数上优于G.652D类光纤，可用于整个接入网范围。根据弯曲性能，G.657A1类光纤的最小弯曲半径推荐为10 mm，G.657A2类光纤的最小弯曲半径推荐为7.5 mm。

　　B类适用于O、E、S、C和L波段（1 260～1 625 nm），不要求满足G.652D类光纤的全部特性（例如色散系数和偏振模色散特性），能够提供极小弯曲条件下的应用，一般用于接入网末端有限距离的通信传输（小于1 000 m）。根据弯曲性能，G.657B2类光纤的最小弯曲半径推荐为7.5 mm，G.657B3类光纤的最小弯曲半径推荐为5 mm。最新2012年版标准与2009年版标准比较，B大类的技术指标有一些显著变化，主要修订如下：

　　（1）将B类光纤的模场直径由原来的(6.3～9.5)±0.4修改为(8.6～9.5)±0.4，与A类光纤一致；

　　（2）将B类光纤的衰减修改为与A类光纤一致；

　　（3）修改了色散特性和偏振模色散特性。

　　从2012年ITU-T对G.657光纤标准，尤其是G.657B3光纤的标准的修订上，可以发现B3光纤性能参数逐步向兼容G.652D标准的方向发展，并且新标准的修订也充分考虑到了G.657A2和B3的具体应用环境差异和各主流G657制造企业以及电信运营商对G.657B3光纤性能参数建议，所以在以下几个方面新标准强调了G.657B3光纤的特殊性，如表5-4所示。

a. 在2012版本中,对A2和B3的仍然要求不同弯曲半径,表明业内仍然希望区分A2和B3的使用领域,且更倾向于B3在FTTH的入户段使用。

b. G.657标准建议2012版对B3光纤在5 mm弯曲半径下宏弯曲损耗数值虽然没有变化,但美国和韩国等运营商根据实际布线条件的需要,已在采购中将B3的宏弯曲标准已经下调到了1 550 nm,波长小于等于0.1 dB/圈;并且美国和日本等主要G.657B3光纤制造企业也提出了将5 mm弯曲半径1 550 nm的宏弯曲损耗修改为0.1 dB/圈,虽然本次没有将此建议正式通过,但存在未来下一个修订版本中继续降低B3光纤5 mm宏弯曲数值的可能性。

c. 2012版本中,A2和B3光纤不同弯曲半径下,1 625 nm和1 550 nm波长的宏弯曲损耗的比值仍保持在3左右,这是各个运营商考虑到未来PON技术升级后,现有G.657B3的光纤宏弯曲性能要保证新的长波长通信窗口不会受到光纤宏弯的限制,这部分内容将在下一节再次进行详细介绍。

表5-4　ITU-T G.657光纤2012版关键技术参数

特性		单位	技术指标										
			G.657A1		G.657A2			G.657B2			G.657B3		
1 310 nm 模场直径		μm	$(8.6-9.5)\pm0.4$										
宏弯损耗	弯曲半径	mm	15	10	15	10	7.5	15	10	7.5	10	7.5	5
	弯曲圈数	—	10	1	10	1	1	10	1	1	1	1	1
	1 550 nm 最大值	dB	0.25	0.75	0.03	0.1	0.5	0.03	0.1	0.5	0.03	0.08	0.15
	1 625 nm 最大值	dB	1.0	1.5	0.1	0.2	1.0	0.1	0.2	1.0	0.1	0.25	0.45
衰减特性	1 310~1 625 nm	dB/km	≤0.4(缆)										
	1 383±3 nm	dB/km	≤0.4(缆)										
	1 550 nm	dB/km	≤0.3(缆)										
色散特性	零色散波长	nm	1 300~1 324					1 250~1 350					
	零色散斜率	ps/nm²·km	≤0.092					≤0.11					
偏振模色散特性	M	—	20					20					
	Q	—	0.01%					0.01%					
	PMDq 最大值	ps/km^{1/2}	≤0.20					≤0.50					

d. 在2012年新版本的附录中再次强调了G.657光纤寿命和动态疲劳参数 nd 值的关系,强调了 nd 值大小和弯曲半径对光纤寿命的影响。

e. 因为G.657B3光纤在FTTH中的使用距离一般小于1 km,所以虽然本次明确B3光纤的色散范围,但相对的范围仍然比较宽,没有要求兼容G.652D标准。

综上可以发现,本次对ITU-T G.657标准的修订,更多的是关注G.657B3的相关参数范围。这是因为近年来,Verizon、AT&T、KT等运营商,在大力推广光纤入户等 FTTx 技术的过程中,逐步达成了"G.652D 用于室外段,G.657B3 光纤用于室内段"的共识,这种技术方案可以充分利用 G.652D 在室外光缆领域,光纤价格相对低廉,使用成熟的特点;并结合 G.657B3 光纤优异的宏观弯曲性能,尤其是在 5 mm 小弯曲半径下的宏弯曲性能,减少室内段光纤布线的难度,保证光纤传输不受到影响。2012 版本的修订反映了相关运营商和光纤制造企业,希望通过新标准进一步规范 G.657B3 光纤的参数范围,从而更简单和方便的对各大 G.657B3 光纤制造企业的产品进行评估的目的。

  G.657A2 光纤在 5 mm 半径的宏弯曲损耗一般在 0.5 dB/圈,相对 G.657B3 光纤的宏弯曲损耗在 0.07 dB/圈。两种光纤在 5 mm 弯曲半径下的不同宏弯,决定了两者在室内段光纤布线中的不同表现。

  按照 Verizon 公司对 MDU 室内布线情况的评估,要求在 FTTx 室内段光纤在室内布线时经过 10 个 90°的转角,并使用 30 个光纤固定卡具固定室内段的光纤,并在 5 mm 半径的金属棒上缠绕 2 圈后,1 550 nm 窗口的宏弯曲损耗不得大于0.4 dB。如图 5-8 所示,当使用 G.657A2 光纤时,在上述条件下,因宏弯曲造成的叠加损耗为 4.58 dB,明显不能满足传输需求;与之对应的 G.657B3 的宏弯曲损耗为0.16 dB。按照 Verizon 公司的 TPR 9441 标准设计的实验,充分考虑到了对室内段光纤的宏弯曲要求,其要求 G.657B3 光纤在 5 mm 弯曲半径下 1 550 nm 窗口的宏弯曲损耗必须小于等于 0.1 dB/圈,才能满足宏弯曲附加损耗小于 0.4 dB 的要求。实验方法如图 5-8 所示。通过这个实验,首先证明了入户段光纤必须使用 G.657B3 光纤,其次也说明了 5 mm 弯曲半径的宏观弯曲性能是反映 G.657B3 光纤性能好坏的第一评判标准。

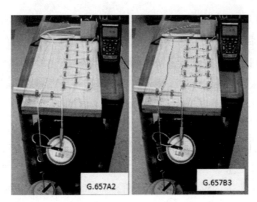

图 5-8 G.657A2 和 G.657B3 光纤在模拟 MDU 复杂布线条件下的宏弯曲性能对比

5.6.2 G.657 国内标准

由于 FTTH 的迅猛发展,国内市场对 G.657 光纤的需求急速扩大,对 G.657 光纤的行业标准和国家标准的制定也是迫在眉睫的课题。中国通信标准化协会在ITU-T 的 G.657 2006 版的标准建议发布后马上开始了 G.657 光纤的通信行业标准的制定。2009 年 6 月 15 日发布了通信行业标准《接入网用弯曲损耗不敏感单模光纤特性》标准,标准号为 YD/T 1954—2009。事实上这个标准发布不久,ITU-T 就发布了 G.657 标准建议的 2009 版,造成了国家标准一发布就马上面临修改的窘迫局面。如上面所述,2012 年 ITU-T 又对 G.657 进行了修改。2012 年通信行业协会将YD/T1954—2009 列为 2012 年第一批行业标准制修订计划,同年启动了YD/T 1954—2009标准的修改,2013 年正式发布了 YD/T 1954—2013 标准,实现了和 ITU-T 标准的同步。

光纤国家标准在 ITU-T 完成 2009 年的 G.657 光纤标准建议修改后启动的,2012 年 6 月 29 日正式发布。国标的标准号为 GB/T 9771.7—2009,名称为《通信用单模光纤 第 7 部分:接入网用弯曲损耗不敏感单模光纤特性》。这个标准中规定的弯曲损耗不敏感光纤的几何、光学、传输特性参考了 ITU-T G.657(2009)《接入网用弯曲损耗不敏感单模光纤光缆的特性》(英文版)中 G.657A1、G.657A2、G.657B2 和G.657B3 类光纤特性的规定,光纤的机械、环境性能参考了 IEC 60793-2-50:2008《光纤第 2-50 部分:产品规范—B 类单模光纤特性》(英文版)中 B6 类光纤的规定。很显然 GB/T9771.7 定义的 B7 类光纤没有和 G.657 标准完全同步,只能等待下一次的修改才能进一步的完善。

5.7 G.657 光纤的设计和制造工艺

由于 A1 光纤的弯曲性能相对于 G.652 光纤而言,并没有明显的改善(其最小弯曲半径为 10 mm)。目前国内外各大光纤光缆厂家基本上采用的是从 G.652 光纤中筛选出满足 G.657A1 标准的光纤产品,筛选的依据是光纤的 MAC 值。

对于最小弯曲半径要求达到 7.5 mm 和 5 mm 的 A2、B2 和 B3 光纤而言,因其弯曲性能相对于 G.652 光纤而言有明显的改善,目前国内外各大光纤厂家一般通过改变光纤的波导结构来实现弯曲性能的大幅改进。特别是 A2 光纤,在满足最小弯曲半径达到 7.5 mm 的同时,还必须完全兼容 G.652D 光纤,这样就对光纤的波导结构的设计提出了更高的要求。

在当前的技术条件下,提高光纤抗弯曲性能的技术途径主要有以下三种:

(1) 减小光纤芯径使模场直径(MFD)减小,增加光纤抗弯曲能力;

(2) 提高光纤纤芯和包层折射率差,采用纤芯高掺锗或包层中掺少量 P_2O_5 和较多的氟来提高光纤纤芯与光纤包层的折射率差,降低模场直径,将基模的光场严格地限制在光纤纤芯中,从而减小光纤的弯曲损耗;

(3) 通过光子晶体(PCF)、孔助光纤(HAF)等特殊工艺改变现有 G.652 光纤阶跃型折射率分布剖面结构,提高光纤纤芯能量束缚能力,从而减小光纤弯曲损耗。

提高光纤抗弯曲性能的主要工艺有:小模场直径单模光纤,包层折射率凹陷光纤,孔助光纤(HAF),光子晶体光纤(PCF)和纳米结构光纤。

5.7.1　小模场直径的单模光纤

1. 原理

减小模场直径(MFD)并减小数值孔径是减小弯曲损耗的最简单的实现方法,用较高的折射率差来实现。为了提高光纤抗弯能力,采用纤芯高掺锗或包层中掺少量 P_2O_5 和较多的氟来提高光纤纤芯与光纤包层的折射率差,降低模场直径,从而将光能量的基模部分严格地限制在光纤纤芯中,从而减小光纤的弯曲损耗。该类光纤除了在预制棒的制造过程中的折射率控制不同以外,其他预制棒和光纤拉丝等生产工艺基本和常规单模光纤一样,因此制造工艺简单,而且制造成本也不高,容易规模化生产。目前市场上多家光纤公司都采用这个技术来生产 G.657 光纤。

2. 性能测试

采用光功率计,测试采用的弯曲圆锥半径变化范围为 2～10 mm,步长为 1 mm;被测光纤在弯曲圆锥上绕一圈,然后均匀地改变光纤弯曲半径并测量其传输光强值,如图 5-9 所示,计算其损耗值。

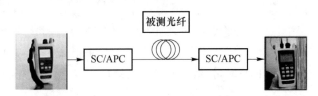

图 5-9　弯曲性能的测试框图

测试采用 1 310 nm、1 550 nm 和 1 625 nm 三种波长,测试结果见表 5-5 和图 5-10 小模场直径光纤弯曲性能测试的结果。

表 5-5　小模场直径光纤弯曲性能测试结果

波长/nm	不同弯曲半径(/mm)下的损耗值(/dB)								
	2	3	4	5	6	7	8	9	10
1 310	6.32	4.53	3.12	1.72	0.83	0.38	0.17	0.12	0.06
1 550	8.46	6.32	4.23	2.5	1.21	0.52	0.23	0.17	0.08
1 625	16.34	12.23	8.05	4.86	2.35	1.03	0.45	0.32	0.17

从测试结果表 5-5 和图 5-10 上可看到,弯曲损耗呈现随着弯曲半径变小而增大的趋势,半径较小时损耗变化剧烈,损耗曲线图大致是 e 的指数损耗。同时弯曲损耗呈现随着波长变大而增大的趋势。

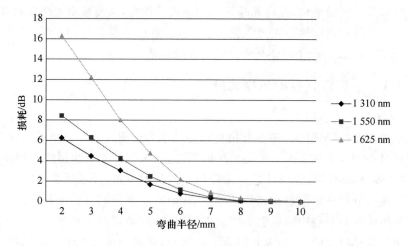

图 5-10　弯曲性能测试结果

在 5 mm 的半径时,1 310 nm 的测试结果为 1.72 dB,1 550 nm 的测试结果为 2.5 dB,1 625 nm 的测试结果为 4.86 dB。

在 10 mm 的半径时,1 310 nm 的测试结果为 0.06 dB,1 550 nm 的测试结果为 0.08 dB,1 625 nm 的测试结果为 0.17 dB。

3. 接续测试

实际光缆线路中,不同模场直径的光纤相互熔接时会引起接续损耗的增加。实际应用时要考虑接续损耗的因素,进行光纤型号的合适搭配。当被连接的两根光纤具有不同的模场直径(MFD)时,接续损耗 L_w 与模场直径之间的关系为

$$L_w = 20\lg\left[\frac{1}{2}\left(\frac{W_A}{W_B} + \frac{W_B}{W_A}\right)\right] \tag{5-39}$$

其中,W_A 为光纤 A 的 MFD。而 W_B 为光纤 B 的 MFD。

测试时,小模场直径的弯曲不敏感光纤和标准 G.652D 光纤熔接,采用康宁的 X-77 熔接机进行熔接,接续损耗测试 50 次的结果分布如图 5-11 所示。

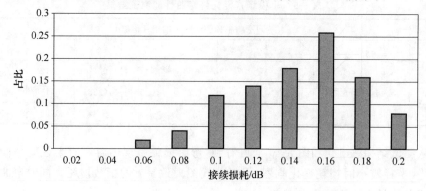

图 5-11　小模场直径光纤和 G.652D 光纤的接续损耗分布图

5.7.2　包层折射率凹陷光纤

1. 原理

除了减小模场直径之外,减小弯曲损耗的另一个途径是增加光纤纤芯与光纤包层的折射率差。包层折射率凹陷光纤具有较好的抗弯性能,它的内包层中掺少量 P_2O_5 和较多的氟产生 Δ_- ,折射率差 $\Delta = \Delta_+ + \Delta_-$ 。这样在为了改善抗弯性能需要提高 Δ 时,就不必增加 Δ_+ ,既获得了对各种模的紧束缚,又保持了较低的本征损耗。如图 5-12 所示,这种结构有较多的设计自由度,适当选择 Δ_+ 、 Δ_- 等,能同时使截止波长、零色散波长、模场直径、抗弯特性等最佳化。

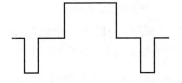

图 5-12　包层折射率凹陷光纤的设计

2. 性能测试

测试同样采用 1 310 nm、1 550 nm 和 1 625 nm 三种波长,测试结果如表 5-6 和图 5-13 所示。

从测试结果表 5-6 和图 5-13 上可看到,弯曲损耗呈现随弯曲半径变小而增大的趋势,半径较小时损耗变化剧烈,损耗曲线图大致是 e 指数损耗,同时弯曲损耗呈现随波长变大而增大的趋势。

表 5-6　包层折射率凹陷光纤弯曲性能测试结果

波长/nm	不同弯曲半径(/mm)下的损耗值(/dB)								
	2	3	4	5	6	7	8	9	10
1 310	14.43	10.45	7.53	5.49	3.45	1.85	1.08	0.52	0.36
1 550	19.25	13.98	10.05	7.32	4.65	2.51	1.45	0.70	0.48
1 625	25.75	18.65	13.34	9.76	6.23	3.8	1.87	0.94	0.65

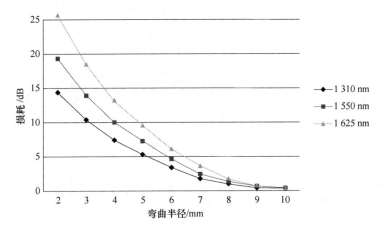

图 5-13　折射率凹陷弯曲不敏感光纤弯曲性能测试曲线

在 5 mm 的弯曲半径时,1 310 nm 的测试结果为 5. 49 dB,1 550 nm 的测试结果为 7. 32 dB,1 625 nm 的测试结果为 9. 76 dB。

在 10 mm 的弯曲半径时,1 310 nm 的测试结果为 0. 36 dB,1 550 nm 的测试结果为 0. 48 dB,1 625 nm 的测试结果为 0. 65 dB。

3. 接续性能测试

测试时,小模场直径的弯曲不敏感光纤和标准 G. 652D 光纤熔接。采用康宁的 X-77 熔接机进行熔接,接续损耗测试 50 次的结果分布如图 5-14 所示。

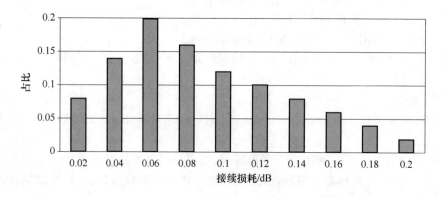

图 5-14　包层折射率凹陷光纤接续损耗的测试

5.7.3　孔助光纤

1. 原理

孔助光纤(Hole-Assisted light guide Fiber,HAF)是在常规单模光纤纤芯四周的包层中安排了一圈圆的空气孔而成,因而 HAF 也被称为空气孔光纤或带孔光纤。这种光纤是依靠常规的全内反射的机理。因为 HAF 的纤芯周围的许多孔,调节孔的直径和排列位置就能够对光纤的有效折射率作比常规单模光纤更灵活的设计。此外,包层中的孔使得光纤具有较高的折射率差而显著减小弯曲损耗。

图 5-15 所示的 HAF 的截面结构,在纤芯四周的一个圆周上安排了 6 个圆的空气小孔,孔的直径为 d,它们与常规的掺锗纤芯是等距离的。从纤芯中心到空气孔边上的距离为 A。掺锗的纤芯具有类似于常规单模光纤的半径 a 和与包层的相对折射率差 D。控制空气孔的参数诸如 d 与 A 就能优化 HAF 的弯曲损耗与 MFD,图 5-16 为 HAF 的折射率分布。

HAF 采用了具有低瑞利散射损耗和低吸收损耗的纯二氧化硅玻璃,用掺锗的二氧化硅玻璃作纤芯材料和用 VAD 法做的纯二氧化硅玻璃作包层材料。为了降低损耗,在拉丝期间,在沿光纤长度上保持了孔的位置和孔的尺寸的均匀性。

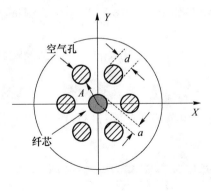

图 5-15　孔助光纤

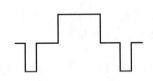

图 5-16　HAF 的折射率分布

2. 性能测试

测试同样采用 1 310 nm、1 550 nm 和 1 625 nm 三种波长,测试结果如表 5-7 和图 5-17 所示。

表 5-7　孔助弯曲不敏感光纤的测试结果

波长/nm	不同弯曲半径(/mm)下的损耗值(/dB)								
	2	3	4	5	6	7	8	9	10
1 310	0.15	0.12	0.07	0.04	0.03	0.02	0.02	0.02	0.02
1 550	0.16	0.13	0.09	0.06	0.05	0.04	0.04	0.03	0.03
1 625	0.25	0.21	0.15	0.09	0.07	0.06	0.06	0.05	0.05

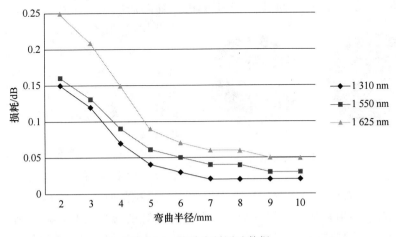

图 5-17　孔助光纤测试数据

在 5 mm 的半径时,1 310 nm 的测试结果为 0.04 dB,1 550 nm 的测试结果为 0.06 dB,1 625 nm 的测试结果为 0.09 dB。

在 10 mm 的半径时,1 310 nm 的测试结果为 0.02 dB,1 550 nm 的测试结果为 0.03 dB,1 625 nm 的测试结果为 0.05 dB。

3. 接续损耗测试

孔助光纤和标准 G.652D 光纤熔接,采用康宁的 X-77 熔接机,测试 50 次的结果分布如图 5-18 所示。

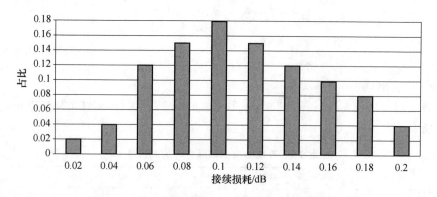

图 5-18　孔助光纤和 G.652D 光纤接续损耗测试结果分布

5.7.4　光子晶体光纤

1. 原理

光子晶体光纤(Photonic Crystal Fibers,PCF),又称多孔光纤或微结构光纤(Micro-Structured Fibers,MSF)。PCF 是由在纤芯周围沿着轴向规则排列微小空气孔构成,如图 5-19 所示,通过这些微小空气孔对光的约束,实现光的传导。独特的波导结构和灵活的制作方法使得 PCF 与常规光纤相比具有许多奇异的特性,有效地扩展和增加了光纤的应用领域。

图 5-19　光子晶体光纤的设计

PCF 由石英玻璃管和石英玻璃棒制成。PCF 又可分为实芯光纤和空芯光纤,前者是由石英玻璃棒和石英玻璃毛细管加热拉制而成,后者则是由石英玻璃管和石英玻璃毛细管加热拉制形成。按照预先设计的形状(如六边形)将石英玻璃毛细管紧密地排列在作为纤芯的石英玻璃棒或一圈石英玻璃毛细管周围,即集束成棒,再通过加热拉制就可以制成所需要的 PCF。表征 PCF 性能的三个特征参数是:纤芯直径,包层空气孔直径,包层空气孔直径之间的距离。通过调整纤芯直径、包层空气孔直径、包层空气孔直径之间距离的方式,可分别制出具有低衰减、低色散、非线性效应小、保偏性好和小弯曲损耗等性能的且尤其适用于长途通信系统的PCF。

按照导光机理,PCF可以分为两类:折射率导光机理和光子能隙导光机理。周期性缺陷的纤芯折射率(石英玻璃)大于周期性包层折射率(空气),从而使光能够在纤芯中传播,这种结构的PCF导光机理依然是全内反射,但与常规G.652光纤有所不同,由于包层包含空气,所以这种机理称为改进的全内反射,这是因为空芯PCF中的小孔尺寸比传导光的波长还小的缘故。

在理论上,求解电磁波(光波)在光子晶体中的本征方程即可导出实芯和空芯PCF的传导条件,其结果就是光子能隙导光理论。中心为空芯,虽然空芯的折射率比包层石英玻璃低,但仍能保证光不折射出去,这是因为包层中的小孔点阵构成光子晶体。当小孔间的距离和小孔直径满足一定条件时,其光子能隙范围内就能阻止相应光传播,光被限制在中心空芯之内传输。最近有研究表明,这种HF中可传输99%以上的光能,而空间光衰减极低,因此光纤衰减可能只有标准光纤的$1/2 \sim 1/4$,但并不是所有PCF都是光子能隙导光。

空芯PCF的光子能隙传光机理:在空芯PCF中形成周期性的缺陷是空气,传光机理是利用包层对一定波长的光形成光子能隙,光波只能在空气纤芯形成的缺陷中存在和传播。虽然在空芯PCF中不能发生全内反射,但包层中的小孔点阵结构就像一面镜子,这样光就在许许多多的小孔的空气和石英玻璃界面多次发生反射。

2. 特点

PCF有如下特点:结构设计灵活,具有各种各样的小孔结构;纤芯和包层折射率差可以很大;纤芯可以制成多种样式;包层折射率是波长函数,包层性能反映在波长尺度上。因此PCF有着以下许多奇异特性,如可控的非线性、无尽单模、可调节的奇异色散、低弯曲损耗、大模场等特性,这些特性是常规石英单模光纤所很难或无法实现的。因此,PCF引起了国内外科学界的广泛关注。随着PCF制造工艺技术的进步,PCF的各种指标已经取得了突破性进展,各种PCF新产品应运而生。它不仅应用到常规光通信技术领域,而且广泛地应用到光器件领域,如高功率光纤激光器、光纤放大器、超连续光谱、色散补偿、光开关、光倍频、滤波器、波长变换器、弧子发生器、模式转换器、光纤偏振器、医疗/生物传感等领域。

PCF独特而新颖的特性如下。

(1) 无截止单模与高光功率传输

传统普通单模光纤随着纤芯尺寸的增加会变成多模光纤。而对于PCF只要其空气孔径与孔间距之比小于0.2,无论什么波长都能单模传输,几乎不存在截止波长,这就是无截止单模传输特性。这种光纤可实现从蓝光到$2~\mu m$的光波下单模传输。更为奇特的是这种特性与光纤的绝对尺寸无关,因此通过改变空气孔间距可调节模场面积,在 1 550 nm 可达 1~800 μm^2,实际上已制成了 680 μm^2 的大模场 PCF,大约是常规光纤的 10 倍。小模场有利于非线性产生,大模场可防止发生非线性,这对于提高或降低光学非线性有极重要的意义。这种光纤具有很多潜在应用,如激光器和放大器(利用高非线性光纤),低非线性通信用光纤,高光功率传输。

（2）不同寻常的色度色散

真空中材料色散为零,空气中的材料色散也非常小,这使得空气芯 PCF 的色散非常特殊,只要改变孔径与孔间距之比,即可达到很大的波导色散,还可使光纤总色度色散达到所希望的分布状态,如零色散波长可移到短波长,从而在 1 300 nm 实现光弧子传输,具有优良性质的色散平坦光纤(数百 nm 带宽范围接近零色散);各种非线性器件以及色散补偿光纤(可达 2 000 ps/nm·km)都应运而生。

（3）极好的非线性效应

G.652 光纤中出现非线性效应是由于光纤的单位面积上传输的光强过大造成的。在光子能隙导光 PCF 中,可以通过增加 PCF 纤芯空气孔直径(即 PCF 的有效面积)来降低单位有效面积上的光强,从而达到大大减少非线性效应的目的。光子能隙导光的这个特性为制造大有效面积的 PCF 奠定了技术基础。

（4）优良的双折射效应

对于保偏光纤而言,双折射效应越强,波长越短,所保持的传输光偏振态越好。在 PCF 中,只需要破坏 PCF 剖面圆对称性,使其构成二维结构就可以形成很强的双折射。通过减少空气孔数目或者改变空气孔直径的方式,可以制造出比常用的熊猫牌保偏光纤高几个数量级的高双折射率 PCF 保偏光纤。

（5）可控的非线性

减小光纤模场面积,可增强非线性效应,从而使 PCF 同时具有强非线性和快速响应特性。常规光纤有效截面积在 50~100 μm^2 级,而 PCF 可以做到 1 μm^2 量级,所以各种典型非线性光纤器件如科尔光闸、非线性环形镜等就可以做成比普通光纤短 100 倍的。通过改变孔间距可以调节有效模场面积,调节范围在 1.5 μm 波长处约为 1~800 μm^2。在孔中可以填充气体,也可以填充低折射率的液体,使 PCF 具有可控制的非线性。

（6）易于实现多芯传输

多芯传输有以下两个优点:一是提高了信道通信的容量;二是解决了复杂通信网络、矢量弯曲传感、光纤耦合等问题。光子晶体光纤使得多芯的结构能被精确定位且具有良好的轴向均匀性,无须附加其他工艺。

3. 性能测试

测试同样采用 1 310 nm、1 550 nm 和 1 625 nm 三种波长,测试结果如表 5-8 和图 5-20 所示。

表 5-8　PCF 弯曲性能测试结果

波长/nm	不同弯曲半径(/mm)下的损耗值(/dB)								
	2	3	4	5	6	7	8	9	10
1 310	0.07	0.05	0.03	0.02	0.02	0.01	0.01	0.01	0.01
1 550	0.08	0.06	0.04	0.03	0.03	0.02	0.02	0.02	0.02
1 625	0.12	0.1	0.07	0.04	0.04	0.03	0.03	0.02	0.02

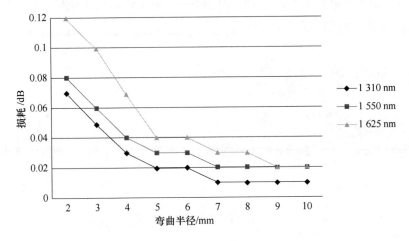

图 5-20　弯曲性能测试结果

　　从表 5-8 和图 5-20 可知,弯曲损耗呈现随着弯曲半径变小而增大的趋势,半径较小时损耗变化剧烈,损耗曲线图大致是 e 指数损耗。同时弯曲损耗呈现随着波长变大而增大的趋势。

　　4. 接续性能

　　光子晶体光纤和标准 G.652D 光纤熔接,采用康宁的 X-77 熔接机,测试 50 次的结果分布图,如图 5-21 所示光子晶体光纤接续损耗的测试。

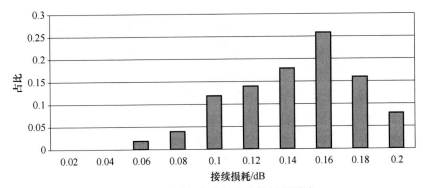

图 5-21　光子晶体光纤熔接损耗的测试

5.7.5 纳米结构光纤

1. 原理

纳米结构光纤是在 HAF 孔助光纤的基础上,改进了空气孔的尺寸和位置,在常规单模光纤纤芯四周的包层中安排了一圈纳米结构的空气孔而成,如图 5-22 所示。

纳米结构光纤在纤芯四周的一个圆周上采用纳米结构的空气小孔。掺锗的纤芯具有类似于常规单模光纤的半径,因此增加了光纤纤芯与光纤包层的折射率差。图 5-23 为纳米结构光纤的折射率分布。

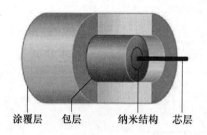

涂覆层　包层　纳米结构　芯层

图 5-22　纳米结构光纤的截面结构

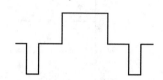

图 5-23　纳米结构光纤的折射率分布

纳米结构具有与常规单模光纤类似的传输性能,能用下式表达:

$$\alpha = \frac{A}{\lambda^4} + B + \alpha_{abs} \tag{5-40}$$

其中,A、B 和 α_{abs} 分别为瑞利散射系数、不完善损耗、OH 吸收和红外吸收损耗。

2. 性能测试

测试同样采用 1 310 nm、1 550 nm 和 1 625 nm 三种波长,测试结果如表 5-9 和图 5-24 所示。

从表 5-9 和图 5-24 可知,弯曲损耗呈现随着弯曲半径变小而增大的趋势,半径较小时损耗变化剧烈,损耗曲线图大致是 e 指数损耗。同时弯曲损耗呈现随着波长变大而增大的趋势。

表 5-9　纳米结构光纤弯曲性能测试结果

波长/nm	不同弯曲半径(/mm)下的损耗值(/dB)								
	2	3	4	5	6	7	8	9	10
1 310	0.25	0.21	0.15	0.09	0.07	0.06	0.06	0.05	0.05
1 550	0.33	0.26	0.18	0.12	0.09	0.08	0.08	0.07	0.07
1 625	0.51	0.43	0.32	0.2	0.15	0.13	0.13	0.11	0.11

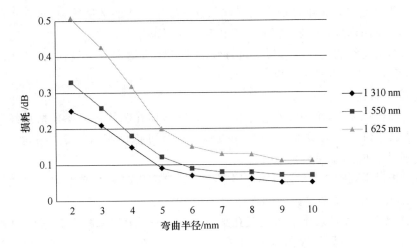

图 5-24　纳米结构光纤弯曲性能测试曲线

3. 接续性能

纳米结构光纤和标准 G.652D 光纤熔接,采用康宁的 X-77 熔接机,测试 50 次的结果分布如图 5-25 所示。

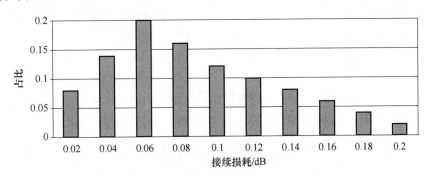

图 5-25　纳米结构光纤与 G.652D 光纤接续损耗分布

5.7.6　不同工艺 G.657 光纤性能比较

1. 制造工艺

小模场直径单模光纤的制造基本上与常规单模光纤相似,唯一的差异是折射率剖面,除了在制棒的过程中控制折射率的难度略有增加之外,没有特殊的难度。

包层折射率凹陷光纤,它的内包层中掺少量 P_2O_5 和较多的氟产生 Δ_-,较大的总折射率差 Δ,工艺相对比较简单。

HAF 光纤的制造方法是用与常规单模光纤相同的方法制造预制棒,然后在预制棒上纵向钻孔。由于在几十厘米甚至更长的预制棒上钻出厘米级别的孔是非常难于控制的,所以目前很难用于商用。

PCF光纤是将几根细玻璃毛细管堆积成一根粗一些的玻璃管,将这根粗玻璃管加热软化后拉制而成,在玻璃管的加工和精度控制也非常困难。

纳米结构光纤的制造在包层通过特殊的工艺产生纳米级的气孔,工艺相对比较简单,且可以大规模生产。

2. 弯曲损耗

从弯曲损耗而言,小模场直径单模光纤是用增加纤芯的掺杂率来增加纤芯的折射率或者减小纤芯直径来取得小模场直径。这两种措施都有一定的限度,因而在5 mm弯曲半径时的损耗为2.5 dB。

包层折射率凹陷光纤,它的内包层中掺少量 P 和较多的 F 产生 Δ_-,较大的总折射率差 Δ,在5 mm 弯曲半径时的损耗为7.32 dB。

HAF 光纤是在包层中加入空气孔来减小包层的折射率来减小 MFD。从理论上分析,对于进一步减小弯曲损耗尚有较大空间,在 5 mm 弯曲半径时的损耗为0.06 dB。

PCF 光纤将几根细玻璃毛细管堆积成一根粗一些的玻璃管内,在 5 mm 弯曲半径时的损耗为 0.03 dB。

纳米结构光纤的制造在包层通过特殊的工艺产生纳米级的气孔,工艺相对比较简单,易于大规模工厂化生产,在 5 mm 弯曲半径时的损耗为 0.12 dB,如图 5-26所示。

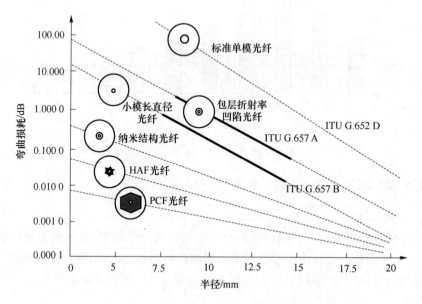

图 5-26 弯曲不敏感光纤弯曲损耗比较

3. 接续损耗

从接续损耗而言,小模场直径单模光纤和常规单模光纤有不同的模场直径,因此在熔接时接续损耗达到 0.5 dB,活动连接器时接头损耗达到 1.0 dB。

包层折射率凹陷光纤,模场直径单模光纤和常规单模光纤有相同的模场直径,因此在熔接时接续损耗达到 0.1 dB,活动连接器时接头损耗达到 0.3 dB。

HAF 光纤,模场直径单模光纤和常规单模光纤有相同的模场直径,因此在熔接时接续损耗达到 0.1 dB,活动连接器时接头损耗达到 0.3 dB。

PCF 光纤,模场直径单模光纤和常规单模光纤有接近的模场直径,因此在熔接时接续损耗达到 0.1 dB,活动连接器时接头损耗达到 0.3 dB。

纳米结构光纤,模场直径单模光纤和常规单模光纤有相同的模场直径,因此在熔接时接续损耗达到 0.1 dB,活动连接器时接头损耗达到 0.3 dB。

5.8 G.657 单模光纤的测试

现行国家标准 GB/T15972-45—2008《光纤实验方法规范第 45 部分—传输特性和光学特性的测量方法和实验程序—模场直径》在 4.5 节"高次模滤模器"中明确要求"为确保样品在测量波长上单模工作,应采用滤模器滤除高阶模,通常对被试光纤绕一半径为 30 mm 的单圈或加入其他类型的滤模器"。5.1 条"试样长度"中规定:"对于方法 A(直接远场扫描法),方法 B(远场可变孔径法)和方法 C(近场扫描法),试样应是长度为(2±0.2)m 的单模光纤"。而这与 IEC 60793-45—2001-07 中 5.1"试样长度"的规定并不完全相同,IEC 60793-45—2001-07 规定:"方法 A、B 和 C 的试样应为一已知长度,典型长度为(2±0.2)m"。即 IEC 标准允许使用其他已知长度试样测试模场直径,而没有要求必须或应采用(2±0.2)m 的试样。这两个标准的差异需要在测试时正确地理解并使用。

由于商用的测试设备通常采用满注入的光耦合方式,会激发除 LP01 传输基模之外的高阶模,实际测试中发现,对弯曲性能好的 G.657 光纤,绕与不绕一个 30 mm 半径的圈对滤除高阶模的影响很小,或无影响,这说明抗弯性能好的 G.657 光纤并不总能通过绕一个 30 mm 半径的圈滤除高阶模,从而出现测试结果重复性差、测试 1 310 nm 处模场直径值偏小的现象。

本章中引入一个"对应截止波长"的概念,该"对应截止波长"为不变动相应模场直径和衰减剪断法测试时的试样光纤布置条件下,将测试端面移动至截止波长测试单元,用多模参考方法测试相对应的截止波长,用此时的截止波长来验证样品光纤的布放状态是否远小于工作波长(1 310 nm),是否已达到单模传输状态。

5.8.1 高阶模影响的实验

1. 不同测试条件下测试同一光纤试样相同端面处模场直径

为了验证和解决高阶模现象对测试的影响,可通过采用实验的方法来实现。

图 5-27(b) 和图 5-27(c) 是推荐的 G.657A2 光纤 MFD 的测试方法,而图 5-27(a)是标准 G.652 光纤通常推荐的测试方法。

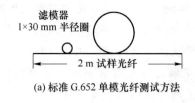

(a) 标准 G.652 单模光纤测试方法

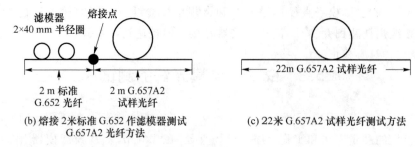

(b) 熔接2米标准 G.652 作滤模器测试   (c) 22米 G.657A2 试样光纤测试方法
G.657A2 光纤方法

图 5-27   三种模场直径的测试方法

实验 1:MFD 和对应截止波长随试样长度变化实验。

试样为两段 22 m 的 G.657A2 光纤,样品 A 的 $\lambda_c<1\ 310$ nm,样品 B 的 $\lambda_c\geqslant 1\ 310$ nm。按图 5-27(c)方法重复测试 22 m A、B 试样模场直径和"对应截止波长",保持 MFD 的测试端面不变,从 22 m 试样长度开始测试同一样品测试端面的 MFD 和其"对应截止波长"。完成一段试样长度的测试后,从光注入端截除 2 m,重复以上测试,直至最后 2 m。测试时在注入端附近的光纤试样上绕一半径为 30 mm 的圈作为滤模器,当测试至最后 2 m 试样时,试样的长度和滤模的方式完全符合GB/T15972-45—2008推荐的要求即满足图 5-27(a)的测试方法要求,实验数据如图 5-28 所示。

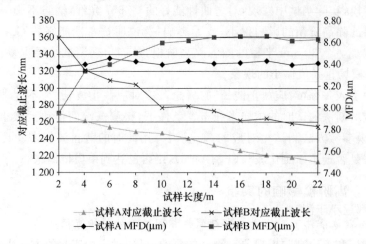

图 5-28   A、B试样 1 310 nm 处模场直径和对应截止波长随试样长度变化曲线

如图 5-28 所示,试样 A 在 22 m 试样长度时其"对应截止波长"小于 1 310 nm 测量波长,为 1 213 nm;在 2 m 试样长度时"对应截止波长"小于 1 310 nm 测量波长,为 1 271 nm,因此,两种长度下均可以保证在 1 310 nm 测量波长上为单模工作。试样 B 在 22 m 时的"对应截止波长"为 1 254 nm,可以保证在 1 310 nm 测量波长上为单模工作;而在 2 m 试样长度测试时由于"对应截止波长"大于 1 310 nm,为 1 359 nm,因此无法保证在 1 310 nm 测量波长上为单模工作,不能满足模场直径测试波长上基模传输的要求,模场直径测试会受到高阶模的影响产生明显的偏差,小于正常测试均值。

对光纤截止波长大于或小于 1 310 nm 的样品,高阶模对模场直径测试值的影响会随光纤的"对应截止波长"的不同而表现不同,随光纤试样长度的增加而减小。由于 G.657A2 光纤标准要求 $\lambda_c \leqslant 1\,260$ nm,可以保证 22 m 光纤的"对应截止波长"小于 1 310 nm,所以用图 5-27(c)条件可测得正确的 1 310 nm 处 MFD 值。

实验 2:采用图 5-27(b)方法测试 G.657A2 光纤的模场直径。

样品试样 C、D 分别为一段 2m G.652D 光纤熔接一段 2 m G.657A2 的试样光纤,C 试样光纤中 G.657 光纤的 2 m 光纤截止波长 $\lambda_c < 1\,310$ nm,D 试样光纤中 G.657光纤的 2 m 光纤截止波长 $\lambda_c \geqslant 1\,310$ nm。

用图 5-27 中对应的 3 种测试方法分别测量 A、B 试样光纤相同端面 1 310 nm 处的模场直径,测试结果如图 5-29 所示。

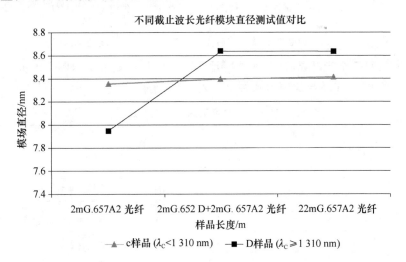

图 5-29　采用图 5-27 中三种测试方法测试 G.657 A2 光纤的模场直径

实验中 C、D 两个试样经过熔接引导光纤形成光纤组合与 22 m 长度后的"对应截止波长"都远小于测试波长 1 310 nm,达到了 1 310 nm 测试波长处基模传输的要求,可见加入标准 G.652 光纤作为引导光纤,可以保证滤模器的输出端在测试波长 1 310 nm 处为基模,良好的熔接将基模注入待测 2 m G.657A2 光纤试样中,保证了

MFD 的测试要求。

2. 注入光功率沿光纤试样长度变化分析

为了进一步了解图 5-27 中三种测试方法测试相同 G.657A2 光纤试样在 1 310 nm 处模场直径时存在的图 5-27(a)测试 MFD 均值与图 5-27(b)、图 5-27(c)方法测试均值存在统计检验显著差异的原因,进行了如下实验。

剪断2 m试样前后功率变化随试样长度的变化

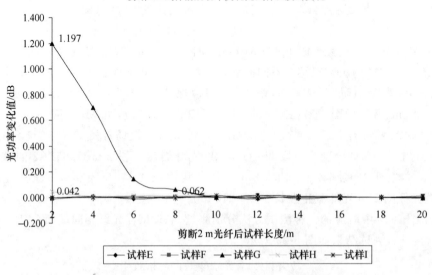

图 5-30　剪断 2 m 试样前后光功率变化随试样长度变化曲线

实验 3:对 5 个光纤试样,在距光纤注入端不同长度处依次剪断 2 m 光纤测试对应光功率变化值,样品与滤模形式要求如表 5-10 所示。

表 5-10　样品要求与滤模形式

试样编号	光纤类型	长度/m	衰减系数 (1 310 nm)/ (dB·km⁻¹)	2 m 试样光纤截止波长/最后 2 m 试样"对应截止波长"/nm	滤模形式
E	G.657.A2	22	0.33	≥1 310/<1 310	在待测试样前熔接 2 m G.652D 光纤作引导光纤并按图 5-31(b)所示绕 2 个 40 mm 半径圈
F	G.657.A2	22	0.34	<1 310/<1 310	
G	G.657.A2	22	0.33	≥1 310/≥1 310	在待测试样的光注入端 2 m 内绕如图 5-31(a)所示 1 个 30 mm 半径圈
H	G.657.A2	22	0.34	<1 310/<1 310	
I	G.652.D	22	0.34	≥1 310/<1 310	

试样 E、F 为按图 5-27(b)制备的试样,保持 2 m G.652D 引入光纤和 2 m G.657A2 试样在光注入端状态不变,从 22 m G.657A2 试样长度开始,分别测试每截除 2 m 试样前后光功率变化,直至最后 2 m,并记录每次剪断 2 m 后的功率变化值。

在 G、H、I 的 22 m 试样上按图 5-27(a)要求在距光注入端 2 m 内绕一半径为 30 mm 圈并保持试样状态不变,从 22 m 长度开始,分别测试每截除 2 m 试样前后光功率变化,直至最后 2 m,并记录每次剪断 2 m 后的功率变化值。实验结果与分析:

对只有基模传输、衰减系数均匀一致的光纤而言,剪断 2 m 光纤前后各点测试的光功率变化值应一致,为对应 2 m 光纤的损耗,对 1 310 nm 处衰减系数为 0.33 dB/km 的光纤,2 m 光纤损耗值为 0.000 66 dB。而实际测试结果如图 5-30 所示,E、F、I 三试样所有测试结果在最大值为 0.014 dB 以下区间波动,该最大值包含 2 m 光纤试样衰减和测试设备的测试误差及光纤测试端面质量的影响。但 G 试样($\lambda_c \geqslant 1\ 310$ nm)从最后 8 m 开始,测试值从 0.062 dB 异常增高到 1.197 dB,远高于 0.000 66 dB。高出正常范围的光功率变化表明:试样 G 在小于或等于 8 m 的试样长度内有明显的高阶模功率影响,虽然 H 试样的 λ_c 和最后 2 m 试样的"对应截止波长"都小于 1 310 nm,1 310 nm 波长处的高阶模应该处于截止状态,但测试结果显示 2~4 m 处光功率变化值仍然达到 0.042 dB,远高于 2 m 光纤的损耗,与试样 E、F、I 的测试结果亦明显不同,这一差异表明 H 试样在采用图 5-27(a)的测试条件滤除高阶模时,2 m 试样处仍然会受部分高阶模光功率的影响。因此 G、H 实验结果表明,高阶模或部分高阶模光功率的影响是实验 1、2 中 2 m 试样采用图 5-27(a)条件测试的 MFD 的均值与采用图 5-27(b)和图 5-27(c)条件测试 MFD 的均值相比偏小的原因。为了避免高阶模可能引起测试误差,G.657A2 光纤在 1 310 nm 处 MFD 的测试方法推荐采用图 5-27(b)和图 5-27(c)所示方法,而不推荐采用图 5-27(a)所示在 2 m 试样上绕一 30 mm 半径圈的测试条件,否则会出现 1 310 nm 处 MFD 测试值会比正确值偏小的情况。

5.8.2　滤除高阶模的不同方法

为了消除高阶模对模场直径测试的影响,尝试采用了多种高阶模的可能滤除方法。例如,用加入更小或更多弯曲半径的滤模器来滤除高阶模的效果,实验了三种光纤在 1 310 nm 处模场直径和对应截止波长随试样测试条件变化的实验,几种方法如图 5-31 所示。

实验样品:A 试样为 G.657A3 光纤(与 G.652 兼容,具有 B3 的抗弯性能),B 试样为 G.657B3 光纤,C 试样为 G.657A2 光纤,所有样品光纤的 $\lambda_c \geqslant 1\ 310$ nm。

实验设备为 PK 2210,测试方法采用的是远场可变孔径法,测试结果如图 5-32 所示。

实验表明,试样 A、B、C 在 22 m 测试时,"对应截止波长"小于 1 310 nm 测量波长,可以保证在 1 310 nm 测量波长上为单模工作;在 2 m 试样长度测试时由于"对应截止波长"大于 1 310 nm,因此无法保证在 1 310 nm 测量波长上为单模工作,模场直径测试会受到高阶模的影响产生明显偏差。由图 5-32 可以看出采用不同弯曲直径以及更多圈数的测试结果相对于 22 m 试样测试平均值明显偏小。

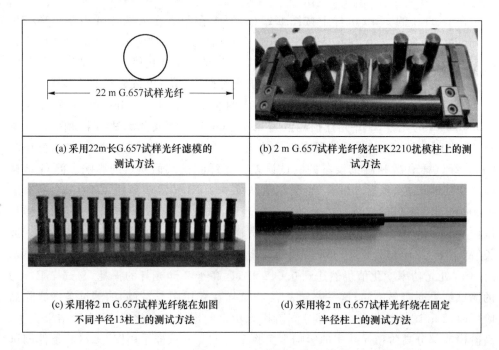

图 5-31 几种滤模方式

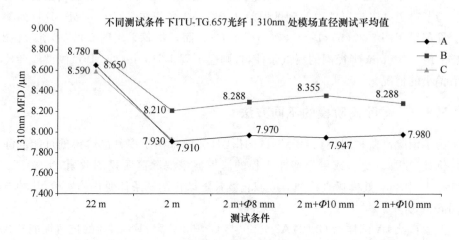

图 5-32 试样 A、B、C 在 1 310 nm 处的模场直径平均值随测试条件变化图

从测试结果可以看出,对样品光纤为 $\lambda_c \geqslant 1\ 310\ \text{nm}$ 的 G. 657 的 A 类和 B 类光纤,通过绕更小圈或增加圈数仍不能达到完全滤除高阶模的作用,测试的 1 310 nm 处模场直径较 22 m 试样测试的模场直径显著偏小,即这些方法不能包含所有的 G. 657 类光纤的测试,所以这种绕更小圈和更多圈的方法不能完全满足 G. 657 光纤模场直径测试的需要。

5.8.3 模场直径两种测试方法的比较

远场扫描法是模场直径的基准测试方法(RTM),而变孔径法在光纤成品质量检测过程中被广泛使用,因此分别采用这两种测试方法对 G.657A2 单模光纤模场直径进行了测试,并对数据进行了分析。

远场扫描法直接按照柏特曼(Petermann II)远场定义,通过测量光纤远场辐射图计算出单模光纤的模场直径。PK 2201 采用的是直接远场扫描法进行模场直径测试,高功率的单模激光器作为测试光源,光纤模场直径测试端放置在旋转中心,其探测器光敏面张角(分辨率)约为 0.09°,以最小 0.06°的角扫描步进扫描远场光强分布,动态范围大于 75 dB,扫描角度范围为±60°,从而保证了在模场单元测试时,将模场直径的真实分布情况准确的记录下来。

远场可变孔径法是测量单模光纤模场直径的替代实验方法(ATM)。它通过测量光功率穿过不同尺寸孔径的两维远场图计算出单模光纤的模场直径,计算模场直径的数学基础是柏特曼远场定义。PK 2200 系列的 WAVAU 模场直径测试单元采用的是远场可变孔径法进行模场直径的测试,以卤素灯为光源,通过透镜系统将光信号注入到被测光纤,可变孔径测试单元中配置了一个由 20 个不同尺寸圆形孔径的组成的圆盘装置,光纤模场直径测试端位于每一个孔径的正中心,以降低测量结果对光纤端面角度情况的敏感性。

根据模场直径的定义,测试波长应大于光纤的截止波长,通过适当的方式,使得被测光纤的截止波长小于测试波长(1 310 nm)时,测试波长的光信号在光纤中才能够以单模传输,此时测试的模场直径才是真实的模场直径。因此,在模场直径的测试过程中,应参考测试的对应截止波长,测试结果如表 5-11 和表 5-12 所示。

表 5-11　样品 1($\lambda_c \geqslant$ 1 310 nm)测试数据

Fiber 1		MFD 1 310 nm	
长度	对应截止波长	PK 2201(远场扫描法)	PK 2200(可变孔径法)
22 m	1 248	8.56	8.58
2 m	1 330	8.53	8.18
2 m+2 m G.652	1 174	8.54	8.53

表 5-12　样品 2($\lambda_c <$ 1 310 nm)测试数据

Fiber 2		MFD 1 310 nm	
长度	对应截止波长	PK 2201(远场扫描法)	PK 2200(可变孔径法)
22 m	1 195	8.39	8.38
2 m	1 269	8.38	8.38
2 m+2 m G.652	1 190	8.39	8.38

实验表明,λ_c大于1 310 nm的光纤,PK 2201远场扫描法获得的测试结果可以看出2 m时的模场直径测试值比较接近22 m时的测试值,这与测试过程中使用的光源有关,该仪表的光源为高功率的单模激光光源,并且采用了适当的耦合方式。WAVAU可变孔径法中采用透镜系统满注入的方式将光信号注入到被测光纤中,导致被测光纤中多种模式并存,对于G.657光纤,当光纤长度为2 m时,一个60 cm直径的圈不足以将所有的高阶模式滤除掉,在1 310 nm测试波长下,光纤中还有不稳定的高阶模式存在,因此测试的模场直径值容易偏小。

从表5-11和表5-12的测试数据可以看出,无论是光纤截止波长大于1 310 nm还是小于1 310 nm,采用熔接2 m G.652光纤的方法测试模场直径的数据和22m的数据都比较接近,接入一段2 m G.652光纤作为引导光纤,该引导光纤可以起到滤模作用,在测试波长1 310 nm下为基模传输,良好的熔接将基模注入待测2 m G.657A2光纤试样中,保证了MFD的测试要求,说明采用熔接方法滤模效果较好。

5.8.4 G.657光纤模场直径的测试建议

为了避免高阶模对测试G.657光纤在1 310 nm处模场直径的影响,推荐如图5-33所示方法:一是采用22 m试样光纤,在试样上绕两个40 mm半径的圈或在试样上绕一个30 mm半径的圈;二是采用将2 m G.652光纤熔接在2 m G.657试样光纤上,并在G.652光纤上绕两个40 mm半径圈的测试条件,目前该测试方法已形成通信行业标准。

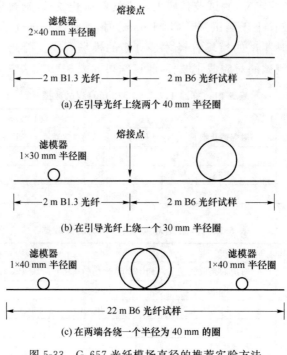

图 5-33   G.657光纤模场直径的推荐实验方法

5.8.5　G.657光纤衰减谱性能测试分析

在对 G.657 光纤用剪断法进行衰减测试时,同样需要考虑合适的高阶模滤除方式以保证被测样品在测试波长上是单模传输。

1. 衰减的测量

现行国家标准 GB/T15972.40—2008《光纤实验方法规范第 40 部分——传输特性和光学特性的测量方法和实验程序——衰减》中,在 3.2 节的注中提到"衰减受测量条件影响,未加以控制的注入条件通常激励较高阶有损耗的模式,这种模式会产生瞬态损耗并导致光纤衰减与光纤长度不成正比"。

对于通信单模光纤而言,波长高于 1 300 nm 的光信号在光纤中进行传输时,应该保持单模状态,单模光纤的截止波长应该小于工作波长,因此在进行光纤衰减测试时,应保持被测光纤的两个端面均处于单模状态。实际应用中,采用截断的方法,利用 2 m 短光纤输出端的光功率作为光纤截面 1 处的光功率,因此光纤截面 1 处的光功率的准确性对于光纤衰减的测试的准确性至关重要。

单模光纤衰减截断法的测试注入条件应足以激励基模,滤去高阶模,剥除包层模。注入光纤的光功率在测量期间应保持稳定,通常可以采用光学透镜或尾纤来激励被试光纤。实验所采用仪表的光学透镜系统是采用满注入方法,以减少光纤定位对注入功率的敏感性。

在很多情况下,2 m 的光纤长度不足以保证光纤中传输的光信号为单模,因此需要在 2 m 光纤上加一定大小的圈(如 30～60 mm)将高阶模滤除掉,但是值得注意的是太小直径的圆圈会引起与波长相关的波动。

2. 实验分析

实验选择了国内市场上常用的几家公司的 G.657A2 光纤样品各两盘,一盘为 $\lambda_c \geqslant 1\ 310$ nm,另一盘为 $\lambda_c < 1\ 310$ nm 进行测试,并对测试结果进行了分析。实验采用截断法的测试方法,研究光纤中高阶模的存在对于弯曲不敏感单模光纤衰减测试的影响,样品状况如表 5-13 所示。

表 5-13　实验样品

制造商	样品编号	2 m 样品光纤截止波长	制造商	样品编号	2 m 样品光纤截止波长
A公司样品	1	$\lambda_c \geqslant 1\ 310$ nm	B公司样品	3	$\lambda_c \geqslant 1\ 310$ nm
	2	$\lambda_c < 1\ 310$ nm		4	$\lambda_c < 1\ 310$ nm

实验 1:高阶模影响实验,注入光功率沿光纤试样长度变化分析:

测试 4 个试样,各截取 8 米样品光纤,从 8 m 长度开始,分别测试每截除 2 m 试样前后光功率变化,直至最后 2 m,记录每次剪断 2 m 后的功率谱变化值。

理想情况下,对于只有基模传输、衰减系数均匀一致的光纤而言,剪断 2 m 光纤前后,各点测试的光功率变化值应该一致,为对应 2 m 光纤的损耗。

　　根据图 5-34 及图 5-35 的实验数据可以看出：B 公司样品光纤（样品 3、样品 4）无论是截止波长大于或小于 1 310 nm，绕一个半径为 30 mm 圈的滤模效果很明显，在分别剪断 2 m 时，6 m、4 m、2 m 长度上的功率变化水平是基本相同的，这家公司样品光纤用传统的截断法测试衰减可以实现。

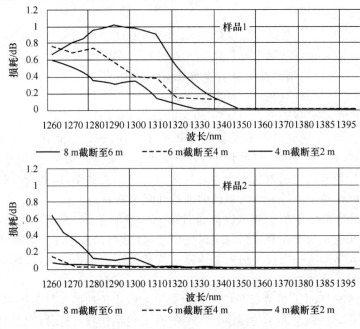

图 5-34　A 公司样品光功率变化图

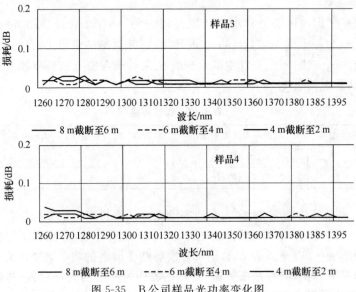

图 5-35　B 公司样品光功率变化图

　　而对于 A 公司样品,当 4 号样品光纤截止波长小于 1 310 nm 时,绕一个半径为 30 mm 圈的滤模效果还基本适用;而 3 号光纤样品的截止波长大于 1 310 nm 时,分别剪断 2 m 时,6 m、4 m 与 2 m 长度时功率变化水平就有显著差异,2 m 时的功率变化值变化非常大。这说明对于此类光纤,即当光纤截止波长大于 1 310 nm 时,不能完全滤除高阶模,用传统的滤除高阶模方式已经不能适用。因此对于某些厂家的一些 G.657A2 光纤产品,目前常用截断 2 米光纤测试衰减的方法不能有效滤除高次模的影响,因而会直接影响到相关测试的准确性。

　　实验 2:谱衰减实验,增加截断光纤的长度。

　　测试 4 个试样,G.657A2 样品光纤,样品 1 为 $\lambda_c \geqslant 1\ 310$ nm,样品 2 为 $\lambda_c < 1\ 310$ nm,被测光纤长度为 2 km。在采用截断法截取参考光纤样品长度时,分别截取 2 m 和 6 m 的光纤长度。

　　从图 5-36 和图 5-37 的实验数据我们可以看出,B 样品光纤无论是截止波长大于或小于 1 310 nm,绕一个半径为 30 mm 圈的滤模效果很明显,在分别剪断 2 m 和 6 m 测试谱衰减时,衰减值的水平是相当的,这 2 个样品光纤用传统的截断法测试衰减值是可行的。

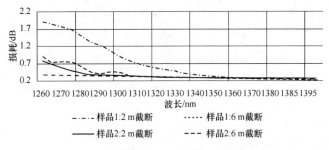

图 5-36　A 公司光纤样品谱衰减曲线

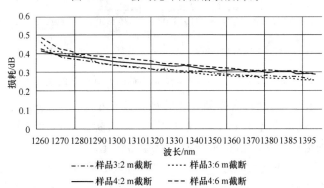

图 5-37　B 公司光纤样品谱衰减曲线

　　对于 A 样品,当 4 号样品光纤截止波长小于 1 310 nm 时,绕一个半径为 30 mm 圈的滤除高阶模效果还可以,1 310 nm 波长附近衰减值基本一致;而 3 号样品光纤的截止波长大于 1 310 nm 时,分别截断 2m 和 6m 测试谱衰减时,1 310 nm 波长附近衰减值有显著变化,2m 时的衰减值远大于正常值,而截断至 6m 时光纤衰减值基本恢复到正常的水平。这说明对于此类光纤,当光纤截止波长大于 1 310 nm 时,如果还有高阶模功率的影响会叠加在衰减值中,使测试值偏大,所以在测试衰减时要观察试样光纤中是否还有高阶模的存在,延长参考光纤截断长度是一种可行的方法。对于不同弯曲性能光纤,需要延长的参考光纤长度不一定是一样的,这可以通过测试对应截止波长来判断。

实验 3:谱衰减实验,接入 2 m G.652 引导光纤。

实验采用 PK 2200 截断法进行光纤衰减的测试,测试两盘 G.657A2 样品光纤,样品 1 为 $\lambda_c \geqslant 1 310$ nm,样品 2 为 $\lambda_c < 1 310$ nm,样品长度为 2 km,实验接入 2 m 引导光纤来测试 G.657A2 单模光纤衰减。

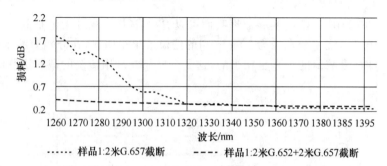

图 5-38 样品 1($\lambda_c \geqslant 1 310$ nm)采用截断光纤组合的谱衰减图

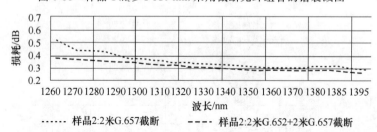

图 5-39 样品 2($\lambda_c < 1 310$ nm)采用截断光纤组合的谱衰减图

图 5-38 和图 5-39 表明:当样品 2 光纤截止波长小于 1 310 nm 时,在样品上绕一个直径为 60 mm 的圈基本起到了滤模作用,直接截断 2 m G.657A2 样品光纤测试 1 310 nm波长附近的谱衰减值接近截断光纤组合的值。

样品 1 光纤的截止波长大于 1 310 nm 时,接入 2 m G 652 引导光纤测试时截断光纤组合和直接截断 2 m 测试谱衰减时,1 310 nm 波长附近衰减值有显著不同,直接截断时的衰减值大于正常值,即当光纤截止波长大于 1 310 nm 时,直接截断2 m G.657光纤时高阶模的功率影响叠加在了衰减值中,而截断接入 2 m G.652 引导光纤组合时得到的测试数据没有受到高阶模的影响,说明接入引导光纤的方法适用于谱衰减截断法的测试。

5.8.6　G.657光纤衰减谱测试的建议

衰减测试方法的国标中 A.1.2.3 条推荐在被试 2 m 光纤上绕一个半径 30 mm 单圈的方式去除高阶模的测试条件。但是对于某些弯曲性能好的 G.657A2 光纤,在被测样品上绕与不绕 30 mm 半径的圈对滤除高阶模的作用很小,或基本上没有作用,高阶模并不能够通过这种方法被完全滤除掉,这样就会出现测试结果重复性差,在 1 310 nm 处衰减值偏大的现象。推荐测试中适当增加截断的参考光纤长度和熔接一段 G.652 光纤作为引导光纤的方法,如图 5-40 所示。

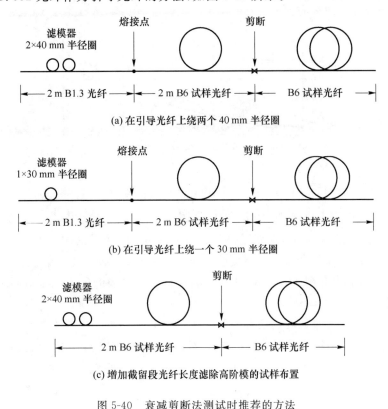

(a) 在引导光纤上绕两个 40 mm 半径圈

(b) 在引导光纤上绕一个 30 mm 半径圈

(c) 增加截留段光纤长度滤除高阶模的试样布置

图 5-40　衰减剪断法测试时推荐的方法

5.8.7　G.657光纤宏弯损耗测试研究

单模光纤中的宏弯曲损耗随波长的增加和弯曲半径的减少而增大。在进行 G.657光纤小弯曲半径的宏弯曲损耗测试中,经常发现针对同一个测试样品在相同测试条件下多次测试结果会出现较大差异,引起该差异的主要原因是弯曲条件下辐射出纤芯的辐射模经过光纤芯与包层、包层与光纤涂覆层、光纤涂覆层与空气界面多次反射回到纤芯,与传输模产生耦合,在特定的条件下会出现干涉加强或减弱的现象称为 Whispering Gallery Modes(以下简称为 W 波)的影响。受该现象的影响,在测试宏弯曲损耗时不恰当的测试条件会影响测试结果的准确性。

1. W波现象

在 IEC 60793-1-47:2009(E)资料性附录 A 中介绍到:两次连续的在半径 $R=$ 7.5 mm,18×180°的 U 型光纤放置条件下,测试出了两个不同红、蓝谱损耗曲线,适当的拟合曲线可以反映真实宏弯曲的谱损耗情况。如图 5-41 为 IEC 60793-1-47:2009(E)资料性附录 A 的 FigureA.1 红、蓝谱损耗曲线和其拟合曲线。由两条测试曲线可以明显看出,在一些波长处,两次测试会出现明显不同的测试结果,差异会随波长的增加而更加明显。

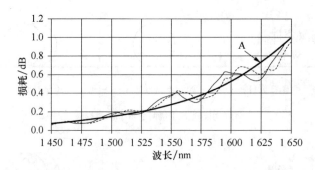

图 5-41　IEC60793-1-47 附录 A 损耗曲线和其拟合曲线

根据 IEC 60793-1-47:2009(E)资料性附录 A 中的介绍,可以对测试的弯曲损耗-波长曲线进行拟合,拟合曲线是基于损耗与波长的指数关系,得到在规定波长处真实的弯曲损耗,在拟合时确保有足够的波峰和波谷的数量,如 4 个,以平衡它们的影响。在本章节中介绍了实际应用中采用光吸收和绕多圈的方法来分析光纤宏弯损耗性能。

2. W波对宏弯谱损耗的实验分析

在相同布置条件(弯曲半径 7.5 mm、圈数为 1 圈)下对 G.657A2 光纤样品进行了连续测试宏弯曲的谱损耗,得出如图 5-42 所示的多次损耗测试结果的曲线。

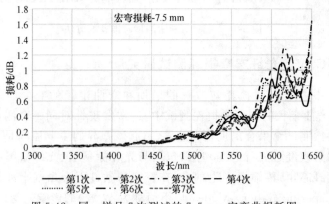

图 5-42　同一样品 7 次测试的 7.5 mm 宏弯曲损耗图

从图 5-42 中可以看出在同一波长下,如 1 625 nm 波长下的几次测试数据差异很大,说明了 W 波对小弯曲半径下的测试结果影响是很明显的。为了得到正确的测试数据,应该采取措施抑制该 W 波的影响。

3. 抑制 W 波的影响方法实验

实验 1:小弯曲半径宏弯曲损耗的 W 波现象实验。

测试试样为一段 22 m G.657A2 光纤,分别对样品进行绕 1 圈,绕 5 圈,绕 10 圈的宏弯曲损耗测试,弯曲半径为 7.5 mm 和 10 mm,绕 5 圈和绕 10 圈的数据换算成 1 圈的值进行比较。

图 5-43 和图 5-44 中的三条线是不同圈数下的波长-损耗波型图,在测试光纤更小弯曲半径下的宏弯曲损耗时,干扰效应的影响较大,W 波现象的影响很明显,并且随着波长的增加,W 波现象越明显。弯曲半径为 7.5 mm,比弯曲半径 10 mm 的振荡现象更加明显,所以在测试小弯曲半径下的宏弯曲损耗时,应该要考虑 W 波现象对测试结果的影响。

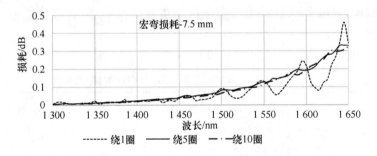

图 5-43　7.5 mm 宏弯不同圈数的损耗图

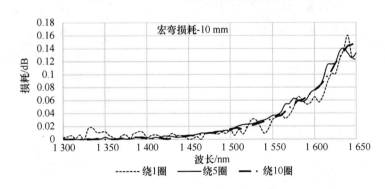

图 5-44　10 mm 宏弯曲下不同圈数的损耗图

实验 2:采用高折射率的吸收剂。

光纤涂覆层的折射率一般为 1.48,要能吸收涂覆层中泄漏的高阶模,需要选择更高折射率的液体介质。根据实验中的实际操作和参考现有的文献,可选择折射率为 1.558 的肉桂酸乙酯作为吸收剂。

测试试样为一段 22 m G.657A2 光纤,对样品绕一圈,浸泡到肉桂酸乙酯中,再进行宏弯曲损耗测试,弯曲半径为 7.5 mm,测试结果如图 5-45 所示。

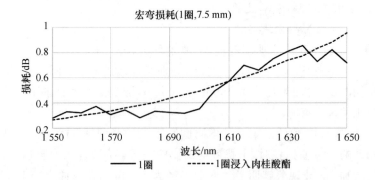

图 5-45　7.5 mm 弯曲半径时采用肉桂酸乙酯吸收的方法测试结果

由测试曲线可以看出,样品光纤经浸泡肉桂酸乙酯中,消除了宏弯曲损耗随波长的振荡现象,衰减曲线恢复为一个平滑的指数曲线形态,符合传统的理论解释。适合在实验室进行的一种测试方法。

实验 3:用单波长光源、光功率计进行测试时要考虑 W 波的影响。

表 5-14　单波长光源、功率计测试数据

测试条件	1 625 nm,7.5 mm					
样品	A		B		C	
—	1 圈	10 圈	1 圈	10 圈	1 圈	10 圈
1	0.280	0.186	0.108	0.156	0.779	0.734
2	0.079	0.194	0.198	0.180	0.744	0.700
3	0.255	0.218	0.145	0.164	0.728	0.728
4	0.269	0.198	0.161	0.190	0.664	0.727
5	0.235	0.166	0.101	0.171	0.825	0.713
6	0.232	0.225	0.327	0.204	1.437	0.718
7	0.075	0.216	0.111	0.216	0.506	0.707
8	0.160	0.199	0.240	0.171	0.628	0.717
9	0.243	0.214	0.129	0.153	0.528	0.688
10	0.230	0.230	0.096	0.161	1.143	0.691
μ/dB	0.206	0.205	0.162	0.177	0.798	0.712
σ/dB	0.075	0.020	0.074	0.021	0.287	0.016

在现场环境下,常采用单波长光源、光功率计进行光纤宏弯性能的测试,在测试中光纤经过弯曲也会有光能量泄漏出去,在测试中的表现会出现测试数据忽高忽低,这种振荡有时甚至会使测试数据超出合格范围,可能形成误判,建议在测试中采用多绕圈的方式或多次测试取平均值,以抑制和平衡 W 波对测试的影响。

实验4：光纤的弯曲敏感程度可以用 $MAC=MFD/\lambda_c$ 来表示，式中 MFD 是光纤的模场直径，λ_c 是光纤截止波长，MAC 值低则弯曲性能好。可以结合光纤截止波长和模场直径来估计光纤的弯曲灵敏度，光纤截止波长大、模场直径小的光纤更耐弯曲。

测试试样为 7 个光纤样品，其中 5 个是 G.657A2 光纤，编号为 A、B、C、D、E；1个为 G.657A3 光纤（A3 光纤与 G.652D 光纤兼容，但弯曲性能满足 G.657B3 光纤的规范要求），编号为 F；1 个是 G.657B3 光纤，编号为 G。7 个样品各截取 22 m 进行测试，选择的样品光纤 λ_c 均大于 1 310 nm。

小弯曲半径下的宏弯曲损耗测试数据换算成为绕 1 圈的数据，测试数据如下：

表 5-15　G.657A2 光纤宏弯曲损耗性能测试结果

弯曲条件		7.5 mm×1		10 mm×1		15 mm×10		MAC 值
波长窗口/nm		1 550	1 625	1 550	1 625	1 550	1 625	
宏弯性能/dB	A 样品	0.02	0.05	0.01	0.03	0.00	0.01	6.32
	B 样品	0.25	0.76	0.01	0.04	0.01	0.01	6.44
	C 样品	0.03	0.06	0.02	0.03	0.01	0.01	6.33
	D 样品	0.03	0.06	0.00	0.02	0.01	0.01	6.31
	E 样品	0.07	0.29	0.01	0.05	0.01	0.01	6.34

表 5-16　G.657A3 和 G.657B3 光纤宏弯曲损耗性能测试结果

弯曲条件		5 mm×1		7.5 mm×1		10 mm×1		MAC 值
波长窗口/nm		1 550	1 625	1 550	1 625	1 550	1 625	
宏弯性能/dB	F 样品-A3	0.03	0.12	0.02	0.05	0.02	0.04	6.06
	G 样品-B3	0.06	0.13	0.03	0.06	0.02	0.07	6.10

从表 5-15 和表 5-16 可以看出，在小弯曲半径时抑制了 W 波的影响后，测试数据显示了 B 样品宏弯曲损耗性能较差；A 样品、C 样品、D 样品和 E 样品的宏弯曲损耗性能相对较好；F 样品和 G 样品是两个抗弯曲性能优异的光纤样品，各样品 MAC 值数据的大小也证实了这一现象。

5.8.8　G.657 光纤宏弯曲性能的测试

在进行光纤宏弯曲损耗性能测试时，要注意弯曲损耗不敏感光纤在小弯曲半径测试时易出现的 W 波现象，该现象对测试结果的准确度有不良影响，建议采用多绕圈数的测试方法对 W 波进行抑制和消除。由于不同设计结构的光纤样品和不同的弯曲半径可能会需要不同的圈数才能达到抑制 W 波影响的目的，因此实际测试时需要结合样品的具体情况来确定需要绕的圈数，可以通过观察波长与弯曲损耗曲线是否是基于损耗与波长的指数关系来判断。单波长光源、光功率计测试可采用绕多圈方法或采用多次测试取平均值的方式以抑制 W 波的影响。

在实验室中可以采用高折射率溶液以吸收光的方式实现抑制 W 波的目的;如果采用拟合的方法,应该选择适宜的方法,如加权最小二乘法等,而不能采用最小均方根法进行拟合。

参 考 文 献

[1] 胡先志,林佩锋.G.657 光纤的性能特点[J].光通信研究,2007(5):42-44.

[2] 刘世春.单模光纤弯曲损耗与波长及弯曲半径的关系[J].天津通信技术,2000(2):7-9.

[3] 唐红烛. G.657 光纤技术发展和市场应用前景研究报告[R]. 北京:中国移动设计院,2010.

[4] 薛光辉.低弯曲损耗光纤的分析测试及其在 FTTH 中的应用[D/OL].上海:上海交通大学,2008[2014-06-01].http://cdmd.cnki.com.cn/Article/CDMD-10248-2008067290.htm.

[5] 李琳莹,甘露,等.弯曲损耗不敏感单模光纤宏弯谱损耗测试分析[J].现代传输,2014(4):63-65.

[6] 中华人民共和国国家质检总局,中国国家标准化管理委员会.光纤实验方法规范 第 40 部分:传输特性和光学特性的测量方法和实验程序-衰减:GB/T 15972.40 -2008[S].北京:中国标准出版社,2008.

[7] 中华人民共和国国家质检总局,中国国家标准化管理委员会.光纤实验方法规范 第 45 部分:传输特性和光学特性的测量方法和实验程序 - 模场直径:GB/T15972.45 -2008[S].北京:中国标准出版社,2008.

[8] 杨世信,李琳莹,俞根娥,等.弯曲不敏感光纤 1310nm 处模场直径测试方法研究[J].现代传输,2012(3):65-68.

[9] 李琳莹,康玉成,杨世信,等.弯曲损耗不敏感单模光纤 1310nm 处模场直径测试方法比对分析[J/OL].现代传输,2012(6):72-76. http://www.cnki.com.cn/Article/CJFDTotal-YXCS201402012.htm.

第6章 塑料光纤

6.1 塑料光纤概述

6.1.1 塑料光纤简介

信息通信产业近年来始终保持高速发展,随着"宽带中国"战略的推进以及移动互联网的商用化,对光通信和网络的发展起到了极大的推动作用。传统的玻璃光纤因其带宽大、损耗小和成本低等优势在大容量骨干网和城域网传输中占据着举足轻重的作用,而在短距离高速大容量接入和网络互联领域,塑料光纤显现出突出的优点。我国"光纤之父"赵梓森表示:"塑料光纤的特性使得它具备取代五类线或者六类线的能力,也有助于运营商打造一个端到端的全光网络,实现家庭环境内的三网融合"。

塑料光纤(Plastic Optical Fiber,POF)是由高折射率的高聚物芯层和低折射率的高聚物包层所制成的光导纤维。自从20世纪60年代发明塑料光纤以来,塑料光纤的研究已经历40多年之久。早期的塑料光纤是美国杜邦公司于1968年开发的聚甲基丙烯酸甲酯阶跃型塑料光纤。最初生产的塑料光纤由于衰减大、色散大、带宽低,其性能远远不能满足高速数据通信的要求,它仅仅用于照明、汽车车灯监控等非通信领域。随着高聚物材料的合成工艺,改性方法等技术的发展,使得塑料光纤的芯、包材料的选择,制造工艺方法,性能的改善等方面得以长足发展,现今塑料光纤已经达到成熟生产和实用化水平,已经被广泛用于传感器、照明和装饰等方面。

6.1.2 塑料光纤优势

简单来说,塑料光纤就是一种开发成本低、透光性好、质量轻、柔软性好、芯径粗便于安装的传输介质。

相对于铜缆,塑料光纤的带宽大,在100～1 000 m范围内带宽可达数GHz。塑料光纤POF对电磁干扰不敏感,抗电磁干扰,本身也不发生辐射,安全性高。不同数据速率下的衰减恒定,误码率可预测,能在电噪声环境中使用。更大的优势是塑料光纤的价格低,POF成本与对称电缆相当,并且POF及其配件的成本还在不断下降,而铜缆成本的降低在很大程度上受着铜价的制约,下降空间有限。

塑料光纤与玻璃光纤相比,芯径粗、数值孔径 NA 大,芯径在 0.3～1.0 mm,毫米级的尺寸使它在安装处理和接续方面都比较容易,接续时可使用简单的 POF 连接器,即使是光纤接续中心对准产生 30 μm 的偏差也不会影响耦合损耗;数值孔径为 0.3～0.5 mm,受光角可达 60°,而石英光纤受光角只能达到 16°,因此塑料光纤可用便宜的 LED 作为光源,并且耦合效率高,分路简单,操作简便,可直接采用注塑连接器连接。

塑料光纤挠曲性比石英光纤好,易于加工和使用,弯曲半径只有 20 mm,而石英光纤需要至少 30 mm。而且其连续制造过程使其生产费用低廉,所以 POF 系统具有成本低的潜在能力。而且现在研制的新型氟树脂塑料光纤的传输速率为 2.5 Gbit/s,传输距离达 200 m,其性能与现存的石英多模光纤技术性能完全接近,充分展示了塑料光纤的魅力和应用前景。

6.1.3 塑料光纤缺点

(1) 衰减大:PF GI-POF 在 1 300 mm 波长的衰减系数应小于 40 dB/km。一般 POF 在波长 650 nm 处典型的衰减系数大约为 100～200 dB/km,相比 G.652 光纤在 1.31 μm 的典型的衰减系数大约为 0.35 dB/km,有很大的差距。

(2) 频带窄:PMMA GI-POF 即使在最优折射率剖面的情况下,在 650 nm 波长下的带宽也仅为 3 GHz·100 m。

(3) 耐热性差:POF 只能在 -40～85 ℃ 的环境中工作,耐热性差。但我们可通过材料选择和制造工艺降低高温环境中塑料光纤的衰减,通过选择 POF 材料和精确地控制折射率分布来获得高的带宽,而选用聚碳酸酯(Pc)、硅树脂、交联丙烯酸和共聚物可使耐热性提高到 125～150 ℃。日本 JSR 与旭化株式会社联合发展耐热透明树脂 ARTON(norbornene,冰片烯)制造的 SI-POF,耐热 170 ℃。

6.1.4 应用分析

为了满足局域网用户的要求,各网络运营商都在积极发展自已的短距离高速传输系统。今天,局域网数据传输速率已经由兆比特(Mbit/s)升至吉比特(Gbit/s)或更高的速率。众所周知,现在短距离高速通信局域网用的光传输介质多为石英玻璃多模或单模光纤。相对塑料光纤而言,玻璃光纤价格高昂,芯径小,接续困难,所以各国光纤研究人员都在积极开发价格便宜,芯径大,便于接续的塑料光纤来作为新一代短距离高速通信用的传输介质。

在短距离高速传输方面,塑料光纤(POF)胜过石英玻璃光纤的优点是塑料光纤的大芯径有效降低了接续成本,塑料材料赋予 POF 良好的物理化学性能和柔软性,等等。然而,早期的聚甲基丙烯酸甲酯阶跃折射率塑料光纤(PMMASI POF)高衰减和低带宽限制了其在短距离通信中应用。为了解决 PMMASI POF 的高衰减和低带宽的问题,日本硝子玻璃株式会社开发出一种氟化聚合物梯度折射率塑料光纤(PF GI POF)。正是这种玻璃态氟化聚合物中的氟化分了结构使得 GI POF 的具有大的芯径、小的衰减、高的带宽和好的可靠性。所以 PF GIPOF 有望替代 50/125 μm 和 62.5/125 μm 石英玻璃多模光纤,成为新一代短距离高速传输系统中较好的光传输介质。

在 FTTx 尤其是 FTTH 的部署中,石英玻璃光纤在光纤耦合接续时需要高精度地对准,光纤的配套器件也比较昂贵,这都提高了石英光纤的连接成本,限制了其在接点多的短距离传输领域的应用。为了降低短距离接入网中光纤网络终端用户的光纤接入成本,可采用这种塑料光纤应用到光纤入户的局域网建设中,有一定市场潜力。

6.2 塑料光纤市场现状

6.2.1 塑料光纤发展进程

塑料光纤主要应用于低速、短距离的传输中,在汽车、消费电子、工业控制总线系统和互联网领域发展前景良好,尤其适宜于局域网中短距离通信、有线电视网、室内计算机之间的光传输。它已有三十多年的研究历史,最初用于照明,后来在汽车、医疗和工业拉制等领域逐渐得到推广,最近在通信领域中也取得了突破性进展。20世纪 70 年代初,英国杜邦公司开始了用户数据通信的塑料光纤基础研究工作。

20 世纪 80 年代日本的一些大企业和大学对低损耗塑料光纤的制备进行了大量的研究。1980 年,三菱公司以高纯 MMA 单体聚合 PMMA,使塑料光纤损耗下降到 100~200 dB/km。1983 年 NTT 公司开始用氘取代 PMMA 中的 H 原子,使最低光损耗可达到 20 dB/km,并可传输近红外到可见光的光波。由于 C-F 键谐波吸收在可见光区域基本不存在,即使延伸到 1 500 nm 波长的范围内其强度也小于 1 dB/km。全氟化渐变型 PMMA 光纤损耗的理论极限在 1 300 nm 处为 0.25 dB/km,在 1 500 nm 处为 0.1 dB/km,有很大的潜力可挖。

1986 年,日本 Fujitsu 公司以 PC 为纤芯材料开发出 SI 型耐热 POF,耐热温度可达 135 ℃,衰减达 450 dB/km。

1987 年,美国杜邦公司将其拥有的所有塑料光纤产品专利全部出售给日本三菱人造丝株式会社,让其继续进行塑料光纤产品开发和推广应用工作。同年,法国塑料光纤联合集团研制出了阶跃折射率分布的塑料光纤。

1990 年,日本庆应大学的小池康博教授成功开发折射率渐变型的塑料光纤(GI POF),芯材为含氟 PMMA、包层为含氟用界面凝胶技术制造。该塑料光纤衰减在 60 dB/km 以下,光源波长 650~1 300 nm,100 m 距离带宽 3 GHz,传输速率

10 Gbit/s,被广泛认为高速多媒体时代光纤入户的新型光通信媒介。

1992 年,美国 IBM 公司提出了在 100 m 长的阶跃折射率分布塑料光纤传输 50 Mbit/s 的实验。

1998 年,日本 NEC 公司在 70 m 长塑料光纤上进行了 400 kbit/s 的传输实验,梯度折射分布的氟化物塑料光纤的衰减仅为掺杂的聚甲基丙烯酯塑料光纤衰减的三分之一。

1999 年日本庆应大学、日本硝子玻璃株式会社等研制出的氟化聚合物芯梯度折射率塑料光纤(GI POF),在工作波长为 840 nm 和 1 310 nm 处,传输速率为 2.5 Gbit/s,传输距离超过 500 m。同年美国贝尔实验室以 830 nm 和 1 310 nm 波长,在氟化 GI POF 上进行了 11 Gbit/s 的数据传输实验。

2000 年日本硝子玻璃株式会社研制出的 GI POF 的衰减为 16 dB/km(波长为 1 310 nm),带宽为 569 MHz/km。在 2000 年 OFC 会议上,日本 ASAHI GLASS 公司报道了氟化梯度塑料光纤衰减系数在 850 nm 波长处为 41 dB/km,在 1 300 nm 处为 33 dB/km,带宽已达 100 MHz·km。用这种光纤成功地进行了 50 m、2.5 Gbit/s 的高速传输实验和 70 ℃长期热老化实验。实验结论为氟化梯度塑料光纤完全能满足短距离的通信使用要求。

2009 年,西安飞讯光电有限公司建成了基于塑料光纤的传输系统,旨在解决室内局域网中"最后一公里"问题,使得光信号无须在用户端转换成电信号,高速的光信息流从远端直接传输到用户电脑中,实现了用户对高速率数据业务的需求,宽带网速实现真正。同时该系统满足了对信息有保密要求的工作环境,塑料光纤的使用避免了在线路传输中的电磁辐射,使用户信息传输更加安全。随着铜资源的开发消耗,未来产业将尽可能减少对不可再生资源的开发,而塑料光纤更加环保,将会是五类线非常合适的替代品。

2009 年,Kotaro Koike 和 Yasuhiro Koike 提出将聚 2,2,2 三氟甲基丙烯酸甲酯(2,2,2-trifluoroethyl methacrylate P3FMA)作为渐变折射率塑料光纤的材料,它具有高透明性、低材料色散、高湿度稳定性和成本低的特点,并证明在 650 nm 波长上的传输损耗为 71 dB/km,传输 50 m 处的带宽为 4.86 GHz,同时基于 P3FMA 的塑料光纤在 50 m 的传输范围内的速率为 1.25 Gbit/s。

2011 年,Makoto Asai,Yukari Inuzuka 等提出聚 2,2,2 三碳甲基丙烯酸甲酯(2,2,2-trifluoroethyl methacrylate P3CEMA)作为渐变型光纤的基础材料,具有高的透明性和耐热性。证明了在波长段 670~680 nm 上,损耗为 104~136 dB/km,在纤芯处的玻璃转化温度为 102 ℃,同时具有高的材料强度和低弯曲损耗。

2012 年,Yasuhiro Akimoto 等提出基于聚苯乙烯(PSt)的渐变型塑料光纤(GI POF)在家庭局域网中具有低损耗和高带宽的性能。在家庭网络中安装 GI POF 需要满足在 670~680 nm 波长处的损耗要低于 200 dB/km,并且光纤上的带宽必须超过 2.0 GHz。在 PSt-GI-POF 中掺杂二苯并噻吩（dibenzothiophene DBT）会达到在 50 m 光纤中的带宽为 4.4 GHz，在 670～680 nm 波长处的损耗为 166～193 dB/km，具有高带宽、低损耗的特性，完全满足家庭局域网中的光纤要求。

2013 年，K. Welikow 和 P. Szczepanski 等人提出微结构塑料光纤具有有限的模式色散和低的弯曲损耗。当有 0.5 cm 弯曲时，弯曲损耗低于 10～8 dB。由此可见，当微结构塑料光纤在范围较小、结构较复杂的家庭网络的环境下能够在一定的弯曲范围内实现短距离高容量的数据传输。

2014 年，随着工作于可见光区域的激光二极管的制作工艺的发展，基于聚合物光纤（POF）在传输信道上使用波分复用（WDM）技术成为可能。利用几种不同的光载波实现并行数据传输可以降低 POF 本身所存在的高衰减和模式间色散。因此，在室内局域网实现低成本高速率的塑料光纤通信，能够有效克服石英光纤的抗弯曲性能和高的连接复杂性。基于阶跃型塑料光纤（SI-POF）的室内通信和高速率的光连接在可见光范围内利用技术将有效增大传输带宽。R. Kruglov 和 Vinogradov 等人的实验证明 1 mm 芯径的 SI-POF 在 50 m 范围内利用 WDM 传输的六个激光通道能够实现 21.4 Gbit/s 的传输速率，相比于 2012 年他们实现的 10.7 Gbit/s 几乎高了一倍。

另一方面，塑料光纤耐热性能的改善对于长时间进行光纤通信同样具有非常重要的作用。2012 年，Pyosuke Nakao 等人提出由 TCEMA 和 cHMI（N-cyclohexyl maleimide N-环乙基马来酰亚胺）两种物质聚合而成的 P(TCEMA-co-cHMI)，并掺杂了二苯硫醚（DPS）作为新的渐变型塑料光纤的材料，具有高的透明性，在超过 200 ℃ 时开始解聚。当将 TCEMA 和 5mol% 的聚合时，在持续温度为 230 ℃ 的情况下损耗增长的速率大大降低。同时，当 cHMI 的浓度从 0 增长到 62% 过程中，玻璃转化温度（Tg）从 130 ℃ 线性增长到 197 ℃，而随着浓度的增加散射损耗逐渐上升，这是 PTCEMA 和 cHMI 之间折射率的差异导致的。可见，上述三种物质按照某一比例进行聚合形成的聚合物在损耗和耐热性具有相当的优势，是家庭局域网核心材料中的重要原料。

目前，网络成本的降低、性能的提高、数字电子的引入、电磁干扰的减少以及相关标准的制定与完善正推动着电信、消费电子、汽车以及工控市场的迅猛发展，使得塑料光纤技术逐渐成为塑料光纤通信产业的主流。同时，塑料光纤技术还在低损耗、高性能、氟化聚合物梯度折射率塑料光纤和新型光源方面具有诱人的魅力。塑料光纤因具有制造简单、价格便宜、接续快捷等优点而备受瞩目，它的发展前景是良好的。

6.2.2　塑料光纤主要市场现状

塑料光纤以其柔韧性好、可塑性强、质量轻、价格低廉等优点成为短距离通信和网络互联的理想传输介质,在家庭局域网、传感器、汽车工业、智能电网、城市照明、消费电子等领域得到了广泛的应用。

1. 汽车工业

随着汽车导航系统的飞速发展,信息量的增加,汽车制造商为了提高汽车的安全性能,正在加快采用气囊与传感器的步伐,以便在车内处理更多的信息。与原来使用的线束相比,塑料光纤具有不放射电磁噪音、质量轻的特点,因此越来越受到汽车制造商的欢迎。

2000年下半年,欧洲的16家主要汽车制造商共同制订了"MOST"标准,该标准指定塑料光纤作为汽车数据网的传输介质。这个标准使得塑料光纤供应商可为这16家厂商提供满足相同标准的产品,从而获得规模效益。汽车制造商对塑料光纤供应商施加巨大压力,迫使他们降低塑料光纤价格,这对塑料光纤行业的各个方面产生重大冲击并期望能降低塑料光纤的成本。为了与欧洲厂商相抗衡,日本与美国的汽车厂商也开始制订各自的标准。他们计划在汽车中使用1394标准,以支持车内娱乐信息应用,从而使汽车中信息的传输速度达到900 Mbit/s。

戴姆勒-克莱斯勒公司从1998年11月起,在其最高档汽车产品"S级"车中导入了连接导航设备等的信息系统LAN。不过,塑料光纤的最大长度只有15 m。宝马公司在2002年3月上市的新款轿车"BMW7系列"中采用50 m塑料光纤。宝马公司使用两种车内LAN:一种是信息系统LAN的"MOST",另一种是控制系统LAN的"byteflight",MOST采用的塑料光纤长度为7 m,byteflight采用的长度是43 m。无论是从产品的性能还是成本来看,POF都更具吸引力,因为当数据传输速率超过500 bit/s时,目前使用的线束就会产生电磁噪音问题。从POF的需求量来看,汽车领域无疑是相当有吸引力的市场。以宝马为例,2001年宝马在全球的销售量为90万辆左右,如果在全部车辆上都使用LAN,则需要4.5万公里的POF。

2. 消费电子

13941b是消费电子领域的一套新标准,完全兼容1394a高速汇流排标准。新标准把传输距离从原来的4.5 m大幅增至100 m,让使用者能在家庭或小型办公楼内,通过电缆线建置一套高速传输网路。13941b标准也可以使用多种传输媒介,包括CATS铜缆线、塑胶光纤以及玻璃材料光纤;此外,13941b的最大传输速率也比1394a标准提高许多,传输速度超过400 Mbit/s最高可达3.2 Gbit/s,并且明确指出将具有低损耗高性能的POF作为传输介质之一。日本的一些公司行动迅速,如索尼公司率先在电视游戏和摄像机中增加了POF的使用。2001年8月,美国苹果电脑公司的fire Wire技术得到了电视艺术与科技学院的嘉奖。苹果电脑公司于90年代中期发明了fire Wire技术,并引领其成为被广泛接受的跨平台业界标准IEEE 1394。fire Wire是一种将数字设备(如数码摄像机、照相机等)连接到桌面及便携式电脑的高速串行输入/输出技术,该技术已被众多数字外设厂商广泛采用,如索尼、佳能、JVC 及柯达等。2002 年 4 月，苹果公司又收购了 fire Wire 技术领域的领导者 Zavante 公司。

3. 工业控制总线系统

随着计算机和自动控制技术的高速发展，工业自动化水平提高到一个崭新的高度。工业自动化根据其特点和使用方向可分为过程控制自动化、面向生产和制造业的自动化以及自动化测量系统（工业测量仪表）。这些工业自动化系统的建立和发展都有一个共同特点，即由直接控制系统向集散控制系统发展，而这种集散控制系统的发展都是以各种工业网络为基础。通过这些形形色色的工业总线系统，各种工业设备构成一个既分散又统一的整体。对 POF 来说，工业控制总线系统是其最稳定和最大的市场之一。通过转换器，POF 可以与 RS232、RS422、100 Mbit/s 以太网、令牌网等标准协议接口相连，从而在恶劣的工业制造环境中提供稳定、可靠的通信线路，高速传输工业控制信号和指令，避免了因使用金属电缆线路受电磁干扰而导致通信中断的危险。

SERCOS 接口是唯一一已被实际现场应用证明的、采用光纤传输数据的总线标准。它为用户提供一种数字的、同步的、32 位分辨率、对噪声有免疫力的光纤传输媒体。它提供扩充诊断能力，对分布式、数字多轴运动控制提供较好的应用。该标准已通过 IEC 认证（lEC-1491）。SERCOS 由 30 多个设备供应商支持，SERCOS N. A 组织为工程设计和产品开发提供信息。

在欧洲广泛流行的另一个总线标准是由西门子公司开发的 Profibus 通信协议，该协议标准在 Profibus 贸易协会的保护下打入美国市场。Profibus 可用于制造业的分布式控制，其数据传输率和网络规模因使用场合不同而变化。Profibus 的最大特点是非常灵活，用户在不用中断系统运行的条件下，就能在网络中添加或删除任何站点（主站或从站）。在产品方面，Profibus 拥有世界上 150 个设备厂商提供的约 480 种产品。

Interbus 是一种传感器级的现场总线。1985 年德国 Pheonix 公司开始开发，1987 年汉诺威展会上提出过将 PLC 并联接线方式改为串联的新概念，1992 年 Interbus开放系统俱乐部成立，发展迅速，1997 年已有 1000 多家生产厂商参加。据有关部门统计，到 1998 年 11 月，Interbus 在欧洲市场占有率达到 284%，在全世界市场占有率约占第 3 位，仅次于 LonWorks 和 HART。

4. 互联网

由于路由器、光交叉连接器和光转换器的速度已经达到了吉比特级，因此如何保持这些器件间信息的高速传输就显得极为重要。现在人们已经可以实现 OC-192 互联，它的最大速度可达到 40 Gbit/s。目前的主要问题是降低成本和复杂性，提高底板提供给元件间、电板间、底盘间、支架间配线的可靠性。

现在，越来越多的大型机构、数据中心和协同定位设施将不同类型的设备连接起来，所以这些地方也安装了越来越多的系统。局域网的长度正不断扩展，从几厘米延长到几十米，这恰恰是目前新型塑料光纤的传输距离范围，塑料光纤在传输距离不超过 100 m 时,其传输速度也能达到 11 Gbit/s。

综上所述,由于这四个主要应用市场的快速发展,塑料光纤的应用领域将越来越广。

6.3　塑料光纤的材料

塑料光纤的纤芯材料和包层材料必须满足以下几个条件:

(1) 两者都是透明的无定型聚合物,具有耐高温性和强韧性;

(2) 两者的折射率之差应满足 $n_{芯} - n_{皮} \geqslant 0.05$ 的条件,以确保有一定的受光角;

(3) 两者具有良好的匹配性,界面黏结性良好。

6.3.1　塑料光纤的包层材料

包层材料对光纤的性能影响较大。一般 PMMA 及其共聚物芯材(折射率约为 1.5)多选用含氟聚合物或共聚物为包层材料,使用最广泛的是聚甲基丙烯酸氟代烷基酯,并引入内烯酸链段以增强对芯材的黏附力。包层材料还包括聚偏氟乙烯(折射率为 1.42)、偏氟乙烯和四氟乙烯共聚物(折射率为 1.39~1.42)等。

6.3.2　塑料光纤的纤芯材料

塑料光纤的纤芯可以采用下列一些材料。

1. 聚不饱和酸酯(MMA)类

这是目前最常用的高性能塑料光纤芯材料,包括聚甲基丙烯酸甲酯(PMMA)及 PMMA 共聚物、氘代 PMMA、卤代 PMMA、卤氘代 PMMA 等。

2. 聚苯乙烯(PS)类

PS 的折射率较高,因而得到的塑料光纤往往数值孔径(NA)很大、透光性好,是仅次于 PMMA 的第一大类塑料光纤芯材料,包括 PS 均聚物、PS 共聚物、卤代 PS 及其共聚物、氘代 PS 和卤氘代 PS 等。

3. 聚碳酸酯(PC)类

PC 是非晶聚合物,折射率为 1.59,Tg 为 130 ℃左右,具有较强的柔韧性,可制得 NA 高达 3.0 mm 的塑料光纤。与其他类型塑料光纤芯材料相比,PC 能耐较高的温度。

4. 聚硅氧烷(PSR)类

PSR 可挠性极佳,可制成大芯径、大容量塑料光纤,具有耐高温、耐湿、耐寒、耐热水、耐放射等性能。

5. 其他类型

聚酯、氮杂环聚合物也可作塑料光纤芯材,但制造、提纯方法及工艺都很复杂,综合性能控制困难。

由于它们具有良好的化学、光学稳定性及机械性能,适合生产塑料光纤用作短距离通信媒介。

6.4　塑料光纤的制备技术

6.4.1　塑料光纤制备

1. 预制棒拉丝法

预制棒拉丝法的工艺过程是将塑料光纤的芯材和鞘材分别制成严格匹配的棒和管,在加热和抽真空情况下将两者紧紧复合在一起拉制成丝。一般用于制造 GI 型 POF,可采用的制造方法有两步共聚合法、光控制引发共聚合反应法、界面凝胶法、引发剂扩散控制法等。

(1)界面凝胶共聚合法

界面凝胶共聚合法是预制棒拉丝制造塑料光纤最常采用的工艺方法。其基本原理是首先将聚合引发剂和链转移剂以及 M1 单体(如 MMA,但其溶度参数要和均聚物的溶度参数相近)放入一个玻璃管中,以 3 000 r/min 的速度在大约 70 ℃下绕着轴旋转。由于离心力的作用,在玻璃管中的 MMA 单体附着在管的内壁,并且保持这个形状进行聚合反应成为管状物,而这个预先聚合的管状物将成为芯层材料聚合的反应器。接下来,在 PMMA 管中充满 MMA 单体以及聚合引发剂、链转移剂以及另外一种比 PMMA 的折射率更高的有机成分 M2(如氟树脂材料)。再将充满单体混合物的 PMMA 管水平放置在恒定高温下,并且以 50 r/min 的速度旋转,时间为24 h。此时,聚合物管的内壁单体对聚合物表面的溶胀作用使试管内表面形成一个薄的凝胶层。由于凝胶效应,在凝胶层内单体的共聚合反应速率比凝胶层外液态单体的共聚合速率快得多,共聚物相从"试管"内壁的凝胶层向轴心逐渐形成如图 6-1 所示。早期形成的共聚物中,单体 M1 的含量高,因此形成共聚物的折光率较小。随着共聚反应的逐渐进行,共聚物中 M1 单体的浓度越来越小而 M2 单体的浓度则愈来愈大,因此生成共聚物的折光率逐渐增大形成梯度型分布。

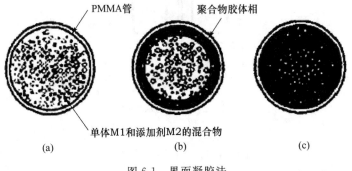

图 6-1　界面凝胶法

在界面凝胶共聚合制备 GI 型 POF 方法中引发剂的浓度、链转移剂、反应温度是影响塑料光纤预制棒光学特性的主要因素。引发剂浓度较大(1.0 wt%)、链转移剂量较多(0.05%~0.1%)、反应温度控制在 70 ℃ 以下时,制备的 GI 型预制棒具有较好的折射率分布和较少的物理缺陷。不足之处是反应需要很长的时间,所以该工艺的生产成本比较高。

(2) 共聚法

不饱和的或环状的单体分子相互加成而析出小分子的反应,称为加聚反应或聚合反应,由两种或两种以上单体进行加聚反应称为共聚反应。共聚法就是利用共聚反应制造递变光学塑料的方法,包括扩散共聚法、光共聚法、混合聚合溶解法、放电共聚法、加热共聚法、引发共聚法、催化共聚法等。

光共聚法就是把两种单体混合物注入圆筒模具中,使其绕中心轴转动,同时用紫外线照射,引发光共聚反应。由于圆筒模具边缘处的紫外照射光比中心部位强,同时由于离心力的作用,共聚物先在圆筒内壁附近生成,然后逐步向中心处生长。由于各单体共聚率不同,转化率和共聚物的组成将随时间而变化,从而形成径向的组分和折射率的梯度变化。单体的数目可以根据需要多于两种,形成三元或多元共聚物,可以制得最符合要求的折射率分布形式。

2. 涂敷法

将挤出的纤芯通过鞘材的溶液,将溶剂去除后,鞘层包裹于芯层而成光纤的方法,其工艺流程如图 6-2 所示。

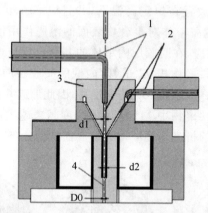

1—芯材流道;2—鞘材流道;3—分流锥;4—复合腔
d1—芯材复合前直径;d2—分流锥末端外径;D0—复合腔直径

图 6-2　涂敷法示意图

3. 共挤法

所谓共挤法工艺是在拉制 POF 过程中使用两台挤出机:一台挤出芯材、另一台挤出鞘材,两台挤出机通过同一模头熔融挤出成型,再经牵引收卷拉制成 POF。采

用共挤法拉制 POF,在设计中需要考虑如下几点:

（1）采用两台挤出机共挤出,故其模头设计相对涂覆法模头复杂得多,因此必须保证芯材料在共挤模头中能均匀合理分配,其设计同时要考虑到易于安装拆卸,且易于安装加热圈和热电偶。

（2）物料流过的共挤模头通道表面光洁度要求高,过渡部分呈流线型,收缩角要适当,需消除死角,以避免物料在模头表面流速过慢或停滞不前,即消除物料长时间受热降解以及从模头流出时极不稳定的特性。

图 6-3　塑料光纤挤出机

4. 连续聚合纺丝法

连续聚合纺丝法是目前最先进的光纤拉丝工艺,其先进性在于从单体聚合到纺丝成型全部在密封系统内进行,大大减少了外界环境污染,从而使光纤的透光率得以大幅提高。

作为共聚原料的单体必须经过精馏提纯后才能使用,精馏的目的是去除单体中的低沸点有机物和高沸点有机物杂质以及水分。同时单体中的过渡金属离子,不溶性固体杂质也一并被去除。同样,分量调节剂和引发剂也要经过精馏提纯,以去除过渡金属离子和不溶性的固体杂质。

单体的聚合方式有两种,即悬浮聚合和本体聚合。悬浮聚合是用分散剂将单体液滴悬浮在水中而进行聚合,聚合完成后再经过脱水、烘干得到聚合物的颗粒,但用这种方法得不到高纯度的单体材料;本体聚合是在聚合过程中不加入任何其他介质而完成聚合的方式,这种方法可以得到高纯度的 PMMA 纤芯材料。

6.4.2　POF 制备方法比较

棒管法是一种非连续工艺,要求有制作芯棒及套管的设备,不利于大规模生产,但可作为研制 POF 的一种手段。

涂覆法的优点在于模头加工相对简单,投资见效快,但有两条缺点:

(1) 拉制 POF 丝受环境条件影响大,这是因为芯纤维在挤出后和涂覆前暴露在环境中,若环境中条件差,灰尘多,芯纤维因静电吸附,在涂覆前会吸附一些灰尘,使 POF 的损耗增大。

(2) 采用涂覆法拉制 POF 丝,对环境有一定污染,这是因为鞘材溶液的浓度在 5%～50%之间,在烘干形成芯纤维的包层材料时,溶剂将大量挥发,对工作环境中的设备等有一定的侵蚀作用,不利于环境保护,POF 丝的质量又受人为控制的涂覆过程所影响,劳动强度大。

共挤法最重要的是模头设计和原料选择,其设备投资相对大一些,生产操作简单,生产者劳动强度下降,POF 质量控制环节减少,但不存在环境污染,工作环境条件明显优于涂覆法。而两者的最大共同点是能连续生产出 POF,对于共挤法拉丝工艺,只要控制好芯材和鞘材的挤出温度、挤出速度及收卷工艺,正确选择、鞘材,共挤 POF 丝的质量是相当稳定的,且生产效率高;多次实验证明共挤法工艺明显优于涂覆法工艺。

连续聚合纺丝法流程长、工艺复杂、控制精度高,但由于杜绝了外界环境的污染,再加以改性的单体,该工艺生产的塑料光纤损耗可低于 100 dB,甚至可达 20 dB 以上,大大拓展了塑料光纤的应用空间。光纤的制造过程虽处在一个密闭的系统中,但聚合过程是一个间歇过程,所以该种制造工艺属于小规模制造 POF 的工艺,若要扩大生产规模,可以在此基础上改进成连续聚合、拉丝的工艺。

6.5　通信用塑料光纤的标准

6.5.1　国际塑料光纤标准情况

1. IEC 60793 标准

国际电工技术委员会标准 IEC60793-2-40 部分详细规定了塑料光纤的分类(A4 类)、结构、折射率分布形式、传输性能、机械性能、环境性能要求及其检测方法。可用于短距离、高速率的电话系统、数据传输、建筑物内外光纤布线及家用电器、工业和汽车网络等,目前此标准的最新版本是 2009 版。

2. ATM 标准

1996 年 ATM 论坛采用了塑料光纤和塑料包层石英光纤作为 156 Mbit/s 用户网络的传输介质,即采用 1 mm 的多模阶跃型塑料光纤,传输距离为 50 m。

3. IEEE 1394

IEEE1394 是高速串行数据接口,具有传输速率高、支持热插拔、即插即用、对等传输、允许各接点直接连接等特点,可用于计算机外部总线、消费电子产品接口,适用于汽车网络和未来的家庭网络。最新的 IEEEP 1394b 规定了采用 50 m 塑料光纤可传输 100 Mbit/s 的数据。

4．音频连接标准

由于塑料光纤能够抗电磁干扰,可以减少杂音、提高音质,广泛用于数字音源设备与音响之间的连接,如 DVD、CD、MD 等,最著名的产品是 TOSlllJNK 连接线、DVD 跳线等。其标准最初在 IEC 60958 中,在日本电子工业协会标准 EU 口 RCZ-6901、El 入 1RCZ-5720 和 IEC60874-17(1995)中得到进一步确认。

5．MOST 标准

MOST(Media Oriented System Transport)这是一种基于 PMMA 塑料光纤及红光发光二极管的用于连接汽车内娱乐系统的光学数据总线标准。它能够实现 CD、DVD 播放机、调谐器、LCD 显示设备以及全球定位导航系统之间的光学互连。现在总线的工作速率是 25 Mbit/s,正计划提高到 50 Mbit/s 和 150 Mbit/s。该标准是以德国汽车制造商戴姆勒-奔驰公司、BMW 以及 AUDI 公司于 1998 年率先倡导的,BMW 已采用 MOST 服务于汽车内各项娱乐设施的控制。同时他们决定开发另外一个网络,叫 Byteflight,服务于"关键性功能",如安全气囊的控制。在基于 POF 的网络中有一个塑料光纤传感器专用于触发安全气囊的开启,类似于 MOST,它依赖于 650 nm 发光二极管 LED 以及工作在较低传输速率(10 Mbit/s)的 PMMA 光纤。

6．Rexray

Rexray 是一个基于 POF 的通信系统,以促进"光控驱动系统",正处于开发阶段,是新一代汽车内部网络通信协议,它的目的是替换目前的机械驱动装置,使汽车的转向、刹车以及齿轮切换采用全电子系统。2000 年成立的 FlexRay 联盟在对 FlexRay 协议的推广及相关汽车产品的研究开发起到了领导的作用,FlexRay 协会拥有成员 100 多个,来自汽车行业的厂商包括宝马、DaimlerChrysler、通用、Motors、大众、本田和丰田等。

7．IDB-1394

美国 IDB-1394 小组正开发更高速率的系统(速率在 150～400 MU/s,基于 IEEE 1394 协议)。IDB-1394 协议是 IDB(Intelligent transportantion syetem DATA BUS)论坛和 1394 贸易组织之间达成的初步意向,用来为汽车创建一个基于 IEEE 1394B 数据格式(FIREWIRE)的协议。这一格式使得计算机和外围设备如便携式数码摄像机、MP3 播放器之间的数据传输达到 400 Mbit/s。这一概念是向用户提供一个方便的接驳口,允许用户把家用电器直接和汽车接驳。汽车 IDB-1394 网络将可以播放高清晰电视、未压缩视讯或超级 CD。

8．SERCOS

工业控制中的现场总线、过程控制和数字驱动等众多场合都使用塑料光纤作为传输介质,它可以抗电磁干扰和电磁辐射。典型的标准是 SERCOS(Serial Reai-time Communications System),它是德国机床制造协会与电器制造协会的一些主要厂家于 1988 年制定的串行实时通信系统标准,于 1995 年被采纳为国际标准 IEC61491,是目前唯一的数字驱动与控制间通信的国际标准。采用塑料光纤作为传输介质,节点与节点间的最大长度为 40 m,传输速率可达 2~16 Mbit/s。

6.5.2　塑料光纤国家标准

塑料光纤现行有效的国家标准是 GB/T 12357.4—2004《通信用多模光纤第四部分:A4 类多模光纤特性》。对塑料光纤的尺寸参数、机械性能、传输特性等进行了规定,如表 6-1 所示。这个 2004 版的标准是修改采用了 IEC 60793-2-40—2002《光纤 第 2-40 部分:产品规范——A4 类多模光纤特性》(英文版)。而 IEC 60793-2-40 标准的最新版本是 2009 版,因此 GB/T 12357.4 需要尽早进行修订。

表 6-1　A4 类多模光纤的尺寸参数

光纤参数	单位	A4a	A4b	A4c	A4d
芯直径[a]	μm				
包层直径	μm	1 000±60	750±45	500±30	1 000±60
包层不圆度	%	≤6	≤6	≤6	≤6
缓冲层直径	mm	2.2±0.1	2.2±0.1	1.5±0.1	2.2±0.1
光纤长度[b]	km				

a. A4 类光纤直径一般比包层直径小 15~35 μm。

b. 光纤的长度要求可以变化,由供应商和用户商定。

6.5.3　塑料光纤的通信行业标准

中国通信行业标准 YD/T 1447—2013《通信用塑料光纤》是通信行业有关塑料光纤的最新有效版本,这个版本取代了 YD/T 1447—2006 版。

该标准依据国际电工委员会文件"IEC 60793-2-40—2009《光纤第 2-40 部分:产品规范-A4 类多模光纤分规范》(第三版)"和 IEC 60794-2-41—2008《光缆第 2-4 1 部分:室内光缆——带缓冲层的 A4 类光纤单芯和双芯光缆产品规范》(第一版)进行编制。

相对于 YD/T 1447—2006 版,YD/T 1447—2013 作出的修订内容主要有:

(1)增加了标准的适用范围,"装饰照明领域的塑料光纤也可参照使用"(见 1 节,2006 版 1);

(2)A4a 类光纤增加了 A4a.2 及其技术要求,原来的 A4a 光纤更名为 A4a.l(见 1 节和附录 A);

(3)增加了紧套光纤型式和标记(见 4.2 节和 4.3 节);

(4) 增加了"紧套层应易于从光纤上剥除不少于 20 mm,其剥除力应不大于 25 N,且不小于 5 N"的要求(见 5.3.3.5 节);

(5) 增加了紧套光纤的拉伸性能实验方法和要求(见 6.5.2 节);

(6) 紧套光纤的压扁实验,持续时间由"1 min"改为"3 min"(见 6.5.3 节,2006 版 6.5.3 节);

(7) 增加了紧套层剥离性实验要求(见 6.5.8 节);

(8) 表 A-2 中 A4e 光纤测试衰减系数时的注入数值孔径由"NA=0.1"修改为"NA=0.3"(见表 A-2,2006 版表 A-2);

(9) 采用均衡模分布注入时 A4d 光纤在 650 nm 上的衰减系数要求由"≤20"修改为采用注入 NA=0.3 时在 650 nm 上的衰减系数"≤18"(见表 A-2,2006 版表 A-2);

(10) A4f、A4g、A4h 带宽测试要求由"100~400 m"修改为"100~500 m"(见表 B-2,2006 版表 B-2)。

新版标准还增加了附录 C(规范性附录)"塑料光纤扰摸装置及参数"。

6.5.4 塑料光纤国标和行标的对比

最新有效的塑料光纤的中国通信行业标准 YD/T 1447—2013《通信用塑料光纤》与国家标准 GB/T 12357.4—2004 相比,主要区别是光纤分类增加了 PMMA 渐变型或多阶型塑料光纤(A4e)和氟化渐变型塑料光纤(A4f、A4g、A4h),增加了相关性能的具体测试方法及参数。中国通信行业标准与 IEC 60793-2-40 相比,内容基本一致,主要修改标准附录部分,把原来 8 个附录按照纤芯基材合并为 2 个附录(PM-MA 类和氟化塑料类),另外补充、修改了相关性能的具体测试方法及参数。

总之,中国通信行业标准《通信用塑料光纤》采用了国际 IEC 标准和国家标准的参数指标,但在具体内容方面更加完善、具体和具有操作性,比较适合指导生产和应用单位。

6.5.5 塑料光缆标准

通信用塑料光纤缆的标准 YD/T 1258.6—2006《室内光缆系列 第六部分:塑料光缆》发布已经有 10 年时间了。此标准是非等效采用了国际电工委员会标准 IEC 60794-2-40—2003《光缆 第 2~40 部分:室内光缆——具有缓冲层的 A4 类光纤单芯和双芯光缆分规范》。还参考了 IEC CD 文件 86A/913/CD IEC 60793-2-40—2004《光纤 第 2~40 部分:产品规范—A4 类多模光纤分规范》(第 2 版)及相关国外标准。事实上这两个标准都有新的版本发布,因此塑料光缆的标准应该及时和 IEC 标准同步修订。

6.5.6 塑料光纤活动连接器的标准

塑料光纤由于其材质的特殊性,在使用时不能直接和石英光纤互连互通,其配套的有源无源器件必须进行相应的设计和制造。同时相关标准的制定必须加快步伐,才能更好地推动塑料光缆的应用。系列标准 YD/T 2554《塑料光纤活动连接器》也开始了制定工作。其中,YD/T 2554.1—2013《塑料光纤活动连接器 第 1 部分:LC 型》已经于 2013 年正式发布。

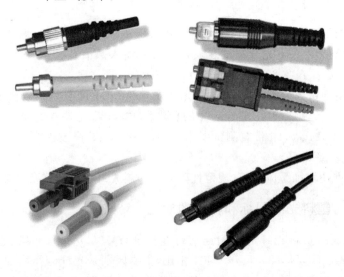

图 6-4　塑料光纤连接器

YD/T 2554.1—2013 建议 LC 型连接器使用符合 YD/T 1447—2013 规定的塑料光纤,包括聚甲基丙烯酸甲酯(PMMA)和氟化塑料光纤。

标准明确了 LC 型连接器所使用的材料及塑料光纤光缆必须保证无老化现象,并符合环保要求,能经受连接器所需的实验条件。制作连接器所使用的粘结胶对连接器结构应无不良影响,其物理、化学及光学特性应与塑料光纤匹配,不得有损害连接器光学性能的情况发生。标准还明确规定了 LC 型塑料光纤活动连接器的术语和定义,技术要求,测量和实验方法,质量评定程序,检验规则,标志、包装、运输和贮存要求。对塑料光纤的推广应用具有很好的推动作用。

6.6　塑料光纤分类及性能

6.6.1　分类

塑料光纤纤芯采用的塑料应透光性优良,包层用塑料材料的折射率 n_2 应低于纤芯折射率 n_1。塑料光纤折射率分布分为 3 种类型:突变型、渐变型和多阶型,如图 6-5所示。

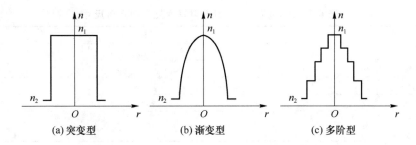

图 6-5　塑料光纤的折射率分布类型

　　塑料光纤按照 GB/T 15972.10—2008 第 8 章的分类规则,在光纤家族中命名为 A4 类多模光纤。它又可按纤芯基材、芯直径、包层直径、数值孔径以及折射率分布型式的不同分为 A4a.1、A4a.2、A4b、A4c、A4d、A4e、A4f、A4g 和 A4h 共 9 个子类,详细分类见表 6-2。

表 6-2　A4 类光纤及其紧套光纤的类型

光纤类型	A4a.1	A4a.2	A4b	A4c	A4d	A4e	A4f	A4g	A4h
紧套光纤类型	J-A4a.1	J-A4a.2	J-A4b	J-A4c	J-A4d	J-A4e	—	—	—
纤芯基材	PMMA 塑料						氟化塑料		
芯直径/μm	比实际包层直径小 15~35 μm					≥500	200	120	62.5
包层直径/μm	1 000	1 000	750	500	1 000	750	490	490	245
数值孔径 a	0.5	0.485	0.5	0.5	0.3	0.25	0.19	0.19	0.19
折射率分布	突变	突变	突变	突变	突变	渐变或多阶	渐变	渐变	渐变

注:①PMMA 为聚甲基丙烯酸甲酯的简称。

② PMMA 塑料光纤的数值孔径为理论值,氟化塑料光纤的数值孔径为实测值。

6.6.2　几何尺寸

　　塑料光纤的基本结构形式和玻璃光纤一样,纤芯部分用来传输光信号,由纤芯和包层构成。紧套塑料光纤在包层外面还有一层紧包的护套层,用来保护光纤纤芯部分,如图 6-6 所示。

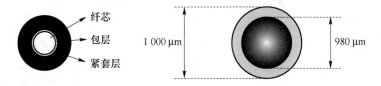

图 6-6　塑料光纤的截面图

　　塑料光纤的几何尺寸要求包括包层直径、包层不圆度、芯直径、芯不圆度和芯包同心度误差,以及紧套光纤的缓冲层外径,具体指标见表 6-3 和表 6-4。

表 6-3　PMMA 塑料光纤及其紧套光纤的几何尺寸

项目	单位	指标					
		A4a.1	A4a.2	A4b	A4c	A4d	A4e
包层直径	μm	1 000±60	1 000±60	750±45	500±30	1 000±60	750±45
芯直径	μm	比实际包层直径小 15～35 μm					≥500
包层不圆度	%	≤6					
紧套光纤套层直径	mm	2.2±0.1			1.0±0.1	2.2±0.1	

表 6-4　氟化塑料光纤的几何尺寸

项目	单位	指标		
		A4f	A4g	A4h
包层直径	μm	490±10		245±5
芯直径	μm	200±10	120±10	62.5±5
包层不圆度	%	≤4		
芯不圆度	%	≤6		
芯包同心度误差	μm	≤6		≤3

6.6.3　光学和传输性能

塑料光纤的光学和传输特性应包括衰减、模式带宽、(理论)数值孔径和宏弯损耗,氟化塑料光纤还应包括零色散波长 λ_0 和零色散斜率 S_0。

1. 衰减性能

POF 的衰减机理可分为两大类:内因损耗和外来损耗,内因损耗是由组成材料的本征吸收和瑞利散射引起的,它与光纤的材料组成有关,目前无法消除,材料的本征吸收和瑞利散射引起的内因损耗决定着光纤最小的传输损耗极限,产生材料吸收和瑞利散射的原因是 C-H、N-H 和 D-H 基团的分子振动吸收,分了键中的不同能级间电了跃迁引发的吸收、组成、取向和密度波动引起的散射;理想光纤中不会出现外因损耗,外因损耗是由过渡金属或有机污染物引起的吸收,以及粉尘颗粒、微小杂质、气泡和其他结构缺陷引起的散射。此外,还有 POF 几何尺寸的(宏观和微观)波动造成的辐射损耗。POF 的损耗类型、机理及起因,如表 6-5 所示。

表 6-5　POF 的损耗类型、机理及起因

类型	机理	起因
内因	吸收	分子振动、跃迁
	瑞利散射	密度、组成和取向波动
外因	吸收	过渡金属、有机污染物
	散射	粉尘、微弯、气泡
	辐射	结构不完整、宏弯、微弯

图 6-7 给出了 PMMA、PCS 和 CYTOP POF 的理论衰减极限。由图 6-7 可知，因为光纤是由聚合物组成的，所以聚合物中的 C-H、N-H 和 C=O 分子键的振动就造成了 POF 在红外光谱区具有很大的损耗。PMMA 芯塑料光纤在 650 nm 波长附近的理论损耗极限是 106 dB/km 左右，实际做成的这类光纤传输损耗在 100～300 dB/km(650 nm 波长)。因此，人们通过用重元素来取代氢原子，改善 POF 透明性，使振动波长移至长波长，使得在可见光和红外区振动吸收和瑞利散射变小，例如，PMMA POF 经氘化得到的 PMMA-d18 POF 的衰减系数仅为 10 dB/km。为抑制近红外区潮气引起的 POF 的衰减明显增大，可用氟元素来替代 POF 芯聚合物中的氢原子，使基体材料吸收光谱的特征峰向长波长方向移动，从而使可见光与红外区域的损耗降低，也使氟化聚合物芯(PF)塑料光纤的工作波长延伸到了 840～1 310 nm 处。有专家从理论上计算全氟化梯度型塑料光纤损耗的极限在 1 300 nm 波长处为 0.25 dB/km，在 1 500 nm 处的损耗可低至 0.1 dB/km，故氟化塑料光纤(CYTOP)的工作波长可选在 850～1 330 nm 的任一波长。

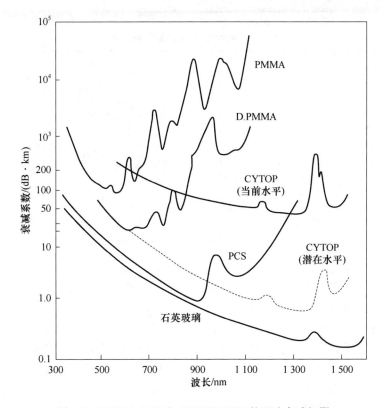

图 6-7　PMMA、PCS 和 CYTOP POF 的理论衰减极限

通信行业标准 YD/T 1447—2013《通信用塑料光纤》中对各种类型的塑料光纤的衰减性能参数都做了详细的规定，如表 6-6 和 6-7 所示。

表 6-6　PMMA 塑料光纤及其紧套光纤的传输性能

项目	单位	指标					
		A4a.1	A4a.2	A4b	A4c	A4d	A4e
采用满注入时,在 650 nm 100m 上的衰减	dB	≤40					
采用注入 NA=0.3 时 在 650 nm 上的衰减系数	dB/100 m	—				≤18	≤18
采用均衡模分布注入时 在 650 nm 上的衰减系数		≤30	≤18	≤30	≤30	—	—
采用均衡模分布注入时 在 520 nm 上的衰减系数				≤10	—	—	—
在 650 nm 的模式带宽	MHz·100 m	≥10		≥10	≥10		
采用注入 NA=0.3 时 在 650nm 上的模式带宽			≥40		—	≥100	≥200
在 650 nm 的宏弯损耗	dB	≤0.5					

表 6-7　氟化塑料光纤的传输性能

特性	单位	指标		
		A4f	A4g	A4h
在 650 nm 的衰减系数	dB/100 m	≤10		—
在 850 nm 的衰减系数		≤4	≤3.3	
在 1 300 nm 的衰减系数		≤4	≤3.3	
在 650 nm 的模式带宽	MHz·100 m	≥800		—
在 850 nm 的模式带宽		≥1 500	≥1 880	
在 1 300 nm 的模式带宽		≥1 500	≥1 880	
在 850 nm 的宏弯损耗	dB	≤1.25	≤0.60	≤0.25

　　塑料光纤的衰减系数宜在 100 m 长度上测量,在其他长度上测量的值,允许线性转换为 100 m 长度上的值。当用均衡模分布注入法测试 A4a、A4b、A4c 和 A4d 光纤的衰减时,注入装置和注入要求应满足 GB/T 15972.40—2008 中 A.1.4 中的要求,短距离进行光纤的衰减性能测试时,要求光斑尺寸等于满注入的纤芯尺寸,数字孔径应该等于光纤的最大数值孔径。测试时也可以用 2 m 长的与被测试光纤同类型的一段光纤作为滤模器,对其进行满注入,并采取适当的包层模剥取措施,用其输出光束激励被测试光纤。对某些 A4 类塑料光纤不需要包层模剥除器和滤模器,典型的塑料光纤测试用扰模装置如图 6-8 所示。

　　2. 色散性能

　　光纤通信系统中信息主要以光脉冲形式在光纤中传输,光脉冲经光纤传输后会发生时间展宽,即称为色散。任何光纤通信链路中色散是决定光纤传输的最大带宽的主要参数。通常人们将引起光脉冲展宽的色散分为四种基本色散:模式色散、材料色散、波导色散和偏振模色散。

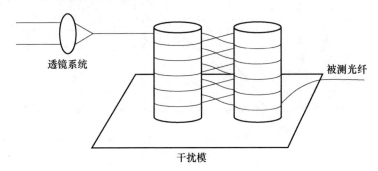

图 6-8　A4 类塑料光纤测试干扰模装置

（1）模式色散

模式色散又叫模间色散,每一种模式到达光纤终端的时间先后不同,造成了脉冲的展宽,从而出现色散现象叫模式色散。模式色散只存在于多模光纤中,仅影响着多模光纤(如 GI POF)。

（2）材料色散

材料色散是由光源的谱宽产生的,因为材料的折射率是波长的函数,所以光谱的不同成分在光纤中以不同的速度传输,从而引起光脉冲的展宽。

（3）波导色散

波导色散是由光纤的几何结构决定的色散,其中光纤的横截面积尺寸起主要作用。光在光纤中通过芯与包层界面时,受全反射作用,被限制在纤芯中传播。但是,如果横向尺寸沿光纤轴发生波动,除导致模式间的模式变换外,还有可能引起一少部分高频率的光线进入包层,在包层中传输,而包层的折射率低、传播速度大,这就会引起光脉冲展宽,从而导致色散。在多模光纤(如 GI POF)中波导色散影响不明显。

（4）偏振模色散

光纤中传输的基模实际上是由两个偏振方向相互正交的模场 HE_{11x} 和 HE_{11y} 所组成。若单模光纤存在着不圆度、微弯力、应力等,HE_{11x} 和 HE_{11y} 存在相位差,则合成的光场是一个方向和瞬时幅度随时间变化的非线性偏振,就会产生双折射现象,即 x 和 y 方向的折射率不同。因传播速度不等,模场的偏振方向将沿光纤的传播方向随机变化,从而会在光纤的输出端产生偏振色散。PCVD 工艺生产出的单模光纤具有极低的偏振模色散(PMD),多模光纤一般不考虑偏振模色散。

由上述可知,提高 GI POF 的带宽的途径就是想方设法减小模式色散和材料色散。POF 研究人员发现,通过控制界面凝胶聚合反应速率可保证 GI POF 折射率分布指数 g 在 2.09~2.17 之间,那么就可使在 0.8~1.3 μm 波长区 GI POF 的带宽中达到几个吉比特·公里(Gb·km),图 6-9 给出了 PF GI POF 的波长与带宽的关系。

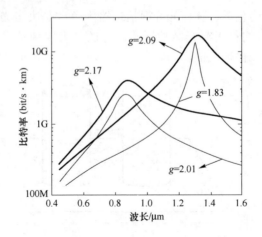

图 6-9   PF GI POF 的波长与带宽的关系

因为材料色散随波长的增大而减小,所以 PFGI POF 在近红外区的低衰减带来的好处是使得其材料色散下降。对于 PF 聚合物,其在 0.85 μm 波长的材料色散为 0.054 ns/nm·km(在相同波长下,石英玻璃光纤的材料色散则为 0.084 ns/nm·km),而在 1.3 μm 波长 PF 聚合物的材料色散减小到 0.009 ns/nm·km。氟化塑料光纤的零色散波长 λ_0 和零色散斜率 S_0 如表 6-8 所示。阶跃型塑料光纤的数值孔径(NA)在 0.5 左右,小 NA 阶跃型塑料光纤的 NA 值约为 0.25~0.3,具有较小数值孔径的光纤只能传输较低阶模式的光波,减小了模式色散。然而若利用进一步减小数值孔径来降低色散,则会影响光纤的连接性能,因此 NA 值不能继续减小。多模梯度光纤的带宽与光纤的折射率剖面、光源的谱宽和入射孔径有关,当光纤具有接近于抛物型的最佳折射率剖面时,光纤的色散最小,可以获得较佳的带宽性能。

表 6-8   氟化塑料光纤的色散性能

特性	单位	指标		
		A4f	A4g	A4h
零色散波长 λ_0	nm	1 200≤λ_0≤1 650		
零色散斜率 S_0	ps/ (nm² · km)	≤0.06		

3. 带宽特性

带宽是光纤波导的一个重要特点,带宽大小决定了光纤的信息传输能力。增加光纤带宽通常有两种方法:减小塑料光纤纤芯的数值孔径和改变光纤芯折射率。较小的数值孔径使得光纤传输较低阶模式的光波,从而减小了模间色散,故能使光纤带宽得到提高;改变光纤芯折射率,当梯度折射率光纤具有接近于抛物型的最佳折射率分布时,光纤的模间色散最小,可以获得最佳带宽性能。

6.6.4 机械性能

POF 机械性能的研究重点是拉伸、弯曲、扭转等外部机械应力引起的光纤衰减性能变化。与石英玻璃光纤不同,POF 是由塑料材料制成的,因此 POF 的弹性模量比石英玻璃约小 2 个数量级(如 PMMA POF 为 2.1 GPa,PC POF 则为 1.55～2.55 GPa),正是这个理由,直径 1 mm 的 POF 可以十分方便地安装在光纤分线箱内。同样的原因,与石英玻璃光纤相比,因为塑料延展性更好、刚性更小,所以 POF 允许的最小弯曲半径可以更小。

研究表明如果 POF 长度被拉长 10%,则其衰减增大 0.1 dB 左右。POF 的循环弯曲也会引起衰减的变化上升至某个极限(直径为 1 mm 的 PMMA POF,弯曲半径为 50 mm 的条件下弯曲 1 000 次,衰减变化 0.5 dB 左右)。

目前有关规定塑料光纤机械性能的实验方法还在制定之中,没有正式的发布,只能参照一些企业标准来进行测试。

塑料光纤机械性能应包括拉伸屈服,紧套 PMMA 塑料光纤还应包括压扁、冲击、反复弯曲、扭转和卷绕等项目。光纤测试合格的判据为相应的机械性能实验结束后试样附加衰减值应不超过 0.2 dB。

与玻璃光纤不同,塑性材料的塑料光纤需要测试其拉伸屈服力和光纤屈服伸长率。所谓拉伸屈服如图 6-10 所示,塑料光纤的拉伸力与伸长率曲线上,初始阶段呈单调递增,随后达到一个峰值,然后光纤发生缩颈和拉细的屈服现象,伸长率继续增加而拉伸力下降。该曲线的峰值称为屈服峰,屈服峰处所对应的拉伸力为屈服拉伸力,所对应的伸长率为屈服伸长率。

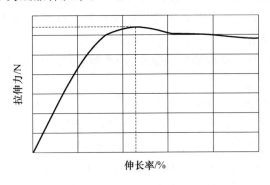

图 6-10　塑料光纤的拉伸力-伸长率曲线

PMMA 塑料光纤及其紧套光纤的拉伸性能应符合表 6-9 规定,氟化塑料光纤应符合表 6-10 规定。紧套光纤的允许压扁力应不小于 7 N/mm,光纤和紧套光纤的允许弯曲半径应不大于 30 mm,紧套层应易于从光纤上剥除不少于 20 mm,其剥除力应不大于 25 N,且不小于 5 N。

表 6-9 PMMA 塑料光纤及其紧套光纤的拉伸性能

项目	单位	指标					
		A4a. 1	A4a. 2	A4b	A4c	A4d	A4e
光纤拉伸屈服力	N	≥56	≥56	≥32	≥14	≥56	≥32
光纤屈服伸长率	%	≥4.0					
紧套光纤 4%伸长率时的拉伸力	N	≥70	≥70	≥45	≥20	≥70	≥45

表 6-10 氟化塑料光纤及其紧套光纤的拉伸性能

项目	单位	指标		
		A4f	A4g	A4h
光纤拉伸屈服力	N	≥7		≥1.75
光纤屈服伸长率	%	≥4.0		
紧套光纤 4%伸长率时的拉伸力	N	≥7		≥1.75

6.6.5 环境性能

由于 POF 是由聚合物制造的,所以 POF 的工作温度被限定在 80～100 ℃内,超过上述的工作温度极限范围,POF 开始丧失其固态和透明特性。当工作温度上升至 125 ℃,甚至高达 135 ℃时,POF 则必须采用交联聚乙烯保护层。

POF 耐高温性能与潮湿程度关系密切。例如,POF 在温度 85 ℃和相对湿度为 85%的条件下,放置 1 000 h,POF 的衰减增加量将会大于 0.03 dB/km,衰减增加的原因是可见光区的 OH⁻强吸收造成的。氟化塑料光纤不吸收水分,故潮湿程度不会明显影响其衰减变化。

高宽带 GI POF 具有良好的热稳定性,即使经 85 ℃,1 000 h 老化后 GI POF 的带宽不会发生畸变。

POF 的耐化学侵蚀性,与其自身的化学组成有关。例如无保护层的 PC POF 浸入汽油中只能经得住 5 min 的作用,但它们却能经受油和电瓶溶液的长期作用。当 POF 需要插入化学溶液中使用时,可选用聚乙烯外护层来保护 POF,用聚乙烯外护层保护的 PMMA POF 能够耐受一些液体,如水、盐酸、34.65%硫酸或机油的侵蚀。当带护层的 POF 浸入 50 ℃的上述的任一液体中持续作用 1 000 h,POF 的衰减性能仍保持恒定。

氟化塑料光纤浸入化学酸溶液,如 50%的氢氟酸、44%盐酸、98%的硫酸或有机溶液(苯、己烷等)持续 1 周,它们的衰减性能并未发生变化。

塑料光纤环境性能应包括衰减温度特性、湿热和干热实验等项目。具体指标要求见表 6-11 和表 6-12。需要注意的是由于吸水的影响在 1 300 nm 下很大,氟化塑料光纤湿热实验后,试样可在标准室温大气条件下恢复至少 24 h 后再进行测试。要求 PMMA 塑料光纤和氟化塑料光纤湿热实验后的屈服伸长率都应不小于 4.0%。

表 6-11　PMMA 塑料光纤及其紧套光纤的湿热、干热和温度循环实验要求

项目	单位	指标					
		A4a. 1	A4a. 2	A4b	A4c	A4d	A4e
湿热实验后附加衰减(在 650 nm 波长)	dB/100 m	≤5					
干热实验后附加衰减(在 650 nm 波长)		≤2					
温度循环后附加衰减(在 650 nm 波长)		≤2					

表 6-12　氟化塑料光纤及其紧套光纤的湿热、干热和温度循环实验要求

项目	单位	指标		
		A4f	A4g	A4h
湿热实验后附加衰减(850 nm 和 1 300 nm 波长)	dB/100 m	≤1(含吸水引起的衰减)		
干热实验后附加衰减(850 nm 和 1 300 nm 波长)		≤0.5		
温度循环后附加衰减(850 nm 和 1 300 nm 波长)		≤0.5		

6.7　塑料光纤的测试要点

在塑料光纤的光学、传输特性的测试中,应当特别注意实现 POF 中的稳态功率分布。

6.7.1　注入条件

注入条件是指光进入光纤的方式。在测量时为了得到精确的可以重复的结果,需要采用合理的注入方式。

整个纤芯区和数值孔径被均匀地照亮(满注入),所有模式一开始都携带相同的功率,我们称这种注入方式为均匀模分布(Uniform Mode Distribution,UMD)。

光在光纤中进一步传输时,与轴心有较大夹角的光线比较小夹角的光线损耗更大,因为其传输路径更长且在纤芯与包层间反射更多。例如,对于一根 NA＝0.5,n_{core}＝1.497,纤芯半径为 0.5 mm 的光纤,将要发生反射的光线与轴心角度为 19.5°;在 1 m 的长度中光线在纤芯与包层界面反射大约 350 次。由于纤芯与包层界面材质不同,功率可能沿两个不同方向传播(模式耦合),再加上在弯曲处也会有模式转换引起功率在不同传播方向转换。这些效应会导致在光纤注入端激励起的模式分布发生改变,传输中的模耦合经过多次的变换与反变换,在一定距离后,相邻模间能量

转移的结果,使得模式功率分布达到稳定不变,形成稳定分布,不再随长度而变,此时形成均衡(或稳态)模功率分布(Equilibrium Mode Distribution,EMD)。

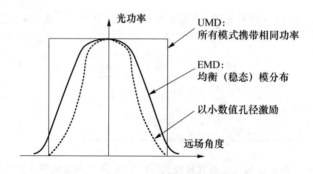

图 6-11　不同激励类型的模式分布

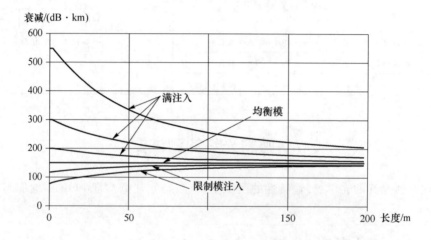

图 6-12　对于不同激励类型模式分布下,衰减与长度的关系

如果用小的数值孔径来激励,在一定距离后高阶模的产生同样可以达到 EMD,只是需要比较长的耦合长度。

对于短光纤,通过下列几种注入方法可以提供近似的稳态模功率分布:

(1) 稳态模功率分布模拟装置;

(2) 适当的光学系统;

(3) 具有足够长度的注入光纤系统。

6.7.2　稳态功率分布对塑料光纤性能测试的影响

以衰减测试为例,如果在沿长度的方向上光纤是均匀的,单模光纤的损耗可以用单位长度来定义。知道输入功率 P_0,任意一点 z 处的功率 $P(z)$ 就可用损耗系数 α 表示为

$$P(z) = P_0 e^{-\alpha z} \tag{6-1}$$

但对于多模光纤（POF 一般是多模光纤）来说，按单位长度计算损耗存在一个问题：POF 中每个模式 i 都有自己不同的损耗系数 α_i，不同的模是有不同的衰减和不同的群速度。如果不知道各个模式的功率分配，包含不同模式的总功率的衰减系数 α 就不能按式（6-1）确定。除非各个模式的功率分配达到动态平衡，或者说实现了稳态功率分布，才能在各个模式加权平均的意义上确定总功率的衰减系数。如果 POF 在其有效的传输范围内（一般小于 100 m）模式耦合非常小，甚至不能给多模光纤规定一个唯一确定的损耗系数，损耗测量的结果将随光的激励条件而变。所以，为了得到可重复的结果，必须在稳态功率分布下进行衰减测试。

类似的道理，数值孔径测试亦同样要求实现稳态功率分布。例如，由于光纤中各模式的群速度不同，如果模式分布不能达到稳态，便不能在各个模式加权平均的意义上确定总的群时延，测试结果也将无重复性可言。

6.7.3　POF 中稳态功率分布的判定

理论上，可由以下耦合功率方程出发来讨论实现稳态功率分布需要的传输长度的问题：

$$dP_u/dz = \sum_{\nu-1} h_{\mu\nu}(P_\nu - P_u) - 2\alpha_u P_u \tag{6-2}$$

其中，$h_{\mu\nu} = h_{\nu\mu}$ 是在 μ 模和 ν 模间转换时的耦合系数，P_μ 是与 μ 模有关的平均功率，α_μ 为 μ 模的损耗系数，把耦合功率方程最普遍的解表示为

$$P_\nu(z) = \sum_{n=1}^N c_n A_\nu^{(n)} \exp(-\sigma^{(n)} z) \tag{6-3}$$

其中，N 个本征矢 $A_\nu^{(n)}$ 相互正交，本征值 $\sigma^{(n)}$ 全都为正。

功率对模数 ν 的分布依赖于 $z=0$ 处的初始功率分布。当 z 增加时，式（6-3）求和号内各项以不同速率递减，其中，第一、二项之比为

$$\rho = (c_1 A_\nu^{(1)}/c_2 A_\nu^{(2)}) \exp[(\sigma^{(2)} - \sigma^{(1)})z] \tag{6-4}$$

这个比值 ρ 随 z 的增大而呈指数增长。当 z 值足够大时，级数的第一项超过所有其他的项而居于主要地位，这意味着功率对模数的分布变成与初始分布无关而只依赖于第一个本征矢 $A_\nu^{(1)}$ 的形状，这就是稳态功率分布实现的状态。

此时可以通过对比值 ρ 的某种规定 ρ_s，表示出稳态功率分布实现时的长度 z_s：

$$z_s = \ln[\rho_s/(c_1 A_\nu^{(1)}/c_2 A_\nu^{(2)})]/(\sigma^{(2)} - \sigma^{(1)}) \tag{6-5}$$

实际上，为了判断 POF 中是否建立起稳态功率分布，可以直接观察光纤产生的远场图。如果光纤每个不同截面的光斑大小都一样，中心与周围的相对光强差一样，则说明各模式的相对能量分布不再变化，光纤达到了稳态功率分布。此外，当然也可用测得的功率值与长度呈线性关系，反过来证明已经实现了稳态功率分布。

已经从理论与实践上证明,在突变型 POF(SI-POF)中模耦合非常强烈,一般在 20 m 的长度上就可以实现近似的稳态功率分布,而对被测突变型光纤施加扰模还可以在更短的距离实现稳态功率分布。这要比多模石英系光纤实现稳态功率分布的距离小得多。

对于渐变型 POF(GI-POF),材料、结构不同,实现稳态功率分布的长度也各有不同,但是判定实现稳态功率分布的机理是相同的。我们通过远场扫描测试得到了某 SI-POF 的远场分布图,如图 6-13 所示。

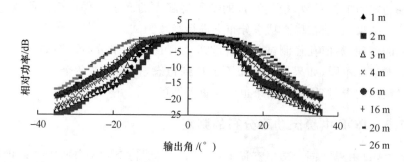

图 6-13　不同长度塑料光纤 SI-POF 的远场图

观察 26 m 和 20 m 时的远场分布图,可以发现它们的宽度及中心与周围相对光强差基本一致。根据上面的判据,可以判定在 20 m 上,该 SI-POF 已经实现稳态功率分布。通过扰模,无论 SI-POF 还是 GI-POF 都可以在更短的距离上实现稳态功率分布。图 6-14 是通过 8 字弯曲扰模后得到的图 6-13 的 SI-POF 的远场功率分布。

从图 6-14 可以看到,通过扰模,SI-POF 在 4 m 的长度上已经实现了稳态分布。图 6-15 为 SI-POF 8 字扰模 15 圈后,采用剪断法测试衰减的数据图。

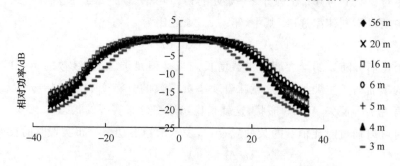

图 6-14　在 SI-POF 注入端扰模时的远场图

从图 6-15 可以看到,扰模后 SI-POF 在 4 m 的长度后功率基本上呈线性,证实了此种 SI-POF 通过扰模在 4 m 的长度后实现了稳态功率分布,此时可以用单位长度上的损耗即衰减系数来表征 SI-POF 的损耗特性,按最小二乘法拟合求得此例中

SI-POF的衰减系数为 $0.256\,\mathrm{dB/m}$。

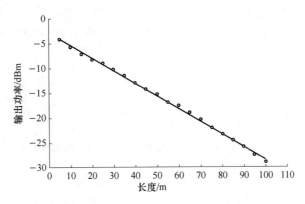

图 6-15　扰模后 SI-POF 不同长度处的输出功率

6.7.4　数值孔径

多模 POF 的最大理论数值孔径可从 POF 远场辐射图确定,达到稳态分布时远场辐射强度(每单位立体角的光功率)对辐射半张角 θ 的分布 $P(\theta)$ 可表示为

$$P(\theta)=P(0)\left[1-\frac{\sin^2\theta}{2n_1^2\Delta}\right]^{2/g}=P(0)\left[1-\frac{\sin^2\theta}{\mathrm{NA}_t^2}\right]^{2/g} \tag{6-6}$$

其中,g 为光纤折射率分布指数,NA_t 为最大理论数值孔径。

若设
$$K(g)=\sqrt{\left(1-\frac{P(\theta)}{P(0)}\right)^{g/2}} \tag{6-7}$$

则
$$\sin\theta=K(g)\mathrm{NA}_t \tag{6-8}$$

通常把 $\dfrac{P(\theta)}{P(0)}$(为简便,下文记为 M)规定为某一数值(如 0.05)时的 $\sin\theta$ 称为强度有效数值孔径 $\mathrm{NA}_{\mathrm{eff}}$:

$$\mathrm{NA}_{\mathrm{eff}}=\sin\theta=K(g)\mathrm{NA}_t\left(M=\frac{P(\theta)}{P(0)}\text{按约定的规定}\right) \tag{6-9}$$

常用远场扫描法得到的强度有效数值孔径 $\mathrm{NA}_{\mathrm{eff}}$ 来近似 NA_t,通常简记为 NA。突变型 POF 的 $g\to\infty$,$K(g)=1$,强度有效数值孔径值就等于最大理论数值孔径值;而渐变型 POF 在 M 规定为某一数值时,对不同的 g,强度有效数值孔径值与最大理论数值孔径值有不同的近似程度。例如,渐变型石英系光纤($g=2$),规定 $M=0.05$ 时,由式(6-7)可算出 $K(g)=0.975$,强度有效数值孔径值与最大理论数值孔径值仅差 2.5%,偏差是很小的。渐变型 POF 的 g 值一般大于 2。例如,采用的渐变型 POF 试样,其 g 值为 2.784,规定 $M=0.05$ 时,$K(g)=0.992$,所测强度有效数值孔径比渐变型石英系光纤更加接近理论数值孔径。若规定 $M=0.10$,$K(g)=0.980$,与理论数值孔径的近似程度也比渐变型石英系光纤规定 $M=0.05$ 时更加令人满意。

测试 POF 强度有效数值孔径时规定 $M=0.10$,因为测得的远场曲线在 $P(\theta)$ 减小时渐趋平坦,M 值规定得稍大一点有利于 θ 的准确判定。如图 6-16 所示,若 $P(\theta)$ 的不确定性同为 δ 时,θ 的不确定性 Δ_1 和 Δ_2 不同,M 值规定得大的 $\Delta1$ 较小。

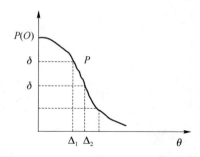

图 6-16　$M=P(\theta)/P(0)$ 取不同值时 θ 的不确定性比较

表 6-13 列出了按不同 M 取值规定时,我们的一组在稳态功率分布的状态下的实测数据。由表 6-13 可见,规定 $M=0.10$ 得到的 NA 值,数据有更好的重复性。

表 6-13　M 取不同值时多个长度位置上实测的 NA 值

光纤长度/m	56	31.2	26	20	16	6
NA($M=0.05$)	0.486	0.502	0.495	0.468	0.483	0.502
NA($M=0.10$)	0.438	0.453	0.453	0.439	0.447	0.438

图 6-17 是对此种 SI-POF 扰模后,采用远场扫描法测试数值孔径的结果,扰模方式为 8 字扰模 15 圈,测试结果(取 $M=0.10$):数值孔径角 $\theta=26.05°$,NA$=0.439$。

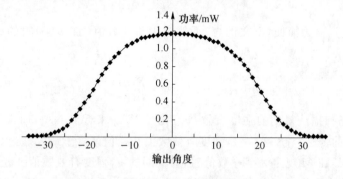

图 6-17　扰模后 SI-POF 的远场功率分布

实验中我们注意到试样端面倾斜对测试结果的影响,考虑子午面上的突变型 POF 的情形,如图 6-18 所示。

设光纤端面的法线与光纤轴的夹角为 ε',利用全反射原理分析在椭圆端面长轴所在子午面中出射的光线,可以得到 SI-POF 的最大理论数值孔径 NA_l 为

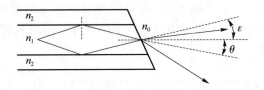

图 6-18　SI-POF 斜端面出射光线图

$$\mathrm{NA}_t = \sin\{\sin^{-1}[n_1\sin(\varepsilon+\beta)]/2 - \sin^{-1}[n_1\sin(\varepsilon-\beta)]/2\} \qquad (6\text{-}10)$$

其中,$\beta = \cos^{-1}(n_2/n_1)$。

图 6-19 是根据式(6-10)绘出的曲线(给定 n_1 和 n_2)。可以看出,NA 随倾角 ε 增大而非线性地增大。所以,端面倾斜将使 NA 测量结果偏大。

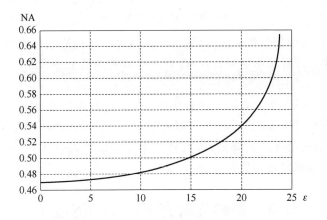

图 6-19　NA 随端面倾角 ε 的变化

远场扫描当然应在出射光锥的直径上进行,但若测试系统调节失当,扫描的就可能是直径旁边的弦,这会导致 NA 测量结果偏小,应当注意避免。

6.7.5　数值孔径

塑料光纤的带宽测试分为时域法和频域法。这里我们介绍频域法测试,ITU-T建议 G.651 规定,频域法是测试多模光纤基带响应的 RTM,又叫扫频法,它将基带正弦信号经 E/O 变换成光的调制信号,通过被测光纤传输后,由 O/E 变换成基带正弦信号,用频谱仪测得其频谱响应曲线。测量结果只需要幅度响应,不需要相位响应,实验设备的布置简图示于图 6-20。

测试带宽时需要考虑的"满注入"是要激励所有的传导模式,所以也叫"全激励"。满注入的条件是具有均匀空间分布的入射光束近场光斑大于被测光纤的纤芯,远场角分布的数值孔径大于被测光纤的数值孔径,可通过注入光纤系统实现。

依据频域法,对不同长度的塑料光纤的带宽进行了测试,通过与理论带宽进行比较,发现实际带宽要远大于理论带宽,这主要是因为理论带宽的模型并没有考虑模式耦合和模式转换,对于多模光纤,模式耦合对带宽的影响很大,特别是塑料光纤,其芯径更大,模式数更多,因此塑料光纤中模式耦合和模式转换对带宽的影响比普通多模石英光纤更大。

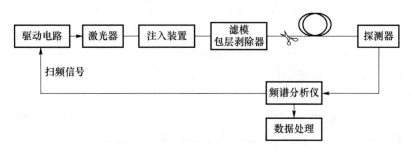

图 6-20   频域法测量带宽

带宽确定光纤的信息传输能力,是重要参数之一。提高塑料光纤的带宽有两种常用方法:减小光纤纤芯的数值孔径;改变光纤纤芯的折射率分布。第一种方法中,当把阶跃型塑料光纤的数值孔径由 0.5 减至 0.25 时,光纤的带宽可以从 5 MHz·km 提高到 15 MHz·km。第二种方法则是将塑料光纤的折射率分布由 SI 型改为 GI 型,因为光在 SI POF 中传输时,其轨迹为锯齿状,在 GI POF 中则为正弦曲线。GI POF 的折射率自芯部到边缘逐渐降低,当其折射率分布接近抛物线分布时,光纤的模间色散最小,可以获得最佳的带宽性能。

6.8   塑料光纤在 FTTH 中的应用

FTTH 凭着接入带宽大、接入可靠性高、抗电磁干扰等优势,是公认的接入网发展的长远目标和最终解决方案,以下部分讨论了 POF 智能化综合布线系统、家庭 POF 解决方案和 POF 在局域网中的应用。

6.8.1   塑料光纤综合布线系统

1. 塑料光纤布线系统的解决方案

光纤到户接入技术作为宽带接入解决方案,在日本和美国已得到广泛应用,在我国也开始大规模开展 FTTH 工程,而阻碍我国 FTTH 发展的最大障碍是投资成本过高,因此正确选择适合我国国情的 FTTH 接入技术,开发低成本 FTTH 接入系统是发展 FTTH 的关键。

塑料光纤综合布线系统是把一栋建筑内的或一个计算机网络内的电脑网络终端通过塑料光纤互相连线,形成一个完整的网络。根据其各部分在建筑中位置及功能的不同,可划分为几个子模块系统:工作子系统、通信间子系统、垂直主干子系统和设备间子系统,如图 6-21 所示。这可作为智能大厦、计算机网络传输的解决方案。

在塑料光纤综合布线方案中,垂直干线一般采用传统的石英光纤如多模光缆。塑料光纤主要应用在连接点众多的水平系统中,用于解决水平方向上从网络交换机到各个工作区电脑的大数据量传输的需求。水平方向的数据连接,即光纤通信工作间到桌面的连接,由于连接数目多,采用传统的石英光纤无论在成本、工程,还是管理维护方面均较难实现普遍应用。而塑料光纤的直径大,很易于实现光纤的端接、耦合以及布放施工,对线缆最小弯曲半径、安装环境要求也低。所以在高档的全光布线系统、千兆网络系统中以及防干扰、防信号泄漏的布线系统工程,可以比其他类型的传输线路更具优势。

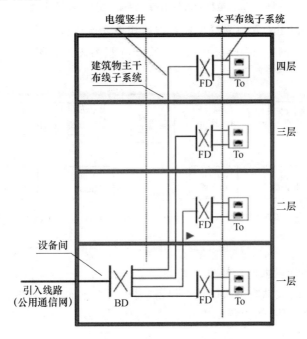

图 6-21 建筑物 FD-BD 结构

2011 年河北省出台了一项地方标准 DB13/T 1485—2011《通信塑料光纤综合布线系统总体技术要求》。根据该标准建议,光纤布线系统采用开放式网络拓扑结构,主要由楼层配线设备(FD)、工作区的信息插座模块(TO)、信息插座模块和终端设备(TE)之间的工作区光纤跳线,信息插座模块至电信间塑料光纤交换机(POF Switch)的水平光缆和 CP 光缆、电信间的塑料光纤交换机组成,应能支持语音、数据、图像、多媒体业务等信息的传递。光纤布线系统的构成如图 6-22 所示。

2. 塑料光纤综合布线系统的网络设备

国内已经开发研究出用于通信网中的 650 nm 塑料光纤传输系统,该系统采用渐变型塑料光纤为传输煤质,其纤芯直径 980 μm,包层直径 100 μm,系统工作波长为

650 nm,传输信息速率 100 Mbit/s,传输距离可达 60m 以上。该系统解决了通信系统全光网络中"最后一公里"的瓶颈,使光信息流在网络中传输及交换时始终以光的形式存在,为光纤到桌面(FTTD)、光纤到终端提供了一种比较理想的技术支撑,为光纤到桌面的局域网传输接入提供了新的解决方案。

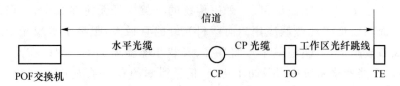

图 6-22　塑料光纤综合布线系统的基本构成示意

图 6-23 为 650 nm 塑料光纤传输系统组成全光网络框图,主要由 650 nm 光以太网交换机、650 nm 网卡、650 nm 中继器、650 nm 塑料光纤光缆和塑料光纤连接器等部分组成。

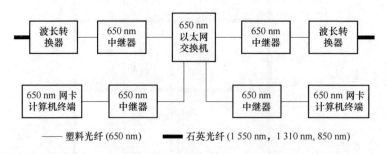

图 6-23　塑料光纤网络方框图

(1) 650 nm 光以太网交换机

该交换机是组成网络系统的核心设备,是一个具有简化、低价、高性能和高端口密集特点的交换产品,能为每个工作点提供更大的带宽,而协议的透明性使得交换机在软件配置简单的情况下直接安装在多协议网络中。

塑料光纤交换机的核心组件为塑料光纤光收发模块。该型光模块采用 650 nm 波长的光源,典型工作速率为 155 Mbit/s,一般使用内径 1 mm,外径 2.2 mm,数值孔径 0.3～0.5,衰减低于 200 dB/km 的双支塑料光纤作为传输介质,如图 6-24 所示。目前,市场上有三种类型的塑料光纤光收发模块(用于计算机网络通信的),分别是日本东芝的 SMI 接口光模块、爱尔兰 Firecomms 的 OPTOLOCK 接口光模块和国内企业—普实业创新开发的 P-LC/P-SC/SPC 接口的光模块。以这三种类型的光模块形成了三个最有代表性的塑料光纤交换机生产厂商:西安飞讯公司、深圳中技源和东莞一普实业。其中,一普实业的塑料光纤交换机产品采用通用的设计结构,采用支持热插拔的 SFP 光模块,连接器接口为 P-LC 型标准接口,与现有的光纤以太网交换机及光纤配线架、光纤面板兼容。

图 6-24 光交换机主板

塑料光纤交换机按照端口划分,分为 5 端口、8 端口、16 端口、24 端口、24＋2G 端口等类;按照管理方式可划分为非管理型、WEB 管理型、串口管理型、SSMT 管理型等类;按照光模块来源划分,可以分为东芝系、Firecomms 系、一普(POF-LINK)系。

(2) 光波长转换器

光波长转换器的组成包括:介质转换芯片、光纤收发模块、供电模块、晶振电路等。该光波长转换器以两片交换芯片为核心组成的光波长转换系统,它们分别通过 V25806 石英光纤接口电路和光纤接口电路,连接到 850 nm、1 310 nm、1 550 nm 石英光纤和 650 nm 塑料光纤,如图 6-25 所示。

图 6-25 塑料光纤波长转换器

(3) 650 nm 光中继器

650 nm 光中继器由两端光收发模块、DC/DC 变换器和 AC/DC 变换器以及电源指示发光二极管组成。它能可靠的将 $-22\sim0$ dBm 范围的光信号变换为标准的 PECL 电平的电信号,同时将其变换为 $-7\sim-3$ dBm 的光信号。

(4) 光电转换器

光电转换器的组成包括:介质转换芯片、光纤收发模块、供电模块、晶振电路等。它以两片介质转换芯片为核心组成的光电转换系统。它们分别通过 ST88616 五类线的 TP 电接口电路和光纤接口电路,连接到普通五类线电缆和 650 nm 塑料光纤。

(5) 光网卡

光网卡的组成包括:主控芯片是以太网介质接入控制器芯片、＋3.3V 电压变换模块、晶振电路等。网卡是 32 位 PCI 总线插槽中、用于收发不同的信帧,以实现数据通信的集成电路卡。光网卡的实物如图 6-26 所示。以太网介质接入控制器芯片是一个低功耗、高性能的 CMOS 芯片,它具有符合 IEEE 802.3u 标准的全部物理层功能,主要包括收发DMA逻辑控制电路、分别为2KB的收发先入先出存储区、介质接入控制模块等核心单元。

图 6-26　光网卡

（6）塑料光纤光缆

塑料光纤光缆采用的塑料光纤纤芯直径 980 μm、包层厚度 10 μm、聚乙烯护套、护套壁厚 0.6 mm、塑料光缆外径 2.2 mm,如图 6-27 所示。塑料光纤连接器可根据不同型号的光模块设计相对应。

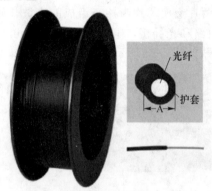

图 6-27　塑料光纤

6.8.2　塑料光纤家庭网络

1. POF 家庭网络的关键因素

家庭网络是针对千家万户设计的系统,除了要求使用简便之外,可靠耐用也是关键因素;又因为它传送实时的视听数据信息,对它的性能要求比较严格。例如,计算机网为保证数据的正确,可采用检错重发的数据报技术;但电视广播信息是实时的业务,对时延的要求较高,对丢失帧不能重播,所以不允许丢失一帧图像或声音信息,也不允许很大的噪声和跳动,否则就影响传输质量。

传输线路是综合平衡网络系统各部分性能时的极为重要的一环。家庭网络的传输线路具有以下特点:首先,家庭网络内的设备分布在各房间,有馈电线接插头,不一定要求利用信号电缆附带供电;其次,铜线电缆只能传送 4.5 m 距离,电缆重(70 g/m),价格高,更重要的是噪声很大,在 100～400 Mbit/s 传送速度下,铜电缆的电磁幅射噪声远超过美国 fcc 的规定值,不仅对于家庭网络可靠性有影响,而且对人身健康有影响;而光缆轻柔(8 g/m),特别是几乎无噪声干扰,POF 可延长到 50～100 m,传送速度为 100～400 Mbit/s。日本 NEC 公司成功地开发出 IEEE 1394 的重要部件"term boy",它作为集线器用的中继部件,允许利用 POF IEEE 1394 家庭总线、POF IEEE 1394 接口和 STP IEEE 1394 接口的设备接插到 term boy 插座上,很容易建成家庭网络系统。所以,利用 IEEE 1394 总线,通过塑料光纤,我们可实现智能家电(家用 PC、HDTV、电话、数字成像设备、家庭安全设备、空调、冰箱、音响系统、厨用电器等)的联网,达到家庭自动化和远程控制管理,提高生活质量。

2. 家庭 FTTD 网络案例分析

如图 6-28 所示的塑料光纤家庭解决方案系统可以提供高达 1 G 的交换能力及确保家庭设备相互连接的传输质量,是家用 100 M 高速以太网最可靠的技术。系统采用损耗系数 150～200 dB/km、直径 1 mm 的塑料光纤,被覆成 1.5 mm 和 2.2 mm 白色或黑色的双芯光缆,100 m 重量小于 800 g,抗拉强度大于 140N,数值孔径 NA 为 0.3～0.5,受光角最大可达 60°,光纤接续中心对准偏差小于 30 μm 时,几乎不影响耦合损耗。柔软和超细直径的光缆能够在新建筑或楼房翻新布线中,不论墙内还是墙外、墙脚线、地毯下方或者一般线缆所铺设的地方都容易达到隐蔽的要求,比其他网络传输介质(如 5 类线或 6 类线)有更多的优势,凸显了家庭网络安装的美观、环保、简易便捷。

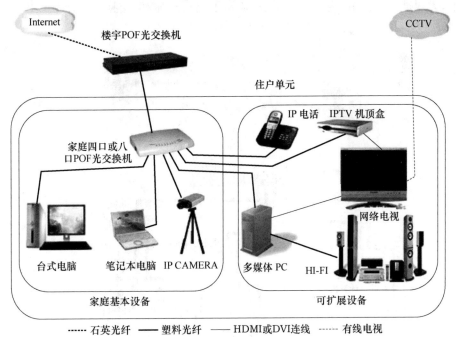

图 6-28　塑料光纤家庭网络解决方案

塑料光纤家庭解决方案的功能和特点：简易及快捷的安装，体积小，设计简单，通过使用可见光可迅速排除问题，高性价比，共享上网访问及文件传输，进行多人游戏，通过 Internet 拨打网络电话可以大大降低国际长途电话费用，观看高清网络电视（IPTV），由于塑料光纤接入可提供 100 M 带宽，因此可以在相当长一段时间内不用担心升级的问题，可打印、复印、传真及扫描，适合家庭办公的需要，并可同时进行网络监控，无论你身在何处，只要有网络的地方就可随时看到家里的情况。

现代家庭网络就是由一台或者多台计算机、IP 电话、IPTV、打印机、网络机顶盒、数字家电等设备连接在一起，来实现上网、通信、电视、电话、监控、打印等目的。POF 家庭网络的实现将促进"光纤到户"的普及，使其同时推动 IPTV 和 HDTV 的服务。POF 具有高度的灵活性，而且安全、稳定。

6.8.3　POF 在局域网中的应用

如今，连接个人计算机和工作站的局域网（LAN）大部分使用的是以太网，而以太网的最大优势即传输速度快，因此如何保持信息的高速传输显得极为重要。目前已经成熟的 POF 网络设备包括 POF 交换机、POF 集线器、POF 网卡和 POF-RJ45 光电转换器等都是为其目的设计和实现的。

图 6-29 是塑料光纤局域网用户接入系统拓扑图。该局域网采用光交换机和光网卡，无须进行多次电/光、光/电交换，避免了电/光、光/电交换时的瓶颈效应，为网络的高速率和高带宽提供了保证。

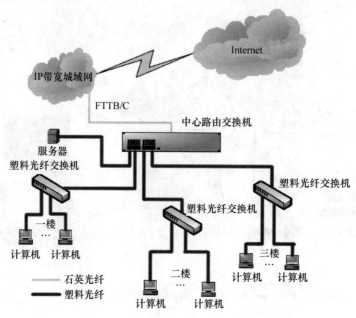

图 6-29　塑料光纤局域网用户接入系统拓扑图

因为所有网络设备均采用 1 000 M 以太网设备,传输速率最高可达 1 000 Mbit/s,介质采用低损耗 GI—POF,带宽可达 200 MHz·km 以上。同时采用 1 000 base—FX 以太网的组网方式,因此网络输率可高达 1 000 Mbit/s。塑料光纤由高分子聚组成,价格比较便宜,基本和石英光纤持平。而且,目前塑料光纤网络设备价格虽然较高,但是随着生产和销售规模的增加,会有较大的降价空间。如果以整个光纤系统来考虑,塑料光纤局域网系统具有很高的性价比,很容易被用户接受。

6.9　塑料光纤发展展望

6.9.1　国内塑料光纤发展现状

我国目前塑料光纤发展的现状主要表现在如下三方面。

一是塑料光纤的应用标准、产业联盟、产品开发与应用的导向存在着缺乏指导,缺乏交流,市场导向不明确的问题。这些问题带来了很大的投资盲动性,也导致了现今存在着"知道未来是好项目,但目前无市场无效益"的局面。

二是塑料原料技术、制纤制缆技术、光器件开发与制造技术相对落后,尚需与海外企业合作开发,引进消化吸收。

三是还没有真正意义上的"有规模的企业",特别是通信类塑料光纤、光器件市场规模尚小,整个市场规模尚不足 10 亿元。

虽然塑料光纤在我国已有 10 年的发展历史,但目前在国内对塑料光纤的认识仍不足,特别是技术工程设计方面。而对光器件的设计与应用认识也很不足,这就造成了塑料光纤、光器件与市场的严重脱节,这也是不能规模应用的主要原因。

若要规模应用,首先要消化吸收塑料光纤与光器件的技术,比如说可以引进国外先进技术消化吸收;其次要推进产业化,特别是在汽车、电力、家居管理、物联网等领域的开发应用,形成市场规模,而这个市场规模应该是千亿以上的市场规模。随着科技的发展,塑料光纤的应用领域越来越广,其市场的发展会越来越广阔。国外在塑料光纤的应用开发上已取得了较大的成果,且不断在加大新的应用研究投入,在韩国、中国已经有厂商开始投入研发生产,因此产业更应就塑料光纤的研究和发展予以密切关注。

6.9.2　产业发展方向

通过塑料光纤,我们可实现智能家电(家用 PC、HDTV、电话、数字成像设备、家庭安全设备、空调、冰箱、音响系统、厨用电器等)的联网,达到家庭自动化和远程控制管理,提高生活质量;通过塑料光纤,我们可实现办公设备的联网,如计算机联网可以实现计算机并行处理,办公设备间数据的高速传输可大大提高工作效率,实现远程办公等。

在低速局域网的数据速率小于 100 Mbit/s 时,100 m 范围内的传输用 SI 型塑料光纤即可实现;150 Mbit/s,50 m 范围内的传输可用小数值孔径 POF 实现,POF 在制造工业中可得到广泛的应用。通过转换器,POF 可以与 RS 232、RS 422、100 Mbit/s 以太网、令牌网等标准协议接口相连,从而在恶劣的工业制造环境中提供稳定、可靠的通信线路。能够高速地传输工业控制信号和指令,避免因使用金属电缆线路而受电磁干扰导致通信传输中断的危险。

塑料光纤作为短距离通信网络的理想传输介质,在未来家庭智能化、办公自动化、工控网络化、车载机载通信网、军事通信网以及多媒体设备中的数据传输中具有重要的地位。

随着科技的发展,塑料光纤的应用领域越来越广,其市场的发展会越来越广阔。国外在塑料光纤的应用开发上已取得了较大的成果,且不断在加大新的应用研究投入,韩国、我国以及台湾地区已经有厂商开始投入批量研发生产,因此产业界更应就塑料光纤的研究和发展予以密切注视。

塑料光纤用于短距离通信的局域网和接入网的前景不可估量,但从塑料光纤技术的发展历程看,还有许多问题需待进一步研究解决。主要有以下几个方面。

- 进一步降低传输损耗。塑料光纤的传输损耗由初期聚甲苯丙烯酸甲酯(PM-MA)芯光纤的 1 000 dB/km 以上到现在氟化物芯光纤的 15 dB/km 左右,降低了近 100 倍。塑料光纤的传输性能以及耐热性、耐湿性、耐酸碱性等物理化学稳定性方面都获得了大幅度的提高。随着研究的不断深入,其损耗还将进一步减小,如采用吸附分离等先进的单体精制技术,引入高折射率,掺入量的折射率修正剂,以及开发新型全氟化聚合物等。

- 进一步增大传输带宽。塑料光纤的带宽由最初的渐变折射率塑料光纤(SI2POF)的几个 MHz 增加到现在的梯度折射率塑料光纤的数个 GHz,提高了近 3 个数量级。由于氟化物塑料光纤的材料色散很小,因此通过优化光纤芯区折射率的分布形式,创造新型的光纤结构,进一步降低模间色散,采用空分复用和波分复用等技术,塑料光纤的传输带宽可望达到 10 GHz · km 以上。

- 技术瓶颈有待攻破。塑料光纤及相关技术基本被日本的三菱(Mitsubishi)、东丽(Toray)和旭硝子(Asahi)等几家公司所垄断。虽然近年国内企业的市场份额开始在全球市场崭露头角,技术水平也不断提高,但与国际先进技术相比,在某些应用领域产品性能仍然不高,面临攻破技术瓶颈的挑战。

6.9.3 专家建议

中国工程院李乐民指出,目前我国塑料光纤通信产业已经具备了加快发展的条件,需要加强统筹规划,合理布局。但自主创新能力还有待加强,在光纤的研发、生产以及核心技术、关键环节等方面,与国外相比还存在一定差距;在光器件、光模块、传输系统等关键技术与产品方面,需要加强研发、实现技术与产业突破。光纤通信行业的重担企业和龙头企业应该加大技术研发、技术改造的投入,努力提高产品技术和生产工艺水平。这些问题需要产业链上下游企业紧密配合,联合攻关,将产品制造、运营服务和用户使用放到大的产业链环境来统筹考虑,整体规划。根据我国目前塑料光纤产业现状可以从以下三个方面推动民族光纤产业的发展:

第一,建立技术标准联盟。技术标准联盟在企业之间实现标准化战略,减少标准化风险与成本,协调技术标准与知识产权矛盾等方面具有重要作用。塑料光纤企业和单位需要尽早做到行动统一,投资合理,要让标准早日面世,也要让塑料光纤产业投入进入良性循环,避免过度投资。在技术方面,重点应该在标准上形成体系化的标准。除了国家标准外,还应有行业标准、产品标准、工艺标准、设备与工器具标准,形成阶梯式的标准化体系来指导工程技术与产品的开发应用,这需要政府、行业研究院、行业协会等共同组织行业专家来牵头编制。

第二,加强企业与塑料光纤国家工程实验室的合作。充分发挥塑料光纤国家工程实验室的研发平台的作用,通过国家工程实验室把塑料光纤通信产业链的企业联合起来,分工负责,分别突破相关技术瓶颈,共同解决技术难关,共同发展,促进产业链和供应链上的企业间的互利互惠和共同发展。

第三,应联手共同应对国际贸易壁垒。目前,我国的塑料光纤产品还处于"走出去"的初级阶段。随着我国塑料光纤产品出口额的不断增长,今后将会遇到越来越多的国际贸易壁垒。国内企业要有相应的对策和充分的思想准备,国内光纤企业要团结合作,在行业协会的组织下,积极保护自己的合法权益。

第四次工业革命即将来临,它的实质是以高度网络化、高度自动化加上高度信息化来改变整个工业的发展方向。而塑料光纤、光器件是高度网络化技术中的重要环节,政府对塑料光纤也给予了较高的关注,2013年年初塑料光纤被国家发改委列入《战略性新兴产业重点产品和服务指导目录》。总之,随着科技的高速发展,塑料光纤会在电力、电信、广电、物联网、车联网等领域得到越来越广泛的应用,必将给光通信带来一场新的革命。

参 考 文 献

[1] 冯海燕.塑料光纤的发展及应用:中国通信学会 2014 年光缆电缆学术年会论文集[C/OL].2014:266-270. http://cpfd.cnki.com.cn/Article/CPFDTOTAL-ZGTH201409001047.htm.

[2] 西安飞讯光电有限公司."塑料光纤传输系统"将带给我们一个怎样的网络

[J]. 现代传输,2009(3):20-20.

[3] 胡先志. 塑料光纤及其传输系统[J]. 电信科学. 2000(3): 47-48.

[4] 刘广建. 超高分子量聚乙烯的改性、亚膜成形工艺及其承载能力的研究[D]. 北京:中国矿业大学,2000.

[5] 江源,王志明. 聚苯乙烯芯塑料光纤共挤拉制工艺的研究[J]. 塑料工业,1996(5):76-78.

[6] 皇甫浩,罗德春. 低损耗塑料光纤的制造工艺[J]. 西安公路交通大学学报,1999(7): 101-103.

[7] 叶伯承. 宽带光纤接入新技术[J]. 广东通信技术,2002,22(8):10-13.

[8] 张宁,于荣金. 基于光码分多址技术的塑料光纤接入网探讨[J]. 光子学报,2001,30(7):827-831.

[9] 李勇,艾迪. 浅谈塑料光纤(POF)[J]. 有线电视技术,2008(7):115-125.

[10] 张宁,于荣金. 一种用于塑料光纤接入网的多优先级控制协议设计[J]. 光子学报,2003,32(10):1192-1195.

[11] 徐荣艳,廖德俊. "650nm 塑料光纤传输系统"研究与开发[C]//中国通信学会2006 年光缆电缆学术年会论文集,2006.

[12] 刘天山. 塑料光纤的发展及其应用[J]. 应用光学,2004,25(3):5-8.

[13] 方培沈,杨冬晓. 塑料光纤在高速局域网中的应用[J]. 光通信研究,2004,3:68-70.

[14] 陈鹏. 塑料光纤技术发展与应用分析研究[J]. 电信科学,2011(8):94-100.

[15] 王立忠,王硕. 塑料光纤的市场与投资分析[J]. 精细与专用化学品,2012,20(6):5-7.

[16] 宋锐,王娜,等. 国内塑料光纤产业发展现状分析[J]. 科技信息,2013(36).

[17] Kotaro Koike, Yasuhiro Koike. Design of low-loss graded-index plastic optical fiber based on partially fluorinated methacrylate ploymer [J]. Journal of Lightwave Technology,2009,27(1):41-46.

[18] Makoto Asai, Yukari Inuzuka, Kotaro Koike, et al. High-bandwidth graded-index plastic optical fiber with low-attenuation, high-bending ability, and high-thermal stability for home-networks [J]. Journal of Lightwave Technology,2011,29(11):33-40.

[19] Yasuhiro Akimoto, Makoto Asai, Kotaro Koike, et al. Poly(styrene)-based graded-index plastic optical fiber for home network [J]. Optics letters,2011,37(11):30-36.

[20] K. Welikow, P. Gdula, P. Szczepanski. Microstructured plastic optical fibers with limited modaldispersion and bending losses[C]. The European Confer-

ence on Lasers and Electro-Optics (CLEO_Europe) 2013，paper：CE_P_29.

[21] R. Kruglov，J. Vinogradov，S. Loquai. 21.4Gb/s Discrete Multimode Trans-mission over 50m SI-POF employing 6-channel WDM［C］. Optical Fiber Communication Conference(OFC)，2014 paper：Th2A-2.

[22] Pyosuke Nakao，Atsushi Kondo，Yasuhiro Koike. Fabrication and character-izations ［J］. Journal of Lightwave Technology，2012，30(2)：247-251.

第7章 光纤活动连接器

7.1 光纤活动连接器概述

光通信网络的发展与基础光器件的进步紧密联系在一起的,所有的基础光器件可以分成光有源器件和光无源器件两大类。二者的区别在于器件在实现本身功能的过程中内部是否发生光电或者电光能量的转换:若有发生光电能量的转换,则称其为光有源器件;若没有发生光电能量的转换,则称其为光无源器件。在全光网络的整个传输系统中采用的就是光无源器件。其中,光纤连接器是应用面最广且需求量最大的光无源器件。

早期光纤连接器主要为固定连接器,属于永久性连接。固定连接主要用于光缆线路中光纤间的永久性连接,多采用熔接,也有采用粘接和机械连接。特点是接头损耗小,机械强度较高。对固定连接的要求有以下几方面:连接损耗小,一致性较好;连接损耗稳定性要好,一般温差范围内不应有附加损耗的产生;具有足够的机械强度和使用寿命;操作应尽量简便,易于施工作业;接头体积要小,易于放置和防护;费用低,材料易于加工。

固定连接最普遍的方法是通过加热使光纤端面融化成液态,然后互相接合冷却凝固。因为其损耗低,后向反射光小,并且几乎能够保持永久稳定,在长途光通信干路中使用广泛。通常一根光缆的标准长度为 2~5 km,这样使得长途干路一般需要进行成百上千次的光纤接续工作,为了少维护和低损耗,这种长距离的光纤接续通常是永久性的、固定的接续。固定连接器的接续实现方法主要有熔接法和机械固定法,其中,用熔接法接续光纤,在实际中应用相对广泛,其主要方法有三种。

(1) 电弧熔接。它将两根光纤精密对准后通过高压电弧局部加热熔融在一起。这种方法接续损耗小、可靠性高,整个熔接过程是在光纤熔接机中完成。目前,光纤熔接机能通过探测系统自动实现纤芯对准,通过预放电清除光纤端面的毛刺、残留物,通过实际需要选择电极放电时间及放电电流,甚至还可以现场评估熔接损耗。另外,施工人员的操作水平直接影响接续损耗的大小,在实际操作前,要对施工人员进行专门的培训,当遇到熔接损耗较大时,可能需要反复熔接 3~4 次。

(2) 氢氧焰熔接。主要用于一些特殊的场合,如海底光缆的光纤熔接。其特点是接头强度高,但受环境(空气湿度、空气流动等)影响较大,且操作人员对火焰的控制较为困难。

（3）激光熔接。在 1976 年由日本日立公司提出，用 CO_2 激光器作为热源，实现局部快速加热熔接，其特点是接头强度高，对加热环境要求非常洁净，不适合现场操作，并且设备昂贵体积大，不易移动。

除熔接法之外，光纤的连接还可以通过机械固定法，它的主要思想是利用精密机械夹具对两个光纤端面进行准直和固定。常见的机械固定连接方法有 V 型槽法、毛细管法、弹性套管法等。用这些方法接续光纤仅需要简易的专用压接工具，插入损耗较小，但有一定的后向反射光。其指标虽略低于熔接法，但具有小巧灵活、操作简便、适合野外作业的特点，所以在光缆线路抢修、短距离线路连接、野战等方面多有应用。以下是机械固定法的三种连接方法。

（1）V 型槽固定连接器。V 型槽的制作工艺很多，设计结构也各不相同，但基本原理相同。这种固定连接器由芯件和压盖两个部分构成，其中芯件分对准槽和导引槽，导引槽比对准槽稍大，对准槽中注有匹配液来减少后向反射。压盖一般是 U 型结构，用于加紧芯件，固定光纤。实际操作是光纤通过导引槽进入对准槽，当两根光纤的端面接触后，压下压盖，使光纤在对准槽中精确定位和对准，光纤涂覆层也在导引槽中锁紧固定。

（2）毛细管固定连接器。它由毛细管和保护套两部分构成，毛细管一般采用玻璃材料拉制而成，其内径与光纤包层外径之差要控制在 $1 \, \mu m$ 以内。其接续原理是将光纤从两头插入毛细管内，使两根光纤纤芯对准，并在光纤端面之间加入匹配液来减少后向反射，最后使用保护套上的机械装置使管内的光纤紧固。

（3）弹性套管固定连接器。它由插针和套筒两部分构成，插针一般用陶瓷材料制成，套筒一般用金属或塑料制成，为使插针与套管具有一致性，均采用模压成型技术制造。它的接续原理是将光纤插入插针，并用黏结剂胶固，再研磨光纤端面，将插针插入套筒中对接，后用机械装置固定。

与固定连接器不同，活动连接主要用于光纤与传输系统设备以及与仪表间的连接，这种连接需要随时可灵活拆卸，能实现这种功能的器件就叫连接器。光纤连接器就是把光纤的两个端面精密对接起来，以使发射光纤输出的光能量能最大限度地耦合到接收光纤中去，并使由于其介入光链路而对系统造成的影响减到最小，这是光纤连接器的基本要求。在一定程度上，光纤连接器也影响了光传输系统的可靠性和各项性能，特点是接头灵活较好，调换连接点方便，损耗和反射较大是这种连接方式的不足。对活动连接的要求对于要求可拆卸的光纤连接方式，目前都采用机械式连接器来实现，对其要求主要有以下几方面：连接损耗要小，单模光纤损耗小于 0.5 dB；应有较好的重复性和互换性；多次插拔和互换配件后，仍有较好的一致性；具有较好的稳定性，连接件紧固后插入损耗稳定，不受温度变化的影响；体积要小，重量要轻；有一定的强度；价格适宜。

随着光纤通信技术的发展,光纤活动连接器不仅使用在光纤通信系统的安装、调试、测试、维护以及网络重组过程中,而且在 FTTH 建设中同样大量应用。据 ElectroniCast 公司预测,到 2025 年,全球光纤无源器件的销售额将从 2000 年的14.5 亿美元增加到 1 405.2 亿美元,平均年增长率高达 20%,增长率为各类光纤通信元件之首。光纤连接器作为应用面最广、用量最大的光纤无源器件,其全球销售额在 2005 年为 12.62 亿美元,而到 2025 年,其全球销售额将达到 234 亿美元。在国内, 2005 年的生产销售光纤连接器约为 928 万套,到 2010 年就达到 3 445 万套,预计到 2015 年将达到 12 790 万套,平均年增长率将高达 30%,市场前景相当巨大。同时, 也随着光器件制作工艺的不断改进和发展,目前光纤活动连接器已形成了一个门类齐全、品种繁多的系列。

光纤固定连接主要用于连接永久的或接头损耗是比较关键的地方。例如长途干线光缆链路上的连接通常都会采用固定连接形式的接续,其原因是组成整个光缆链路的各段光缆必须连接起来。固定连接的优点在于:损耗小、接头本身很小,适用于光缆的接续;接头强度高,其与合适的设备一起很适合在长途线路上的现场安装。 因此通常的做法是将光纤连接器安装在光缆的终端,而将光纤固定连接用在光缆链路上。光纤连接器可以在工厂组装或者在现场安装,但在工厂组装起来更容易。采用光纤连接器的非永久连接和采用光纤熔接接头的永久性固定连接各有优缺点,具体如表 7-1 所示。

表 7-1 光纤固定连接和光纤活动连接的对比

光纤活动连接	光纤固定连接
非永久性	永久性
简单的多次拆装	复杂的熔接焊接
可以预制	现场熔接
允许重新配置	密封安装容易
提供标准接口	每个接头的成本较低且紧凑

为了制造和运输的便利,一盘光缆的标准长度一般为 2~5 km,一条长途干线线路需要进行成千上万次的光纤接续工作。由于长途光缆链路稳定、流量大等特点, 长途干线上光缆链路的接续一般都是永久的、固定的。采用的方法一般是熔接,极少也有采用机械式固定连接。

相对于骨干网和城域网而言,接入网的 FTTO(光纤到办公室)以及 FTTH(光纤到户)工程中两个光纤连接器之间的平均光纤长度变得更短,接续工作的工程量成倍增长。尤其是光接入网的日益普及,在工程实际应用中,可能随时需要改变终端的连接,如光纤与光发射机和接收机、光纤与放大器、光交叉点等。或者,需要分接箱将光缆分接到不同的楼层等,这都需要活动连接器来完成。同时随着 FTTH 建

设接续点向室内延伸,也带来了工作难度的大幅增加:一个是接续数量的增加,另一个是接续施工难度的增加。具体体现在:

① 熔接机施工需要操作平台,空间受限;

② 传统熔接机价格贵,施工成本高;

③ 有源施工,电池续航能力有限;

④ 热熔设备体积大、携带不便;

⑤ 针对 FTTH 终端多点零散接续耗时长。

这使得传统热熔接续方式已经无法适应当下 FTTH 的光缆终端接续工作,势必要选择更加快捷更加方便的新方式来代替热熔。现场组装式光纤活动连接器恰恰具备这样的优点,目前现场组装式光纤活动连接器的使用正在给当前光纤接续工作带来革命性的变化。

光纤活动连接器被国际电信联盟(ITU)定义为"用以稳定地,但并不是永久地连接两根或多根光纤的无源组件"。它主要用于实现系统中设备间,设备与仪表间,设备与光纤间以及光纤与光纤间的非永久性固定连接,可以拆卸或重复使用。光纤活动连接器使光通道间的可拆解式连接成为可能,并且为光纤提供了测试入口,方便了光纤网络系统的调试与维护,同时又为网络管理提供了媒介,使光系统转接调度更加灵活。

7.2 光纤活动连接器工作原理

7.2.1 光纤活动连接器基本原理

光纤活动连接器的基本原理是采用某种机械和光学结构,利用适配器将光纤的两个端面精密对接起来,实现光纤端面物理接触,以使发射光纤输出的光能量能最大限度地耦合到接收光纤中去,如图 7-1 所示。

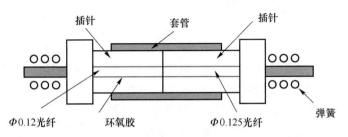

图 7-1 光纤活动连接器原理图

光纤活动连接器应用极广,品种繁多。下面以最常见的 FC 型(即圆柱套筒型)连接器为例讲一下连接器的基本结构。

如图 7-2 所示,FC 型光纤活动连接器按结构可以分为三部分:

① 陶瓷插芯;

② 连接结构(组成散件)Φ2.5;

③ 光纤光缆。

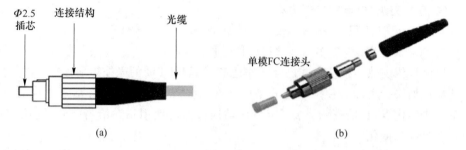

图 7-2　FC 光纤活动连接器构成图

FC 型连接器的核心结构是采用套筒(图 7-3)对中和微孔插芯(图 7-4)配合的结构,这种结构如图 7-5 所示。

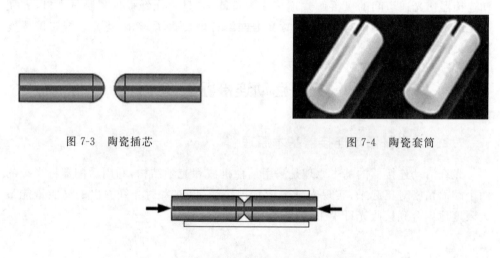

图 7-3　陶瓷插芯　　　　　　　　　　　　　　图 7-4　陶瓷套筒

图 7-5　陶瓷插芯和陶瓷套筒的组合

陶瓷插芯是直径为 2.5 mm、1.4 mm 或 1.25 mm 的陶瓷圆柱体,其轴心有孔径为 125~126 μm,125.3~126.3 μm 或 125.5~126.5 μm,标识方法如图 7-6 所示。

陶瓷套筒为不封闭的陶瓷圆筒,常用内径为 2.50 mm 或 1.25 mm。开口结构使陶瓷插针在其内径过盈配合。连接器所用光缆结构如图 7-7 所示,由四个部分组成:

① 外护套;

② 纺纶;

③ 紧套层;

④ 光纤。

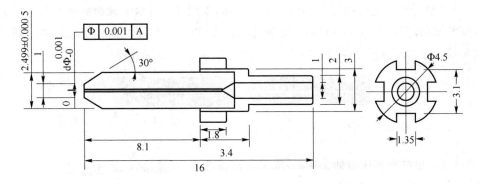

图 7-6 陶瓷插芯结构图

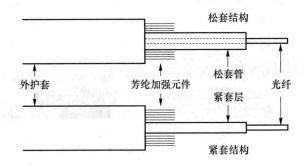

图 7-7 FC 型光纤连接器所用光缆结构

7.2.2 光纤活动连接器端面及检测

1. 光纤活动连接器插芯端面

光纤活动连接器依插芯端面形状分为 FC(Face Contact)、PC(Physical Contact)、UPC(Ultra PC)、APC(Angled PC)、Cone、Step 和 Pre-angled 等种类,如图 7-8 所示。

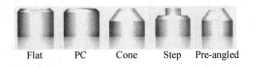

Flat   PC   Cone   Step   Pre-angled

图 7-8 光纤端面结构

FC 型端面表明连接器接头的对接方式为平面对接。此类连接器结构简单,操作方便,制作容易,但光纤端面对微尘较为敏感,且容易产生菲涅尔反射,提高回波损耗较为困难。以 NTT 的 FC/F 型光纤连接器为例,其部分参数如下:插入损耗最大为 1.0 dB,平均为 0.5 dB;重复性偏差,最大为 0.3 dB,平均为 0.06 dB;互换偏差,最大为 0.5 dB,平均为 0.2 dB。故在实际中 FC 型接头很少使用。

PC 型将装有光纤的插芯端面加工成球面,如图 7-9 所示。球面曲率半径一般为 10～25 mm,当两个插芯接触时回波损耗可达 50 以上。由于球面接触使纤芯之间的间隙接近于 0,达到物理接触,减少了后反射光,多用于测量仪器。

图 7-9　PC 插芯的接触

UPC 超物理连接型插头端面,加工更精密,连接方便,反射损耗 50 dB,常用于广播电视传输网光纤系统中。

APC 斜球面接触先将插针端面加工成 8°角,再按球面加工的方法抛磨成斜球面,如图 7-10 所示。连接拉时,严格按照预定的方位使插芯对准。这种方案除了实现光纤端面的物理学接触之外,还可以将微弱的后向反射光加以旁路,使其难以进入原来的光纤。斜球面接触可以达到 60 dB 以上。

图 7-10　APC 插芯的接触

为了保证光纤活动连接器的品质和互换性以及光通信的质量,国际标准机构对光纤活动连接器的各项技术指标制定了 IEC 国际标准。要求各生产商对所生产的光纤连接器进行严格检查。目前,少数厂家只进行抽样检查,要求高的产品一般要求全数检查。根据 IEC 国际标准,一般对 PC 型光纤活动连接器主要进行球面半径、光纤高度、球面顶点偏心、APC 角度和定位健角度等项目的检查。

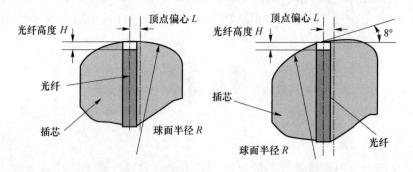

图 7-11　PC 和 APC 光纤连接器的主要检查项目

球面半径 R(Radius of Curvature):一般光纤活动连接器的端面被研磨成球面,球面半径 R 的大小必须在 IEC 国际标准规定的范围以内。

光纤高度 H(Fiber Height):由于光纤和插芯的材料不同,硬度也不同,所以研磨时的消耗量也不同,从而光纤和插芯间会有高度差,这个高度差就是光纤高度。光纤高度必须满足 IEC 国际标准的要求。必须指出的是,根据 IEC 国际标准,光纤高度比插芯端面低,也就是连接器端面为凹时的光纤高度符号为正,这与有些厂家测量仪器的定义不同。

球面顶点偏心 L(Apex offset):光纤活动连接器一般以连接器的插芯的中心为基准。但是,在研磨光纤连接器时,得到的球面的顶点不一定在连接器插芯的中心,从而产生球面顶点偏心误差。球面顶点偏心 L 也必须满足 IEC 国际标准的要求。对 APC 型的光纤连接器,除要进行以上 PC 型的光纤连接器的 3 个项目的检查外,还要检查 APC 角度和定位键角度。

APC 角度(APC Angle,一般以 8 度为标准):APC 角度又称为研磨面倾斜角度,在 IEC 国际标准中定义为在光纤连接器的插芯的中心轴上,并且与先端球面相切的平面和与插芯的中心轴垂直的平面之间的夹角。

定位键角度(Key Error):定位键角度为连接器的定位键位置和研磨面倾斜方向之间的角度,在 IEC 国际标准中定义为通过倾斜研磨光纤连接器的插芯的中心轴和定位键的中心轴的平面 A,以及在插芯的中心轴上,并且与先端球面相切的平面垂直的平面 B 之间的夹角。APC 光纤连接器的定位键角度的定义示于图 7-12 中。

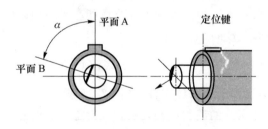

图 7-12 APC 光纤活动连接器的定位键角度的定义

2. 干涉仪及干涉条纹的解析

评价光纤连接器端面的球面半径和光纤高度,首先必须测量连接器端面的形状。干涉仪具有测量精度高,速度快,成本低等优点,是测量表面形状的一个有效手段。图 7-13 是光纤连接器端面检测干涉仪的系统概要,由光源射出的光线经半透镜反射到米罗干涉物镜后,光线聚焦于被检测光纤连接器的端面,经端面反射后与米罗干涉物镜的反射面反射的光线一同透过半透镜,成像于 CCD 摄像头。这时在 CCD 摄像头上可以观察到干涉条纹,CCD 摄像头测得的图像经图像卡传送到计算机进行解析处理,就可以得到我们所需要的测量结果。由计算机经过控制卡及控制回路控制的 PZT(压电陶瓷元件)用于移动米罗干涉物镜以产生位相移动。

解析干涉条纹可以应用傅里叶变换法,也可以应用位相移动法。傅里叶变换法具有简单,快速,低成本等优点,但精度较低,一般用于简易型测量仪。对于光纤连接器端面形状的测量,一般采用解析精度较高的位相移动法。下面以较为多用的5步法为例介绍位相移动法的原理。

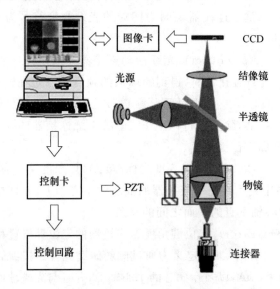

图 7-13 光纤连接器端面检测干涉仪系统概要

控制 PZT 移动米罗干涉物镜以产生 5 步位相移动,每移动一步后由 CCD 摄像头读取干涉条纹,干涉条纹的 2D 分布为

$$g_j(x,y) = a(x,y) + b(x,y)\cos(\varphi(X,Y) + \delta_j), \quad j = 0,1,\cdots,4 \qquad (7\text{-}1)$$

其中,$g_j(x,y)$ 代表第 j 枚干涉条纹图像(如图 7-14 所示),$a(x,y)$ 为干涉条纹的直流分量,$b(x,y)$ 为干涉条纹的调制振幅,$\varphi(x,y)$ 为需要求出的和被测表面形状相关的位相,δ_j 代表第 j 次位相移动量。

$$\delta_j = j\frac{\pi}{2}, \quad j = 0,1,\cdots,4 \qquad (7\text{-}2)$$

由式(7-1)可以求出被测位相为

$$\varphi(x,y) = \tan^{-1}\left(\frac{2(g_1 - g_3)}{2g_2 - (g_0 + g_4)}\right) \qquad (7\text{-}3)$$

由于反正切函数的主值区间为 $\pm\pi$,因此,式(7-3)得到的是间断的位相。必须经过位相连接才能得到连续的表面形状(如图 7-15 所示),图 7-16 为图 7-15 所表示的表面形状的放大等高线图。必须指出的是位相连接是一个比较复杂的过程。选择不同的位相连接算法,计算速度和安定性将会不同。

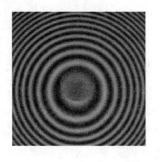  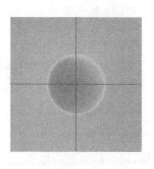

图 7-14 干涉条纹图像   图 7-15   3D 表面形状   图 7-16   等高线图

7.2.3   光纤适配器

    光纤适配器又叫法兰盘,也叫光纤连接器,是光纤活动连接器对中连接部件,用于光纤活动连接器之间的连接和耦合,如图 7-17 所示。使光信号能够以小的插入损耗进行传输按耦合之形式可以分为单工和双工或直通和转接型适配器。MT-RJ 适配器的连接方式与 SC 适配器不一样,SC 连接器是采用陶瓷套筒将连接器的插芯进行精确对准,而 MT-RJ 适配器与 MPO 适配器是采用 MT-RJ 连接器插芯端面上左右两个直径为 0.7 mm 的导引孔与导引针(又叫 PIN 针)进行精准连接,因此 MT-RJ 适配器与 MPO 适配器都没有单多模之分。MT-RJ 适配器有两种类型,一种为 RJ45 结构型,另一种为 SC 结构型,性能一样,只是根据具体不用的使用场合进行使用。MT-RJ 适配器与 MPO 适配器被广泛的应用于通信系统的基站、楼宇机房里的光纤配线架(ODF),通信设备、各种测试仪器上。型号包括 FC、SC、ST、LC、MTRJ 等。转接型适配器可以连接不同类型的光纤跳线接口,并提供了 APC 端面之间的连接、双连或多连以提高安装密度。

图 7-17   光纤活动连接器适配器

按结构可以分为两部分:

(1) 组成散件；

(2) 陶瓷套筒。

7.3　光纤活动连接器分类

光纤活动连接器的分类方式很多。可以按照活动连接器的结构进行分类，也可以按照连接器插头内光纤接续的方式进行分类，也可以按照插针端面的方式进行分类，还可以按照匹配的光纤和光缆的类别进行分类等。通常用光纤活动连接器的插头结构和插针端面的结构两种参数来表示光纤活动连接器的代号，如 FC/PC、SC/APC。

FC 和 SC 表示插头的机械连接结构，PC 和 APC 表示插针的端面形状。插头和插针共同代表了连接器的主要结构参数。

7.3.1　按照连接器结构分类

光纤连接器从光纤结构上分为单芯光纤用连接器（图 7-18）和带状芯线用多芯连接器（图 7-19）。单芯光纤连接器又有单模光纤和多模光纤用之分，依据光纤活动接头结构和形状，常分为 FC、SC、ST 等几种，以及新近发展起来的 MT-RJ、LC 等类型。

MT-RJ、LC 类型光纤活动连接器多采用插拔式锁紧结构。其较小的端口尺寸简化了装配难度，降低了成本，同时也降低了高速系统的辐射噪声，是主要用于数据传输的下一代高密度光连接器，是为适应器件的小型化趋势发展起来的。

图 7-18　单芯活动连接器

图 7-19　多芯光纤活动连接器

1. MT-RJ 连接器

MT-RJ 连接器起步于 NTT 开发的 MT 连接器，如图 7-20 所示，带有与 RJ-45 型 LAN 电连接器相同的闩锁机构，通过安装于小型套管两侧的导向销对准光纤；接器端面光纤的双芯（间隔 0.75 mm）排列设计便于其与光收发信机相连。MT-RJ 采用方形插针的定位方式，主要适用于多模传输，目前已经广泛使用于 10 M/100 M 的以太网和 ATM/SDH、OC-3 等传输系统中。

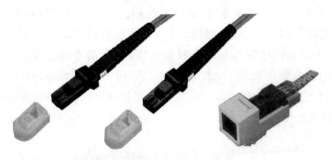

图 7-20 MT-RJ 光纤活动连接器

采用高精度模塑法开发出的带有 MT 套管的低损耗 MPO/MTP(多纤推拉式)连接器可一次同时接通 4、8 和 12 等多芯光纤,非常有利于高速和高密度数据传输系统的开发,如图 7-21 所示。

图 7-21 低损耗的 MPO 和 MTP 连接器

2. LC 连接器

LC 连接器采用高精度的陶瓷插针,如图 7-22 所示。对于单模光纤表现出良好的光学特性,在单模/多模、低速/高速传输系统中有广泛的应用前景。

图 7-22 LC 型光纤活动连接器

3. MU 型连接器

接入网中,光纤不仅要与传输和交换系统相连,还要与用户系统相连。作为设备和光缆之间的接口,光纤连接器必须结构紧凑,性能优良,以实现高密度封装。此外,光电元件的小型化使印制板具有高封装密度,这也需要有小型和多芯的连接器。为此,NTT 研制了小型单元耦合型(MiniatureUnit－CouPling,MU 型)连接器,如图 7-23 所示。该连接器采用 1.25 mm 直径的套管和自保持机构,并达到与 SC 连接器同样的优良性能。

图 7-23　MU 型光纤活动连接器

应用于底板的光连接器由于设备空间的影响,其尺寸受到严格的限制。该连接器采用印制板插入底板的方法,使印制板上的光元件与光缆相连。这些底板连接器的单元面积、高度受到加强杆的限制,其宽度又受到两块印制板之间的距离限制,在高密度封装系统中,宽度为 15 mm,高度为 100 mm。

在这个单元面积中,能安装多少光插头取决于插头的大小,而插头的大小又与套管的尺寸有关。当然,插头排列的方法也是很重要的,插头在插座内可作垂直安装或水平安装。当套管直径大于 1.32 mm 时,插头的宽度太大,以致不能水平安装,当套管直径小于 1.32 mm 时,插头的宽度就小于插座的宽度,足以进行水平安装,这样总的安装数量就增加到 14 个或更多。如果套管直径小于 1.25 mm,则安装数量可达 16 个。但是,由于受小型化的限制,套管直径不能小于 1.13 mm。为此,决定采用直径为 1.25 mm 的套管。

光连接器一般采用 PC 技术,以获得低插入损耗、高回波损耗和高可靠性。两个相连的套管是采用线圈状弹簧对接在一起的,弹簧提供给套管的压力约 10N。如果采用传统的光底板连接器,套管压缩弹簧有一个压力直接作用于底板,因此要在一个设备上实现大量的光连接就有困难,因为总的压力正比平装在底板上的光插头的总数量,这会引起底板的变形。所以,如果多光纤底板光连接器要实现大量的光连接,就必须具备能吸收套管压力并适于操作的机构。

为此,NTT 开发了一种新的自保持机构,底板插座由一个内壳和一个外壳组成。当印制板插座插入底板时,底板插座的内壳与印制板插座相耦合,底板插座内壳相对于底板插座外壳是浮动的,可消除套管作用在底板上的压力。这样形成的自保持机构,可以克服底板强度不够的问题。此外,这两个插座都具有浮动机构,可以吸收水平、垂直和轴向的错位。利用 MU 的 1.25 mm 直径的套管,NTT 已经开发了 MU 连接器的系列。它们有用于光缆连接的插座型光连接器(MU-A 系列),具有自保持机构的底板连接器(MU-B 系列)以及用于连接 LD/PD 模块与插头的简化插座(MU-SR 系列)等。

4. ST 型光纤活动连接器

ST 型为圆型卡口式结构,接头插入法兰盘压紧后,旋转一个角度便可使插头牢固,并对光纤端面施加一定压力压紧,如图 7-24 所示。

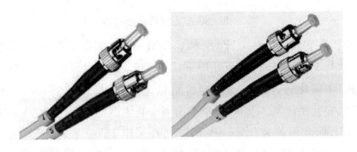

图 7-24 ST 型光纤活动连接器

5. FC 型光纤活动连接器

FC 型为圆形螺纹结构,接头插入法兰盘后,插头中的卡锁落入法兰盘的槽中,再用螺纹拧紧,接触的光端面不产生位移。FC 型连接器的光纤是通过插入套筒的微孔来密接的,然后将端面进行研磨、抛光。它靠套筒的高精度圆筒外面与接续插头的开缝套的内面为基准进行轴心对准,比 ST 型卡口式易产生光端口位移的缺陷有所改进,如图 7-25 所示。

图 7-25 FC 型光纤活动连接器

6. SC 型光纤活动连接器

SC 型光纤活动连接器是由日本 NTT 公司开发的模塑插拔耦合式单模光纤连接器。其外壳采用模塑工艺,用铸模玻璃纤维塑料制成,呈矩形塑料插拔式结构;法兰盘中有卡簧,由于 SC 型是矩形,所以容易对准,接头插入法兰盘后,听到卡簧声响,表示接头已连接好,多根光纤的终端应选用 SC 型,以利于高密度安装,如图 7-26 所示。

图 7-26　SC 型光纤活动连接器

连接器的插头套管(也称插针)由精密陶瓷制成,耦合套筒为金属开缝套管结构,其结构尺寸与 FC 型相同,端面处理采用 PC 或 APC 型研磨方式;紧固方式是采用插拔销闩式,不需旋转。此类连接器价格低廉,插拔操作方便,插入损耗波动小,抗压强度较高,安装密度高。据有关资料介绍,单体型的 SC 连接器,其平均插入损耗值为 0.06 dB,标准偏差为 0.07 dB;回波损耗采用 PC 技术时,平均值为 28.4 dB,标准偏差为 0.6 dB;采用 APC 技术时,平均值为 46.1 dB,标准偏差为 2.7 dB。另外 NTT 已将这种连接器开发成一个系列型产品,包括四种型号的 SC 连接器:单体型、双体 F(扁平)型、H(高密度)型和高密度四孔型,适用于书架式单元中印刷电路板与底座之间多路光连接的底座光连接器、固定衰减器、SC 型插座、测量插座和光纤连接器清洗器等。

7.3.2　按使用的方式分类

传统的光纤接续方式一般采用成本极高的熔接机,但由于设备昂贵,体积大,不易移动,非常不适合 FTTH 工程现场操作。为了解决这一问题,在接入网中,出现了现场组装式光纤活动连接器,它能重复使用,成本低,操作方便,维修性能好,并且还可大大降低施工成本。因此根据光纤活动连接器的使用方法可以分为普通的光纤活动连接器和现场组装式光纤活动连接器。

现场组装式光纤活动连接器(Field-Mountable Optical Fible Connector),是指一种可在施工现场在光纤或光缆的护套上直接组装而成的光纤活动连接器,简称为 FMC。现场组装的活动连接器根据是否需要熔接又可以分为机械式和热熔型,机械式的现场组长式光纤活动连接器可以分为预置型和直通型(非预置型),如图 7-27 所示。

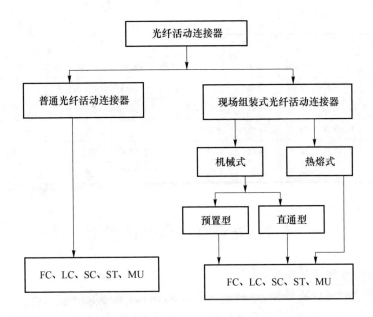

图 7-27　光纤活动连接器分类

7.3.3　光纤连接器的颜色与型号

连接器不同的颜色代表不同的含义,黑色是最普通的单模颜色,一般限于 FC 连接器,也用于双芯;白色也用于单模情况下,但多数情况下与蓝色配套用于区分单模双芯连接器;红色一般与黑色用在双芯多模的连接器上;黄色用于单模 ST 的连接器上,台湾多用此颜色区分;绿色指 APC 研磨的产品;蓝色一般用在单模 SC 上,或与白色共用;米色用于多模单芯的产品,限 SC 型,双芯就配有夹子;LC 是白色尾巴,MU 是褐色尾巴,MT-RJ 是黑色的;PM 产品是红色尾巴。具体每个构成部件的颜色及规定如表 7-2 所示。

表 7-2　连接器型号和分类

连接器型号	单模					多模				
	结构	外壳体	尾套	防尘帽	热缩管	结构	外壳体	尾套	防尘帽	热缩管
FC/PC	单、双联	金属	黑色	无色	—	单、双联	金属	黑色	无色	—
FC/APC	单、双联	金属	绿色	绿色	—	单、双联	—	—	—	—
SC/PC	单、双联	蓝色	蓝色	无色	—	单、双联	米色	米色	无色	—
SC/APC	单、双联	绿色	绿色	绿色	—	单、双联	—	—	—	—
LC/PC	单、双联	深蓝色	白色	白色	黄、白	单、双联	米色	白色	白色	黄、白
LC/APC	单、双联	绿色	绿色	绿色	黄、白	单、双联	—	—	—	—
E 2000/PC	单、双联	蓝色	蓝色	—	—	单、双联	蓝色	棕色	—	—

续 表

连接器 型号	单 模					多 模				
	结构	外壳体	尾套	防尘帽	热缩管	结构	外壳体	尾套	防尘帽	热缩管
E 2000/APC	单、双联	绿色	绿色	—	—	单、双联	—	—	—	—
MU/PC	单、双联	棕色	浅蓝	黑色	—	单、双联	棕色	浅蓝	黑色	—
MU/APC	单、双联	绿色	绿色	绿色	—	—	—	—	—	—
ST/PC	单、双联	金属	黑色	无色	—	单、双联	金属	黑色	无色	—
MT-RJ	多芯	黑色	黑色	无色	—	多芯	黑色	黑色	无色	—

7.4 光纤连接器性能参数

光纤活动连接器的性能,从根本上讲首先是光纤活动连接器的光学性能;光学性能目前关注的重点还是插入损耗(又叫介入损耗)和回波损耗这两个最基本的性能参数。另外,为保证光纤活动连接器的正常使用,还需要考虑光纤连接器的互换性能、机械性能、环境性能、可靠性和长期寿命(即最大可插拔次数)。

7.4.1 基本概念

1. 标准连接器插头

标准连接器插头其接口装置与一般插头相同,主要是插头的插针体精度更高,用作测量连接器光学性能的参照标准,按照通信行业标准 YD/T1272 的规定,对标准连接器插头的要求如下。

- 插针体外径:(2.499 0±0.000 3)mm。
- 光纤纤芯与插针体同轴误差:<0.3 μm。
- 光纤与插针体的角对中误差:<0.2°。
- 插针体凸球面顶点偏移度:<30 μm。
- 插针体顶点光纤高度:±50 nm。

一般生产厂家在大量普通连接器中优选出符合标准的连接器插头作为标准连接器插头。

2. 标准适配器

标准适配器其接口转置与一般适配器相同,主要是选择低插入损耗和重复性好的适配器,用作测量连接器光学性能的参照标准,它的要求如下:

用两个标准插头对标准适配器进行任意交换插入连接,共进行 10 次插拔并测量其插入损耗,其最大值应小于 0.10 dB(单模)、小于 0.05 dB(多模),其最大变化是应小于 0.05 dB。

7.4.2 插入损耗

光纤连接器的插入损耗是指因光纤连接器的介入而引起的光纤传输线路有效功率减小的量值,对于连接器用户来说,插入损耗越小越好。光纤活动连接器的损耗测量包括插头,插座和适配器的插入损耗测量。

1. 连接器插头的插入损耗测量

连接器插头的插入损耗一般采用公共标准连接器法,步骤如下:

(1) 按照图 7-28 进行测量线路的连接,各个器件连接前要进行清洁。

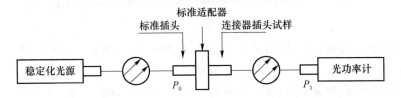

图 7-28 连接器插头插入损耗测试原理图

(2) 开启光源光功率计,待系统稳定后,开始测试,记录 P_0 和 P_1 的值。

(3) 计算连接器插头的插入损耗的值,计算公式如下:

$$IL = -10\lg(p_1/p_0) \tag{7-4}$$

其中:

P_1 为光源通过被测样品后的光功率,单位为 mW;

P_0 为光源通过标准插头后的光功率,单位为 mW;

IL 为插入损耗,单位为 dB。

(4) 每端插头连续测量 3 次,其插入损耗取 3 次测量结果的算术平均值。

2. 适配器的插入损耗测量

适配器的插入损耗测量采用两个标准插头对插进行测量,具体步骤如下:

(1) 按照图 7-29 进行测量线路的连接,各个器件连接前要进行清洁。

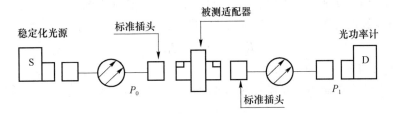

图 7-29 适配器插入损耗测试原理图

(2) 开启光源光功率计,待系统稳定后,开始测试,记录 P_0 和 P_1 的值。

(3) 按照式(7-4)计算适配器的插入损耗的值。

(4) 每个适配器不同方向各连续测量 3 次,取 6 次测量结果的算术平均值作为适配器的插入损耗测试结果。

3. 一体化插座的插入损耗测量

一体化连接器插座的插入损耗测量采用公共标准插头法进行测量,步骤如下:

(1) 按照图 7-30 进行测量线路的连接,各个器件连接前要进行清洁。

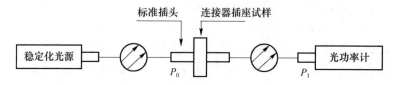

图 7-30　连接器插座插入损耗测试原理图

(2) 开启光源光功率计,待系统稳定后,开始测试,记录 P_0 和 P_1 的值。

(3) 按照式(7-4)计算适配器的插入损耗的值。

(4) 每个插座测量 3 次,取 3 次测量结果的算术平均值作为被测插座样品的插入损耗。

7.4.3　回波损耗

1. 回波损耗概述

回波损耗源于电缆链路中由于阻抗不匹配而产生反射的概念,这种阻抗不匹配主要发生在有连接器的地方,也可能发生于各种缆线的特性阻抗发生变化的地方。在光通信中光传输的光纤链路上,经常需要进行光纤与光纤,光纤与器件,器件与仪器等进行连接。在连接过程中,光纤端面,器件的光学表面等对其内传输地光不可避免地产生反射。这种回波一方面造成了传输光功率的耗损,另一方面也会对一些器件的工作产生干扰,例如反射回波能造成激光器输出功率的抖动和频率的变化,有时甚至是破坏;但在另外一些情况下,反射回波却可以加以利用,活动连接器回波损耗的测量有基准法和替代法两种方法。

设 P_i 和 P_r 分别表示入射和回波反射光功率,单位为毫瓦(mW);定义回波反射光功率与入射光功率之比为回波损耗 R_L,即:

$$R_L = -10\lg(P_r/p_i) \tag{7-5}$$

2. 回波损耗的基准测试法

单模光纤连接器的回波损耗的基准测量方法为定向耦合器法,具体的测量步骤如下:

(1) 测试定向耦合器 2 端和 3 端之间的传输系数 T2.3,如图 7-31 所示。耦合器参数测量所采用的光源、激励单元、光功率计应与测量连接器回波损耗采用的光源、激励单元、光功率计相同,细节规定可以参照通信行业标准 YD/T 1117—2001 的 3.18 条。

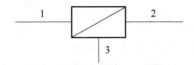

图 7-31 定向耦合器示意图

（2）按照图 7-32(a)所示组成测量装置，待测量系统稳定后，测量并记录 P_0。

（3）按照图 7-32(b)所示连接测试转置，在保证系统的稳定性和重复性后，测量并记录 P_1。

（4）把标准插头端面的匹配液清洁干净，按图 7-32(c)所示组成测量装置，在保证测量系统的温定性和重复性后，测量并记录 P_1'。

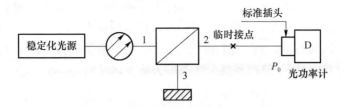

(a) 定向耦合器示意图

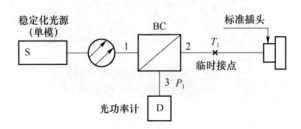

(b) 测量并记录 P_1

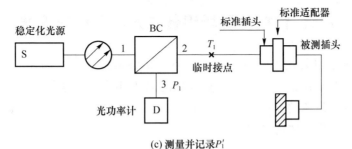

(c) 测量并记录 P_1'

图 7-32

则连接器插头的回波损耗为

$$R_L(dB) = -10\log\frac{P_1' - P_1}{P_0} + 10\log T_{2,3} \tag{7-6}$$

其中：

P_0 为输入光功率，单位为 mW；

P_1 为测量装置的分路返回功率，单位为 mW；

P_1' 为被测量连接器与测量装置分路返回功率之和，单位为 mW；

需要注意的是，为了保证测量精度，定向耦合器的方向性和临时接点的回波损耗至少应与被测连接器的回波损耗在同一个数量级；光功率计的最小可探测功率应比被测连接器的回波功率小一个数量级以上。定向耦合器可以带有尾纤或连接端口，若为连接端口，在连接器的端面需加匹配液。

3. 回波损耗的替代测试法

常规测试可以采用替代法，替代法通常采用仪表直接测试，目前可用的仪表有"插回损测试仪"和"OTDR 光时域反射仪"等。插回损测试仪是一种精密测量光插入损耗和回波损耗的仪器，如图 7-33 所示，该仪器测量误差小，使用简易方便，并可进行宽动态范围的测量，适宜于工程操作，具体测试操作过程可参照相关设备说明书。如果是仲裁实验，一般都需要采用基准方法测试回损。

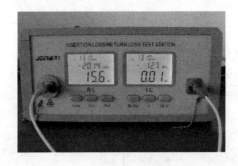

图 7-33　插回损测试仪

7.5　机械型现场组装式光纤活动连接器

机械型现场组装式光纤活动连接器（Mechanical Field-Mountable optical Fiber Connector）是指不需要热熔接机，通过简单的工具、利用机械连接技术直接组装而成的现场组装式光纤活动连接器。通信行业标准 YD/T 2341.1-2011 对这一类型的现场连接器做了详细具体的规定。

7.5.1　机械型现场组装式连接器分类

1. 按结构分类

按连接器结构可分为插头型和插座型，如图 7-34 所示。插头型与插座型按连接器连接方式又可分别细分如下类型。

（1）插头型：① FC 型插头,② SC 型插头,③ LC 型插头。

（2）插座型：① FC 型插座,② SC 型插座,③ LC 型插座。

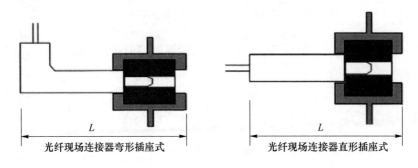

光纤现场连接器弯形插座式   光纤现场连接器直形插座式

图 7-34　现场连接器插座

2. 按插针体端面分类

按插针体端面形状可分为如下两种类型：

（1）PC 型或 UPC 型；

（2）APC 型。

3. 按适用的光纤或光缆类型分类

按匹配的光纤或光缆可分为如下两种类型。

（1）光纤型：光纤型是在 250 μm 预涂覆光纤或 900 μm 紧套光纤上端接的现场组装式光纤活动连接器。

（2）光缆型：光缆型是在光缆护套上端接的现场组装式光纤活动连接器,光缆类型包括蝶形引入光缆、圆形单芯光缆或其他光缆。

4. 按连接点数量分类

按连接点数量可分为如下两种类型：

（1）单连接点连接器组件；

（2）多连接点连接器组件。

一般单连接点现场组装式连接器组件没有预置光纤,故把单连接点的连接器也常称为非预置型或直通型光纤现场活动连接器。多连接点现场组装式连接器组件一定有预置光纤,故把这种有预置光纤的连接器常常也称为预置型或预埋型现场组装式活动连接器。

5. 分类代号

机械型现场组装式光纤活动连接器分类和代号如表 7-3 所示。

表 7-3　机械型现场组装式光纤活动连接器分类及代号表

序号	项目	内容	代号
1	产品名称	现场连接器	FMC
2	现场组装方式	机械型	M
3	光纤类型	单模	SM
		多模	MM
4	连接器结构	FC 型插头	FCP
		FC 型插座	FCS
		SC 型插头	SCP
		SC 型插座	SCS
		LC 型插头	LCP
		LC 型插座	LCS
5	插针体端面形状	PC	PC
		UPC	UPC
		APC	APC
6	适用的光纤或光缆	光纤型(250 μm)	F250
		光纤型(900 μm)	F900
		光缆型(蝶缆)	CD
		光缆型(3.0 mm)	C30
		光缆型(2.0 mm)	C20
		光缆型(其他)	(光缆直径)
7	连接点数量	单连接点	SP
		多连接点	MP

6. 型号

机械型现场组装式活动连接器的型号由如图 7-35 所示各部分组成。

示例:适用 3.0 mm 光缆、具有单连接点、单模 FC/PC 型的机械型现场组装式光纤活动连接器插头标记为 FMC-M-SM-FCP-PC-C30-SP。

7.5.2　单连接点连接器组件

1. 单连接点现场活动连接器组件接续原理

单连接点连接器组件指两根光纤的活动连接之间只有一个连接点的活动连接器组件,又称为非预置型现场连接器、非预埋型现场连接器或直通型现场连接器,如图 7-36 所示。

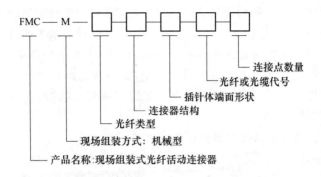

图 7-35　机械型场组装式光纤活动连接器型号组成

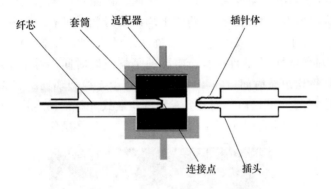

图 7-36　单连接点连接器组件

单连接点(非预置)连接器插头的物理结构也主要包括套管和插芯两部分。套管内部同样设有基座,附有防尘帽的陶瓷插芯固定在基座前端的芯槽内,区别的是单连接点的光纤现场连接器陶瓷插芯中没有事先在工厂预置一段光纤,在实际接续过程中,需要现场光纤的纤芯能正好安全无损地穿过陶瓷插芯,即陶瓷插芯是第一光纤通道,基座的中间部分是导引 V 型槽,导引 V 型槽的头端和陶瓷插芯的尾端连接相配,此处是连接器的第二光纤通道,其上方也同样设有固定纤芯的卡梢,当在陶瓷插芯头部看到插入后裸露的光纤时,将卡梢按下压紧,固定第二光纤通道的纤芯。基座尾端也设有缓冲装置及螺纹型夹紧槽固定光纤皮线。

图 7-37　非预置型现场连接器插头

非预置型光纤连接器的接续原理:将现场光纤定长切割,清洁处理后直接导入 V

型槽,插进没有预置光纤的陶瓷插芯,定长处理后的光纤会有少量凸出插芯表面,再用带有定位部件的防尘帽使光纤端面与插芯端面位于同一水平面,以确保光纤凹陷量小于 50 nm,即形成非预置式连接器插头,如图 7-37 所示。若要实现光纤间的对接,可将两个连接器插头插入配套的转换器中,经现场光纤微弹力变形紧贴,紧贴处即为接续点,如图 7-38 所示,故对于非预置光纤连接器,接续时仅有一个连接点,并且接续点间不需使用匹配液。

2. 单连接点现场活动连接器组件组装流程

单连接点现场连接器没有预埋光纤,现场光纤完全贯通插针体。需要在施工现场进行胶合和研磨光纤的端面。施工需要的设备仪器比较多,如图 7-38 所示。在现场完成一个连接器的组装需要大约 30 min 时间。按照目前电信运营商的采购技术规范,要求考核现场组装式光纤连接器的平均组装时间。具有一般熟练程度的操作员将若干个样品从开剥光纤或光缆到测试确认组装成功所需要的总时间,除以组装合格的样品数,而得到单个器件组装所需要的平均组装时间。对于光纤型现场组装式光纤连接器,平均组装时间应在 4 min 以内;对于光缆型现场组装式光纤连接器,平均组装时间应在 5 min 以内。而且要求现状组装式光纤活动连接器的一次组装成功率(插入损耗和回波损耗满足要求)应不低于 95%,具体操作过程如图 7-39 所示。

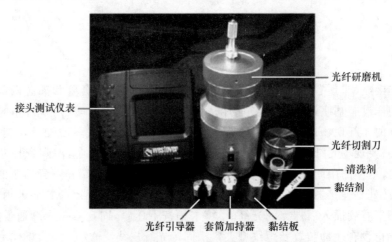

图 7-38 非预置型光纤现场连接器现场研磨组装设备

事实上单连接点的现场组装式即非预置型现场连接器的本质就是一个被运维使用了数十年的裸纤适配器,其技术本质是利用陶瓷插芯的高精密内孔来限位光纤,在光纤临时性的连接中是多快好省的技术。但在 FTTH 工程中,接续的要求要远远高于临时连接的需要,这种需要现场研磨光纤的单连接点连接器组件现场施工耗时长,成本高。在现场要求施工技术人员真正按照技术规范要求认真做完光纤的研磨连接所有程序,否则会给网络安全留下隐患,直接导致日后的运行维护工作量增加,维护成本上升。

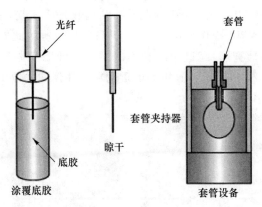

（a）光纤现场研磨组装操作过程

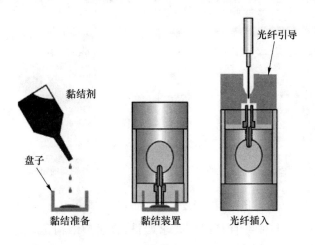

（b）光纤现场研磨组装操作过程

图 7-39

3. 未研磨的单连接点现场活动连接器

为了提高接续效率,减少现场连接器组装的时间,在连接器组装现场出现了减少工作程序的做法,即在现场对用户光缆中的光纤进行端面切割,然后将光纤直接插入陶瓷芯,但是连接器的端面在现场不再经过研磨和检验。也有厂家直接推出这样的连接器产品,称为免研磨单连接点现场组装式连接器。这种连接器实现方式技术含量低,组装时间少,成本低廉,但违背了光纤连接器需要研磨端面的一般原则,存在的问题主要如下:

（1）光纤在陶瓷插芯中没有固定（常规的尾跳纤,光纤是被用胶固化在插芯中的）,光纤有微小的自由度,影响光纤的稳定对中。

（2）对切割端面依赖性强:直通型结构是将光纤从连接器尾部直接穿到连接器

顶端,光纤切割端面就是连接器端面,如果光纤切割端面不平整,势必会影响连接器性能指标,尤其是回波损耗更无保障;直通型结构只是手工切割端面,不再研磨,端面谈不上 PC、UPC、APC,操作人员的切割水平决定质量,因此要求操作人员具备较强的光纤施工能力和经验。经过研磨和不研磨的光纤端面通过干涉仪测试的图像比较如图 7-40 和图 7-41(a)所示。更为严重的在干涉仪的成像中甚至很难发现光纤的端面,如图 7-41(b)所示。

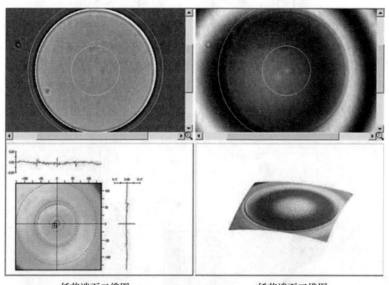

纤芯端面二维图
(陶瓷芯端面高度和同心度的偏差)　　　纤芯端面三维图
(光纤端面的粗糙度)

图 7-40　经过研磨的光纤连接器端面

　　(3) 对陶瓷插芯与光纤直径匹配要求严格:直通型结构是将光纤从连接器尾部直接穿到连接器顶端,要求陶瓷插芯内孔径要大于等于光纤直径,否则穿不进去。但是又不能太大,太大导致光纤在陶瓷插芯内晃动,导致偏芯,从而影响连接器性能。

　　(4) 对切割长度、夹持件强度要求严格:切割所留光纤如果长了或者短了致使在穿纤的时候穿过头或没穿到头,都会导致衰减大。另外即使长度到位,对于后方固定光纤光缆的夹持件强度要求也很高;因为施工以及用户在使用过程中的拉拽,以及随着使用年限的增加,材料的形变都可能引起光纤光缆与连接器发生相对位移。实验表明在凸出或凹陷超过 50 nm 的情况下,连接器的损耗就会变得很大。

　　(5) 回波无保证,切割的光纤端面会极大增加的菲涅尔反射,使通信线路中的回波损耗增大数十倍至上万倍,严重影响光端机激光器的发射信号,损害通信质量,降低网络覆盖距离。

　　针对上述问题,现场活动连接器生产厂家又针对性的采取了一些弥补措施,主要的技术手段有两条:

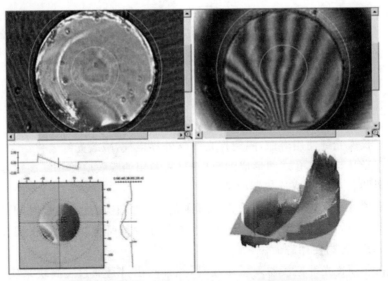

纤芯端面二维图
(陶瓷芯端面高度和同心度的偏差)

纤芯端面三维图
(光纤端面的粗糙度)

(a) 端面极度粗糙

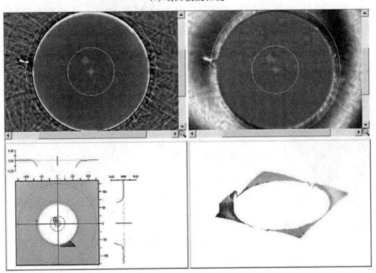

纤芯端面二维图
(陶瓷芯端面高度和同心度的偏差)

纤芯端面三维图
(光纤端面的粗糙度)

(b) 见不到光纤端面

图 7-41 没有研磨的光纤连接器端面

第一条,加入匹配纤膏,在光纤表面形成一层油膜,如图 7-42 所示。
油膜的作用如下:

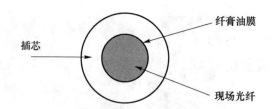

图 7-42　油膜效应示意

（1）延长裸光纤使用寿命，隔绝裸光纤与外界空气，减缓光纤老化。

（2）在光纤与插芯孔之间形成油膜保护层，利用油膜效应使光纤高精度居中，同时也防止外界污染液流入连接器内部。

（3）非预置光纤连接器利用插芯后部锥弧形孔腔，在连接器耦合时，凸出的光纤后贴，变形部分收纳在插芯锥形腔体中。在腔体中的纤膏保护光纤，在耦合冲击时，起到缓冲作用，提高使用寿命。

（4）在非预置光纤连接器现场接续时，光纤凸出量是通过定高块来实现的。为了防止光纤端面穿出插芯、顶压在定高槽中时，纤膏可以保护光纤导光面不受损伤，保证光纤成端后的接续指标。

（5）非预置光纤连接器成端或后期维护表面清洁时，纤膏可以保护导光面不受劣质清洁材料的损害。

（6）V型槽压紧时，纤膏可以保护光纤减少压损风险，提高光纤接续性能。

第二条，光纤端面放电处理。

图 7-43 光纤端面处理机

在非预置光纤连接器领域，光纤端面处理的问题一直困扰其推广应用，也困扰着研发人员，国外科学家提出了光纤端面切割倒角处理方案，而南京云控推出了光纤端面处理机（如图 7-43 所示）。利用尖端电弧放电原理，把经过完整切割的光纤端面置于两放电点之间，通过电弧倒角成球，配合非预置光纤连接器的应用，实现高性能耦合适配。

针对现场光纤制备时，施工人员所用切割工具磨损带来的切割质量难以控制的现象，在光纤端面处理机上还加载了光纤切割显示屏，避免了非完整切割带来的接续失败，成功率大大提高，不但为 FTTH 光纤到户提供了强有力的技术和产品保证，而且可应用于机房，配合 G657 A、带色谱（便于识别）、细芯（直径 0.9 mm）、多芯束光缆，采用全地沟槽式洁净布线，实现免熔接盘直插式 ODF 配线架。

光纤端面处理机的推出，改变了单连接点现场连接器光纤现场接续性能指标偏低、可靠性不足，接续质量靠产品及施工条件、施工质量的限制，解决了由于劣质切割刀以及不规范操作带来的接续性能低劣等问题，可视化光纤切割质量监视、端面修正成型,为非预置光纤连接器全面占领 FTTH 光纤接续领域,甚至进入机房应用打下坚实的基础,也为电信运营商等用户节省了运维费用。

7.5.3 多连接点机械型现场组装式连接器组件

1. 多连接点连接器组件接续原理

多连接点连接器组件(Multiple Jointed Connector Assemblies)指两根光纤的活动连接之间有两个或两个以上的连接点的活动连接器组件,俗称预置型或预埋型现场组装式光纤活动连接器,如图 7-44 所示。

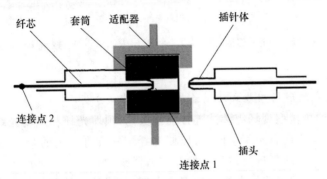

图 7-44　多连接点现场活动连接器示意图

预置型现场组装式光纤活动连接器摆脱了熔接机的限制,现场组装时只需要通过简单的接续工具,利用机械对准连接技术就能实现光纤与光纤、光纤与器件间的快速、活动、非永久性连接。这种连接器的接续工序不需要提前在工厂完成,可直接在施工现场组装。而且预置光纤型现场连接器,由于端面提前在工厂经过预研磨和检验,性能稳定,可以较好地与其他标准连接器耦合。

预置型光纤连接器的物理结构主要包括插芯和套管两部分。插芯一般是由氧化锆陶瓷制成的圆柱体,中间有一个与光纤包层直径相匹配的微孔,要求该微孔与插针的外圆保持较高的同心度,以保证连接质量。套管内部设有基座,基座前端设有芯槽,插芯通过机械的方式卡在芯槽中。预置光纤连接器的插芯内事先胶接有一段预置光纤,陶瓷插芯露出部分配有防尘帽,起到保护陶瓷插芯端面并防尘的作用,所以连接器不使用时,应将防尘帽盖上。基座中间部分是导引 V 型槽,此处是现场光纤与预置光纤的接续点,其上方设有固定纤芯的卡梢,接续后将卡梢按下压紧固定两光纤。基座尾端设有缓冲装置及螺纹型夹紧槽,用于固定后部的光纤皮线,保证接续后不会因为移动、碰撞等使连接器内部光纤发生偏移。

预置光纤连接器的接续原理:在连接器内部的 V 型槽中事先预置了一段经过工厂研磨成球形端面(PC)或斜球形端面(APC)的光纤,如图 7-45(a)所示的预埋光纤,它的一端用 350ND 胶固定在陶瓷插芯中,另一端与现场直接切割后的光纤(如图

7-45(a)所示的现场光纤)在 V 型槽中对准、压接,并且 V 型槽中放置有与折射率近似的纤芯导光材料——匹配液。预置光纤连接器接续过程中会产生两个接续点,预置光纤与现场光纤之间的对接点作为第一个接续点,无缝连接后形成预置式光纤连接器插头;若要实现光纤间的对接,将两个连接器插头插入配套的转换器中,如图 7-45(b)所示,即会形成第二个接续点。其中第一接续点掺有匹配液以提高接续性能。

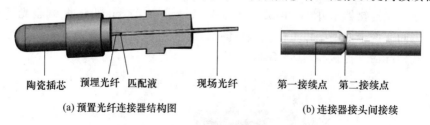

    陶瓷插芯   预埋光纤 匹配液   现场光纤   第一接续点 第二接续点

        (a)预置光纤连接器结构图   (b)连接器接头间接续

图 7-45　预置型光纤连接器接续示意图

2. 多连接点的现场组装式活动连接器组件特点分析

多连接点的机械型现场组装式连接器接头内,预埋光纤和现场光纤在 V 槽等装置内被固定,接头内部有预留空间,可以使光纤预先设置一定的余长,即使尾端固定时产生位移,也可在此处进行位移补偿和应力释放,如图 7-46 所示。

对于预置光纤的多连接点机械型现场光纤连接器,尽管处于插芯位置的光纤端面会在工厂进行提前的研磨抛光,让此处的接续能保证是物理接触间端面的连接,减少了预置型光纤活动连接器的损耗。但在 V 型槽中的另一个接续点是现场光纤与预置的光纤进行对接,而现场光纤切割面是由切割刀随机切割而成,不能保证为物理接触或倾斜物理接触表面,即现场光纤与预置光纤接续时,必定存在间隙,故要使用匹配液,匹配液会随着光纤的穿入,涂抹在光纤端面上,以此来弥补光纤在切割过程中造成的端面损伤,减小端面间的损耗,从而提升预置光纤连接器的光学性能。

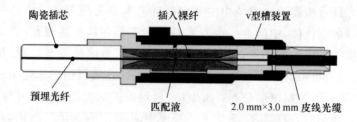

        陶瓷插芯   插入裸纤   v型槽装置

    预埋光纤   匹配液   2.0 mm×3.0 mm 皮线光缆

图 7-46　多连接点的预埋型光纤现场活动连接器

但匹配液易于受到污染,对使用环境要求较高,且使用后易流失和干涸,故在连接器中的匹配液仅仅起到辅助作用,不可以作为永久接续的依赖剂。根据匹配液的特性,分析其对预置型多连接点的光纤现场活动连接器接续性能的影响主要有以下三个方面:

(1)匹配液对切割表面间隙弥补有限,作用仅限于几十微米,如图 7-47(a)所示。

对于预置型光纤活动连接器,经常可能会重复使用,但重复使用过程中反复的开启会带走大量匹配液,致使接续效果一次不如一次,加大后续的网络运营维护成本。因此,预置光纤连接器不到万不得已不要多次重复使用,否则会降低连接器性能和长期寿命。

(2) 在施工现场中,不可避免会发生灰尘对匹配液的污染,或在插入光纤时,光纤表面的断裂碎屑对匹配液的污染,都会致使预置光纤活动连接器接续不良好,造成接续损耗过大,如图 7-47(b)所示。在这种情况下,应更换新的没有受到污染的连接器。

(3) 在预置光纤与现场光纤接续过程中,现场光纤会挤动匹配液移动,导致匹配液分布不均匀,使光纤端面处并未完全被匹配液依附,接续表面存在空气泡,如图 7-47(c)所示。此时,匹配液未使两光纤紧密连接在一起,影响接续结果。

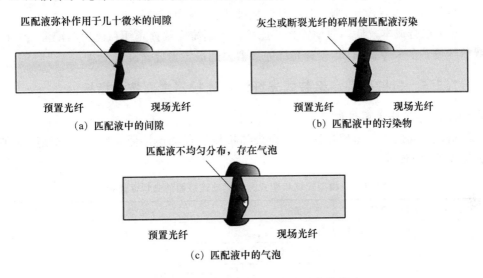

图 7-47 匹配液特性对连接器接续性能的影响

7.5.4 预置型和非预置型两类机械型现场组装式活动连接器比较

预置型光纤活动连接器会受光纤端面质量和匹配液的影响,而因为非预置型光纤活动连接器没有填充匹配液,所以只受光纤端面质量的影响,即接续损耗影响因素少了,非预置型光纤活动连接器一般优于预置型光纤连接器 0.5～1 dB。具体优点如下:

(1) 信号损耗少。非预置型光纤活动连接器内部未预置光纤,光纤的接续点位于陶瓷插芯的端面。因此,非预置型活动连接器接续时仅有一个接续点,所以将信号的损失降低到了最低限度。在保证光纤端面良好研磨的基础上,一般插入损耗可降至 0.3 dB。

（2）无匹配液流失现象。非预置型光纤活动连接器内部不存在匹配液，接续点的连接为直接对准机械连接，没有使用匹配液，因此不会出现预置型光纤连接器匹配液挥发流失的现象，导致活动连接器的插入损耗和回波损耗发生变化。

（3）安装简单。非预置型光纤连接器设有导引 V 型槽，可以引导纤芯端面顺利通过，方便纤芯的插入，不会有损伤。另外，基座上有缓冲装置，不会因拉力过大导致连接器光纤断裂；螺纹型夹紧槽固定后部的光纤皮线，保证连接后光纤的固定。这些装置提高了光纤接续性能和效率。

（4）环境要求不高。预置光纤连接器对现场环境、光纤清洁等要求高，而非预置光纤连接器的光纤接续点就在陶瓷插针端面，接续时对环境、操作的洁净度要求不高，接续前可直接清洁光纤接续端面，即可达到最好的接续效果。

（5）方便及时现场检查接续质量，降低了施工成本。接续完毕后，可对光纤接续操作效果进行直观检验，第一时间判断接续质量，避免后期修正。

（6）综合成本较低。非预置光纤连接器中不需要预置光纤和使用匹配液，另外，就后续维护的频率而言，非预置光纤连接器要远低于预置光纤连接器。

7.5.5　机械型现场组装式光纤活动连接器主要技术指标

1. 光学性能主要指标

组装成功的机械型现场连接器插头和机械型现场连接器插座的光学性能应能满足表 7-4 的要求。

表 7-4　机械型现场组装式光纤活动连接器的光学性能指标

序号	检测项目		平均值	极限值
a	插入损耗	多模	≤0.3	≤0.5
		单模	≤0.3	≤0.5
b	回波损耗	单模		≥40(PC)；≥50(UPC)；≥55(APC)

2. 例行实验指标

组装成功的机械型现场连接器各种例行实验后的性能应满足表 7-5 的要求。

表 7-5　机械型现场组装式连接器的例行实验技术要求

序号	实验名称	要求		
		插入损耗变化量	回波损耗变化量	外　观
1	高温	≤0.3 dB	＜5 dB	不得有机械损伤，如变形、龟裂、松弛等现象
2	低温	≤0.3 dB	＜5 dB	不得有机械损伤，如变形、龟裂、松弛等现象
3	温度循环	≤0.3 dB	＜5 dB	不得有机械损伤，如变形、龟裂、松弛等现象

续 表

序号	实验名称	要 求		外 观
		插入损耗变化量	回波损耗变化量	
4	湿热	≤0.3 dB	<5 dB	不得有机械损伤,如变形、龟裂、松弛等现象
5	浸水(可选)	≤0.3 dB	<5 dB	无变形、起泡、粗糙、剥落等现象
6	振动	≤0.3 dB	<5 dB	不得有机械损伤,如变形、龟裂、松弛等现象
7	跌落	≤0.3 dB	<5 dB	不得有机械损伤,如变形、龟裂、松弛等现象
8	重复性	≤0.3 dB	<5 dB	不得有机械损伤,如变形、龟裂、松弛等现象,插针表面无明显划痕
9	机械耐久性	≤0.3 dB	<5 dB	不得有机械损伤,如变形、龟裂、松弛等现象
10	抗拉	≤0.3 dB	<5 dB	不得有机械损伤,如变形、龟裂、松弛等现象
11	扭转	≤0.3 dB	<5 dB	不得有机械损伤,如变形、龟裂、松弛等现象
12	可重复组装	≤0.3 dB	<5 dB	不得有机械损伤,如变形、龟裂、松弛等现象

7.6 热熔型现场组装式光纤活动连接器

7.6.1 原理

热熔型现场组装式光纤活动连接器(Fusion Splice Field-Mountable Optical Fiber Connectors)就是使用热熔接机,将需要端接的光纤与预制的连接器光纤熔接并组装而成的现场组装式光纤活动连接器。此种连接器都属于多连接点的光纤活动连接器组件,而且一定有预埋光纤的,和多连接点的机械型现场组装式光纤活动连接器结构非常类似,关键的不同点在于连接点 2 是采用热熔接的连接方式,如图7-48所示,而多连接点的机械型现场组装式活动连接器是采用 V 型槽加匹配液的连接方式。

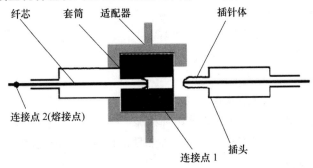

图 7-48 热熔型现场组装式连接器组件

如图 7-49 所示,热熔型现场组装式光纤活动连接器由插芯体、预埋光纤、套管、护套及锁紧机构组成。插芯体端面、预埋光纤插芯体侧端面在出厂前经过研磨,具有预埋光纤被固定、回波损耗性能良好且稳定的优点。预埋光纤待熔接侧预留较长,使用专用的熔接机将其与需要端接的光纤熔接,外加热缩套管保护,护套具有固定光缆和保护接头的双重作用。

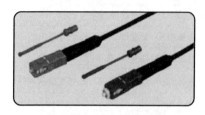

(a) 装配完成后的连接器

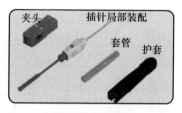

(b) 连接器的构成部件

图 7-49　热熔型现场活动连接器

热熔型现场组装式光纤活动连接器是直接将带有研磨好的插芯连接器直接与蝶形光缆 $\phi3.0$ mm、$\phi2.0$ mm、$\phi0.9$ mm 熔接,熔接点在连接器尾端内部,表面看不到连接点,美观牢固。熔接好无须作另外保护,相对于机型式现场组装式光纤活动连接器,热熔型现场组装式连接器能提高连接器的光学性能,接续点的损耗比冷接小,同时也避免了匹配液老化的问题,并可达到操作合格率 100%,延长了连接器的使用寿命,降低后期维护成本,适合长期使用,使光纤到户变得高效和稳定。

7.6.2　热熔型现场组装式连接器分类

1. 按结构分类

按连接器结构可分为插头型和插座型,插头型与插座型按连接器连接方式又可分别细分如下类型。

(1) 插头型:① FC 型插头,② SC 型插头,③ LC 型插头。

(2) 插座型:① FC 型插座,② SC 型插座,③ LC 型插座。

2. 按插针体端面分类

按插针体端面形状可分为如下两种类型:

(1) PC 型或 UPC 型;

(2) APC 型。

3. 按适用的光纤或光缆类型分类

按匹配的光纤或光缆可分为如下两种类型。

(1) 光纤型:光纤型是指在 $250~\mu m$ 预涂覆光纤或 $900~\mu m$ 紧套光纤上端接的现场组式光纤活动连接器。

(2) 光缆型:光缆型是在光缆护套上端接的现场组装式光纤活动连接器,光缆类型包括蝶形引入光缆、圆形单芯光缆或其他光缆。

4. 分类代号

热熔型现场组装式光纤活动连接器的分类及代号编码如表 7-6 所示。

表 7-6　热熔型现场组装式光纤活动连接器分类代号

序号	项目	内容	代号
1	产品名称	现场连接器	FMC
2	现场组装方式	热熔型	F
3	光纤类型	单模	SM
		多模	MM
4	连接器结构	FC 型插头	FCP
		FC 型插座	FCS
		SC 型插头	SCP
		SC 型插座	SCS
		LC 型插头	LCP
		LC 型插座	LCS
5	插针体端面形状	PC	PC
		UPC	UPC
		APC	APC
6	适用的光纤或光缆	光纤型(250 μm)	F250
		光纤型(900 μm)	F900
		光缆型(蝶缆)	CD
		光缆型(3.0 mm)	C30
		光缆型(2.0 mm)	C20
		光缆型(其他)	(光缆直径)

5. 热熔型现场组装式光纤活动连接器型号

热熔型现场组装式光纤活动连接器型号主要包括名称、组装方式,所用光纤的类型。插针的端面形状以及光纤或光缆的代号等如图 7-50 所示。

7.6.3　热熔型现状组装式光纤活动连接器装配过程

热熔型现场组装式连接器最典型的特点是在现场需要进行熔接。要求熔接机自带电池的工作时间要长,体积小,重量轻(3 kg 左右),携带方便,功能齐全。在原有普通熔接机的基础上,仪表厂商开发出来集剥线、清洁、切割、熔接和热缩等功能于一体的多功能熔接机。强化了防雨、防尘和防震功能,适合 FTTH 施工现场使用,如图 7-51(a)和(b)所示。

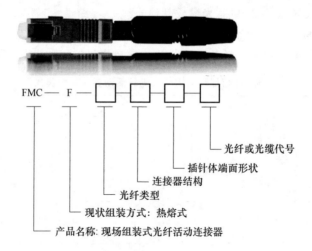

图 7-50 现场组装式光纤活动连接器型号组成

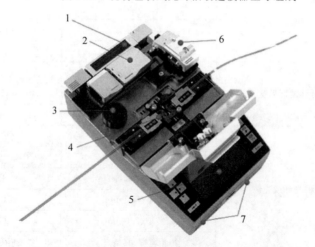

1—热缩套管加热槽； 2—自动热剥纤器和马达； 3—清洁器； 4—熔接器； 5—液晶显示器；
6—切割刀和光纤碎屑收集器； 7—可充电电池2节

(a) 多功能熔接机

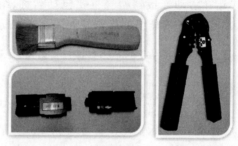

(b) 配套工具

图 7-51 现场连接器熔接机及配套工具

经过培训的熟练技术人员,现场完成一个连接器的熔接装配时间大概为 60 秒。自带的电池每块可以完成加热熔接 100 次,加上备用电池,可以完成 200 次操作,能有效满足现场的工作需求。熔接机的成本在 FTTH 过程中大量使用基础上可以大幅下降,颠覆了通常熔接机成本昂贵和不适用 FTTH 施工的概念。现场的连接器装配步骤如图 7-52 所示。

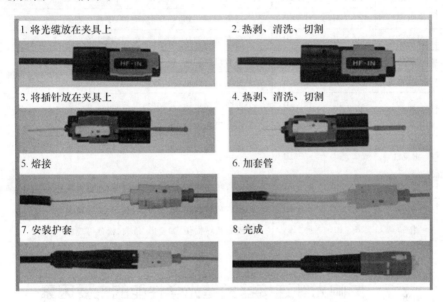

1. 将光缆放在夹具上
2. 热剥、清洗、切割
3. 将插针放在夹具上
4. 热剥、清洗、切割
5. 熔接
6. 加套管
7. 安装护套
8. 完成

图 7-52 熔接型现场组装式连接器现场组装过程

7.6.4 主要技术指标

1. 光学性能主要指标

热熔型现场组装式光纤活动连接器的光学性能指标如表 7-7 所示。

表 7-7 热熔型现场组装式光纤活动连接器的光学性能指标

序号	检测项目		平均值	极限值
a	插入损耗	多模	≤0.15	≤0.25
		单模	≤0.25	≤0.40
b	回波损耗	单模	…	≥40 dB(PC)
				≥50 dB(UPC)
				≥55 dB (APC)

2. 例行实验要求

组装成功的热熔型现场连接器各种例行实验后的性能应满足表 7-8 的要求。

表 7-8　热熔型现场组装式连接器的例行实验技术要求

序号	实验名称	要求		
		插入损耗变化量	回波损耗变化量	外观
1	高温	≤0.2 dB	＜5 dB	不得有机械损伤,如变形、龟裂、松弛等现象
2	低温	≤0.2 dB	＜5 dB	不得有机械损伤,如变形、龟裂、松弛等现象
3	温度循环	≤0.2 dB	＜5 dB	不得有机械损伤,如变形、龟裂、松弛等现象
4	湿热	≤0.2 dB	＜5 dB	不得有机械损伤,如变形、龟裂、松弛等现象
5	浸水(可选)	≤0.2 dB	＜5 dB	无变形、起泡、粗糙、剥落等现象
6	振动	≤0.2 dB	＜5 dB	不得有机械损伤,如变形、龟裂、松弛等现象
7	跌落	≤0.2 dB	＜5 dB	不得有机械损伤,如变形、龟裂、松弛等现象
8	重复性	≤0.2 dB	＜5 dB	不得有机械损伤,如变形、龟裂、松弛等现象,插针表面无明显划痕
9	机械耐久性	≤0.2 dB	＜5 dB	不得有机械损伤,如变形、龟裂、松弛等现象
10	抗拉	≤0.2 dB	＜5 dB	不得有机械损伤,如变形、龟裂、松弛等现象
11	扭转	≤0.2 dB	＜5 dB	不得有机械损伤,如变形、龟裂、松弛等现象

7.7　影响光纤连接器关键光学性能的主要因素

7.7.1　影响光纤连接器插入损耗的因素

无论是固定连接器,还是活动连接器,光纤相互连接时都会存在插入损耗,直接影响光纤通信系统的无中继传输距离,所以需要精心设计来保证接续质量,最大限度地降低由光纤接续引起的各类功率损耗。因此,人们所关心的固定连接器和活动连接器最关键的性能是衰减,即损失的光信号分量。光纤接续引起的损耗将会直接影响光纤通信系统的传输距离,光纤连接器插入损耗由自身内部因素和接续过程中出现的外部因素共同造成。

1. 影响光纤连接器插入损耗的内部因素

内部损耗是由被接续的两根光纤之间结构参数不匹配引起的,是一种光纤固有因素,不能通过提高接续技术来解决。光纤本身的不完善或者接续不同的光纤类型均可导致光纤之间结构参数不匹配,具体包括模场直径失配(折射率分布不匹配)、芯径失配、数值孔径失配(相对折射率差 D 失配)、同心度不良等。

(1)模场直径失配:对于单模光纤,模场直径失配对插入损耗影响最大,因为单模光纤中的光能并不是完全集中在光纤芯区,而有相当部分在包层中,芯、包折射率分布不同会引起光能分布不同,如图 7-53 所示。根据 ITU 的 G652 标准规定 1 310 nm 窗口的模场直径标称值为 $(8.6 \sim 9.5\ \mu m) \pm 0.6\ \mu m$,可知其允许的误差范围小于 10%。

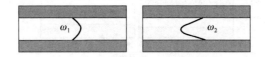

图 7-53 模场直径失配

当单模光纤模场直径偏差较大时,会导致插入损耗增大。假设折射率分布为 ω_1 的光纤模场直径在标准的下限 $d_1 = 8.6\ \mu m - 0.6\ \mu m = 8\ \mu m$,而另一根折射率分布为 ω_2 的被接光纤模场直径在标准上限 $d_2 = 9.5\ \mu m + 0.6\ \mu m = 11.1\ \mu m$。即使它们之间连接得非常良好,按照理论,它们的模场直径相对失配超过 20%,则会产生 0.25 dB 以上的连接损耗,但工程实际上的损耗会比这更大。

(2) 芯径失配损耗:当光从纤芯半径为 α_1 的光纤射向纤芯半径为 α_2 的光纤时导致的损耗,如图 7-54 所示。

多模与单模光纤芯径失配损耗分别表示为

$$\mathrm{IL}_\alpha = -10\lg\left(\frac{\alpha_2}{\alpha_1}\right)^2 \tag{7-7}$$

$$\mathrm{IL}_\alpha = -10\lg\left(\frac{\alpha_1^2 + \alpha_2^2}{2\alpha_1\alpha_2}\right)^2 \tag{7-8}$$

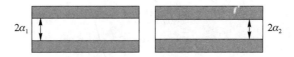

图 7-54 芯径失配

(3) 数值孔径失配损耗:光从数值孔径 NA_1 的光纤射向数值孔径 NA_2($\mathrm{NA}_2 < \mathrm{NA}_1$)的光纤时导致的损耗,如图 7-55 所示。数值孔径失配损耗表示为

$$\mathrm{IL}_{\mathrm{NA}} = -10\lg(\mathrm{NA}_2/\mathrm{NA}_1)^2 \tag{7-9}$$

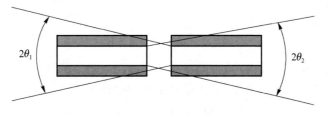

图 7-55 数值孔径失配

(4) 同心度不良损耗:由于光纤纤芯不处于同一水平面,使得光能在光纤端面交

接处发生变化,致使一部分光从纤芯分界处遗漏进入包层区,导致插入损耗如图7-56所示。

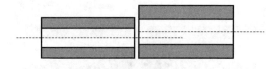

图 7-56　同心度不良

2. 影响光纤连接器插入损耗的外部因素

外部损耗则主要是由于接续操作工艺的不完善而引起的一种外部损耗,理论上我们可以通过改进接续工艺来消除。外部损耗主要包括纤芯横向偏移损耗、端面间隙损耗、轴向角偏差损耗,光纤端面质量以及光纤端面的污染,光纤接续处折射率不连续等。

(1) 纤芯横向偏移损耗:由于两根光纤横向轴心错位引起的损耗,引起纤芯未完全对准,这就导致部分光能外逸,如图7-57(a)所示。芯径 2α 的渐变型折射率多模光纤在模式稳态分布时,其错位 d 引起的损耗表示为

$$\mathrm{IL}_d = -10\lg\left(1 - \frac{d}{\pi\alpha}\sqrt{1 - \frac{d^2}{4\alpha^2}} - \frac{\pi}{2}\sin^{-1}\frac{d}{2\alpha}\right) \approx -10\log\left[1 - 2.35\left(\frac{d}{\alpha}\right)^2\right] \quad (7\text{-}10)$$

其中,α 为光纤纤芯直径,对于多模光纤 $\alpha = 25\ \mu\mathrm{m}$;对于单模光纤 $\alpha = 5\ \mu\mathrm{m}$。

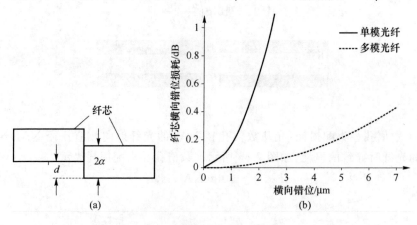

图 7-57　纤芯横向偏移损耗

由于单模光纤纤芯较细,轴心稍有错位即会产生很大的接续损耗。单模光纤的传输模为束半径 ω 的高斯分布,其错位 d 引起的损耗由下式表示:

$$\mathrm{IL}_d = -10\lg\left[e^{-(d/\omega)^2}\right] \approx 4.34(d/\omega)^2 \quad (7\text{-}11)$$

其中,如果是多模光纤,$\Delta = 1\%$;对于单模光纤,$\Delta = 0.3\%$;若错位 $d = 1.2\ \mu\mathrm{m}$,则

$$\omega = \left(0.65 + \frac{1.619}{V^{3/2}} + \frac{2.879}{V^6}\right)\alpha, \quad V = \frac{2\pi\alpha n_1}{\lambda}\sqrt{2\Delta}, \quad \Delta = \frac{n_1 - n_2}{n_2}$$

算得单模光纤插入损耗达 0.5 dB；若令错位损耗为 0.1 dB，则可算得多模渐变型光纤的横向错位为 2.46 μm，单模光纤为 0.72 μm。图 7-57(b)是单模光纤与多模光纤的纤芯横向错位损耗统计曲线图，从图中可以看出，多模光纤接续时，错位损耗趋于稳态分布，而对单模光纤，影响很大。例如，0.1 dB 的错位损耗对应多模光纤的横向错位是 3 μm，对应单模光纤的横向错位是 0.8 μm。

(2) 端面间隙损耗：由于光纤连接端面处存在折射率 n_0 的空气间隙 Z 而引起的损耗，主要由菲涅尔反射造成，如图 7-58(a)所示。当光线从光纤 1 进入空气，出现反射导致部分光能损失，再当光线从空气射向光纤 2，还会因一次反射又使部分光能损失，无法进入光纤 2，两次菲涅尔反射使进入光纤 2 的光能的下降，从而产生端面间隙损耗。当多模渐变光纤在模式稳态分布时，端面间隙损耗为

$$\mathrm{IL}_Z = -10\lg\left(1 - \frac{Zn_1}{4\alpha n_0}\sqrt{\Delta}\right) \tag{7-12}$$

其中，Z 为光纤端面间隙，单位为 μm；

n_1 为光纤纤芯折射率，$n_1 = 1.463$；

n_2 为光纤包层折射率，$n_2 = 1.455$；

n_0 为空气折射率，$n_0 = 1$；

单模光纤的端面间隙损耗为

$$\mathrm{IL}_Z = -10\lg\left[1 + (\lambda Z/2\pi n_2\omega^2)^2\right]^{-1} \tag{7-13}$$

其中，λ 为光纤波长，单位为 μm。

图 7-58(b)是单模光纤与多模光纤的端面间隙损耗统计曲线图，由图可知，端面间隙对多模光纤接续时产生的插入损耗影响较小，而对单模光纤的损耗较大。例如，当 $Z = 1$ μm 时，多模光纤的端面间隙损耗为 0.006 dB，单模光纤的端面间隙损耗为 0.089 dB。在理想状态下，若端面间隙控制在 1 μm 之内，端面间隙损耗可忽略不计。

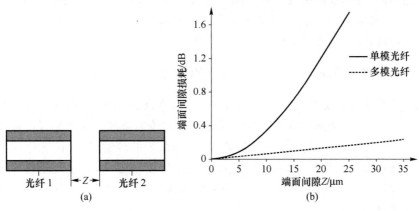

图 7-58　端面间隙损耗

（3）轴向角偏差损耗：由于两根对接光纤的轴线不在同一条直线上，产生倾斜角度 θ 引起在连接处的光功率损耗，如图 7-59（a）所示。多模渐变型折射率光纤，在模式稳态分布时，轴向角偏差损耗为

$$IL_\theta = -10\lg(1-1.68\theta) \tag{7-14}$$

单模光纤的轴向角偏差损耗为

$$IL_\theta = -10\lg e - (\pi n_2 \omega\theta/\lambda)^2 \tag{7-15}$$

图 7-59（b）是单模光纤与多模光纤的轴向角偏差损耗统计曲线图，由图可知，端面间隙对多模光纤接续时产生的插入损耗影响较小，而对单模光纤的损耗较大。当轴向角偏差损耗低于 0.1 dB 时，单模光纤端面倾斜角 θ 小于 0.3°；当端面倾斜角 θ 等于 1°时，轴向角偏差损耗约为 0.6 dB。同时，当倾斜角 θ 控制在 0.1°之内，轴向角偏差损耗可忽略不计。

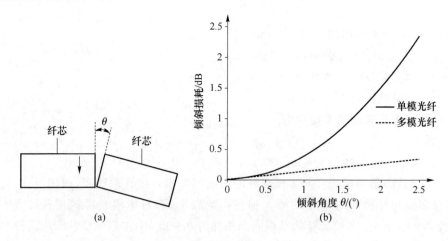

图 7-59　轴向角偏差损耗

　　上述的内、外部损耗的各种因素对光纤连接损耗的影响各不相同，在实际工程中，插入损耗可能由以上多种因素相互作用叠加而成，所以只有尽可能降低每个因素产生的损耗，才能从整体上提高光纤接续性能。

7.7.2　降低光纤连接器插入损耗的途径

　　光通信系统朝着更高速、更大容量、长距离的方向快速发展，作为不可或缺的光纤连接器，极大幅度地影响着整个光纤通信网络的传输质量。降低光纤连接器的插入损耗可有效地减小传输线路的总损耗，提高光系统的传输路程、传输稳定性和可靠性。光纤接续的工程量一般较大，光纤接续技术要求复杂，接续质量难控制。针对上节论述影响光纤连接器插入损耗的多种因素，在实际工程上，可采取以下措施降低光纤连接器插入损耗。

　　（1）要减少插入损耗，首先要保证光纤尺寸参数有良好的一致性，在工程全部过

程中,尽可能采用结构参数一致的光纤。比较好的方式是选择同一厂家生产的同批号光纤,因为同批号光纤一般是由同一根预制棒拉制而成,拥有基本相同的光学和几何参数。但实际工程中,可能无法完全保证整个项目使用同一生产厂家的同一批号光纤,此时,在接续过程中应选择模场直径相匹配的光纤,故在敷设前的配盘中,同一批号光纤成缆后连续编号,不同批号光纤(尽最大可能模场直径相匹配)成缆时选择特别记号,这样才有利于降低整个线路的接续损耗。

(2) 选择整洁的环境进行光纤接续,若条件允许,可以在工程车或小型帐篷内完成。在光纤接续的准备过程中,用开剥钳剥去光纤外皮,定长开剥器刮去光纤涂覆层,之后必须要用蘸上无水酒精的脱脂棉对纤芯进行清洁,以除掉残留在光纤纤芯上的涂覆层和污物。

(3) 选择使用质量优良的切割刀制备合格无缺陷的端面。合格的端面是保证损耗低的先决条件。若光纤切割刀不好,会造成被切的端面倾斜,有毛刺或缺损,并且接续前,被切端面要用蘸有无水酒精的脱脂棉擦拭,保证清洁,不得有污物。目前质量较好的进口切割刀采用的是刻痕法,利用机械技术,用金刚石刀在向垂直于光纤的方向划道刻痕,光纤在刻痕位置自然断裂,形成质量较好的端面,保证了较低的损耗。

(4) 对于 V 型结构的光纤连接器,V 型槽要保持绝对的洁净,因为光纤的直径很小,特别是单模光纤,纤芯直径只有 $8 \sim 10 \, \mu m$,包层直径为 $125 \, \mu m$,如果有 1 粒灰尘掉入 V 型槽中,就会使两纤芯发生轴向倾斜和纵向分离,引发较大的插入损耗。故在接续前,务必要清洁 V 型槽,其方法是用洁净的牙签裹上蘸有无水酒精脱脂棉,单方向地轻轻擦拭 V 型槽,切忌将其划伤,否则在插入光纤时容易使光纤表面产生裂纹或断裂。另外,切忌将脱脂棉纤维残留于 V 型槽中,会阻碍光纤连接。

(5) 挑选训练有素的光纤接续人员,接续人员的水平会直接影响接续损耗,在施工前,需要对接续人员进行专门的培训,要求他们严格按照工艺流程进行接续,在每次接续完成后,根据工程标准评估其插入损耗是否符合要求,若不符合,要重新操作,直至达到规定要求为止。

7.7.3　影响光纤连接器回波损耗的关键因素

光纤连接器之所以存在回波损耗是由菲涅尔反射造成的,菲涅尔反射是光从一种介质进入另一种折射率不同的介质时,导致一部分入射光变为反射光。因此,如果两根光纤对接处存在端面间隙或高折射率的变质层或光纤端面存在污物、凹坑、划痕,都会在光纤端面对接处产生菲涅尔反射引起较大的回波损耗性能参数。ITU建议光纤连接器的回波损耗性能参数值不应小于 45 dB。

1. 光纤端面间隙对回波损耗的影响

光纤端面间隙是造成回波损耗最主要的因素。如果两个光纤端面之间存在间隙,由于空气与光纤的折射率存在较大差异,光线在间隙处可产生多次反射,从而降低光纤连接器的回波损耗。假设光纤端面为理想表面,无污物、凹坑或划痕等,那么仅只有空气介质存在于两光纤之间,通过多光束干涉原理,形成了非本征光纤法布里－珀罗干涉(Extrinsic Fabry-Perot Interferometric,EFPI)腔。如图 7-60 所示,假设光从光纤 1 到 F-P 腔内空气间隙的反射系数 r_1(反射光与入射光之比)为 0.9,则F-P 腔对强度为 1 的入射光的反射强度 r_2 依次为 0.9,0.009,0.007 3,0.005 77,0.004 6。根据菲涅尔公式:$r_1 = -r_2$,$r_1^2 = R_1$,$r_2^2 = R_2$。经过多次反射折射后,将形成多束光干涉输出,影响光纤连接器的回波损耗。

$$\text{RL}_L = -10\lg\left[\frac{R_1 + R_2\eta - 2\sqrt{R_1 R_2 \eta}\cos\theta}{1 + R_1 R_2 \eta - 2\sqrt{R_1 R_2 \eta}\cos\theta}\right] \tag{7-16}$$

其中,R_1、R_2 分别是光纤 1 和光纤 2 的端面反射率;$\theta = 4\pi l/\lambda$,为两光纤间隙所引起的光程差,η 为光在 F-P 腔内的耦合效率。

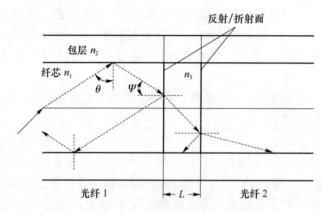

图 7-60　F-P 腔多光束干涉

但是对于光纤连接器,接续的光纤端面没有镀一层高反膜或光纤本征有高的反射比,故可忽略多光束干涉,视为双光束干涉。将空气间隙视为薄膜,其端面反射率 $R = (n_1 - n_0)/(n_1 + n_0)$,假设两个光纤端面之间存在间隙为 Z,如图 7-61(a)所示。通过薄膜光学原理推出当光纤端面存在间隙时的光纤连接器回波损耗为

$$\text{RL}_Z = -10\lg\left[2\left(\frac{n_1 - n_0}{n_1 + n_0}\right)^2\left(1 - \cos\left(\frac{4\pi}{\lambda}n_0 Z\right)\right)\right] \tag{7-17}$$

其中,n_1 为光纤纤芯折射率,$n_1 = 1.463$;

　　　n_0 为空气折射率,$n_0 = 1$;

　　　Z 为光纤端面间隙,单位为 μm;

　　　λ 为光纤波长,单位为 μm。

如图 7-61(b)所示为光纤活动连接器端面间隙与回波损耗的关系曲线图,当光纤活动连接器光纤端面间隙为零时,即理想状态下,不存在菲涅尔反射,回波损耗值

为无穷大；当端面间隙 Z 处于 $0.2\sim0.4~\mu m$ 区间时，回波损耗性能参数低至 10 dB。由图可以看出，当光纤端面间距处于 $0.7~\mu m$ 附近时，回波损耗呈现上升趋势，同时可以看出在光纤端面间距变化的过程中，回波损耗表现出周期性规律。由于光纤端面间隙难以精确控制，目前，消除间隙最常用的方法是打磨光纤端面，实现紧密接触。

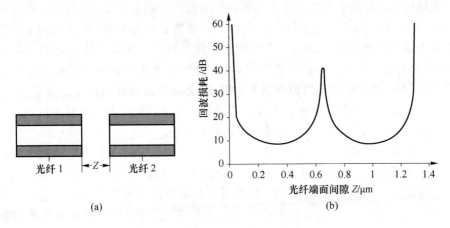

图 7-61　端面间隙对回波损耗的影响

2. 光纤端面变质层对回波损耗的影响

当光纤连接器插针体端面经过细微颗粒的金刚石砂纸研磨加工后，使得光纤表面及亚表面产生破坏层，这层破坏层就是变质层。变质层的折射率与光纤本体的折射率有所差异，经研究证明，变质层的折射率要高于纤芯折射率，于是在端面变质层处发生菲涅尔反射，引起回波损耗，影响光纤连接器的光学性能。端面存在变质层的光纤对接的物理接触模型如图 7-62(a) 所示。

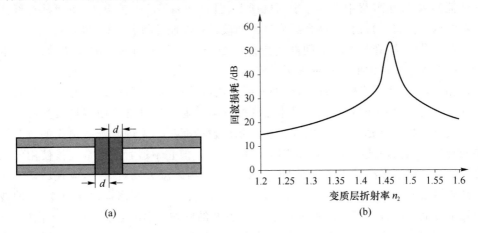

图 7-62　端面变质层对回波损耗的影响

假设两对接光纤端面的变质层一致，具有相同的折射率及厚度。通过薄膜光学

原理推出当光纤端面存在变质层时的光纤连接器回波损耗可表示为

$$\text{RL}_d = -10\lg\left[2\left(\frac{n_1-n_2}{n_1+n_2}\right)^2\right]\left[1-\cos\left(\frac{4\pi n_2}{\lambda}\cdot 2d\right)\right] \tag{7-18}$$

其中,n_2 为变质层折射率;d 为光纤端面变质层厚度,单位为 μm。

变质层的厚度随研磨抛光工艺而定,越小越好,一般为 $0.1\ \mu m$ 左右。假设 d 为 $0.1\ \mu m$,绘出图 7-62(b),它描述的是当两光纤纤芯紧密连接时,光纤端面变质层折射率对连接器回波损耗的影响。光纤端面变质层折射率无论是比纤芯的折射率高或是低,都会使连接器的回波损耗降低,所以只有当变质层折射率接近似等于纤芯折射率时,光纤连接器的回波损耗最大。因此,要制造出回波损耗大的光纤连接器,应使光纤端面变质层的折射率相对于标准光纤的纤芯折射率的变化尽量减小。

3. 光纤端面污物、凹坑、划痕对回波损耗的影响

当接续的光纤端面存在污物、凹坑、划痕时,同样会导致光在不同折射率界面下发生菲涅尔反射,产生较低的回波损耗。所以在光纤接续前,要用棉纱蘸取无水酒精对光纤端面小心擦拭,除去污物。然后通过显微镜检查光纤端面是否有凹坑或划痕,若凹坑、划痕较严重,需重新制作端面。实验证明,当光纤端面存在污物、凹坑、划痕时,接续后回波损耗确实较低,很难满足实际标准,故在实际工程中,端面处理环境选择清洁度较高的位置,并挑选有经验、细心的接续人员。

7.7.4　提高光纤连接器回波损耗性能参数的途径

目前,随着光纤传输系统在网络通信方面中的广泛应用,对光纤连接器的接续性能和可靠性提出了更高的要求。从上一节可知,造成回波损耗的主要原因有光纤端面间隙,端面变质层,端面污染,划痕及凹坑等。为此若要提高光纤连接器回波损耗性能参数,需主要集中在其产生的机理上,但通过多年的工艺改进,也可从光纤连接器结构上改善。目前,提高光纤连接器回波损耗性能参数有三种基本方法。

第一种方法:在光纤端面间隙用折射率与光纤纤芯相同的匹配液填满,即采取折射率匹配法。匹配液是一种透明无色液体,折射率在 1.47 左右,与光纤的折射率大体相当,专门用于光纤接续点,弥补光纤切割缺陷引起的损耗过大,并可有效降低菲涅尔反射,作用于间隙为几十微米之内的环境。通过这种方法使得连接处不会有空气或其他物质填充,降低端面发生菲涅尔反射的概率。采用匹配液填充的方法可将光纤连接器的回波损耗性能参数提高到 45 dB。但它不适宜于经常插拔使用的光纤连接器,首先,多次插拔会使管中的折射率匹配物质流失或被污染,或现场切割的光纤碎屑填充其中,此时光纤端面间形成真空或被污染,导致插入损耗值变大,回波损耗值降低;其次,由于匹配液的折射率受温度的影响,当温度环境发生变化后,填充有匹配液材料的光纤连接器的回波损耗会随之影响,使得光纤连接器的可靠性降低;最后,匹配液随着时间增长,容易流失、干涸或被污染,其长期稳定性也存在问题。

第二种方法:采用球面接触(Physical Contact,PC)可以减小光纤端面之间的间

隙,能够有效地降低后向反射,提高回波损耗性能参数。球面接触是将光纤连接器插针体端面研磨抛光成球面,球面曲率半径要求为 $25\sim60$ mm,纤芯正好位于球冠的中心处,如图 7-63 所示。在早先研究中,光纤连接器的插针体端面设计为垂直平面型(Face Contact,FC),即垂直于光纤轴的平面,如图 7-64 所示。在理论上垂直平面型插针体中的光纤纤芯可实现紧密的平面接触,但实际上难以实现,因为插针体无论如何研磨抛光,其端面不可能为垂直于光纤芯轴的绝对平面,再由于材料为氧化锆陶瓷的插针体的硬度高于石英光纤,在研磨抛光时容易致使光纤下凹,两根光纤接续时必定存在间隙,后向反射在所难免,回波损耗性能参数值不会有太大提高。但当采用 PC 接触可使纤芯间的间隙接近于零,原因是将对接面积有效减至紧密环绕光纤端面的周围区域,其有效接触区域的直径约为 $250~\mu m$,仅为 FC 型连接器接触面积的 1/100,即通过小的有效接触面积使光纤间更紧密接续。另外,即使当光纤相对于插针体存在轻微凹陷($\leqslant0.05~\mu m$)时,可以利用弹簧加载轴向力使 PC 端面发生弹性变形让纤芯保持紧密接触,由于减小了空气间隙等,避免了端面间的菲涅尔反射,故 PC 型光纤连接器的回波损耗性能参数值得到提高,插入损耗得到降低。一般经过精密抛光的 PC 型光纤连接器的回波损耗可以达到 $50\sim55$ dB。目前,球面 PC 型连接器已经成为应用最广泛的光纤活动连接器,可以满足高速光纤传输系统的一般要求。

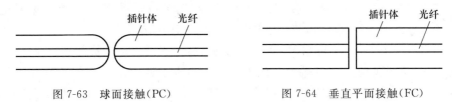

图 7-63　球面接触(PC)　　　　　　图 7-64　垂直平面接触(FC)

　　第三种方法:为进一步提高高速光纤传输系统的可靠性,抑制反射光对激光光源及系统的影响,将采用倾斜球面接触技术(Angled Physical Contact,APC),如图 7-65(a)所示。先将插针体端面加工成 8°的倾角,再按球面加工的方法抛磨成斜球面。由于斜球端面存在一定的弧度,形成发散式反射,从而使反射光不能进入光纤纤芯而进入包层并最终泄漏出去,这样反射光就难以按原路径返回输入光纤,如图 7-65(b)所示。但是若倾斜球面的倾斜角较大,会使更多的反射光进入包层,提高了回波损耗性能参数值,却反而增大了插入损耗,即要求倾斜角不能过大。又通过理论加实验证明最佳的倾斜角应为 8°,原因是标准单模光纤的数值孔径通常为 0.13,这相当于 $\theta_a=7.5°(NA=\sin\theta_a)$,因此 8°倾角使得后向反射光以大于光纤接收角传播,最后进入包层衰减掉,从而使回波损耗性能参数提高到 $60\sim65$ dB。另外,8°的斜面连接也使插入损耗的增加不是十分明显,一般可以控制在 0.2 dB 以内,与普通球面 PC 型连接器的水平相当。

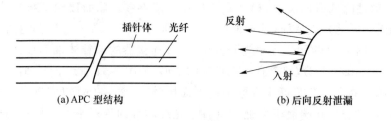

(a) APC 型结构   (b) 后向反射泄漏

图 7-65　倾斜球面接触

7.8　现场组装式光纤活动连接器的选择

目前,现场组装式光纤活动连接的选择主要是在预埋光纤(多连接点)机械型和热熔型之间进行。以下从光学性能、可操作性和经济性三个方面对两者进行比较,以便根据实际的需求进行现场连接器型号和类别的选择。

7.8.1　光学性能

根据通信行业标准 YD/T 2341.1-2011 和 YD/T 2341.2-2011 的规定,预埋光纤机械型现场组装式光纤活动连接器和热熔型现场组装式光纤活动连接器均为多连接点的连接器,插针体端面的处理完全相同。在连接点处,预埋光纤机械型通过 V 型槽和匹配液方法连接光纤,热熔型通过熔接的方法连接光纤。

根据表 7-4 和表 7-7 可知,热熔型的现场组装式光纤活动连接器光学性能优良、质量稳定,优于预埋光纤机械型。此外,在 FTTH 工程中,若在 PON 系统中传送 CATV 信号时,插针体的端面应选用 APC 型,其他情况可选择 PC 型或 UPC 型。PC 型插针体端面曲率半径最大,近乎平面接触,回波损耗最低;APC 型插针体端面为斜角球面,回波损耗最大。

7.8.2　可操作性

预埋光纤机械型具有可重复组装、连接不少于三次、所需操作空间小、使用工具减淡、利于普及应用、预留光缆所需空间小的优点;热熔型具有可重复开启但不能重复热熔、所需操作空间大、使用热熔机等专用设备及工具不利于普及应用、预留光缆所需空间大等缺点。因此,预埋光纤机械型的可操作性由于热熔型。

此外,现场组装式光纤活动连接器的连接结构分为 FC 型、SC 型、LC 型。FC 型是一种螺纹旋转连接器,外部元件采用金属材料制作,插针体标称直径为 2.50 mm,有较强的抗拉强度。SC 型是一种插拔式连接器,采用矩形结构及弹性卡子锁紧机构,插针体标准直径为 2.50 mm。LC 型是一种小型插拔式连接器,采用矩形结构及弹性卡子锁紧机构,插针体标称直径为 1.25 mm。

7.8.3 经济性

在 FTTH 工程中,选择现场组装式光纤活动连接器不仅要考虑器件的技术性能指标,还要考虑器件的费用指标。现场组装式光纤活动连接器的费用指标由器件的采购成本和安装成本构成。预埋光纤机械型和热熔型这两种现场组装式光纤活动连接器的采购成本低,占费用指标的比重小,但安装成本占费用指标比重较高。在工程安装时,预埋光纤机械型仅使用价格低的简单工具;预埋光纤机械型非有效工作时间小于有效工作时间,热熔型非有效工作时间大于有效工作时间。当每个接续点只接续 1 芯光纤时,两者的有效工作时间是相同的。只有当每个接续地点接续较多芯光纤时,热熔型方可体现出其良好的工作效率。而在 FTTH 工程中,用户处光纤端接时,常为 1 芯或 2 芯。

7.8.4 现场组装式光纤活动连接器的选择

综合上述分析可知,优质的现场组装式光纤活动连接器是由材料质量、模具精度、注塑设备、V 槽精度、生产工艺、生产环境、生产管理等细节共同决定的。对于同一个厂家而言,生产制作出的机械型和热熔型现场组装式光纤活动连接器的外观、结构及插针体可完全一致,光学性能的差异主要来自于 V 槽精度和匹配液。V 槽材质分为塑料和金属,塑料材质 V 槽制作简单,成本低廉,但易发生形变;金属材料 V 槽制作工艺复杂,成本较高,不易产生形变。优质的匹配液性能稳定,使用寿命长;劣质的匹配液性能不稳定,使用寿命短。插针体是影响光纤活动连接器光学性能的主要构件,插针体的材料有不锈钢、陶瓷、玻璃和塑料几种。陶瓷材料具有较好的温度稳定性、耐磨性和抗腐蚀能力,但价格较贵;塑料插针价格便宜,但不耐用。

选择预埋光纤机械型或热熔型,应根据 PON 系统光链路衰耗容许值、操作空间、预留光缆盘的空间等条件而定。

如果系统需要接入 CATV 业户时,应选用插针体端面为 APC 型的光纤活动连接器。在 PON 系统链路衰耗容许值的计算中,当光纤活动连接器取值为 0.5 dB 时,可采用预埋光纤机械型;当光纤活动连接器取值为 0.4 dB 时,应采用热熔型。当操作空间较小时,可采用机械型,但应满足 PON 系统光链路衰耗容许值。当预留光缆盘留空间较小时,可采用预埋光纤机械型连接器,但应满足 PON 系统光链路衰耗容许值。也就是说 PON 系统链路衰耗容许值是第一选择要素。

在 FTTH 工程采购阶段,选择供货厂家也很很重要。通过与不同制造厂家同类产品间的比较,可以选出生产工艺和生产管理优秀的制造商;对同一厂家的同类产品进行不同批次比较,可以鉴别生产工艺的稳定性。预埋光纤机械性现场组装式光纤活动连接器应选择金属材质的 V 槽。此外,插针体的端面应符合设计要求,插针体材料应选择陶瓷材质。各种现场组装式光纤活动连接器的光学性能都应符合国家或者行业相关标准要求。

目前,在光纤活动连接器市场上,尾纤型光纤活动连接器和热熔型现场组装式光纤活动连接器均具有优良的光学性能和稳定性,被国内电信运营企业广泛采用。在 FTTH 工程中,预埋光纤机械型具有可操作性及可接受的光学性能优势,被国外电信运营企业广泛采用。随着技术进步和制造工艺的提高,预埋光纤机械型现场组装式光纤活动连接器将在国内 FTTH 工程中被广泛应用。

参 考 文 献

[1] 袁丽,陈静.光缆通信检测与维护实务全书[M].北京:科学技术文献出版社,2002.

[2] 潘利平,张英.光纤系统的接续[J].应用技术,2012(2):101-102.

[3] 林学煌.光无源器件[M].北京:人民邮电出版社,1998.

[4] 王庆峰.浅谈光纤熔接[J].有线电视技术,2006(5):123-124.

[5] 程平辉.光纤熔接机加热器对熔接损耗的影响及解决[J].电信工程技术与标准化,2006(2):52-54.

[6] 崔芳,刘雪冰.光纤熔接损耗的产生原因及降低方法[J].河北电力技术,2006(4):52-54.

[7] 闫平,巩马理.利用低熔点介质实现光纤侧面熔接耦合的方法:201010034310.7 [P].2012-06-06.

[8] 叶昌庚,闫平.基于 CO_2 激光的双包层光纤端帽熔接实验研究[J].激光技术,2007(5):456-458.

[9] 马天,黄勇,杨金龙.光纤连接器[J].光学技术,2002,28(2):160-162.

[10] 宋金声.光纤无源器件的技术概况和发展趋势[J].电子元件与材料,1998(4):19-22.

[11] 朱京平.光纤通信器件及系统[M].西安:西安交通大学出版社,2011.

[12] 冯及时.光纤连接器简介[J].中国有线电视,2007(22):2139-2140.

[13] 陈宁虎.光纤快速接续的应用[J].江苏电信,2010(5):64-66.

[14] 葛宗涛.光纤连接器端面检测的最新进展[J/OL].光纤在线,2004. http://www.c-fol.net/news/content/22/200409/20040916093559.html.

[15] 中国通信标准化协会.光纤活动连接器:YD/T 1272.1-4[S].北京:中华人民共和国工业和信息化部 [2014-06-20].

[16] 中国通信标准化协会.现场组装式光纤活动连接器(机械型,热熔型):YD/T 2341.1-2 [S].北京:中华人民共和国工业和信息化部 [2014-07-10].

[17] 王晨,廖运发.非预置光纤冷接技术工艺分析[J].电信技术,2011(5):

99-101.

[18] 张若琳. 基于预置与非预置光纤连接器特性研究[D/OL]. 南京:南京邮电大学, 2013[2014-07-10]. http://cdmd.cnki.com.cn/Article/CDMD-10293-1013168069.htm.

[19] Nagase R. Recent Progress on Optical Fiber Connectors for Telecommunication Systems [J]. Study on Optical Communications, 2003, 23(z1):55-66.

[20] Govind P. Fiber-Communication Systems [M]. 北京:清华大学出版社, 2004.

[21] Delebecque R. Flat Mass Splicing Process for Cylindrical V-grooved Cables [J]. International Wire and Cable Symposium Proceedings, 1982 (4): 178-184.

[22] Spitzer M B. Development of an Electrostaically bonded fiber optic connection Technique [J]. IEEE T Transactions on Microware Theory and Techniques, 1980(10):1572-1576.

[23] 廖运发, 吕根良, 余斌. 光纤冷接成端技术分析[J]. 电信技术, 2010(7):52-55.

[24] 尹岗. 如何检查和清洁光纤端面[J]. 智能建筑与城市信息, 2010(12):52-54.

[25] 宋少雄, 王军. 光缆冷接损耗测试分析[J/OL]. 铁路通信信号工程技术, 2008, 6 (3): 55-57. http://www.cnki.com.cn/Article/CJFDTotal-TLTX200803023.htm.

[26] 潘伟祥. 产生光纤损耗的原因及损耗的测试方法[J]. 有线电视技术, 2002 (14):64-66.

[27] 姚挽乐, 淳于淇. 模场直径对单模光纤接续损耗的影响[J]. 光通信技术, 1991, 15(4):203-205.

[28] 刘德福. 光纤连接器端面研磨抛光机理与规律研究[D/OL]. 长沙:中南大学, 2008 (5): 28-30. http://cdmd.cnki.com.cn/Article/CDMD-10533-2008166202.htm.

[29] 杜卫兵, 单模光纤接续损耗分析及对策[J]. 电信科学, 1995(10):41-43.

[30] 赖建军. 浅谈光纤光缆接续损耗的降低[J]. 光纤与电缆及其应用技术, 2012 (5):44-46.

[31] 张敬武. 光纤接续损耗分析及其处理方法[J]. 电力系统通信, 2008(2): 70-72.

[32] 贾金辉. 如何降低光纤接续损耗[J]. 有线电视技术, 2004(19):104-106.

[33] 刘德福, 段吉安. 高回波损耗光纤连接器研究现状与展望[J]. 光通信技术, 2004(11):42-45.

[34] 毕卫红, 张闯, 吴国庆. 光纤F-P腔的性能分析[C]. 大珩先生九十华诞文集暨中国光学学会2004年学术大会论文集, 2004:220-223.

［35］ 赵雷，陈伟民，章鹏.光纤法布里- 珀罗传感器光纤端面反射率优化［J］.光
子学报，2007(6):1008-1012.

［36］ 毕卫红.光纤连接器反射特性的研究［J］.光电子·激光,1999,10(6):
531-534.

［37］ 沈敬忠,李宝岩.FTTH 现场组装式光纤活动连接的选择及注意事项［J］.智
能建筑与城市信息,2013(10):203.

［38］ Marcuse D. Field deformation and loss caused by curvature of optical fibers
［J］. Journal of the OpticalSociety of America，1976,66(4):311-320.

［39］ Renner H. Bending losses of coated single-mode fibers:A simple approach
［J］. IEEE Lightwave Teehnol,1992,10(5):544-551.

［40］ Marcuse D. Loss Analysis of Single-Mode Fiber Splices ［J］. Bell Syst Tech
J,1997,56(5):703-718.

［41］ Matsui S,Fumikazu O, Koyabu K. Characterization of maehining-damage
layer for optical fiber ends-Relation between damaged layer and retum loss
［J］.Joumal of the Japan Society for Precision Engineering,1998,64(10):
1467-1471.

［42］ Erdogan T, Stegall D, Heaney A. Direct single-mode fiber to free space cou-
pling assisted by a cladding mode ［J］. Optical Fiber Communication Conf,
1999,4(2):171-173.

［43］ Berdinskikh T,Bragg J,Tse E. The contamination of fiber optics connectors
and their effect on optical performance ［J］. Optical Fiber Communication
Conference and Exhibit. 2002(5):617-619.

［44］ Chongcheng C,Anhui L. Splice Loss Between Different Gaussian-ElliPtic-
Field Single-Mode Fibers［J］.IEEE Lightwave Technol,1990,8(2):173-176.

［45］ Kihara M, Nagasawa S,Tanifuji T. Return loss characteristics ofoptical fi-
ber connectors ［J］. Journal of Lightwave Technology, 1996, 14 (9):
1986-1991.

［46］ Matsui S,Ohira F,Koyabu K. Characterization of machining damage layer for
optical fiber endsRelation between damaged layer and return loss ［J］. Jour-
nal of the Japan Society for Precision Engineering,1998,64 (10):1467-1471.

第8章 光分路器

8.1 引 言

FTTx系统由局端机房设备(OLT)、用户终端设备(ONU)、光分配网络(ODN)三部分组成,如图8-1所示。ODN作为FTTx系统的重要组成部分,是OLT和ONU之间的光传输物理通道,通常由光纤光缆、光连接器、光分路器(Optical Splitter)以及安装连接这些器件的配套设备组成。从局端机房的ODF架到光缆分配点的馈线段,作为主干光缆,实现长距离覆盖;从光缆分配点到用户接入点的配线段,对馈线光缆的沿途用户区域进行光纤的就近分配;用户接入点到终端的入户段由蝶形引入光缆来完成,而所有分支及接点连接均由光分路器完成并实现光纤入户。光分路器是FTTx的核心光器件。

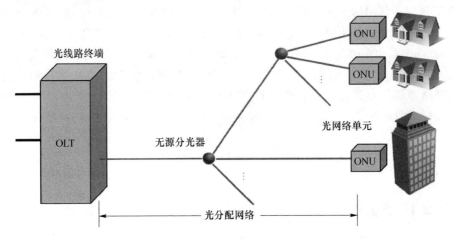

图 8-1　FTTX无源光网络结构

光分路器作为FTTx光纤链路中最重要的无源器件之一。其在无源光网络(Passive Optical Network,PON)中的典型应用包括:

(1)作为下行光信号(1 490 nm和1 550 nm)的功率分配器(Power Splitter)使用;

(2)作为上行光信号(1 310 nm)的合路器(Combiner)使用。

目前市场上的光分路器按照制造工艺的不同主要可以分为熔融拉锥型（Fused Biconical Taper,FBT）和平面波导型（Planar Lightwave Circuit,PLC）分光器两种，如图 8-2 和图 8-3 所示。

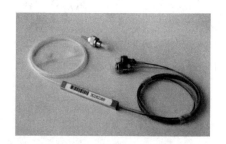

图 8-2　FBT 型光分路器　　　　　　　图 8-3　PLC 型光分路器

熔融拉锥型产品是将两根或多根光纤进行侧面熔接而成。平面波导型是微光学元件型产品，采用光刻技术，在介质或半导体基板上形成光波导，实现分支分配功能。这两种型式的分路器分光原理比较类似，都是通过改变光纤间的消逝场相互耦合程度（耦合度，耦合长度）以及改变光纤的几何半径来实现不同大小分支量，反之也可以将多路光信号合为一路信号叫作合成器，它们本质上都是光纤耦合器件。

光分路器常用 $M \times N$ 来表示一个分路器有 M 个输入端和 N 个输出端。在光纤 CATV 系统中使用的光分路器一般都是 1×2、1×3 以及由它们组成的 $1 \times N$ 光分路器。用于 FTTx 工程无源光网络中的分路器按功率分配形成规格来看，光分路器可表示为 $M \times N$，也可表示为 $M : N$，M 表示输入光纤路数，N 表示输出光纤路数。在 FTTx 系统中，M 可为 1 或 2，N 可为 2、4、8、16、32、64、128 等。故从端口形式可以将光分路器划分为 X 形（2×2）耦合器、Y 形（1×2）耦合器、星形（$N \times N$，$N > 2$）耦合器以及树形（$1 \times N$，$N > 2$）耦合器等；按分光比可分为均分器件和非均分器件。

8.2　光分路器相关基本概念

8.2.1　光波导

波导的概念来自于微波，为了将微波约束在导体中，又要减少欧姆损耗，用铜或银导体材料做成空心微波波导。在光传输中同样为了实现低损耗传输，引入了光波导的概念，光波导就是指约束光波传输的媒介。

光波导的传输原理是在不同折射率的介质分界面上，电磁波的全反射现象使光波局限在波导及其周围有限区域内传播。要构成介质光波导，必须具备 3 个要素：①芯/包的结构；②凸形折射率的分布，$n_1 > n_2$；③低传输损耗。

按照波导的结构，波导的种类主要有 3 种：①薄膜波导（平板波导），如图 8-4(a)

所示;②矩形波导(又可分为条形波导、脊型波导和沟道波导),如图 8-4(b)所示;③圆柱波导(光纤),如图 8-4(c)所示。这基本的几种波导形式都可以加以变化以适应不同环境及应用的需求。比如将条形光波导做成分叉形状,可以制成"Y"型波导用于分开传播信号,甚至可以与电学性质结合做成光开关元件等。

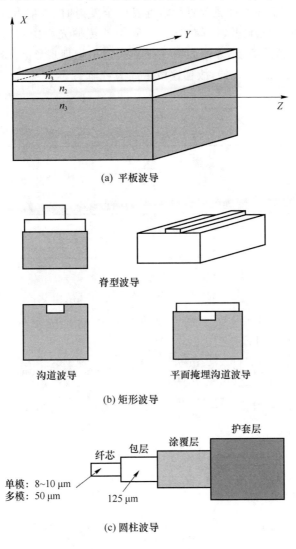

(a) 平板波导

脊型波导

沟道波导   平面掩埋沟道波导

(b) 矩形波导

(c) 圆柱波导

图 8-4 波导结构

光波导可以用于限制光线传播光路,由于本身其尺寸在微米量级,就使得其有很多较好的特点:①光密度大大增强,光波导的尺寸量级是微米量级,这样就使得光斑从平方毫米尺度到平方微米尺度光密度增大 $10^4 \sim 10^6$ 倍;②光的衍射被限制,平板光波导可将光波限制在平面区域内,条形光波导可把光波限制在一维条形区域传播,这就限制了光波的衍射;③微型元件集成化,微米量级的尺寸集成度高,相应的成本降低;④某些特性最优化,非线性倍频阈值降低,波导激光阈值降低。

8.2.2 有效穿透深度

光波导中的传输光在介质分界面附近发生全发射时,发射点相对于入射点在相位上有一突变,在空间上表现为在第一介质中的传输光会穿透分界面到达第二介质,沿界面传播一段距离后,才返回第一介质。这个物理现象是 1947 年由物理学家 Goos 和 Hanchen 共同发现的,故称这段距离为古斯-汉欣位移,如图 8-5 所示。

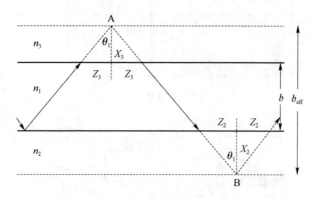

图 8-5 实际波导中光的传输

TE、TM 导模在介质下界面和上界面发生全反射时,分别会产生全反射相移 $-2\phi_{12}$、$-2\phi_{13}$。对于 TE 导模:

$$2\phi_{12} = 2\tan^{-1}\frac{(n_1^2\sin^2\theta_1 - n_2^2)^{1/2}}{n_1\cos\theta_1} = 2\tan^{-1}\frac{\gamma_2}{\gamma_1} = 2\tan^{-1}T_2 \tag{8-1}$$

$$2\phi_{13} = 2\tan^{-1}\frac{(n_1^2\sin^2\theta_1 - n_3^2)^{1/2}}{n_1\cos\theta_1} = 2\tan^{-1}\frac{\gamma_3}{\gamma_1} = 2\tan^{-1}T_3 \tag{8-2}$$

其中,T_2、T_3 定义为

$$T_2 = (n_1^2/n_2^2)^S(\gamma_2/\gamma_1), \quad T_3 = (n_1^2/n_3^2)^S(\gamma_3/\gamma_1)$$

$$\gamma_1 = (k_0^2 n_1^2 - \beta^2)^{1/2}, \quad \gamma_2 = (\beta^2 - k_0^2 n_2^2), \quad \gamma_3 = (\beta^2 - k_0^2 n_3^2)^{1/2}$$

同理,对于 TM 导模:

$$2\phi_{12} = 2\tan^{-1}\frac{n_1^2}{n_2^2}\frac{(n_1^2\sin^2\theta_1 - n_2^2)^{1/2}}{n_1\cos\theta_1} = 2\tan^{-1}\frac{n_1^2\gamma_2}{n_2^2\gamma_1} = 2\tan^{-1}T_2 \tag{8-3}$$

$$2\phi_{13} = 2\tan^{-1}\frac{n_1^2}{n_3^2}\frac{(n_1^2\sin^2\theta_1 - n_3^2)^{1/2}}{n_1\cos\theta_1} = 2\tan^{-1}\frac{n_1^2\gamma_3}{n_3^2\gamma_1} = 2\tan^{-1}T_3 \tag{8-4}$$

设包层中两点 A、B 与界面距离为 x_3 和 x_2,因相移而引起的位移为 $2z_3$ 和 $2z_2$,有

$$x_3 = \frac{z_3}{\tan\theta_1}, \quad x_2 = \frac{z_2}{\tan\theta_1} \tag{8-5}$$

x_3、x_2 就称为导模在上下包层的穿透深度。则 TE 和 TM 导模的穿透深度和有效导模芯厚度计算如下。

对于 TE 导模有

$$z_2 = \frac{\mathrm{d}\varphi_{12}}{\beta} = \frac{\mathrm{d}}{\mathrm{d}\beta}(\tan^{-1}T_2) = \frac{\beta}{\gamma_1\gamma_2} = \frac{k_0 n_1 \sin\theta_1}{\gamma_1\gamma_2 n_1 \cos\theta_1} \qquad (8\text{-}6)$$

即

$$z_2 = \frac{\tan\theta_1}{\gamma_2} \qquad (8\text{-}7)$$

同理，

$$z_3 = \frac{\tan\theta_1}{\gamma_3} \qquad (8\text{-}8)$$

将式(8-7)和式(8-8)代入式(8-5)中，可得 TE 模在上下包层的穿透深度为

$$x_3 = \frac{1}{\gamma_3}, \quad x_2 = \frac{1}{\gamma_2} \qquad (8\text{-}9)$$

穿透深度的存在相当于增大了芯层厚度，于是 TE 模的有效芯层厚度为

$$b_{\mathrm{eff}} = b + x_2 + x_3 = b + \frac{1}{\gamma_2} + \frac{1}{\gamma_3} \qquad (8\text{-}10)$$

对于 TM 导模：

$$z_2 = \frac{\mathrm{d}\phi_{12}}{\mathrm{d}\beta} = \frac{\mathrm{d}}{\mathrm{d}\beta}(\tan^{-1}T_2) = \frac{n_1^2 n_2^2(\gamma_1^2+\gamma_2^2)}{\gamma_2(n_2^4\gamma_1^2+n_1^4\gamma_2^2)}\frac{\beta}{\gamma_1}$$

$$= \frac{n_1^2 n_2^2(\gamma_1^2+\gamma_2^2)}{\gamma_2(n_2^4\gamma_1^2+n_1^4\gamma_2^2)}\frac{k_0 n_1 \sin\theta_1}{k_0 n_1 \cos\theta_1} \qquad (8\text{-}11)$$

即

$$z_2 = \frac{n_1^2 n_2^2(\gamma_1^2+\gamma_2^2)}{\gamma_2(n_2^4\gamma_1^2+n_1^4\gamma_2^2)}\tan\theta_1 = \frac{\varepsilon_1^2 + \varepsilon_2^2 T_2^3}{\gamma_2\varepsilon_1\varepsilon_2(1+T_2^2)}\tan\theta_1 \qquad (8\text{-}12)$$

同理，

$$z_3 = \frac{n_1^2 n_3^2(\gamma_1^2+\gamma_3^2)}{\gamma_3(n_3^4\gamma_1^2+n_1^4\gamma_3^2)}\tan\theta_1 = \frac{\varepsilon_1^2 + \varepsilon_3^2 T_3^2}{\gamma_3\varepsilon_1\varepsilon_3(1+T_3^2)}\tan\theta_1 \qquad (8\text{-}13)$$

将式(8-12)、式(8-13)代入式(8-5)，可得 TM 导模在上下包层的穿透深度为

$$z_4 = \frac{n_1^2 n_3^2(\gamma_1^2+\gamma_3^2)}{\gamma_3(n_3^4\gamma_1^2+n_1^4\gamma_3^2)} = \frac{\varepsilon_1^2 + \varepsilon_3^2 T_3^2}{\gamma_3\varepsilon_1\varepsilon_3(1+T_3^2)} \qquad (8\text{-}14)$$

$$x_2 = \frac{n_1^2 n_2^2(\gamma_1^2+\gamma_2^2)}{\gamma_2(n_2^4\gamma_1^2+n_1^4\gamma_2^2)} = \frac{\varepsilon_1^2 + \varepsilon_2^2 T_2^2}{\gamma_2\varepsilon_1\varepsilon_2(1+T_2^2)} \qquad (8\text{-}15)$$

所以 TM 模有效波导厚度为

$$b_{\mathrm{eff}} = b + x_2 + x_3 = b + \frac{n_1^2 n_2^2(\gamma_1^2+\gamma_2^2)}{\gamma_2(n_2^4\gamma_1^2+n_1^4\gamma_2^2)} + \frac{n_1^2 n_3^2(\gamma_1^2+\gamma_3^2)}{\gamma_3(n_3^4\gamma_1^2+n_1^4\gamma_3^2)} \qquad (8\text{-}16)$$

8.2.3 消逝场

透入到第二介质中的电磁波，称为传输光的消逝场，如图 8-6 所示。

从图中可以看出传输光并没有全部限制在波导中，光场要形成穿透深度 d_c 和 d_s。消逝场以 e 指数函数形式迅速衰减，分布可以表示为

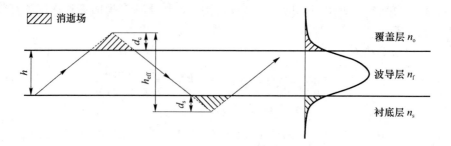

图 8-6　消逝场示意图

$$E_i = A_i \exp(-x_i/d_i), \quad i = \begin{cases} c, \ 覆盖层 \\ s, \ 衬底层 \end{cases} \tag{8-17}$$

$$d_i = (\lambda/2\pi)\left[N^2 - n_i^2 \right]^{-1/2} \tag{8-18}$$

8.2.4　光耦合器

光耦合器(coupler)就是将传输中的光信号在特殊结构耦合区进行耦合,并进行再分配的光无源器件。简言之,光耦合器就是对光信号实现分路、合路、插入和分配的光无源器件。其可以将输入的光信号分配到两个以至更多输出端口或者将两个以至更多输入的光信号耦合到一个输出端口。光耦合器与光开关不同,光耦合器不改变光路物理连接方式,而光开关可以改变光路的物理连接方式。

光耦合器按照功能不同,可以分为光功率分配器和光波长合/分耦合器(波分复用/解复用器);从端口形式上耦合器可分为 T 型和 Y 型(1×2)耦合器、树形耦合器(1×N,N>2)、星型耦合器(N×N,N>2);按传输的模式不同,光耦合器可分为多模耦合器和单模耦合器;根据耦合器是否对通过的光方向敏感而将耦合器分为定向型耦合器和非定向型耦合器;不同种类的常用耦合器示意图如图 8-7 所示。

耦合器的结构一般可以分为光纤型、微器件型和波导型。

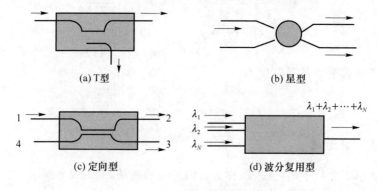

(a) T型 　　　　　　　　　　　(b) 星型

(c) 定向型 　　　　　　　　　(d) 波分复用型

图 8-7　常用光耦合器示意图

8.3 介质平板波导的分析

8.3.1 概述

介质平板波导一般不直接用做光纤通信系统的传输媒质,但介质平板波导的几何形状较为简单,如图 8-8 所示,而且它的导模和辐射模的场分布也都比较简单。介质平板波导还是各种复杂光波导的基本单元,能为条形波导和圆柱形波导(光纤)的分析打下基础,也是集成光学的基石。因此,详尽的分析平板波导非常重要。

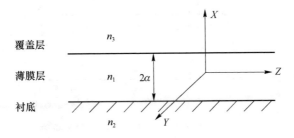

图 8-8 介质平板波导结构

介质平板波导如图 8-8 所示,它由三种材料组成。中间一层折射率为 n_1 的薄膜被称为导波层,其厚度一般为 μm 量级,可与光波长相当,导波层两侧则是折射率分别为 n_3 和 n_2 的衬底和覆盖层。由于衬底和覆盖层的厚度远大于导波层,故在理论处理时都可看作是无穷大介质。为了构成真正的波导,要求 n_1 必须大于 n_3 和 n_2。在实际波导中,导波层一般淀积在衬底材料上,而覆盖层通常是空气,因而在不失一般性情况下,可假设 $n_1 > n_3 > n_2$,如果 $n_2 = n_3$,则称该波导为对称平板波导。当 $n_2 \neq n_3$ 时,则波导是非对称的。

分析光波导的模式特性,主要有以下两种方法:几何光学方法和波动光学方法。对波导的模式特性进行分析,可以采用几何光学方法:在光纤的芯径大于入射光波波长 λ_0 时,我们可近似认为 $\lambda_0 \to 0$,即将光波看成是由一根根的光线构成的,因此,我们可利用几何光学方法来分析光线的入射、时延(色散)以及传播(轨迹)和光强分布等特性。因为光的本质是电磁波,故讨论光在波导中传播的最基本的方法便是利用电磁理论方法,也就是波动光学方法。这种方法是由麦克斯韦方程组出发推导出波动方程及亥姆霍兹方程,在边界条件确定时便可求其解。一般来说,如果想要全面、正确的分析波导的模式特性,需要采用波动理论,这样才能够给出波导模式全面、正确的解析结果。

两种分析方法各有优缺点,几何光学方法所具有的优点是:分析过程简单直观,对于某些物理概念可以给出直观的物理意义,易于理解;它的缺点是:仅仅能得出粗

糙的结果,而不能分析模式分布、模式耦合、包层模以及光场分布等种种现象。波动
光学方法的优点是:具有理论上的严谨性,没有做任何的前提近似,因此,适合用来
分析各种折射率分布的光波导;缺点是:分析过程较为复杂。

8.3.2 介质平板波导的几何光学分析

1. 光线的传播路径及分类

光线在芯层中将沿着直线传播,而在芯层与衬底,芯层与覆盖层的界面上将会
发生反射和折射的现象,如图 8-9 所示。

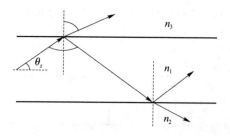

图 8-9 介质平板波导界面上的反射和折射

根据衬底与覆盖层中是否有折射光线的存在将波导中的光线分为束缚光线和
折射光线。束缚光线就是在两个界面上都能够满足全反射条件,被完全约束在芯层
内传播的光线;折射光线就是在某一个界面上或者同时在两个界面上不能满足全反
射条件,在穿过界面时进入了衬底或覆盖层中的光线。

设光在芯层和衬底及芯层和覆盖层的分界面上的全反射临界角分别为 θ_{c12} 和
θ_{c13},则有

$$\theta_{c12} = \sin^{-1}\frac{n_2}{n_1}, \quad \theta_{c13} = \sin^{-1}\frac{n_3}{n_1} \tag{8-19}$$

假设 $n_2 > n_3$,有 $\theta_{c12} > \theta_{c13}$。可知,在芯层中光线为束缚光线需要满足 $\theta_1 > \theta_{c12}$ 的
条件。θ_z 是光线与波导轴即 z 轴间的夹角,$\theta_z = 90° - \theta_1$。定义 θ_{zc} 表示全反射临界角
的余角,$\theta_{zc} = 90° - \theta_c$,那么,光线发生全反射的条件变成了 $\theta_z < \theta_{zc}$。因此入射光线称
为束缚光线的条件为

$$\theta \leqslant \theta_z < \theta_{zc12} \tag{8-20}$$

若入射光线不能够满足式(8-20),即 $\theta_z \geqslant \theta_{zc12}$,那么,光线在到达界面时将会发生
折射,沿 z 轴方向光线的能量衰减的很快。

出现折射光线有两种情形:

当

$$\theta_{zc12} \leqslant \theta_z < \theta_{zc13} \tag{8-21}$$

时只出现衬底辐射,就是衬底中存在着折射光线,但在覆盖层中并无折射光线。

当

$$\theta_{zc13} \leqslant \theta_z < \frac{\pi}{2} \tag{8-22}$$

时衬底和覆盖层中都有折射光线存在,即同时出现衬底辐射和覆盖层辐射。

总结式(8-20)~(8-22)可得:束缚光线为

$$0 \leqslant \theta_z < \cos^{-1} \frac{n_2}{n_1} \tag{8-23}$$

仅存在衬底辐射:

$$\cos^{-1} \frac{n_2}{n_1} \leqslant \theta_z < \cos^{-1} \frac{n_3}{n_1} \tag{8-24}$$

同时存在衬底辐射和覆盖层辐射:

$$\cos^{-1} \frac{n_3}{n_1} \leqslant \theta_z < \frac{\pi}{2} \tag{8-25}$$

由折射定律可知,光线在传播过程中必有 $n_j \cos \theta_{zi} = \bar{\beta}$ 是个常数,脚注 $i = 1, 2, 3$,称其为光线不变量,我们可以用光线不变量来表示上述条件。

波导中存在束缚光线的条件就变为

$$n_2 < \bar{\beta} < n_1 \tag{8-26}$$

只存在衬底辐射的条件变为

$$n_3 < \bar{\beta} < n_2 \tag{8-27}$$

同时出现衬底辐射和覆盖层辐射的条件变为

$$0 < \bar{\beta} < n_3 \tag{8-28}$$

2. 光的传播时延及时延差

光在芯层中传播速度为 $v = c/n_1$,因为光线在芯层中是沿着锯齿形状的路线进行传播的,如图 8-10 所示,所以当光线沿着 z 轴方向传播的距离为 z 时,走过的实际的路径长度则为

$$L = \frac{z}{\cos \theta_z} \tag{8-29}$$

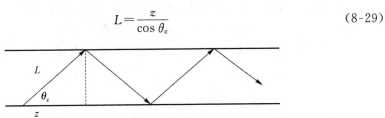

图 8-10　束缚光线的传播路径

传播这段距离所需时间为

$$t = \frac{L}{v} = \frac{n_1 z}{c \cos \theta_z} \tag{8-30}$$

光线的传播时延 τ 则为

$$\tau = \frac{t}{z} = \frac{n_1}{c \cos \theta_z} \tag{8-31}$$

若在芯层中有两条束缚光线存在,它们的传播时延将不一样,它们与 z 轴的夹角

分别 θ_{z1} 和 θ_{z2}，两条路径传播时延差 $\Delta\tau$ 为

$$\Delta\tau = |\tau_1 - \tau_2| = \frac{n_1}{c} \left| \frac{1}{\cos\theta_{z1}} - \frac{1}{\cos\theta_{z2}} \right| \tag{8-32}$$

最大时延差 $\Delta\tau_{max}$ 为

$$\Delta\tau_{max} = \frac{n_1}{c} \frac{n_1 - n_2}{n_2} \tag{8-33}$$

根据式(8-33)可知 $\Delta\tau_{max}$ 与 $(n_1 - n_2)$ 成正比，由于较大的时延差将会导致很严重的多径色散，引起光脉冲的展宽，故在实际的光波导中 $(n_1 - n_2)$ 不宜太大。光波导的衬底和覆盖层一般都是用同一种材料制作的，只是掺杂的浓度不同而已，它们的折射率差都很小。

最大时延差还可以表示为

$$\Delta\tau_{max} = \frac{n_1 \Delta}{c} \tag{8-34}$$

其中，相对折射率为

$$\Delta = \frac{n_1^2 - n_2^2}{2n_1^2} \approx \frac{n_1 - n_2}{n_1} \approx \frac{n_1 - n_2}{n_{12}} \ll 1 \tag{8-35}$$

式(8-34)的结果非常重要，可用它来计算在光波导中因多径色散所引起的光脉冲展宽的大小。

8.3.3 介质平板波导的波动光学分析

因为平板波导在 y 方向是无限延伸的，所以在平板波导中电磁场量并不是 y 的函数，电磁场方程的形式较为简洁。

对于角频率为 ω 的正弦电磁场，麦克斯韦方程组的第一和第二个方程如下：

$$\nabla \times \boldsymbol{H} = j\omega\varepsilon\boldsymbol{E}, \quad \nabla \times \boldsymbol{E} = j\omega\mu_0 \boldsymbol{H} \tag{8-36}$$

在直角坐标系中，我们可以将上面的两个方程改写成以下标量形式：

$$\frac{\partial H_z}{\partial y} - \frac{\partial H_y}{\partial z} = j\omega\varepsilon E_x, \quad \frac{\partial H_x}{\partial z} - \frac{\partial H_z}{\partial x} = j\omega\varepsilon E_y$$

$$\frac{\partial H_y}{\partial x} - \frac{\partial H_x}{\partial y} = j\omega\varepsilon E_z, \quad \frac{\partial H_z}{\partial y} - \frac{\partial E_y}{\partial z} = -j\omega\mu_0 H_x$$

$$\frac{\partial E_x}{\partial z} - \frac{\partial E_z}{\partial x} = -j\omega\mu_0 H_y, \quad \frac{\partial E_y}{\partial x} - \frac{\partial E_x}{\partial y} = -j\omega\mu_0 H_z \tag{8-37}$$

假设光波沿着 z 轴方向传播，那么，所有的场分量均可写成如下形式：

$$\psi(x,z) = \psi(x) e^{-j\beta z} \tag{8-38}$$

因而必有 $\partial\psi/\partial y = 0, \partial\psi/\partial z = -j\beta\psi$。故式(8-37)中的 6 个方程可以写成：

$$\beta E_y = -\omega\mu_0 H_x \tag{8-39}$$

$$\frac{dE_y}{dx} = -j\omega\mu_0 H_z \tag{8-40}$$

$$j\beta H_x + \frac{\mathrm{d}H_z}{\mathrm{d}x} = -j\omega\varepsilon E_y \tag{8-41}$$

$$\beta H_y = \omega\varepsilon E_x \tag{8-42}$$

$$\frac{\mathrm{d}H_y}{\mathrm{d}x} = j\omega\varepsilon E_z \tag{8-43}$$

$$j\beta E_x + \frac{\mathrm{d}E_z}{\mathrm{d}x} = -j\omega\mu_0 H_y \tag{8-44}$$

在式(8-39)~(8-41)中只有 E_y、H_x、H_z 这 3 个电磁场分量,由这 3 个方程可知电场强度与光波传播方向是垂直的,但磁场强度与光波传播方向并不是垂直的,故它就是沿 z 轴方向传播的 TE 波(或 TE 模)的场方程。在式(8-42)~(8-44)中也仅含有 H_y、E_x、E_z 三个电磁场分量,由这 3 个方程可知磁场强度与光波的传播方向是垂直的,但电场强度与光波传播方向并不垂直,故它就是沿 z 轴方向的 TM 波(或 TM 模)的场方程。

1. TE 模

将式(8-40)两边对 x 求导,并将式(8-39)和(8-41)代入,可以得到

$$\frac{\mathrm{d}^2 E_y}{\mathrm{d}x^2} + (k_0^2 n^2 - \beta^2)E_y = 0 \tag{8-45}$$

其中,$k_0^2 = \omega^2\mu_0\varepsilon_0$,$n^2 = \varepsilon_r$。为使电磁波能量能够集中在波导的芯层中,方程(8-45)在芯层、衬底、覆盖层中的解可以分别写成:

$$E_{1y} = E_1\cos(k_x x - \phi)\mathrm{e}^{-j\beta z}, \quad |x| \leqslant a \tag{8-46}$$

$$E_{2y} = E_2\mathrm{e}^{a_2(x+a)}\mathrm{e}^{-j\beta z}, \quad x < -a \tag{8-47}$$

$$E_{3y} = E_3\mathrm{e}^{a_3(x-a)}\mathrm{e}^{-j\beta z}, \quad x > a \tag{8-48}$$

其中,E_1、E_2、E_3 是 3 个积分常数,k_x、α_2、α_3、β 都是场量的特征常数,k_x 是芯层中场量在 x 方向上的相位常数,而 α_2、α_3 则分别是衬底和覆盖层中场量沿 x 方向的衰减常数。将方程(8-45)的解写成式(8-46)~(8-48)就意味着在波导的芯层中场量在 x 方向上呈驻波分布,解式中的 k_x 和 φ 一起决定着驻波场的场量的波节与波腹的位置,而 xk 则决定着相邻的两波节之间的距离。在衬底与覆盖层中场量随着离开界面的距离按照指数规律迅速的衰减,而 α_2 和 α_3 则决定着场量衰减的速度。此种场结构可以保证光集中在芯层及芯层与衬底及覆盖层的界面附近的薄层中沿着 z 轴方向进行传播,这便是光波导中的传播模式(或导波模式)。

对比式(8-45)~(8-48),便可得到场量的特征参量 k_x、α_2、α_3、β 与各层介质的折射率 n_1、n_2、n_3 之间的关系,即

$$k_x^2 + \beta^2 = k_0^2 n_1^2 \tag{8-49}$$

$$-\alpha_2^2 + \beta^2 = k_0^2 n_2^2 \tag{8-50}$$

$$-\alpha_3^2 + \beta^2 = k_0^2 n_3^2 \tag{8-51}$$

将式(8-46)~(8-48)中的 E_y 代入式(8-39)、式(8-40),就可以得到 3 个区域中

的磁场分量 H_{1x}、H_{2x}、H_{3x} 及 H_{1z}、H_{2z}、H_{3z}，即

$$\begin{cases} H_{1x} = \dfrac{\beta}{\omega\mu_0} E_{1y} \\[2mm] H_{2x} = -\dfrac{\beta}{\omega\mu_0} E_{2y} \\[2mm] H_{3x} = -\dfrac{\beta}{\omega\mu_0} E_{3y} \end{cases} \tag{8-52}$$

$$\begin{cases} H_{1z} = \dfrac{k_x x}{j\omega\mu_0} E_{1y} \sin(k_x x - \phi) e^{-j\beta z} \\[2mm] H_{2z} = -\dfrac{\alpha_2}{j\omega\mu_0} E_{2y} \\[2mm] H_{3z} = -\dfrac{\alpha_3}{j\omega\mu_0} E_{3y} \end{cases} \tag{8-53}$$

式(8-46)~(8-48)中的 3 个积分常数，即场量的振幅值 E_1、E_2、E_3 是由 $x = \pm a$ 面上的电磁场边界条件和输入功率共同决定的。

由电磁场边界条件可得：

· 在 $x = -a$ 面上，$E_{1y} = E_{2y}$，$H_{1z} = H_{2z}$；

· 在 $x = a$ 面上，$E_{1y} = E_{3y}$，$H_{1z} = H_{z3}$。

将式(8-46)~(8-48)中的 E_{1y}、E_{2y}、E_{3y} 及式(8-51)、式(8-52)中的 H_{1z}、H_{2z}、H_{2z} 代入上述边界条件，可以得到：

$$E_1 \cos(k_x a + \phi) = E_2 \tag{8-54}$$

$$E_1 K_x \sin(k_x a + \phi) = E_2 \alpha_2 \tag{8-55}$$

$$E_1 \cos(k_x a - \phi) = E_3 \tag{8-56}$$

$$E_1 K_x \sin(k_x a - \phi) = E_3 \alpha_3 \tag{8-57}$$

上述 4 个方程规定了 E_1、E_2、E_3 之间的关系，如果需要完全确定它们，还需要知道波导的输入功率。

从式(8-54)~(8-57)中消去 E_1、E_2、E_3 可以得到：

$$k_x a + \phi = \tan^{-1}\frac{\alpha_2}{k_x} + p\pi$$

$$k_x a - \phi = \tan^{-1}\frac{\alpha_{23}}{k_x} + q\pi$$

其中，$p = 0$、1、$2\cdots$，$q = 0$、1、$2\cdots$，将以上两式分别进行相加、相减运算，便可以得到：

$$k_x d = \tan^{-1}\frac{\alpha_2}{k_2} + \tan^{-1}\frac{\alpha_3}{k_x} + m\pi \tag{8-58}$$

$$\phi = \frac{1}{2}\tan^{-1}\frac{\alpha_2}{k_2} - \frac{1}{2}\tan^{-1}\frac{\alpha_3}{k_x} + \frac{n\pi}{3} \tag{8-59}$$

其中，$d = 2a$ 是波导芯层的厚度，$m = p + q = 0$、1、$2\cdots$，$n = p - q = \cdots$、-1、0、1、$2\cdots$，实际上 n 只需要取 0 和 1 即可。在 $m = p + q$ 取偶数时，n 取 0，芯层内的场量 E_y 在 x

方向按余弦函数分布,而但 $m = p + q$ 为奇数时,n 取 1,芯层内的场量 E_y 在 x 方向按正弦函数分布。因此,可以将芯层内的场量写成以下形式:

$$E_{1y} = E_1 \cos(k_x x - \phi) e^{-j\beta z} \tag{8-60}$$

和

$$E_{1y} = E_1 \sin(k_x x - \phi) e^{-j\beta z} \tag{8-61}$$

其中,

$$\phi = \frac{1}{2} \tan^{-1} \frac{\alpha_2}{k_x} - \frac{1}{2} \tan^{-1} \frac{\alpha_3}{k_x}$$

此时式(8-60)所给的场解对应与式(8-57)中的 m 取偶数,而式(8-61)给出的场解着对应着式(8-58)中的 m 取奇数。式(8-58)称为平板波导的特征方程,将它和式(8-49)~(8-51)联立求解,便可求得场量的 4 个特征参量 k_x、α_2、α_3、β,求出 k_x、α_2、α_3、β 以后即可求得 φ,从而得到 TE 模的场量。

2. TM 模

利用相同的方法,也可以求得式(8-42)~(8-44)在波导中的解,即 TM 模的电磁场分量,求得其横向电磁场的表达式为

$$H_{1y} = H_1 \begin{Bmatrix} \cos(k_x x - \phi) \\ \sin(k_x x - \phi) \end{Bmatrix} e^{-j\beta z}, \quad |x| \leqslant a \tag{8-62}$$

$$H_{2y} = H_2 e^{\alpha_2(x+a)}, \quad |x| \leqslant a \tag{8-63}$$

$$H_{3y} = H_3 e^{\alpha_3(x-a)}, \quad |x| > a \tag{8-64}$$

TM 模式的本征方程为

$$k_x d = \tan^{-1} \frac{\alpha_2 n_1^2}{k_x n_2^2} + \tan^{-1} \frac{\alpha_3 n_1^2}{k_x n_3^2} + m\pi \tag{8-65}$$

$$\phi = \frac{1}{2} \left(\tan^{-1} \frac{\alpha_2 n_1^2}{k_x n_2^2} - \tan^{-1} \frac{\alpha_3 n_1^2}{k_x n_3^2} \right) \tag{8-66}$$

其中,$m = 0, 1, 2 \cdots$。

3. 传播模和辐射模

在特征方程式(8-58)和式(8-65)中,模式序数 m 均可以取 $0, 1, 2 \cdots$ 一系列的整数。这表示在波导中存在着很多的 TE 模和 TM 模,但这并不是说这些模式均可以在波导中传播。如果特征参量 α_2 和 α_3 都是正实数,z 轴方向的相位常数 β 肯定也是正实数,这就表明场量在 z 轴方向上呈无衰减的正弦行波特性。然而,在衬底和覆盖层中,场量将会随着离开芯层表面的距离按照指数规律迅速的衰减。所以,我们就称这样的模式为传播模式(或导波模式)。若 α_2 和 α_3 中有一个是虚数,或者两个均是虚数,那么,在衬底或覆盖层中,场量在 x 轴方向上将会呈行波的特性,即场量在向 z 轴方向传播的同时还在衬底或覆盖层中形成 x 轴方向的辐射。显然这种模式不可能沿 z 轴方向传播很长的距离,所以我们称这种模式为辐射模式。

由式(8-50)、式(8-51)可以看到:$\alpha_2^2 = \beta^2 - k_0^2 n_2^2$,$\alpha_{23}^2 = \beta^2 - k_0^2 n_3^2$。如果,$n_2 > n_3$,在

β、k_0 值相同的条件下，α_2 有可能就会成为虚数，即首先会出现衬底辐射。而 β、α_2、α_3 都是正实数的条件是

$$k_0 n_2 < \beta < k_0 n_1 \tag{8-67}$$

这就是传播模式(或导波模式)相位常数的取值范围,这与几何光学分析方法得出的结果是完全一致的。

如果 $\beta < k_0 n_2$,则 α_2 成为虚数,这时电磁场即成为辐射模。即辐射条件为

$$0 < \beta < k_0 n_2 \tag{8-68}$$

值得注意的是,对辐射模,β 可以连续取值,也就是说辐射模谱是连续的,但是导波模的 β 只能取离散的值,即传播模或导波模谱是离散的。

波导中的任何可以存在的电磁场总是可以表示为若干个 TE 模式和 TM 模式以及具有连续谱的辐射模的叠加。

4. 导波场分布

这里,我们以 TE 模为例,对电场分量 E_y 的分布特点给予定性的讨论。首先讨论 TE$_0$ 模,在波导中,其 E_y 分量在 x 方向的分布函数具有以下特点:

$$E_y \propto \cos(k_x x - \phi) \tag{8-69}$$

由特征方程(8-58),但 $m=0$ 时,有

$$k_x = \frac{\phi_2 + \phi_3}{2\alpha}, \quad \phi = \frac{\phi_2 - \phi_3}{2} \tag{8-70}$$

其中,$\varphi_2 = \tan^{-1}(\alpha_2/k_x)$,$\varphi_{32} = \tan^{-1}(\alpha_3/k_x)$,$E_y$ 的分布函数则为

$$E_y \propto \cos\left(\frac{\phi_2 + \phi_3}{2\alpha} x - \frac{\phi_2 - \phi_3}{2}\right) \tag{8-71}$$

由上式可知,当 $x=\alpha$ 时,$E_y \propto \cos\phi_3$;当 $x=-\alpha$ 时,$E_y \propto \cos\phi_2$;当 $(\phi_2+\phi_3/2\alpha)x = (\phi_2-\phi_3)/2$时,即 $x_m=(\varphi_2-\varphi_3)\alpha/(\varphi_2+\varphi_3)$ 时 E_y 达到最大,而且只有一个极大点,没有场量为零的点。在 $n_2 > n_3$ 条件下,$\alpha_2 < \alpha_3$,$\phi_2 < \phi_3$,这时 $x_m < 0$,这说明场量 E_y 的最大值出现在 $x < 0$ 区域,即靠衬底一侧。

对于 TE1 模,其场分量 E_y 的分布函数为

$$E_y \propto \sin\left(\frac{\phi_2 + \phi_3 + \pi}{2\alpha} x - \frac{\phi_2 - \phi_3}{2}\right) \tag{8-72}$$

由上式可知,在 $-a < x < a$ 范围内,场量的相位变化为 $k_x 2a = \varphi_2 + \varphi_3 + \pi$。在 $x=-a$ 时场量的相位因子为 $-\pi/2 - \phi_2$,在 $x=a$ 时场量的相位因子为 $\pi/2 + \phi_3$,所以在 $-a < x < a$ 区域,场量在 $(\varphi_2+\varphi_3+\pi)x/(2\alpha) - (\varphi_2-\varphi_3)/2 = \pm\pi/2$ 时达到极大。这说明在 x 方向上场量 E_y 有两个极大点,在 $(\varphi_2+\varphi_3+\pi)x/(2\alpha) - 0$ 时场量为零,也就是说在 x 方向上有一个零点。

对于 TE2 模,其场分量 E_y 的分布函数为

$$E_y \propto \cos\left(\frac{\phi_2 + \phi_3 + \pi}{2\alpha} x - \frac{\phi_2 - \phi_3}{2}\right) \tag{8-73}$$

采用相同的方法,可看到场量 E_y 在 $-a<x<a$ 区域有三个极大点和两个零点。推而广之,模式序数 m 表示场量 E_y 在芯层中取零值的个数或者 H_z 在芯层中取极大值的个数。也就是芯层内场量驻波分布的"完整的半驻波"数。

所有各类模式的场量在芯层之外的区域,沿 x 轴方向,都按离开芯层表面的距离呈指数衰减分布。α_2、α_3 决定了衰减的速度,由于 $n_2>n_3$、$\alpha_2<\alpha_3$,所以场量在覆盖层中衰减比在衬底中衰减的要快。α_2、α_3 都随工作波长 λ 变化,λ 小,k_0 大,则 α_2、α_3 大,波在覆盖层和衬底中就衰减得更快。一个极端的情形是,当 $0\rightarrow\lambda$,$k_0\rightarrow\infty$ 时 α_2、α_3 $\rightarrow\infty$,电磁场完全集中在芯层中,这就是几何光学情形。

8.3.4　矩形波导的波动光学分析

波导模式的特征方程是超越方程,不可能从中得到传播常数的解析表达式。实际中的波导大多在 x 和 y 方向都受到限制,属于二维限制的三维波导。条形波导是常见的三维波导,而条形波导中最基本的结构是矩形波导,其他结构更加复杂的条形波导可以借助于近似方法转化成等效矩形波导或等效平板波导进行分析。下面将分别应用马卡提里法和有效折射率法分析矩形波导的模式特性。

1. 矩形波导的马卡提里近似

矩形波导的等效截面图如图 8-11 所示,a、b 为波导芯层宽度和厚度,以芯层中心为坐标系远点,把截面分成九个区,各区折射率为常数,因此矩形波导折射率属于阶跃分布。除了四个阴影区,在其他五个区中,芯区介电常数 ε_1 比四包层介电常数大。

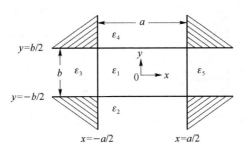

图 8-11　矩形波导界面

（1）因四个阴影区中光传输功率极小,即电磁场极弱,可以忽略。只考虑剩下五个区、芯区周围分界面的边界条件。每个区的波数用 k_i 表示,$k_i=|\mathbf{k}_i|$,波矢量沿 x、y、z 方向的分量分别为 k_{ix}、k_{iy}、k_{iz},因此有

$$k_i^2=k_{ix}^2+k_{iy}^2+k_{iz}^2=k_0^2\varepsilon_i,\quad i=1,2,3,4,5 \tag{8-74}$$

波矢量在界面沿切线方向连续,由 k_{iz} 连续得

$$k_{1z}=k_{2z}=k_{3z}=k_{4z}=k_{5z}=kz \tag{8-75}$$

由 k_{ix} 在界面 $y = \pm b/2$ 连续,得

$$k_{1x} = k_{2x} = k_{4x} = k_x \qquad (8-76)$$

由 k_{iy} 在界面 $x = \pm a/2$ 连续,得

$$k_{1y} = k_{3y} = k_{5y} = k_y \qquad (8-77)$$

(2) 大部分光能量集中在波导芯层,波导中的电磁场也得到简化。此时电磁场分量集中在波导横截面上,其波形接近横电磁模(TEM 模)。

矩形波导中不再有 TE 和 TM 模,而存在这两种基本模式:一种是电磁场主要分量,为 H_y 和 E_x,H_y 很小,可认为 $H_y = 0$,这时电场主要沿 y 方向偏振,这种模式称为 E_{mn}^y 模;另一种是电磁场主要分量为 H_y 和 E_x,E_y 很小,可认为 $E_y = 0$,电场主要沿 x 方向偏振,这种模式称为 E_{mn}^x 模。

这种近似称为马卡提里近似。马卡提里近似把矩形波导转化为在 x,y 方向上的两个平板波导,再分离变量,将矩形波导满足的亥姆霍兹方程分解为在 x,y 方向上,两个平板波导满足的亥姆霍兹方程。特定边界条件下求解,可得 x,y 方向上场分布及特征方程。

2. 矩形波导的有效折射率法

马卡提里法一般适用于远截止情况。在波导器件的实际应用中,通常要求波导芯层中只传输基模,而使高阶导模截止,具有这种结构尺寸的波导称为单模波导。在设计和制作单模波导时,其波导芯厚度不能大于一阶导模的截止厚度,否则将有多个模式的导模存在于波导芯层中,成为多模波导。本节介绍一种具有更广泛的应用价值,用来讨论矩形波导的传输特性,计算其单模传输条件的方法:有效折射率法。

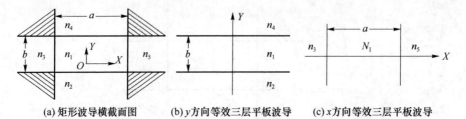

(a) 矩形波导横截面图   (b) y 方向等效三层平板波导   (c) x 方向等效三层平板波导

图 8-12   有效折射率法近似

矩形波导的横截面如图 8-12(a)所示,a、b 为芯层宽度和厚度,m 为芯区折射率,n_2,n_3,n_4,n_5 为四周包层折射率。有效折射率法指的是,将矩形波导等效成 x 方向的三层平板波导,如图 8-12(c)所示。我们以 E_{mn}^y 导模为例说明等效平板波导的折射率 n_3,N_1,n_5 如何确定。

(1) 把芯区在 $\pm x$ 方向延展至无限大,形成一个在 y 方向折射率为 n_2,n_1,n_4,芯层厚度为 b 的非对称三层平板波导,如图 8-12(b)所示。该平板波导有效折射率 N_1,由非对称三层平板波导 TM 导模特征方程求出:

$$k_0(n_1^2-N_1^2)^{1/2}b=n\pi+\tan^{-1}\frac{(N_1^2-n_2^2)^{1/2}}{(n_1^2-N_1^2)^{1/2}}+\tan^{-1}\frac{(N_1^2-n_4^2)^{1/2}}{(n_1^2-N_1^2)^{1/2}},\quad n=0,1,2,\cdots$$

$$(8\text{-}78)$$

把 N_1 作为 x 方向等效平板波导芯层折射率,其两侧包层折射率为原矩形波导左右包层折射率 n_3 和 n_5。

(2) E_{mm}^y 导模电场主要沿 x 方向偏振,对于 x 方向的等效平板波导而言,相当于 TE 偏振。则等效平板波导的有效折射率 N 可知,由非对称三层平板波导 TE 导模特征方程求出:

$$k_0(N_1^2-N^2)^{1-2}\alpha=m\pi+\tan^{-1}\frac{N_1^2(N_1^2-n_3^2)^{1/2}}{n_3^2(N_1^2-N^2)^{1/2}}+\tan^{-1}\frac{N_1^2(N_1^2-n_{35}^2)^{1/2}}{n_5^2(N_1^2-N^2)^{1/2}}$$

$$(m=0,1,2,\cdots)$$

$$(8\text{-}79)$$

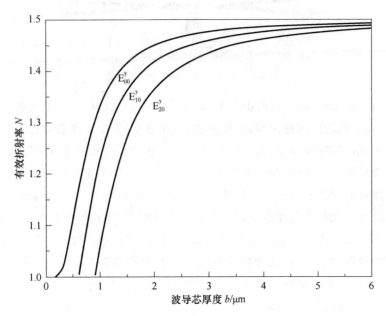

图 8-13 矩形波导导模 E_{mn}^y 有效折射率

根据以上介绍的有效折射率法,举例说明如何确定波导单模条件。把 N 作为原矩形波导 E_{mn}^y 导模有效折射率。令 $n_1=1.5$,$n_2=n_3=n_4=n_5=1$,$a=2b$,E_{mn}^y 导模有效折射率 N 计算结果,如图 8-13 所示。其中,横坐标 b 为波导芯厚度,纵坐标 N 为矩形波导有效折射率。设定好波导芯/包层折射率,芯区宽度和厚度之比,可得到有效折射率和芯层厚度的关系曲线,从而确定单模传输条件。

8.4 熔融拉锥型(FBT)光分路器

8.4.1 FBT原理

根据消逝场的原理,单模光纤传导光信号的时候,光的能量并不完全是集中在纤芯中传播,有少量是通过靠近纤芯的包层中传播的,也就是说,在两根光纤的纤芯足够靠近的话,在一根光纤中传输的光的模场就可以进入另外一根光纤,光信号在两根光纤中得到重新的分配。熔融拉锥法就是依据这种机理来制作光分路器的。

图 8-14 光纤熔融拉锥过程示意图

大致过程就是将两根(或两根以上)除去涂覆层的光纤以一定的方法靠扰,在高温加热下熔融,同时向两侧拉伸,光纤变细,相互靠近,发生了耦合,最终在加热区形成双锥体形式的特殊波导结构,如图 8-14 所示。由于常规单模光纤中大约有 20% 的光是靠包层传输的,光纤变细就有更多的能量分布于光纤纤芯线之外,通过控制光纤扭转的角度和拉伸的长度来控制光纤间的耦合程度,可得到不同的分光比例。最后把拉锥区用固化胶固化在石英基片上插入不锈铜管内,这就是光分路器。这种生产工艺因固化胶的热膨胀系数与石英基片、不锈钢管的不一致,在环境温度变化时热胀冷缩的程度就不一致,此种情况容易导致光分路器损坏,尤其把光分路放在野外的情况更甚,这也是此种熔融拉锥光分路容易损坏得最主要原因。对于多路数的分路器生产可以用多个二分路器组成。

8.4.2 FBT型光分路器制作工艺

实际生产中熔融拉锥技术具体工艺过程如图 8-15 所示,是将两根或多根光纤捆在一起,然后在拉锥机上熔融拉伸,并实时监控分光比的变化,分光比达到要求后结束熔融拉伸,其中一端保留一根光纤(其余剪掉)作为输入端,另一端则作多路输出端。

目前成熟的拉锥工艺一次只能拉 1×4 以下。1×4 以上器件,则用多个 1×2 连接在一起,例如,1×8 可以由 7 个 1×2 构成,然后再封装即可,如图 8-16 所示。

拉锥后的产品放入封装台进行石英圆管的点胶固定,穿入钢管再进行第二次固

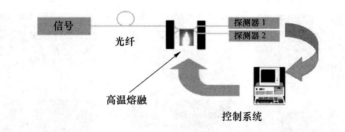

图 8-15　熔融拉锥(FBT)光分路器拉锥工艺

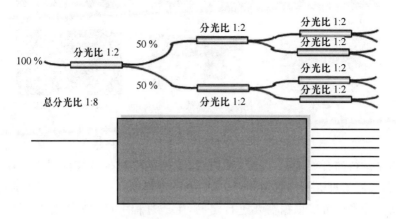

图 8-16　1×8 的光分路器

胶;再进行温度循环和相关的产品性能指标测试;测试合格的产品进行模块盒装配;加装连接接头,对端面进行研磨;研磨完毕要进行测试;测试合格产品入库和发货。一般分路器的封装形式有盒式、多路盒式和钢管式,如图 8-17 所示。完整的封装工艺流程如图 8-18 所示。

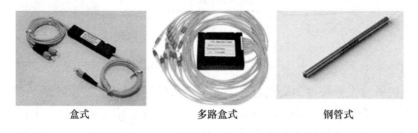

盒式　　　　　　　多路盒式　　　　　　钢管式

图 8-17　不同封装形式的 FBT 分路器

8.4.3　熔融拉锥型光分路器特点

　　熔融拉锥型光分路器已有二十多年的历史和经验,设备和工艺非常成熟,生产制造过程只需沿用而已,开发经费只有 PLC 的几十分之一甚至几百分之一。其次生

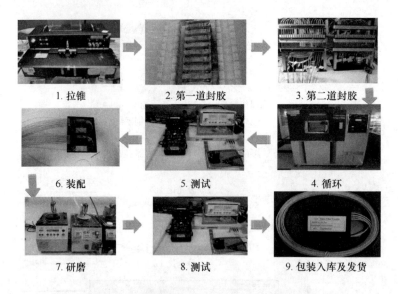

图 8-18 熔融拉锥型分路器生产工艺流程

产需要的原材料如石英基板、光纤、热缩管、不锈钢管和少些胶都很容易获取,成本低,机器和仪器的投资折旧费用相对 PLC 生产过程少。1×2、1×4 等少通道分路器成本较低。分光比可以根据需要进行定制,生产过程中可以实时监控,可以制作不等分光分路器如图 8-19 所示。

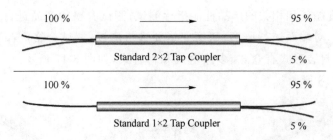

图 8-19 不等分光分路器

熔融拉锥型光分路器的缺点首先是 FBT 分路器损耗对光波长敏感,一般需要根据工作波长来选用器件,这在 FTTx 三网合一使用场景中是有非常致命的缺陷,因为在三网合一系统中传输的光信号有 1 310 nm、1 490 nm、1 550 nm 等多种波长信号。其次 FBT 型光分路器分光均匀性较差,1×4 等分型 FBT 分路器标称最大相差 1.5 dB 左右,1×8 型以上相差更大。不能确保均匀分光,可能会影响整体传输距离。再次 FBT 分路器的插入损耗随温度变化量大;最后因为多路数分路器(如 1×16,1×32)需要多次级联来实现,体积比较大,可靠性差,安装空间也受到限制。

8.5 平面波导型光分路器

8.5.1 平面波导型光分路器概述

1. 构造

平面波导(PLC)光分路器主要由两部分组成,如图 8-20 所示。一部分是利用半导体工艺光刻、腐蚀、显影等技术制作的光波导分支芯片,光波导阵列位于芯片的上表面,分路功能在芯片上完成目前可以在一块芯片上实现 1×32 以上的分路另一部分是耦合封装在芯片输入端和输出端的多通道光纤阵列。

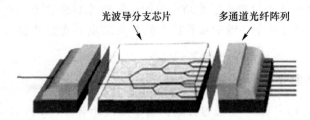

图 8-20 PLC 光分路器结构示意图 多通道光纤阵列光波导分支芯片

2. 分光原理

PLC 分路器利用 Y 型分支波导实现光功率分配。Y 型分支波导作为集成光学中重要的光波导器件单元,广泛应用于光开关、光功率分支器、一干涉型光调制器等器件。其进行功率分配的基本原理是基于图 8-21 所示的模式变化。

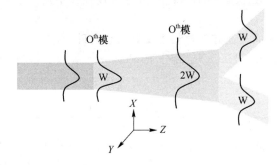

图 8-21 Y 分支波导结构示意图

光线从 Y 分支波导的入射端进入,入射光在该单模波导中只存在一个模式——基模(0 阶模)。当该 0 阶模到达锥形区域时,由于这里的波导结构并没有发生明显变化,因此仍然保持 0 阶模的形态。当该 0 阶模继续在锥形区域中传播时,虽然波导宽度不断增大到,但由于锥形区域宽度增加缓慢,在每个点,都可以近似认为满足场的连续性条件,所以并不会激发起高阶模,只是 0 阶模的模场宽度随着波导的宽度不断增大。这时,只要两个单模输出波导的对称性良好,就能等分 3 dB 输入光强。

3. 特点

与熔融拉锥型分路器相比,平面波导光分路器的优点主要有:

① 传输损耗小,损耗对传输光波长不敏感,可以满足不同波长的传输需要;

② 分光均匀,可以将光信号均匀分配给用户;

③ 结构紧凑,体积小,可以直接安装在现有的各种交接箱内,不需特殊设计,不用预留很大的安装空间;

④ 单只器件分路通道很多,可以达到 32 路以上;

⑤ 多路成本低,分路数越多,成本优势越明显。

由此可见,平面波导分路器优点突出。然而,光波导分支芯片的制作工艺比较复杂,技术门槛较高,目前仅少数企业能掌握核心技术。

PLC 光分路器制作过程除了光功率分配波导芯片制造这个关键步骤之外,光纤阵列制作和封装是另两个关键的步骤。它们共同决定了光分路器的生产技术、效率和质量。

8.5.2 平面光波导的材料

平面光波导(PLC)技术是通过控制折射率来设计器件,而折射率直接由材料来决定。材料的损耗指标决定了器件的整体性能和集成度,材料的固化时间决定了器件的工艺效率,材料的特性决定了器件的功能,故材料是制备平面光波导器件的基础,材料的选择是 PLC 制造的关键。波导材料最基本的要求为热稳定性与常规制作工艺相容,单模信道光波导折射率精确可控,在 $1.3~\mu m$、$1.55~\mu m$ 和 $0.85~\mu m$ 的波长上损耗低,在 $850~nm$ 波长处的损耗应在 $0.1\sim0.3~dB/cm$,更为严格的标准是在 PCB 中的光波导线路长为几十厘米的情况下,波导传输损耗不能大于 $0.1~dB/cm$,具有良好的固化加工性。

目前用来制作平面光波导的材料主要有二氧化硅(SiO_2)、绝缘硅(SOI)、Ⅲ-Ⅴ族半导体化合物、铌酸锂($LiNbO_3$)与高分子(Polymer)等数种材料,各种材料波导特性如表 8-1 所示。

表 8-1　PLC 材料特性

材料	折射率 @1 550 nm	芯层/包层 折射率差	损耗@1 550 nm (dB/cm)	耦合损耗 (dB/端面)
$LiNbO_3$	2.2	$0\sim0.5\%$	0.5	1
InP	3.2	$0\sim3\%$	3	5
SiO_2	1.45	$0\sim4\%$	0.05	0.25
SOI	3.5	70%	0.1	0.5
Polymer	$1.3\sim1.7$	$0\sim35\%$	0.1	0.1
Glass	1.45	$0\sim0.5\%$	0.05	0.1

各种材料制作的波导结构如图 8-22 所示。铌酸锂波导是通过在铌酸锂晶体上

扩散 Ti 离子形成波导,波导结构为扩散型。InP 波导以 InP 为衬底和下包层,以 InGaAsP为芯层,以 InP 或者 InP/空气为上包层,波导结构为掩埋脊形或者脊形。二氧化硅波导以硅片为衬底,以不同掺杂的 Si 材料为芯层和包层,波导结构为掩埋矩形。SOI 波导是在 SOI 基片上制作,衬底、下包层、芯层和上包层材料分别为 Si、SiO_2、Si 和空气,波导结构为脊形。聚合物波导以硅片为衬底,以不同掺杂浓度的 Polymer 材料为芯层,波导结构为掩埋矩形。玻璃波导是通过在玻璃材料上扩散 Ag 离子形成波导,波导结构为扩散型。

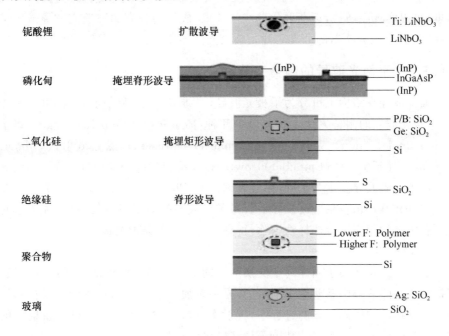

图 8-22　PLC 光波导常用材料及结构

$LiNbO_3$ 材料在电光调制器方面具有较大优势。InP 则主要用于有源无源器件的集成。SOI 是光波导与 MEMS 混合集成的优良平台。SiO_2 材料稳定度好,其折射率与厚度控制皆较容易则在无源器件制备上有较大的优势。

聚合物在制备光电子器件方面具有独特的优势。聚合物波导的热光系数比无机材料大很多,适合于制备聚合物热光开关,可降低器件功耗。聚合物光波导器件有丰富的制备工艺和较好的多类型衬底兼容性,可以把激光器、调制器等集成到一个芯片上,其良好的柔韧性可用于垂直和平面器件的互联。同时聚合物的灰度曝光和梯度刻蚀为纵向的三维空间集成和立体集成以及全聚合物柔性光波导器件带来了广阔前景。

玻璃的折射率与光纤接近,具有很高的透光性和均匀性,价格低廉,是一种优质的光学材料。玻璃光波导的传输损耗和耦合损耗低,而且制作技术成熟,成本低廉,不仅是传统光学系统设计的首选材料,也是一种重要的集成光学基片材料。采用离子交换工艺在玻璃基片上制作的集成光学器件具有一些独特性质,包括传输损耗低,易于掺杂高浓度稀土离子,与光纤的光学特性匹配,耦合损耗小,环境稳定性好,易于集成,成本低廉,适合于大批量、低成本集成光学器件的制作等。目前,制备光波导的玻璃主要有硅酸盐玻璃(Silicate Glass)和磷酸盐玻璃(Phosphate Glass)。硅酸盐材料具有较小的光纤耦合损耗,主要应用于光波导无源器件等,相关的技术较为成熟,已投入实际应用中。在有源光波导放大器中,磷酸盐玻璃因为其较高的掺杂浓度,可以实现高增益,逐渐取代硅酸盐玻璃,成为制备有源玻璃光波导放大器的主体材料,PLC 光分路器的分支芯片是玻璃光波导器件。

8.5.3 平面光波导的制备工艺

平面光波导在结构上可分为平板光波导(二维光波导)和条形光波导(三维光波导)。平板光波导的制备方法主要有以下几种:离子交换法(Ion Exchange)、离子注入法(Ion Implantation)、杂质扩散法(Impurity Diffusion)、磁控溅射法(Magnetic Sputtering)、外延生长法(Epitaxial Growth)以及溶胶凝胶(Sol-gel)。条形光波导的制备是以平板光波导技术为基础,通过光刻技术(Photolithography)和激光直写技术(Laser Direct Writing)在平板波导上获得条形波导的图案,然后经过刻蚀工艺对表面光刻胶图案的薄膜进行选择性去除,得到最终尺寸的条形光波导。

1. 离子交换法

离子交换法是借助于固体离子交换剂中的离子与稀溶液中的离子进行交换,以达到提取或去除溶液中某些离子的目的,是一种属于传质分离过程的单元操作。在使用离子交换法制作光波导的过程中,折射率是形成波导的关键条件。折射率的变化与交换离子的原子大小尺寸和电子位移极化率有关。

如图 8-23 所示,SiO_2 衬底中掺杂了 Na,将衬底加热到 300 ℃,Na 离子在电场的作用下向阴极移动。衬底的表面浸渍在熔融的硝酸铊中,部分 Na 离子会与 Ti 离子发生交换,从而使衬底的上表层折射率变高。

离子交换法制备的光波导传输损耗低,易于掺杂高浓度的稀土离子,与光纤特性匹配,耦合损耗小,稳定性好,易于集成,成本低廉,非常适合于大批量、低成本集成光学器件的制作。

2. 离子注入法

离子注入法在任意温度下对离子注入的剂量和深度可以精确控制,从而改变材料表面性质。离子注入法是较新的一种形成光波导的技术,与这几种传统的波导制作方法相比,离子注入法具有以下独特的优点:①注入的离子可任意选择,不受化学组分的限制;②离子注入可在各种温度下进行;③离子注入的深度和注入剂量(影响折射率的变化)可以精确地控制,能够有目的地形成各种分布;④离子注入法具有可靠的重复性等。

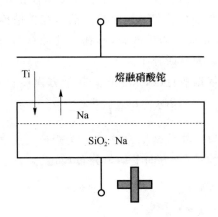

图 8-23　离子交换法示意图

　　利用离子注入制备光学晶体的脊形光波导的方法包含离子注入、光刻胶掩膜制备和 Ar 离子束刻蚀三个过程。采用能量为 $2.0\sim5.0$ MeV 的离子注入到光学晶体的表面，在形成的平面光波导上制备掩膜，用 Ar 离子束进行刻蚀，能够在光学晶体表面形成脊形光波导；用氧离子和硅离子等注入铌酸锂和偏硼酸钡等非线性光学晶体能够形成增加型的脊形光波导；用氦离子或者氢离子注入多数光学晶体能够形成位垒型脊形光波导。所形成的脊形光波导可以保持较好的非线性光学特性，脊形光波导的厚度、脊背的宽度和深度以及导波模式可以由工艺参数控制。再如用能量为 2.8 MeV、剂量为 1.4×10^{16} ions/ cm^2 的 He^+ 在室温（300 K）下注入到晶体材料 As_2S_3 中，形成了离子注入平板光波导，如图 8-24 所示。

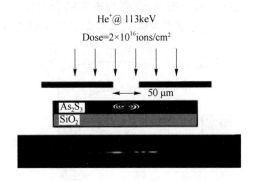

图 8-24　离子注入法示意图

3. 杂质扩散法

　　进行杂质扩散的典型做法是把半导体晶片放置在能够被精确控制的高温石英管炉内，并通以含有待扩散杂质的混合气体。

　　根据扩散过程中，半导体表面杂质浓度是否变化分为恒定表面源扩散和有限表面源扩散。恒定表面源扩散过程中，半导体表面的杂质浓度始终不变，扩散后的杂质浓度分布为余误差函数分布。有限表面源扩散是在扩散前表面先沉积一层杂质，在整个沉积过程中，这层杂质作为扩散源，不在有新源补充，杂质总量不在变化。扩散后杂质浓度的分布函数为高斯分布。

扩散浓度计算可以依据菲克（Fick's law）扩散方程：

$$\frac{\partial C(x,t)}{\partial t} = D \frac{\partial^2 C(x,t)}{\partial x^2} \tag{8-80}$$

其中，C 为杂质浓度；D 为扩散系数；t 为时间；x 为距离衬底表面的垂直距离（在此只考虑一维情况，认为杂质在 y、z 方向上均匀分布）。

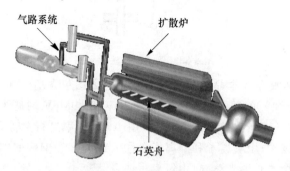

图 8-25　杂质扩散法原理示意图

4. 磁控溅射

磁控溅射是比较传统的制膜技术，属于辉光放电范畴，利用阴极溅射原理进行镀膜，膜层粒子来源于辉光放电中氩离子对阴极靶材料产生的溅射作用，如图 8-26 所示，可用来制备 2D 波导。沉积速率高、膜与衬底结合力好、掺杂均匀且廉价，常用于掺铒波导放大器的制备，可大面积成膜。多与刻蚀技术结合实用，制备脊形波导。

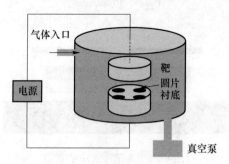

图 8-26　溅射原理示意图

5. 外延生长法

外延生长法即在单晶衬底上生长单晶薄膜的技术。在一块加热至适当温度的衬底基片（主要有蓝宝石和 SiC 两种）上，气态物质 In,Ga,Al,P 有控制地输送到衬底表面,生长出特定单晶薄膜。其中按衬底晶相延伸生长的新生单晶薄膜层称为外延层,长了外延层的衬底称为外延片,如图 8-27 所示。

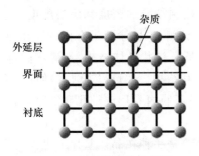

图 8-27 外延片结构示意图

外延生长按照衬底和外延层的化学成分不同,可分为同质外延和异质外延。同质外延的外延层和衬底为同一材料,异质外延的外延层和衬底是不同的材料。按照反应机理可分为利用化学反应的外延生长和利用物理反应的外延生长;按生长过程中的相变方式可分为气相外延、液相外延和固相外延等。气相外延(VPE)是利用硅的气态化合物或液态化合物的蒸汽在衬底表面进行化学反应生成单晶硅,是一种在 IC 制造中最普遍采用的硅外延工艺。液相外延是由液相直接在衬底表面生长外延层的方法,一种比较粗糙的方法是把熔融的半导体物质注入底层上,经过一段时间后结晶,然后把多于的液体去除。wafer 的表面可以重新研磨抛光形成外延层。很明显这个 liquid-phase epitaxy 的缺点是重新研磨的高成本和外延层厚度精确控制的难度。

按照沉积技术可以分为 CVD(化学气相沉积)和非 CVD 技术。CVD 技术又可分为等离子增强 CVD(PECVD)、快速热处理 CVD(RTCVD)(如图 8-28 所示)、金属有机物 CVD(MOCVD)、超高真空 CVD(UHVCVD)、激光、可见光、X 射线辅助CVD;非 CVD 技术包括分子束外延、离子束外延、成簇离子束外延和液相外延。

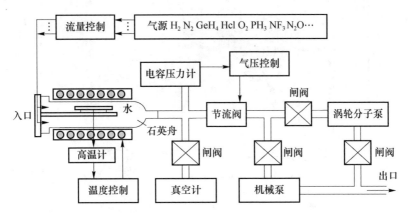

图 8-28 RTCVD 外延系统示意图

CVD 是反应物质在气态条件下发生化学反应,生成固态物质沉积在加热的固态基体表面,进而制得固体材料的工艺技术,它本质上属于原子范畴的气态传质过程,主要用于 SiO_2、ZnO 和 Si_3N_4 材料薄膜的制备。其特点有:①在中温或高温下,通过气态的初始化合物之间的气相化学反应而形成固体物质沉积在基体上。②可以在常压或者真空条件下。③采用等离子和激光辅助技术可以显著地促进化学反应,使沉积可在较低的温度下进行。④涂层的化学成分可以随气相组成的改变而变化,从而获得梯度沉积物或者得到混合镀层。⑤可以控制涂层的密度和涂层纯度。⑥绕镀件好。可在复杂形状的基体上以及颗粒材料上镀膜。可涂覆带有槽、沟、孔,甚至是盲孔等各种复杂形状的工件。⑦沉积层通常具有柱状晶体结构,不耐弯曲,但可通过各种技术对化学反应进行气相扰动,以改善其结构。⑧可以通过各种反应形成多种金属、合金、陶瓷和化合物涂层。不足之处是薄膜内易形成针孔和空隙,而且掺杂困难,很难保证折射率的均匀性。

分子束外延(Molecular Beam Epitaxy,MBE)是一种在晶体基片上生长高质量的晶体薄膜的新技术。在超高真空条件下,由装有各种所需组分的炉子加热而产生的蒸气,经小孔准直后形成的分子束或原子束,直接喷射到适当温度的单晶基片上,同时控制分子束对衬底扫描,就可使分子或原子按晶体排列一层层地"长"在基片上形成薄膜。该技术的优点是:使用的衬底温度低(400~800 ℃),膜层生长速率慢,束流强度易于精确控制,膜层组分和掺杂浓度可随源的变化而迅速调整。用这种技术已能制备薄到几十个原子层的单晶薄膜,以及交替生长不同组分、不同掺杂的薄膜而形成的超薄层量子阱微结构材料,分子束外延生长室结构如图 8-29 所示。

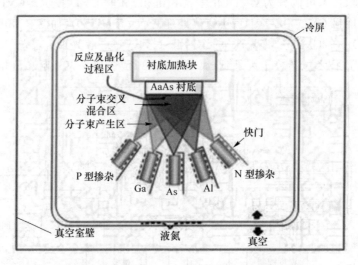

图 8-29　分子束外延生长室基本构成示意图

6. 溶胶凝胶

溶胶-凝胶法(Sol-Gel 法,简称 SG 法)是一种条件温和的波导材料制备方法。溶胶-凝胶法就是以无机物或金属醇盐作为前驱体,在液相状态时将这些原料均匀混合,并进行水解、缩合化学反应,在溶液中形成稳定的透明溶胶体系,溶胶经陈化,胶粒间缓慢聚合,形成三维空间网络结构的凝胶,凝胶网络间充满了失去流动性的溶剂,最后形成凝胶。凝胶经过干燥、烧结固化制备出分子乃至纳米亚结构的材料。

溶胶-凝胶法(工艺过程如图 8-30 所示)就是将含高化学活性组分的化合物经过溶液、溶胶、凝胶而固化,再经热处理而成的氧化物或其他化合物固体的方法。近年来,溶胶-凝胶技术在玻璃、氧化物涂层和功能陶瓷粉料,尤其是传统方法难以制备的复合氧化物材料、高临界温度(P)氧化物超导材料的合成中均得到成功的应用。

溶胶凝胶可以在低温下制备光波导,在制作光波导的同时,还可以掺入非线性光学材料。采用溶胶-凝胶技术与化学修饰相结合的方法,制备了具有紫外感光特性的 SiO_2/Al_2O_3 溶胶及其凝胶薄膜,并通过在溶胶中加入聚乙二醇使其形成有机——无机复合结构,经一次提拉制膜就可获得 $18\mu m$ 厚的感光性凝胶薄膜,利用薄膜自身的感光性,使紫外光通过掩模照射薄膜,再经过溶洗和 $200\ ℃$、$1\ h$ 的热处理,就可获得厚度达到 $15\ \mu m$、线宽约为 $100\ \mu m$ 的波导阵列。

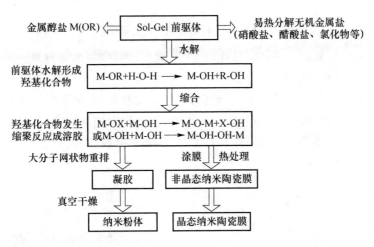

图 8-30 溶胶-凝胶法工艺过程

7. 光刻技术

光刻技术(photolithography)的本质是把制作在掩膜版上的图形复制到以后要进行刻蚀和离子注入的晶圆上。其原理和照相原理相似,不同的是半导体晶圆与光刻胶代替了照相底片与感光涂层。

光刻技术包括光复印和刻蚀工艺两个主要方面。光复印工艺是经曝光系统将预制在掩模版上的器件或光电路图形按所要求的位置,精确传递到预涂在晶片表面或介质层上的光致抗蚀剂薄层上;刻蚀工艺是利用化学或物理方法,将抗蚀剂薄层未掩蔽的晶片表面或介质层除去,从而在晶片表面或介质层上获得与抗蚀剂薄层图形完全一致的图形。完整的光刻技术工艺流程一般包括表面处理、涂胶、前烘、曝光、后烘、显影、坚膜、腐蚀和去胶,如图 8-31 所示。

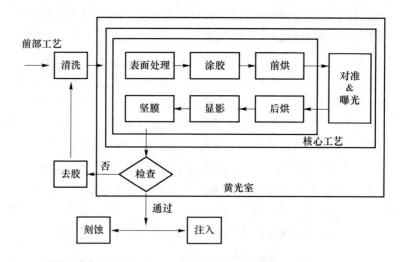

图 8-31　光刻技术工艺流程

　　光刻技术最重要的三个要素是光刻胶、光刻板(掩膜板)和光刻机。光刻胶是一种有机化合物,受紫外曝光后,在显影溶液中的溶解度会发生变化,晶片制造中所用的光刻胶通常以液态涂在硅片表面,而后被干燥成胶膜。光刻胶分为正性光刻胶和负性光刻胶,正性光刻胶曝光后软化变得可溶,能得到和掩膜板相同的图形;负性光刻胶在曝光后硬化变得不能溶解,在硅片上形成和掩膜板相反的图形,如图 8-32 所示。

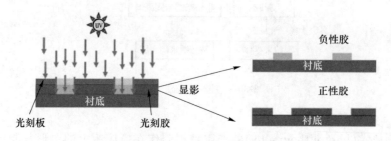

图 8-32　正性胶和负性胶

　　掩膜板是对匀胶铬板经过光绘加工后的产品。由玻璃基片、铬层、氧化铬层和光刻胶层构成的。当有效波长作用到光刻胶上,发生化学反应,再经过显影之后,曝光部分的光刻胶层会被分解、脱掉、直接显露出下层的铬层(阻挡光层),形成具体图形。掩膜板根据工艺过程分为投影掩膜板和光刻掩膜板。投影掩膜板是一个石英板,它包含了要在硅片上重复生成的图形,投影掩膜板指的是对于一个管芯或一组管芯的图形;光刻掩膜板也是一块石英板,包含了对于整个硅片来说确定一工艺层所需的完整管芯阵列。

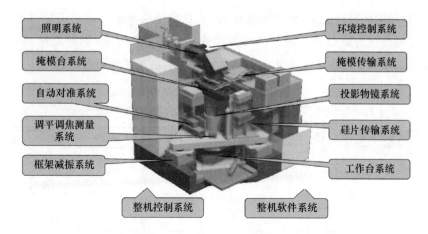

照明系统

掩模台系统

自动对准系统

调平调焦测量系统

框架减振系统

整机控制系统

环境控制系统

掩模传输系统

投影物镜系统

硅片传输系统

工作台系统

整机软件系统

图 8-33　光刻机的总体结构

光刻机(结构如图 8-33 所示)是光刻工艺中最重要设备之一。人们不断减小曝光波长,增大投影物镜的数值孔径,并采用分辨率增强技术降低光刻工艺因子 K_1。干式光刻机投影物镜的数值孔径从 0.4 增大到目前的 0.93,浸没式光刻机投影物镜的数值孔径将达到 1.3 甚至更高。光刻机先后经历了从接触式光刻机、接近式光刻机、全硅片扫描投影式光刻机、分步重复投影式光刻机到目前普遍采用的步进扫描投影式光刻机的发展历程,解决了数值孔径增大带来的视场变小的问题。由于高端芯片尺寸的增大要求增大硅片的尺寸,同时为了提高产率,避免频繁更换硅片,光刻机使用的硅片直径也从 150 mm、200 mm 增大到目前的 300 mm。

图 8-34 是以传统光刻技术为核心的三维光波导制作工艺流程图,图中给出了具有代表性的五种不同制作光波导的流程。

在制作埋入型波导时是直接在衬底的表面形成图形,而加载型和脊型三维波导的制作大多都是在衬底的表面先形成一个二维光波导,而三维加工过程则必须利用图形化的掩模完成。在选择性离子交换工艺过程中,使用铝膜或者其他金属膜作为加工用的掩模;在钛膜以及电介质溅射膜的脱膜工艺过程或者等离子体刻蚀与反应离子刻蚀工艺过程中,则使用光致刻蚀剂本身作为加工用的掩模。除了钛的选择性热扩散工艺在扩散结束后将钛全部扩散进衬底外,其他加工方法都必须在加工工艺结束后将金属膜掩模或者光致刻蚀剂掩模除去。

尽管上述的制备工艺适用于不同材料和类型的三维光波导制作,但有一个共同的缺点:工艺烦琐、设备复杂昂贵、制作周期长、成本非常高,而且过程不易控制。特别是以掩模光刻技术为核心的三维光波导制作技术都属于刚性制造,前期的制板过程就要花费大量的时间和成本,而且掩模一旦制成便无法修改,一副板只能针对一种产品;产品的图案越复杂,制作难度越大,一旦出错代价也越高。正是由于上述以掩模和光刻技术为核心的三维光波导制作技术存在种种弊端,如何简便、快速和柔性化制备三维光波导逐渐成为光电子器件制备领域的重要的研究课题。

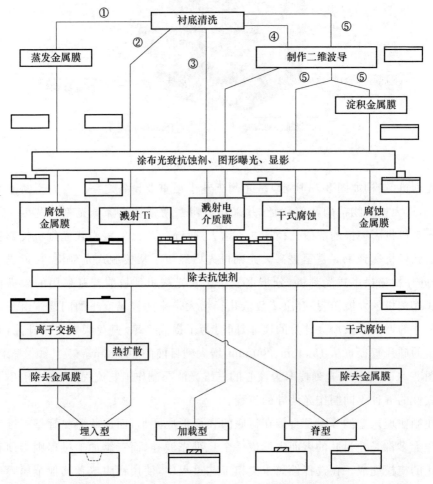

注:①用选择性离子交换制作埋入型三维光波导;②用选择性金属热扩散制作埋入型三维光波导;③用电介质脱膜法制作脊型三维光波导;④用电介质脱膜法制作加载型三维光波导;⑤用干式刻蚀法制作脊型三维光波导。

图 8-34 以光刻技术为核心的波导制作工艺流程图

8.激光直写

激光直写是 20 世纪 80 年代随着 CAD/CAM 技术和激光技术的发展而迅速发展起来的一种崭新制造技术。由于其在器件制备过程中具有柔性化和快速化的优点,使得激光直写技术在微电子、集成光学等领域显示出独特的优越性和实用性。

激光直写技术制备光波导的研究始于 20 世纪 90 年代。光波导的直写技术是光波导材料在可控的高能束（激光、电子束和离子束等）作用下，自身发生物理或者化学性质的改变，进而通过后续工艺直接成型三维光波导的技术。采用激光直写的光波导材料有聚合物、多孔溶胶-凝胶、光敏玻璃等。直写技术摆脱了传统掩膜制板的束缚，不受图形复杂程度的限制，可以灵活改变加工内容和加工方式，工艺参数精确可控，对于需要经常变换不同加工模式的用户，不论加成或减成法均可在统一平台实现，工艺集成度高、速度快；将直写技术应用于制作光电子器件，可以克服传统光刻工艺的弊端，从而实现柔性快速制造。

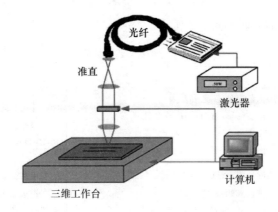

图 8-35 激光直写转置示意图

激光直写技术制备光电子器件大致分为两种方式：一种是激光扫描材料表面的光刻胶，使光刻胶选择性曝光形成图形；另一种是激光束直接扫描光电材料本身，使材料的物理化学性质在激光作用后发生变化，然后通过后续工艺得到预先设计的图形。

相比于光刻技术，直写技术在制备光波导器件方面有自身的局限。如对于光敏聚合材料，由于光波导薄膜的厚度通常是用于光刻技术的光刻胶厚度的 5～10 倍，在进行直写曝光时，在均匀度方面很难达到理想的曝光效果，进而导致后续成型的光波导质量较差。对于热敏材料，同样存在改性时的均匀度问题；同时，用于光波导直写技术的设备如电子束、离子束设备，紫外激光器和飞秒激光器等也比较昂贵。因此，开发低成本的光波导直写成型的设备以及工艺的研究得到了行业专家的重视。

8.5.4 玻璃基 PLC 制作工艺

PLC 型光分路器的光波导有玻璃基离子交换型和 PECVD 型两种，离子交换得到的是渐变型彗星状波导，PECVD 制得的是方形突变型波导，如图 8-36 所示。

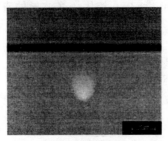 

(a) 离子交换型波导   (b) PECVD型波导

图 8-36 PLC 分路器波导结构

两种工艺方法的比较如表 8-2 所示。

表 8-2 两种工艺的比较

	特 点	不 足
玻璃基离子交换	①工艺简单,工艺容差大; ②设备简单,材料便宜,成本低; ③无应力,环境稳定性好,可靠性强; ④PDL 小,光纤匹配性好	①工艺稳定性尚待验证; ②波导折射率差小,器件尺寸比PECVD 型大
PECVD	①波导限制性强,器件尺寸; ②工艺成熟,稳定性好; ③PDL 小,光纤匹配性好	①设备昂贵,维护成本也很高; ②退火要求高,有应力,会裂损导致器件性能恶化

1. 离子交换法

玻璃通常按主要成分分为氧化物玻璃和非氧化物玻璃。非氧化物玻璃品种和数量很少,主要有硫系玻璃和卤化物玻璃;氧化物玻璃又分为硅酸盐玻璃、硼酸盐玻璃、磷酸盐玻璃等。硅酸盐玻璃指基本成分为 SiO_2 的玻璃,其品种多,用途广。普通的硅酸盐玻璃,其主要成分是 $NaESiO_3$,$CaSiO_3$ 和 SiO_2,Si 原子和 O 原子按四面体的方式相结合,硅酸盐玻璃就是以硅氧四面体为基本结构单元。其他成分中的阳离子,比如 Na^+,它分布在基本结构的间隙,结合不稳定,在高温情况下相对其他组分来说有很高的迁移率。通过技术手段替换掉这类离子就可以改变玻璃的折射率,这就是离子交换的基本原理,根据交换的工艺不同可分为湿法交换和干式交换。

(1) 湿法交换

一块含有 Na^+ 的玻璃基片浸入一种熔盐中,这种熔盐含有一种与 Na^+ 的化学性质较为类似的离子,为表述方便称它为 B^+ 离子。在玻璃熔盐交界面处,两种离子的初始浓度迅速地从一定的值降为零(图 8-37),离子会在浓度梯度的驱动下,从高浓度的地方往低浓度的地方扩散。当熔盐中的 B^+ 离子扩散进入玻璃中时,为了保持电中性,相应地,玻璃中的一个 Na^+ 会扩散到熔盐里去。从结果来看,就是一个 B^+

离子取代了一个 Na^+，并且这一过程逐渐地从界面向基片内部扩展。当然，在熔盐中的 Na^+ 相对于玻璃中的 B^+ 离子可以更加迅速地离开交界面；而进入到玻璃中的 B^+ 离子只能缓慢地在玻璃移动，最后到达距离玻璃表面非常近的薄层中。根据现有文献的论述，玻璃的折射由玻璃的组分决定。其中的离子发生交换后，离子的极化率还有应力都发生了改变，这两个因素都会影响折射率的大小。

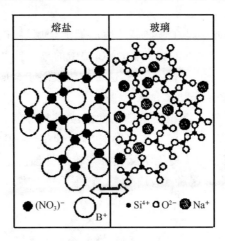

图 8-37 玻璃-熔盐交界面示意图

熔盐中可用于交换的离子有 Ag^+，K^+，Li^+，Tl^+，Cs^+，Rb^+，它们需要的交换温度和折射率差改变量列在表 8-3 中，其中 Ag^+-Na^+ 交换是研究和应用最为广泛的离子对。由于 Ag^+ 迁移率高，所需的交换温度比较低，所需的交换时间也比较短，而且折射率改变量也非常的大。20 世纪 70 年代时普遍用来制作多模波导，后来随着光通信的发展，开始用稀释的 Ag^+ 熔盐交换，降低折射率改变量，用来制作单模波导；并且，Ag^+ 可以在电场的作用下迁移，制作成掩埋波导。Ag^+ 的缺点就是容易被还原，当扩散进入玻璃的 Ag^+ 浓度太大时，会析出金属银形成纳米颗粒，这些颗粒会引起光的散射，导致波导的损耗变大。

表 8-3 多种离子的交换特性

Ion	Melt	Temperature/℃	Δn
K^+	KNO_3	365	0.008
Li^+	$Li_2SO_4 + K_2SO_4$	520～620	0.012
Ti^+	$Ti\,NO_3 + KNO_3 + NaNO_3$	530	0.001～0.1
Cs^+	$Cs\,NO_3$	520	0.03
Rb^+	$Rb\,NO_3$	520	0.015
Ag^+	$Ag\,NO_3$	225～270	0.13

湿法交换分热交换和电场辅助交换两种。热交换利用的纯粹是离子的热扩散，先在玻璃基片上镀膜和光刻，做出波导的图形，再把基片放入含有银离子的熔盐里进行交换，有掩膜的地方离子受到阻挡，有窗口的地方银离子扩散进去，使折射率变大，得到表面波导。电场辅助交换，在基片的两端加上电压，已经扩散进入基片的银离子会沿着电场方向迁移，进入到基片表面以下形成掩埋波导。

（2）干法交换

另一种制作波导的方法是在玻璃基片表面镀上金属层，这种方法首先由 Chartier 提出。在足够高的温度和电场的辅助下，金属层中的离子扩散进入玻璃衬底，由于没有其他碱金属可以保持稳定的固体状态，这种方法仅限于金属银。

2. 等离子体增强化学气相沉积法

等离子体增强化学气相沉积法是借助微波或射频等使含有薄膜组成原子的气体电离，在局部形成等离子体，而等离子体化学活性很强，很容易发生反应，在基片上沉积出所期望的薄膜。为了使化学反应能在较低的温度下进行，利用了等离子体的活性来促进反应，因而这种 CVD 称为等离子体增强化学气相沉积（Plasma Enhanced Chemical Vapor Deposition，PECVD）。

3. 玻璃光波导的制作工艺

目前 PLC 光分路器波导芯片的制作多采用离子交换法，离子交换法制造玻璃光波导的主要工艺流程如图 8-38 所示。

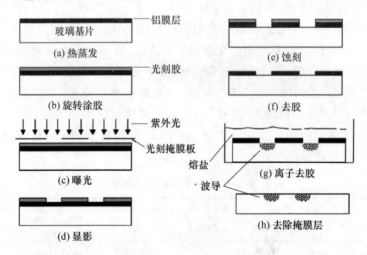

图 8-38　条形离子交换玻璃波导制作的主要工艺流程

以湿法 Ag⁺ 交换，并加用电场辅助离子交换制作掩埋波导为例，具体的工艺流程方法如下。

（1）清洗

基片的清洗很重要，是整个工序的第一步。若基片表面残留有杂质，会导致镀膜阶段沉积的铝膜有缺陷。铝膜孔洞太多的话,光刻得到的图形就面目全非了。清洗要去掉基片表面的有机物和无机物杂质。

（2）镀膜

采用热蒸发工艺在玻璃基片上溅射一层厚度为 100 nm 左右的铝层,作为离子交换时的掩模层,如图 8-38(a)所示。把清洗好的基片放入蒸发台固定好,密闭好工作腔,抽成真空。然后用电子枪加热靶材铝,在真空中铝熔化蒸发,沉积到玻璃基片上。铝膜的厚度可以通过控制蒸发时间来调整,铝膜太厚会对后续的腐蚀造成困难,使线条展宽严重。

（3）涂胶

把镀好铝膜的基片放在匀胶台上,滴上光刻胶,然后以一定速率旋转,在铝膜上旋涂一层 200 nm 左右厚度的光刻胶,如图 8-38(b)所示。光刻胶太厚会对曝光和显影造成困难,使线条展宽严重。

（4）前烘

使光刻胶里的溶剂挥发,光刻胶与基片结合得更紧密。时间和温度要适当,如果过大会导致光刻胶硬化变质,感光度下降,显影不干净。

（5）曝光

利用光刻掩膜版,对基片上旋涂好的胶层进行选择性紫外线照射,如图 8-38(c)所示。光刻胶经过紫外线照射后,会发生特殊的化学反应,曝光的参数有光强和时间。不同的光刻胶,不同的胶层厚度,都需要定好相应的曝光光强和时间长度。曝光量不足的话,显影时光刻胶会洗不干净;曝光过量,则线条展宽太严重,影响图形质量。

（6）显影

显影使用的是光刻胶对应的显影液,一般提供光刻胶的厂家都会有相对应的显影液,是一种带碱性的液体。工艺中可能使用正胶也可能使用负胶,正胶是被紫外光照射过的区域,变成易溶于显影液;负胶是被紫外光照射过的区域不溶于显影液。将经过曝光的基片浸入显影液,晃动 30 秒,使其清洗均匀,曝光区域的胶层被去掉,露出下层的铝膜,如图 8-38(d)所示。

（7）后烘

再次放入烘箱加热,也称为"坚膜",目的是烘干水分,提高胶层致密性,提高与玻璃基片的粘合紧密性,在腐蚀时不会脱落。

（8）蚀刻

放入铝腐蚀液,把曝光区域露出来的铝膜去除掉,如图 8-38(e)所示。腐蚀过程中要不停地晃动,保证腐蚀的均匀性。值得注意的是,在开槽的地方存在侧向腐蚀,腐蚀时间过久会导致线条展宽太严重,而且边缘也变得不光滑,腐蚀需要的时间与铝膜的厚度,腐蚀液的温度有关。

（9）去胶

最后把基片浸泡在丙酮里，把光刻胶全部洗掉，只留下刻好图形的铝膜。腐蚀后的图形与显影后的相比一般会有所展宽。

（10）一次银离子热交换

称取硝酸银、硝酸钠和硝酸钙按一定比例混合起来放在烧杯里，再把烧杯和做好掩膜的玻璃基片一起放到加热炉里加热到设定温度，使该硝酸盐混合物熔化成无色透明的液体；然后再把温度降到适当温度，稳定一段时间；之后，把玻璃基片浸到熔盐里，静置适当时间后取出，打开烘箱门让其自然冷却，如图 8-38（g）所示。

（11）二次电场辅助交换

一次交换得到只是表面波导，为了减小传输损耗，使模场对称，与光纤耦合更好，需要再加电压进行二次电场辅助交换，将 Ag^+ 离子驱向玻璃基片深处，得到掩埋型玻璃光波导。控制加电时间的长短，就可以控制波导掩埋的深度。

（12）清除掩膜层

离子交换完成后将玻璃基片表面的铝膜用化学腐蚀方法除去，得到如图 8-38（h）所示的沟道型光波导。

经过以上 12 个步骤，光波导芯片制备完成。在制作过程中，离子交换的熔盐组成及比例、混合熔盐共熔温度、离子交换时间及离子扩散时电场强度等都是影响光波导性能的重要因素。

8.5.5　光纤阵列的制作

在光纤通信领域，集成光学器件已在许多领域得到了广泛的应用。在 PLC 光分路器的制作工艺中，尾纤与芯片之间的耦合是关键技术之一。因为光纤很细，所以光纤与芯片耦合时，必须有能起加持、定位作用的夹具，在耦合时，夹具与光纤作为一个整体和芯片黏结起来，同时可增加黏结面积，提高器件的可靠性。夹具尺寸很小，精度要求也在微米量级，因此大量采用光纤阵列（Fiber Array，FA），以实现光学元件的精确连接。

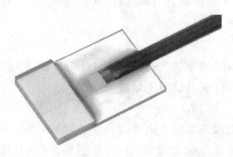

图 8-39　光纤阵列

光纤阵列是利用 V 形槽(即 V 槽,V-Groove)把一条光纤、一束光纤或一条光纤带安装在阵列基片上。光纤阵列是除去光纤涂层的裸露光纤部分被置于该 V 形槽中,被加压器部件所加压并由黏合剂所黏合,如图 8-39 所示。在前端部,该光纤被精确定位,以连接到 PLC 上,不同光纤的接合部被安装在阵列基片上。光纤阵列基片可选用石英玻璃、耐热玻璃或者硅基系列等材料,因为 Si 单晶材料有特殊的微观机理,而且便于用半导体工艺进行微细加工,得到了广泛的应用。

1. 制作方法

目前国内外研制一维光纤阵列的方法主要有钻孔法、光通道密排法和 V 型槽法等。钻孔法是在一定厚度的基片上制作定位孔阵列,将光纤插入后注胶固化、研磨。光纤间距可由需要确定,位移误差较小,但不适于密排光纤阵列,且角偏差较大。光通道密排法是在平面度很高的槽内,将光纤紧密排放并固定。该方法可扩展性好,但不能任意调整光纤通道间距,只适合于制作密排列光纤阵列,并且累积误差较大。V 型槽法是在高平面度的基片上刻 V 型槽,将光纤排列并固定在 V 型槽内。如果采用单晶硅作基底,所制作的 V 型槽具有结构精确,一致性好等优点,对于分离型及密排列的光纤阵列均适用。

2. V 型槽制作原理

PLC 光分路器使用的光纤阵列多采用 V 型槽法制作,故以硅 V 型槽为例,对其制作原理进行探讨。众所周知,单晶硅的结构是金刚石结构,是各向异性的,晶体中的原子在不同的方向上排列是不一样的,疏密程度也不一样,当在某个晶面上原子排列最致密,则该晶面称为密排面,其特点之一是对某些各向异性腐蚀液,其腐蚀速率比其他晶面慢,在某些条件下,密排面的腐蚀速率只是其他晶面腐蚀速率的 1%。制作 Si-V 型槽就是利用这一特性。

单晶硅材料的密排面为(111)面,在各向异性腐蚀过程中,由于(111)晶面的腐蚀速率缓慢,因此沟槽的形状首先呈现以(111)为侧面,为(100)底的梯形槽,如图 8-40 中 B 槽的形状。随着腐蚀进行深度加大,(100)底面不断收缩,当腐蚀到适当深度时,底面收缩成一条直线,形成 V 型槽结构,如图 8-40 中 A 槽。

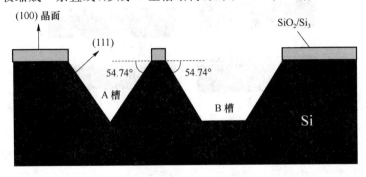

图 8-40　硅的各向异性腐蚀图

3. 单晶硅 V 型槽工艺要求

要制作合格的单晶硅 V 型槽,在工艺上需要注意以下几个方面。

（1）选片

单晶硅要选择晶向准、缺陷少、掺杂浓度不能太高的材料,否则有可能造成型槽歪斜,降低腐蚀速率等不利影响。

（2）腐蚀条件

必须选择各项异性的腐蚀液,不同晶面腐蚀速率的差别要大,还要注意腐蚀液浓度、温度及操作方法等也要适当,使腐蚀出来的表面光滑平整,轮廓清晰。

（3）掩膜的制作

对于不同的腐蚀液要选择相应的耐腐蚀掩膜,掩膜的黏附性必须很好,质地密致,还要有一定厚度。

（4）尺寸控制

型槽开口的大小决定了光纤落下的深度。开口过小,则光纤落下的深度太浅,稳定性差开口过大,则所需的腐蚀时间过长,增加了腐蚀难度,所以设计型槽开口时,应根据情况综合考虑。

（5）光刻时方向的对准

型槽的方向必须平行或垂直于晶向,如果方向对不准,型槽会变形,严重时将无法使用。

4. 硅 V 型槽制作工艺流程

制作硅 V 型槽的流程,如图 8-41 所示。

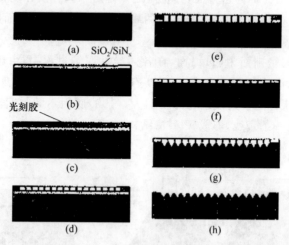

图 8-41　光纤阵列基片硅 V 槽制作流程

（a）选用研磨、抛光后的且平行度和平面度良好的(100)硅片进行清洁处理。

（b）氧化或氮化生长适当厚度的二氧化硅和氮化硅,作为硅腐蚀的掩膜。

（c）涂覆厚度约 1 μm 的光刻胶，煎烘。

（d）在紫外曝光机上将光刻版的线条方向与硅片的参考边调至平行，曝光、显影形成光刻胶图形。

（e）以光刻胶为掩模，采用反应离子刻蚀去除腐蚀窗口的二氧化硅和氮化硅薄膜，在这一步骤中，需要严格控制刻蚀条件，避免侧向钻蚀。

（f）去除光刻胶。

（g）在二氧化硅和氮化硅薄掩模下，用 70% 的 KOH 腐蚀液在 70 ℃条件下腐蚀硅 V 型槽。

（h）最后，去除二氧化硅和氮化硅薄膜，完成 V 型光纤槽阵列的制作，图 8-42 给出了所制作的硅 V 型槽的 SEM 照片。

图 8-42　硅 V 型槽阵列 SEM 照片

5. 光纤与 V 型槽的排列与黏接

用划片机将 V 槽刻蚀完成后的基片按照模板的定位标志将基片切割成最后的 FA 基片，根据基片的材质不同选择不同的刀片与转数。切割完成后的 FA 基片还要经过反复清洗才能最后投入生产使用。

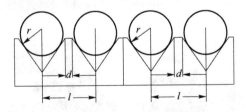

图 8-43　光纤与 V 型槽的位置关系

在万级洁净环境下用特定的固定装置将 FA 基片固定，将光纤排入到 FA 基片 V 型槽的上面，用盖片压住前端裸纤部分，并用紫外固化（UV）胶进行最后的封装。要求 UV 胶水应具有耐高温高湿和足够的硬度等特性。

完成封装后需要对其端面进行研磨与抛光。夹具的选择非常关键，既要有量的需要又要有保证角度的准确,FA边缘的保护也很重要,由于研磨要经过粗磨细磨到抛光,工序时间比较长,若不对FA的边缘加以保护容易造成FA边缘崩脆导致FA无法使用。抛光的过程应在一个温度和湿度恒定的环境下进行,整个抛光过程结束后还要对FA进行检测,检查断面是否有大的划痕,是否出现残缺,研磨的角度是否在允许的误差范围内。其中光纤间距是最重要的检测项目,纤芯间距包括两项检测指标,即纤芯与纤芯之间的横向距离(称为Pitch)和它们之间的纵向距离(称为Deviation),两者的误差一般均控制在$\pm 0.5\ \mu m$。相邻光纤中心间距为$l=127\ \mu m/250\ \mu m$,$d\propto 2\ \mu m$,$r=125\ \mu m$,如图8-43所示。通过检测后FA才能进入下一个生产工序。

由于光纤阵列属于劳动密集型产品,国外许多制造商均将生产环节向中国转移生产,目前国内能够自行研发生产的企业有博创科技、富创光电、奥康光通器件、东莞东源及浙江同星等企业,国外主要为日本Hataken和AIDI公司。

8.5.6　封装

1. 设备

除了前面介绍的平面波导芯片及光纤阵列外,封装也是生产PLC光分路器的关键技术,一套完整的PLC分路器封装系统,主要有以下部分组成,如图8-44所示。

(1)对准单元。包括输入输出的六轴微调架、光纤阵列夹具、CCD相机。

(2)波导夹具单元。主要包括真空泵、波导芯片的夹具。

(3)上端和后端的观察单元。包括变焦镜头、CCD摄像机、监视器、相应的手动的微调架、观察照明用的冷光源。

(4)UV点胶及固化单元。包括点胶机(或者注射器)、UV光源、相应的微调架、夹具等。

(5)光源、光功率测量单元。包括LD光源、双通道的光功率计。

(6)防震台、附件、龙门架(电动的还需要运动控制单元)。

图8-44　PLC耦合封装系统

2. 流程

分路器的封装过程包括耦合对准和粘接等操作。耦合对准有手工和自动两种，它们依赖的硬件主要有六维精密微调架（如图 8-45 所示）、光源、功率计、显微观测系统等，而最常用的是自动对准，它是通过光功率反馈形成闭环控制，因而对接精度和耦合效率高。目前国外较先进的耦合对准设备供应商主要有：日本骏河精机（Suruga）、日本久下精机（Kuge）、美国 Newport 等，国内也有开发，但六维精度无法达到耦合的要求。

图 8-45   六维调节架

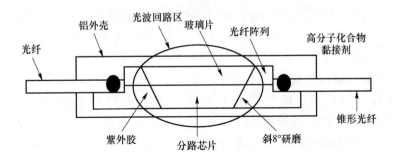

图 8-46   PLC 光分路器封装结构图

（1）耦合对准的准备工作：先将波导清洗干净后小心地安装到波导架上，再将光纤清洗干净，一端安装在入射端的精密调整架上，另一端接上光源（先接 6.328 μm 的红光光源，以便初步调试通光时观察所用）。

（2）借助显微观测系统观察入射端光纤与波导的位置，并通过计算机指令手动调整光纤与波导的平行度和端面间隔。

（3）打开激光光源，根据显微系统观测到的 X 轴和 Y 轴的图像，并借助波导输出端的光斑初步判断入射端光纤与波导的耦合对准情况，以实现光纤和波导对接时良好的通光效果。

（4）当显微观测系统观察到波导输出端的光斑达到理想的效果后，移开显微观测系统。

（5）将波导输出端光纤阵列（FA）的第一和第八通道清洗干净，并用吹气球吹干；再采用步骤（2）的方法将波导输出端与光纤阵列连接并初步调整到合适的位置；然后将其连接到双通道功率计的两个探测接口上。

（6）将光纤阵列入射端 6.328 μm 波长的光源切换为 1.310 μm/1.550 μm 的光源，启动光功率搜索程序自动调整波导输出端与光纤阵列的位置，使波导出射端接收到的光功率值最大，且两个采样通道的光功率值应尽量相等（即自动调整输出端光纤阵列，使其与波导入射端实现精确的对准，从而提高整体的耦合效率）。

（7）当波导输出端光纤阵列的光功率值达到最大且尽量相等后，再进行点胶工作。

（8）重复步骤（6），再次寻找波导输出端光纤阵列接收到的光功率最大值，以保证点胶后波导与光纤阵列的最佳耦合对准，并将其固化，再进行后续操作，完成封装，封装结构如图 8-46 所示。

3. PLC 型光分路器产品形式

光分路器的封装设计应考虑在各种箱体或盒体内安装时，无须使用复杂的安装工具，必要情况下，应随光分路器包装附特殊安装材料。分路器的单模尾纤应该采用 G.657 A 光纤，光纤的最大弯曲半径为 15 mm。光分路器封装形式应经济高效、坚固且结构紧凑，所有器件应固定良好并可提供足够的供管理、连接、安装、维护、检验、测试和重新调整用的空间。为便于识别光纤链路，每个光分路器封装盒上应以可靠的方式为每个光纤输入输出端口提供永久性标识。

PLC 光分路器按照最终产品的形态和应用环境可以分为裸纤式 PLC、微型PLC、分支器式 PLC、模块型 PLC、插片型 PLC、托盘式 PLC 和机架式 PLC，按尾纤类型可分为尾纤型 PLC 光分路器（PLC 器件）、带连接器插头的 PLC 光分路器（插头型 PLC 组件）和带适配器的 PLC 光分路器（适配器型 PLC 组件），按输入输出端口数可以分为 1×N PLC 光分路器和 2×N PLC 光分路器。

裸纤式 PLC 型光分路器直接采用光纤（一般采用带状光纤）引出，两头没有成端，如图 8-47 所示。这种 PLC 光分路器主要适用于不经常拆卸的场合，如光缆接头盒、光纤配纤盘内，采用熔接或冷接方式，适用于光纤配纤盘、光缆接头盒中。

图 8-47　裸纤式 PLC 及其应用

微型 PLC 指采用钢管封装,引出纤使用 0.9 mm 松套管的小型光分路器组件。主要适用于安装空间比较紧张的地方,如光缆接头盒、光纤分纤盒,也可以安装在插片式及机架式光分路器组合盒体中,如图 8-48 所示。

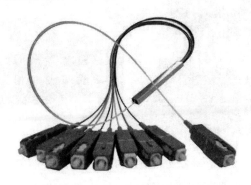

图 8-48 微型 PLC 型光分路器

分支器式 PLC 分路器是指在裸件式 PLC 的基本上,在输出端使用小分支器盒(可固定于盒体)及 0.9 mm 套管的小型光分路器组件,如图 8-49 所示。

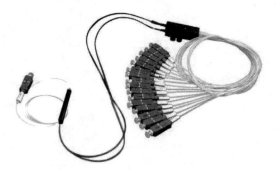

图 8-49 分支器式 PLC 型光分路器

盒式封装的 PLC 光分路器使用 ABS 塑料盒封装,端口采用尾纤引出,引出纤套管是 0.9 mm、2.0 mm、3.0 mm 三种,主要应用于光纤分配箱、机架,如图 8-50 所示。

图 8-50 模块式 PLC 光分路器

插片式 PLC 光分路器使用 ABS 塑料盒封装,端口采用成端式,如图 8-51 所示。主要安装在光纤交接箱中,主要应用于光纤分歧箱

图 8-51　插片式 PLC 光分路器

托盘式 PLC 光分路器采用塑料盒封装,端口采用成端。一般有斜角卡式安装适配器,如图 8-52 所示,托盘式 PLC 光分路器主要应用于配线架、光缆交接箱、光缆交接箱等。

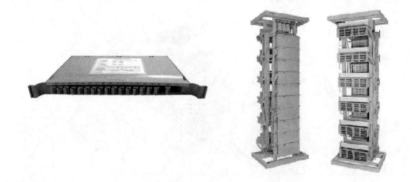

图 8-52　托盘式 PLC 型光分路器

机架式 PLC 光分路器采用金属盒体封装,光分路器的宽应为 482 mm,高应为 43.5 mm(1U),深为 160 mm,可安装于 19 英寸 1U 标准机柜内,一般为成端型,如图 8-53 所示。机架式封装的光分路器结构设计中应考虑有妥善的保护措施,防止在运输途中和使用过程中光分路器端子被损伤。

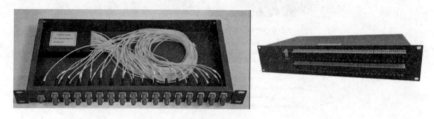

图 8-53　机架式 PLC 光分路器

8.5.7 PLC光分路器标准及常用技术指标

1. PLC 光分路器标准

目前有效的 PLC 型光分路器的标准有国标和通信行业标准,国标是 GB/T 2851 1.1—2012《平面光波导集成光路器件第 1 部分:基于平面光波导(PLC)的光功率分路器》;通信行业标准是 YD/T 2000.1—2014《平面光波导集成光路器件 第 1 部分:基于平面光波导(PLC)的光功率分路器》(代替 YD/T 2000.1—2009)。

国际标准化组织 IEC、ITU-T 和 Telcodia Technologies 也都有相关的标准和报告。具体有 IEC 标准:IEC 61753-2-3 (2001-07)《纤维光学互连器件和元源器件性能规范第 2-3 部分:U 类不可控环境的无连接头的单模光纤 1XN 和 2XN 的非波长选择分路器件》;ITU-T 标准 G. 671—2005《光器件和子系统传输特性》;Telcordia GR-1221-CORE -Issue 3—2010《光元源器件一般可靠性保证要求》和 Telcordia GR-1209-CORE Issue 4—2010《光元源器件总规范》,Telcordia 的这两个标准规定了光分路器的外观、环境性能、机械性能、光学性能、水浸泡测试的项目以及遵循的标准和要求。我国国家标准和行业标准制定过程中都参考了以上国际标准和规范。

2. PLC 光分路器光学特性

(1) 通道插入损耗(插入损耗 IL)

PLC 光分路器在工作带宽范围内,在规定输出端口的光功率相对全部输入光功率的比值,由下式表示:

$$IL_i = -10\lg \frac{P_{outi}}{P_{in}} \qquad (8-79)$$

其中,IL_i 为第 i 个输出端口的插入损耗,单位为 dB(分贝);P_{outi} 为第 i 个输出端口的输出光功率,单位为 mW(毫瓦);P_{in} 为输入端口的输入光功率,单位为 mW(毫瓦)。

插入损耗的测试原理如图 8-54 所示。

测试用的光功率计应满足工作波长范围为 800~1 700 nm,光功率最大动态范围为 −80~+13 dBm,要求光功率计的分辨率为 0.01 dB,准确度为 ±3.5%。

采用的滤模单元是一段 1 km 长度的单模光纤,或 5 m 单模光纤中间打两个 φ30 mm 或更小半径的圈,确保滤模效果。光纤参数应与 PLC 光分路器引出光纤一致,或采用其他专用滤模器。

实际测试过程中可以采用替代的方法即熔接法进行测试,对于 PLC 光分路器器件其测试原理如图 8-55 所示。

对带有连接器插头的 PLC 光分路器组件,需要增加跳线配合进行测试,其测试原理如图 8-56 所示。

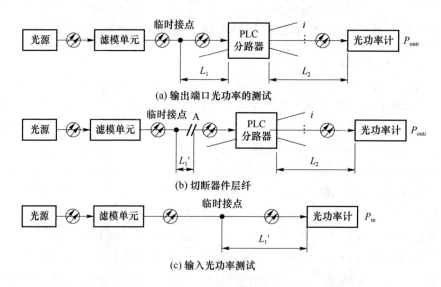

(a) 输出端口光功率的测试

(b) 切断器件层纤

(c) 输入光功率测试

图 8-54　PLC 插入损耗测试原理图

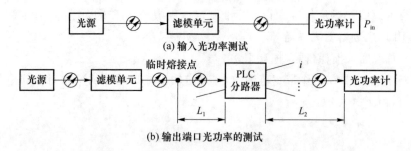

(a) 输入光功率测试

(b) 输出端口光功率的测试

图 8-55　PLC 器件插入损耗测试原理图

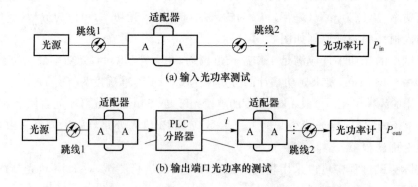

(a) 输入光功率测试

(b) 输出端口光功率的测试

图 8-56　PLC 组件插入损耗测试原理图

（2）回波损耗（RL）

PLC 光分路器的回波损耗定义在测试参考点处,指输入光功率与同一线路返回

的光功率之比,由下式表示:

$$RL_i = -10\lg \frac{P_r}{P_i} \qquad (8\text{-}80)$$

其中,PL_i 为输入端口 i 的回波损耗,单位为 dB(分贝);P_i 为入射到输入端口 i 的光功率,单位为 mW(毫瓦);P_r 为从同一输入端接收到返回的光功率,单位为 mW(毫瓦)。

测试原理如图 8-57 所示。

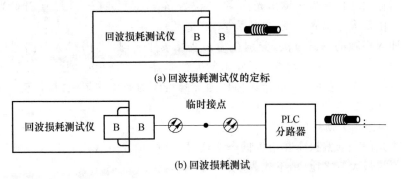

图 8-57 PLC 回波损耗测试原理图

(3) 方向性(DL)

PLC 光分路器正常工作时,同一侧中非注入光一端的输出光功率与注入光功率(被测波长)的比值,由下式表示:

$$DL_{ij} = -10\lg \frac{P_j}{P_i} \qquad (8\text{-}81)$$

其中,DL_{ij} 为第 i 端口输入光功率对同侧非注入光端口 j 的方向性,单位为 dB(分贝);P_i 为第 i 端口注入光功率,单位为 mW(毫瓦);P_j 为同一侧非注入光端口 j 的输出光功率,单位为 mW(毫瓦)。

测试原理如图 8-58 所示。

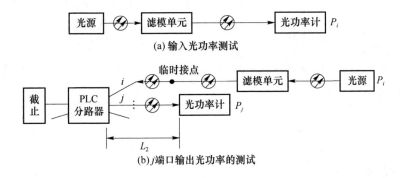

图 8-58 PLC 器件方向性测试原理图

（4）通道均匀性（FL）

PLC 光分路器在工作带宽范围内，均匀分光的光分路器各输出端口输出光功率 P_{out} 的最小值与最大值之比，由下式表示：

$$FL = -10\lg \frac{(P_{out})_{min}}{(P_{out})_{max}} \qquad (8-82)$$

其中，FL 为 PLC 光分路器的均匀性（uniformity），单位为 dB（分贝）；$(P_{out})_{min}$ 为 PLC 光分路器输出端口中最小输出光功率，单位为 mW（毫瓦）；$(P_{out})_{max}$ 为 PLC 光分路器输出端口中最大输出光功率，单位为 mW（毫瓦）。

按插入损耗的测试方法，分别在输入波长条件下，测试 PLC 光分路器件各输出端口的插入损耗值，其最大值与最小值的差便是器件的通道均匀性。对于在多个波长下测试的情况，选择其中的最大值作为被测器件的通道均匀性，指标应满足表 8-4 或表 8-5 的要求。

（5）偏振相关损耗（PDL）

传输光信号的偏振态在全偏振态变化时，PLC 光分路器各输出端口输出光功率的最小值与最大值之比，由下式表示：

$$PDL_j = -10\lg \frac{(P_{outj})_{min}}{(P_{outj})_{max}} \qquad (8-83)$$

其中，PDL_j 为第 j 个输出端口的偏振相关损耗（Polarization Dependent Loss），单位为 dB（分贝）；P_{outj} 为第 j 个输出端口的输出光功率，单位为 mW（毫瓦），$j=1,2,\cdots,n$。

测试原理框图如图 8-59 所示。

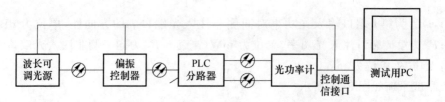

图 8-59　PLC 光分路器偏振相关损耗测试原理框图

（6）工作带宽

工作带宽（Operating Bandwidth）指满足 PLC 光分路器光学性能指标要求的光波长范围，单位为 nm。

① 测试原理

测试原理如图 8-60 所示。

测试用的宽带光源应满足如下条件。

a. 宽谱光源

波长范围：1 260～1 650 nm。

功率谱密度：波长范围内≥-35 dBm/1 nm。

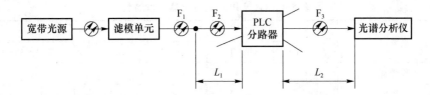

图 8-60　PLC 光分路器器件工作带宽测试原理图

功率谱密度温度：± 0.02 dBm/nm/10min，± 0.04 dB/nm/2h。

b. 波长可调光源

在 1 260～1 650 nm 内波长连续可调。

输出功率稳定度：优于 ± 0.1 dB/10 min。

② 测试步骤

具体测试步骤如下：

a. 打开各有源部件（宽带光源、光谱分析仪）进行预热。

b. 待有源部件稳定后，首先直接连接宽带光源和光谱分析仪，在各试样测试涉及的光谱存储曲线 P_1，测试条件可以采用：分辨率为 1 nm/格或 10 nm/格、开始和终止波长刚好覆盖所规定的通带宽度。

c. 按图 8-54 连接测试系统，注意 F_1、F_2、F_3 三段应采用同种类型光纤。

d. 在②选定的光谱区光谱分析仪进行测试扫描，获得光谱曲线 P_2。

e. 在光谱分析仪中执行 P_2-P_1 功能，得到被测试样的插入损耗随波长变化的光谱特性。

f. 记录试样的插入损耗，在 1 260～1 650 nm 范围内，插入损耗应满足表 8-4 和表 8-5 的要求。

③ PLC 组件工作带宽的测试

PLC 组件工作带宽的测试原理图如图 8-61 所示。测试步骤同上面的器件型光分路器的测试步骤一样。

图 8-61　PLC 光分路器组件工作带宽测试原理图

（7）光学特性具体指标参数

最新有效的 PLC 光分路器通信行业标准 YD/T 2000.1—2014 对器件型、插头型和适配器型三种形式的 PLC 光功率分路器的工作带宽、插入损耗、偏振相关损耗、通道均匀性、回波损耗、方向性以及工作温度光学特性分别进行了详细规定。要求 $1 \times N$ PLC 光分路器光学特性如表 8-4 所示。

表 8-4 1×N PLC 光分路器光学特性

参数		单位	指标									
			1×2	1×4	1×8	1×12	1×16	1×24	1×32	1×64	1×128	1×256
工作带宽		nm	1 260～1 650									
插入损耗	PLC 器件	dB	≤3.8	≤7.4	≤10.5	≤12.5	≤13.5	≤15.1	≤16.8	≤20.5	≤24.0	待定
	插头型 PLC 组件	dB	≤4.2	≤7.8	≤10.9	≤12.9	≤13.9	≤15.5	≤17.2	≤20.9	≤24.4	待定
	适配器型 PLC 组件	dB	≤4.4	≤8.0	≤11.1	≤13.1	≤14.1	≤15.7	≤17.4	≤21.1	≤24.6	待定
偏振相关损耗		dB	≤0.3	≤0.3	≤0.3	≤0.3	≤0.3	≤0.3	≤0.3	≤0.3	≤0.5	待定
通道均匀性	固定工作波长	dB	≤0.6	≤0.7	≤1.0	≤1.2	≤1.2	≤1.5	≤1.5	≤2.0	≤2.5	待定
	全工作带宽	dB	≤1.1	≤1.2	≤15	≤1.7	≤1.7	≤2.0	≤2.0	≤2.5	≤3.0	待定
回波损耗	PLC 器件	dB	≥55									
	PLC 组件	dB	≥45(PC)；≥50(UPC)；≥55(APC)									
方向性		dB	≥55									
工作温度范围		℃	−40～+85									

表中插入损耗的测试波长为：1 310 nm、1 490 nm、1 550 nm，在 1 260～1 330 nm 和 1 600～1 650 nm 波长区间的插入损耗在以上指标基础上增加 0.3 dB。

表中通道均匀性的测试波长为：1 310 nm、1 490 nm、1 550 nm，在 1 260～1 330 nm 和 1 600～1 650 nm 波长区间的通道均匀性在以上指标基础上增加 0.5 dB。

2×N PLC 光分路器光学特性如表 8-5 所示。

表 8-5 2×N PLC 光分路器光学特性

参数		单位	指标									
			2×2	2×4	2×8	2×12	2×16	2×24	2×32	2×64	2×128	2×256
工作带宽		nm	1 260～1 650									
插入损耗	PLC 器件	dB	≤4.0	≤7.6	≤10.8	≤12.8	≤13.8	≤15.4	≤17.1	≤20.8	≤24.3	待定
	插头型 PLC 组件	dB	≤4.4	≤8.0	≤11.2	≤13.2	≤14.3	≤15.8	≤17.5	≤21.2	≤24.7	待定
	适配器型 PLC 组件	dB	≤4.6	≤8.2	≤11.4	≤13.4	≤14.4	≤16.0	≤17.7	≤21.4	≤24.9	待定
偏振相关损耗		dB	≤0.3	≤0.3	≤0.3	≤0.3	≤0.3	≤0.3	≤0.3	≤0.3	≤0.5	待定
通道均匀性	固定工作波长	dB	≤0.6	≤0.7	≤1.0	≤1.2	≤1.2	≤1.5	≤1.5	≤2.0	≤2.5	待定
	全工作带宽	dB	≤1.1	≤1.2	≤15	≤1.7	≤1.7	≤2.0	≤2.0	≤2.5	≤3.0	待定

续 表

参数		单位	指标									
			2×2	2×4	2×8	2×12	2×16	2×24	2×32	2×64	2×128	2×256
回波损耗	PLC器件	dB	≥55									
	PLC组件	dB	≥45(PC);≥50(UPC);≥55(APC)									
方向性		dB	≥55									
工作温度范围		℃	−40～+85									

表中插入损耗的测试波长为:1 310 nm、1 490 nm、1 550 nm,在1 260～1 330 nm 和1 600～1 650 nm 波长区间的插入损耗在以上指标基础上增加0.3 dB。

表中通道均匀性的测试波长为:1 310 nm、1 490 nm、1 550 nm,在1 260～1 330 nm 和1 600～1 650 nm 波长区间的通道均匀性在以上指标基础上增加0.5 dB。

3. PLC光分路器机械性能

PLC型光分路器的机械性能主要是考虑光分路器在安装和使用过程中不可避免地会受到各种外部机械力的作用。要保证PLC在经受这些常规外部机械力作用后,性能不变或者变化量不足以影响到网络系统的正常工作。

一般光分路器要进行的机械性能实验有振动、冲击、光缆抗拉和光缆扭转四项实验,实验之后光分路器及附件外观应无机械损伤,如变形、裂痕、松弛等,不得出现光纤断裂、光缆拉出、光纤端点处的故障以及光缆密封损坏等,插入损耗变化量在规定范围内。

具体的实验操作方法可以参照通信行业标准 YD/T 1117—2001《全光纤型分支器件技术条件》和 YD/T 1272.4《光纤活动连接器 第4部分 FC型》的相关条款,详细如表8-6所示。

表8-6 PLC光分路器机械性能实验

实验项目	实验方法	样品数	合格判据
振动实验	YD/T 1117—2001 7.1.1	4	(1) 插损变化量≤0.5 dB (2) 无机械损伤,如变形、龟裂、松弛等现象; (3) 其他性能参数满足表8-4、表8-5要求
冲击实验	YD/T 1117—2001 7.1.2		
光缆抗拉实验	YD/T 1272.4—2007 6.6.10		
光缆扭转实验	YD/T 1117—2001 7.1.4		

4. PLC光分路器环境性能

PLC分路器的环境性能主要是保证分路器在各种实际工作环境下能正常工作。主要考核的环境性能实验项目有低温、高温、高低温循环、湿热、水浸泡和盐雾实验等,若组件都为塑胶件材质可以免测盐雾实验。

具体的实验操作方法可以参照通信行业标准 YD/T 1117—2001《全光纤型分支

器件技术条件》和 YD/T1272.4《光纤活动连接器 第 4 部分 FC 型》的相关条款。详细如表 8-7 所示。

表 8-7 PLC 光分路器环境性能实验

实验项目	实验方法	样品数	合格判据
低温实验	YD/T 1117—2001 7.2.1	6	(1) 插损变化量≤0.5 dB (2) 无机械损伤,如变形、龟裂、松弛等现象;盐雾实验后不能生锈和腐蚀; (3) 其他性能参数满足表 8-4、表 8-5 要求
高温实验	YD/T 1117—2001 7.2.2		
高低温循环实验	YD/T 1117—2001 7.2.3		
湿热实验	YD/T 1117—2001 7.2.4		
水浸泡实验	YD/T 1117—2001 7.2.5		
盐雾实验	YD/T 1272.4—2007 6.6.9		

5. PLC 光分路器可靠性实验

PLC 光分路器产品可靠性实验是更为严格的检测程序,主要包括机械完整性实验和环境温度耐久性实验。主要借鉴了 Telcodia Technologies 公司的两个技术规范:Telcordia GR-1221-CORE Issue 3—2010《光元源器件一般可靠性保证要求》和 Telcordia GR-1209-CORE Issue 4—2010《光元源器件总规范》。

机械完整性项目有机械冲击、变频振动、光纤扭曲、光纤侧拉和光纤光缆保持力,环境温度耐久性实验项目有干燥高温储存、湿热高温储存、低温储存和高低温循环。具体的实验操作方法可以参照标准 YD/T 2001—2014,要求 PLC 分路器的插损的变化不大于 0.5 dB。

8.6 光分路器的选用

8.6.1 FBT 型分路器和 PLC 型分路器的比较

1. 工作波长

PLC 型光分路器对工作波长不敏感,也就是说不同波长的光其插入损耗比较接近,通常工作波长范围可以达到 1 260~1 650 nm,覆盖了现阶段 FTTx 工程中各种标准的 PON 可能使用的所有波长以及各种测试监控设备所需要的波长。

FBT 型光分路器,由于拉锥过程会产生光纤模场的变化,实际使用中需要根据需求调整工艺监控工作窗口,可以将工作波长调整到 1 310 nm、1 490 nm、1 550 nm 等工作波长(俗称工作窗口)。目前单窗口和双窗口的器件工艺控制已经很成熟,三窗口工艺较复杂,工艺控制若不好,插入损耗会随着工作时间延长和温度的不断变化而发生变化。

2. 分光均匀性

PLC 型光分路器的分光比由设计掩膜板时决定的。目前常用的器件分光都是均匀的。而且由于半导体工艺的一致性高,器件通道的均匀性非常好,故可以保证输出光的大小一致性好。

FBT 型分路器的分光比可根据需要现场控制,如果要求 $1 \times N$ 均分器件,则可用 $N-1$ 个均分 1×2 组合而成。因为每个 1×2 器件都不可能做到完全均分,所以串接而成的 $1 \times N$ 器件最终的各通道输出光不均匀性被乘积放大,级数越多,均匀性越差。如果要求均匀性好,需要经过精确计算配对。

拉锥型分路器分光比可变是此器件的最大优势。有时,由于用户数量和距离的不一致性,需要对不同线路的光功率进行分配,需要不同分光比的器件,由于平面波导器件不能随时变化分光比,只能采用拉锥型分路器。

经实验发现,PLC 光分路器的各个通道的插入损耗随着波长的变化很小,通道的均匀性也很好;拉锥型的分路器随着波长的变化损耗变化很大,只窗口波长附近损耗较小。

3. 温度相关性

PLC 器件工作温度在 $-40 \sim +85$ ℃,插入损耗随温度变化而引起的变化量较小;拉锥型分路器通常工作温度在 $-5 \sim +75$ ℃,插入损耗随温度变化而变化的范围较大,特别是在低温条件下(小于 -10 ℃),插入损耗会变的很不稳定。

4. 偏振相关损耗

PLC 型光分路器偏振相关损耗(Polarisation Dependent Loss,PDL)很小,1×32 路以下的光分路器的 PDL 通常在 $0.1 \sim 0.2$ dB。而 1×2 的 FBT 光分路器的 PDL 大约为 0.15 dB,随着串接的器件越多,PDL 也会累加,1×8 的 FBT 光分路器的 PDL 将近 0.45 dB。

5. 体积

PLC 的器件由于光集成技术的应用而使体积很小,某厂家 1×32 的光分路器的体积为 50 mm$\times 7$ mm$\times 4$ mm。多分路的 FBT 光分路器由于需要多个 1×2 器件熔接串联,且光纤弯曲要求最小直径大于 30 mm,1×8 的光分路器的尺寸就到达了 100 mm$\times 80$ mm$\times 9$ mm。

6. 成本

PLC 光分路器的主要成本包括设备成本和材料成本(芯片和光纤阵列)。其中分路器的生产设备昂贵,但是为一次性投入,随着生产规模扩大,产量越大,通道数越多,平均分摊到每个通道的成本就越低。

FBT 光分路器成本主要是人工成本和残次品成本。原材料成本本身很低(石英基板,光纤,热缩管,不锈钢管等),低分路比的光分路器的成本很低,高分路器件成品率较低,成本则上升很快,相对于同级别的 PLC 型光分路器而言较高。

按目前的技术和市场状态估计,PLC 型分路器与三窗口拉锥型分路器相比,1×8 是临界点,1×16 以上 PLC 型光分路器性价比明显占优,1×4 以下拉锥型光分路器性价比占优。

7. 可靠性

无源光网络(PON)对于有源光网络(AON)的最大优势就在于无源光网络除局端和用户端外,中间线路全部是无源设备,可靠性高,运营维护成本低。

FBT分路器由于节点多,光纤拉伸过程中容易发生划痕等微观缺陷,因此其抗机械冲击、机械振动性能较差,使用时不能剧烈撞击或跌落,相对可靠性较低。

8.6.2 分路器的选用原则

随着基于PON技术的FTTx工程在全球的快速推广实施,光分路器用量迅速膨胀,PLC型光分路器的优点得到充分发挥,随着分路器产量的急剧增大,其成本也快速下降,其性价比已明显优于FBT型光分路器。在实际应用中PLC型光分路器逐步取代FBT型光分路器的趋势非常明显,美国、韩国、欧洲法国等一些国家均指定使用PLC型光分路器产品,日本考虑成本因素明确规定1×4及以下采用拉锥型(一次拉锥产品),1×8以上产品全部使用PLC型光分路器。

光分路器也已经成为我国FTTx建设中不可缺少的产品。根据实际网络使用需要,建议选用的原则为:如果只是单一波长传输或双波长传输,从成本角度考虑可以选用拉锥型光分路器件;如果是PON技术的宽带传输,考虑到网络以后的扩容和监控需要,应优先选用PLC器件;光分路比小于1∶8时可采用熔融拉锥型光分路器或PLC型光分路器,光分路比大于1∶8应采用PLC型光分路器;低温条件下应选用PLC型光分路器。

随着工艺水平的提高,PLC芯片和FA的性能还在不断地提高,将进一步改善PLC光分路器的性能。未来,PLC光分路器将会朝着大分光比、高性价比方向发展,势必在我国光纤通信网络建设中发挥更大作用。

参 考 文 献

[1] 唐晓琪,唐继. Mach-Zehnder光纤干涉仪相位载波调制及解调方案的研究[J].计量学报,2002,23(1):11-15.

[2] 杨天夫. 基于聚合物材料的平面光波导生化传感器 [D/OL]. 吉林:吉林大学,2010. http://cdmd.cnki.com.cn/Article/CDMD-10183-2010110707.htm.

[3] 郝军. 光波导中古斯汉欣位移的研究 [D/OL]. 上海:上海交通大学,2010. http://cdmd.cnki.com.cn/Article/CDMD-10248-2010205492.htm.

[4] 苗丹丹. 新型光波导聚合物的研究 [D/OL]. 武汉:华中科技大学,2012. http://cdmd.cnki.com.cn/Article/CDMD-10487-1013013846.htm.

[5] 曹庄琪. 导波光学[M]. 1版. 北京:科学出版社,2007.

［6］ 胡鸿璋. 应用光学原理［M］. 北京：机械工业出版社,1993.

［7］ 李玉权,崔敏. 光波导理论与技术［M］.1 版. 北京：人民邮电出版社,2002.

［8］ 郭硕鸿. 电动力学［M］. 北京：高等教育出版社,1997.

［9］ 催凤林. 光集成器件［M］. 北京：科学出版社,2002.

［10］ 王晨,廖运发,余斌. 平面波导（PLC）光分路器的工艺及性能影响因素分析［J］. 现代传输,2014(4):48-52.

［11］ 衣云骥. 聚合物平面光波导集成技术的基础研究［D/OL］.吉林：中科院长春应化所,2012. http://cdmd. cnki. com. cn/Article/CDMD-10183-1012365807. htm.

［12］ 李爱魁. 激光直写 SiO_2/TiO_2 溶胶-凝胶薄膜制备条形光波导技术基础研究［D/OL］武汉：华中科技大学,2007. http://cdmd. cnki. com. cn/Article/CD-MD-10487-2009141817. htm.

［13］ 梁静秋,侯凤杰.采用硅型槽的一维光纤阵列的研制［J］.光学精密工程,2007,15(1):89-94.

［14］ 雷莹.用于光纤阵列的 Si-V 型槽的制作［J］.红外与激光工程,2002,31(5):447-450.

［15］ 朱延灵.平面光波导分路器的耦合封装研究［D/OL］.大连：大连理工大学,2012. http://cdmd. cnki. com. cn/Article/CDMD-10141-1012395437. htm.

［16］ 中国通信标准化协会. 平面光波导集成光路器件：第 1 部分 基于平面光波导（PLC）的光功率分路器：YD/T 2000.1-2014 ［S］.北京：中华人民共和国工业和信息化部 ［2014-07-25］.

［17］ 董力博.光分路器的种类和选型［J］.商情,2013(11).

［18］ 肖熠.玻璃基离子交换波导光功率分配器的设计和工艺制作［D/OL］.杭州：浙江大学,2012. http://cdmd. cnki. com. cn/Article/CDMD-10335-1012340924. htm.

［19］ Little . A VLSI Photonics Platform［C］. OFC2003,ThD1,2 :444 -445.

［20］ Vincent Dumarcher, Licinio Rocha, Christine Denis, et al. Spectral characteristics of DFB polymer lasers. Proc［C］. SPIE, 2000, 3939：2-11.

［21］ K. Okamoto. Fundamentals of Optical Waveguides［M］. New York：Academic Press, 2000.

［22］ Taichi Yoshioka,Yasumasa Kawakita,Akira Kawai,et al. Simple estimation of strain distribution in narrow-stripe waveguide array fabricated by selective MOVPE［J］. Journal of Crystal Growth,2007,298：676-681.

［23］ Wil M,Konarski P. Ion beam shadowing effects in SIMS depth profile analysis of MBE-grown nanostructures［J］. Vacuum,2005,78(2-4)：291-295.

[24] Lelarge F, Dagens B, Cuisin C, et al. GSMBE growth of GaInAsP/InP 1. 3μm-TM-lasers for monolithic integration with optical waveguide isolator [J]. Journal of Crystal Growth,2005,278(1-4): 709-713.

[25] Yihwan Kim, Dean Berlin, Arkadii Samoilov. Fabrication of epitaxial SiGe ptical waveguide structures[J]. Applied Surface Science, 2004, 224(1-4): 175-178.

[26] Yusuke Moriguchi,Tatsuya Kihara, Kazuhiko Shimomura. High growth enhancement factor in arrayed waveguide by MOVPE selective area growth [J]. Journal of Crystal growth,2003,248: 395-399.

[27] Meng Xiangdong, Lin Bixia, Fu Zhuxi. Influence of CH_3COO on the room temperature photoluminescence of ZnO films prepared by CVD[J]. Journal of Luminescence, 2007, 126(1): 203-206.

[28] Parikh R. P,Adomaitis R. A,Oliver J. D,et al. Implementation of a geometricallybased criterion for film uniformity control in a planetary SiC CVD reactor system[J]. Journal of Process Control, 2007, 17(5): 477-488.

第 9 章　智能 ODN 技术

9.1　传统 ODN 现状

随着"宽带中国"国家战略的出台,《住宅区和住宅建筑内光纤到户通信设施工程设计规范》和《住宅区和住宅建筑内光纤到户通信设施工程施工及验收规范》两项强制性国家标准颁布实施,光纤宽带在中国得到了迅猛发展。截至 2014 年 10 月底,全国 FTTH 端口数超过 1.96 亿个,FTTH 覆盖家庭达到 2.27 亿户。例如西部地区宁夏,按照光纤到户国家标准建成的新建项目 54 个,累计完成光纤入户改造小区 1 021 个,光纤到户覆盖数达到 55 万,光纤宽带接入用户 22.7 万户,这些数字对于只有 630 万人口的宁夏而言,所占比例很高了。除了宁夏,像陕西、青海、甘肃、新疆等经济欠发达的西部省份的光纤到户工作已稳步推进,发达省份的发展数字更为可观。FTTH 的规模化扩张标志宽带接入的光纤时代已经来临,使得 FTTH 核心要素之一的 ODN 网络成为海量的光纤实体网络,光缆交接箱的数量和容量随之急剧增加。

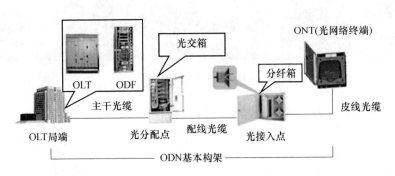

图 9-1　ODN 构架

ODN 的基本构架如图 9-1 所示,一般 ODN 网络都是无源网络,传统的无源网络就相当于一个"黑匣子",目前还难以直观的管理,而只有简单、原始的管理措施。即在现有的管理系统中同时存储铜线、光纤、管道、配线架等信息,在业务开通、维护过程中再调用这些信息,技术手段主要是通过给光纤连接器贴纸标签实现。随光缆交接箱的急剧增加,这种纸标签在 ODN 网络中俯拾皆是(如图 9-2 所示),这种管理方式存在如下问题：

第一，设备的高度独立，无法获知 ODN 的全局网络结构，缺乏对 ODN 整体性的感知，致使设备的施工、管理以及故障的排除有较大的困难，并且在进行 ODN 网络规划时也存在巨大的困难。

第二，缺乏技术手段，工作量大。施工人员由于缺乏有效的设备信息获知手段，只能依靠人工去获取光设备的海量光纤存量信息，并在此基础上进行施工以及设备管理，包括对于设备信息的核对以及设备信息的纸质记录，很难保证设备光纤存量信息的正确性，并且在设备发生故障后，很难进行故障的检查以及排除。

第三，人工录入，数据错误率高。在工程实施阶段，工程师不仅需要打印工程图纸，还要根据默认的规则（例如：面板端口从左到右进行编号）进行手工操作，所有网络信息都依靠手工录入到数据库中，这就不可避免地引入了人为错误，且多次施工后由于管理疏漏，数据库里的信息得不到及时更新，难以与实际情况保持一致，光纤查找困难。调研显示人工录入带来的数据错误率超过 20％，导致 17％左右的端口资源浪费，也就是说一个投资 100 万元的工程，因为资源管理模式的缺陷使得 17 万元的投资无法发挥价值；而且这种管理模式，每年对资源的巡查和盘查投入很高，占到维护成本的 60％以上，给光纤基础网络（ODN）的建设、施工以及运维带来极大的挑战。

图 9-2　传统的交接箱

第四，在施工完毕后，需要靠施工人员将施工信息进行纸质记录，设备无法提供施工正确的指示，除了容易发生误操作外，还会引起施工人员返工，容易造成施工人力、物力的极大浪费。

第五，FTTx 网络受用户变动和环境影响，每半年就会有涉及较多用户的改造，发生故障时，故障点是分散在"千家万户"和"大街小巷"中，运行维护的工作量非常巨大。而传统的手工操作，无源网络的光纤标识、查找等操作全靠手工进行，工作效率低下，网络难以实现高效的管理，等到用户上报故障后，技术服务人员才能被动去处理，大大降低了用户对光纤宽带的感知度，也影响运营商宽带业务的快速发展。

电信运营商面对的海量光纤资源的管理工作如果还是仅仅依靠人工录入统计核查和传统纸质标签调拨的工作方式，显然在目前 FTTH 高速发展的时代已经难以为继。这种传统工作方式效率低下和准确性不高的弊端，必然会导致资源闲置浪费。如何有效管理所谓"哑资源"，将是宽带运营商应对未来光纤基础网络建设和运维的关键。

"哑资源"特指 ODN 网络中无法自动上报自身信息的资源，有效管理"哑资源"，需要在不改变光纤基础网路无源特性的基础上，改变传统 ODN 设备无法交互的缺点，使其具有能够识别自身端口信息的能力，并且还具有与其他设备或是终端进行通信、传输设备信息的能力，赋予其一定的智能和可监控性。通过给光纤加上"电子标签"，实现信息的即时监控和反馈，从而形成光纤基础网络信息化运维管理的基础。使得施工人员在施工时可以通过手持监控终端对施工的目标设备进行实时监控施工以及指导施工，从而减小误操作发生的风险。施工结束后，进行自动校验，在确保正确无误的情况下，将设备的最新信息上传至 ODN 光纤设备信息存量数据库中。这类智能化光纤配线系统解决方案，如烽火通信的 sODN、华为的 iODN、中兴通信的 eODN 等带有智能功能的光分配网络方案纷纷应运而生。

9.2　智能 ODN 概述

9.2.1　智能 ODN 定义

智能 ODN(Intelligent Optical Distribution Network)即智能光分配网络，是指利用电子标签对光纤(包括尾纤、跳纤、光分路器尾纤等)的活动连接器插头进行唯一标识，自动存储、导入和导出光配线设施端口资源及光纤连接关系数据，从而实现光纤信息自动存储、光纤连接关系信息自动识别、光纤资源信息校准、可视化现场操作指导等智能化功能的光分配网络，简称智能 ODN，是为了克服传统 ODN 网络运行维护和管理困难而提出的，是目前接入网关注的焦点。

智能 ODN 的核心思想是通过电子标签技术解决传统 ODN 网络管理和维护难题。电子标签技术可以实现光纤标识信息的指导识别以及相关联的端口管理，从而实现资源信息数据的自动采集、一致性校验、端口施工指导等功能。在此基础上，引入了网络管理层的概念，建立了网络管理层和设备层之间的通信渠道，实现了 ODN 管理和运行维护流程上的自动闭环。

智能 ODN 从涵盖范围角度看，可以分为狭义智能 ODN 和广义智能 ODN。狭义智能 ODN 只涵盖 ODN 的管理和运行维护过程，广义智能 ODN 包括 ODN 网络规划、设计、施工、部署、管理和维护的全过程。

智能 ODN 是一个开放的系统，支持和 OSS 以及第三方提供的管理和维护系统集成，以解决各种场景下 ODN 的管理和维护问题。

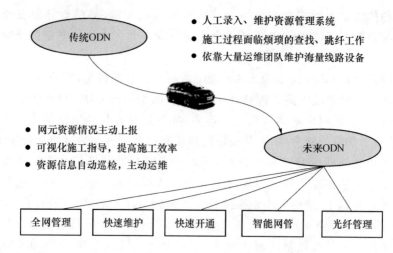

图 9-3　传统 ODN 和智能 ODN 的比较

9.2.2　智能 ODN 系统特性

智能 ODN 采用电子标签技术为基础,实现 ODN 资源数据自动采集、校验、施工指导等功能,总体来说,智能 ODN 应具有以下主要系统特性。

1. 高效的可视化的管理

智能 ODN 方案在普通的光纤跳纤两端增加"电子标签",实现对 ODN 设备、光纤互联关系与各节点光纤端口的自动标识和识别,消除人工录入资源信息环节。以全网设备可视化管理的理念,通过智能 ODN 网管图形化界面可直观呈现全网光路资源,从而实现光路资源调配、网路拓扑、设备监控等管理能力,和传统 ODN 的比较如图 9-3 所示。

安装维护人员可以按照指令便捷地进行光路由的端到端调度和维护,如发生异常光纤插拔、端口连接错误等情况,电子标签会主动反馈,网管实时告警,通过短信等方式及时告知维护人员下步处理意见。通过智能 ODN,建设单位能够及时获取准确的全网光路资源信息,并根据业务需求有针对性地进行投资和网络规划与建设。

2. 全自动工单发放与闭环

传统光纤网络需要依据资源信息进行纸质工单调度,现场操作人员根据纸质工单进行设备安装或者维护工作,手工记录资源信息和人工录入返回现场数据完成回单。与传统网络的工作流程不用,智能 ODN 网管通过北向接口实现与运营商工单系统的互通。业务分发时,智能 ODN 网管获取工单,自动计算最优路径及光路由,从而进行光路自动调度,通过手机 APP 推送施工单到安装维护人员,给安装维护人员提供了全程电子工单和可视化施工指引;工单工作完成后,智能 ODN 网管统一回单,实现全自动的工单发放与闭环。对于超时的工单,网管会自动提醒安装维护人员及时处理,两者的工程应用比较如图 9-4 所示。

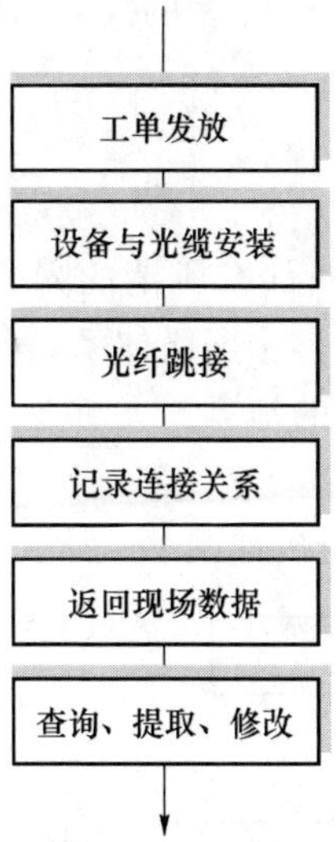

传统ODN	智能ODN
电子工单下发,打印工单施工	全程电子工单
与智能ODN相同	与传统ODN相同
根据纸质工单打印,打印标签标识	根据LED灯指引操作
手工纸笔记录	软件记录
人工录入	智能终端自动上传
人工维护	软件操作

流程:工单发放 → 设备与光缆安装 → 光纤跳接 → 记录连接关系 → 返回现场数据 → 查询、提取、修改

图 9-4 传统 ODN 智能 ODN 工程应用比较

3. 降低全生命周期成本

在中国移动、中国电信、中国联通智能 ODN 的部署试点中,虽然智能 ODN 部署成本比传统 ODN 高一些,但由于资源信息准确可靠,并提供了可视化端口定位和电子自动巡检等手段,装维人员光路开通调度中基本无返工,跳纤效率提升 50% 以上,资源管理人员相应减少,运维成本降低近 50%。以某运营商为例,全网 4 100 台光交,运维费用每年 320 元/台,共计 130 多万元,其中由于资源不明、信息错误等情况需每年现场校验,此项耗费每年约 65 万元,约占维护费用的 50%,另外每年作后台资源核查费用约为 70 万元。在全网采用 SODN 系统改造后,施工同时完成后台资源校验和同步更新,免去了重复现场校验以及客户资源核查费用,每年共可节省维护费用 135 万元。

4. 智能 ODN 是 FTTx 发展的强烈需求

早期 FTTB 和 FTTH 网络建设时,三大运营商对传统 ODN 网络的部署和运维已有切肤之痛,相比铜缆时代,光纤时代的终端用户增加了高带宽支出,对业务稳定的要求更加严苛。另一方面,随着网络日益复杂,传统 ODN 因缺乏有效的感知手段,在全程的故障排查定位中,光路故障处理效率又十分低下。运营商出于成本压力的考虑,对光纤网络希望进行综合运维的呼声也越来越高,中国移动、中国电信、以及中国联通也均已经建设了自己的智能 ODN 实验局;在国外,俄罗斯第一大固网运营商 Rostelecom 与华为合作建成了俄罗斯首个智能 ODN 网络,有效解决其光纤建设和管理难题,助力其为用户快速提供高质量的宽带业务。

智能 ODN 恰恰能将接入网络最重要的"哑资源"——光纤基础网络开放式地融

入资源系统,从而进行高效准确的管理,另外,部署智能 ODN 可能面临的问题都已逐一解决。随着"宽带中国"战略的深入和运营商对早期 ODN 部署的反思,建设智能 ODN 网络已成为行业内对 ODN 网络未来发展的共识。

9.2.3 智能 ODN 在接入网中的位置

从智能 ODN 定义来看,只要有光纤连接和调度的地方,都有所谓的光分配网络,因此智能 ODN 应该涵盖骨干网、城域网/本地网、接入网整个网络体系。但就智能化的需求紧迫性来讲,接入网是智能 ODN 最能体现优势的地方。尤其是 FTTx 快速发展的宽带化时代,接入网是当下关注的焦点。

智能 ODN 在光接入网中为 FTTx 网络提供光纤物理连接,如图 9-5 所示。

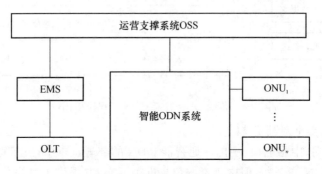

图 9-5　智能 ODN 系统在接入网中的位置

9.3　智能 ODN 体系结构

9.3.1　智能 ODN 功能架构

根据智能 ODN 的定义和实际需求,智能 ODN 除了具备传统 ODN 所有的一切功能之外,还应包含两个大的主要功能:资源数据信息的自动采集和管理控制流程的自动闭环运行,围绕智能 ODN 这两个大的核心功能,图 9-6 给出了智能 ODN 功能架构。

从智能 ODN 功能架构角度,智能 ODN 可划分为三层:数据采集与控制层、管理层和应用层。

1. 数据采集与控制层

数据采集与控制层的主要功能是采集资源数据和执行现场施工指导等指令和动作,它包含 ID 数据采集功能、端口 ID 映射功能、端口控制功能等。

ID 数据采集功能负责从电子标签通过 I1 接口自动采集 ID 数据。该功能的触发有两个途径,一个是端口监测功能,该功能在图 9-6 中没有体现,可看成 ID 数据采集功能的子功能,端口监测功能会监测端口的变化,当端口变化时(如进行跳纤施工时),它会触发 ID 数据采集功能的执行。另一个触发源来自于端口控制功能,当一个巡检工单需要主动触发全局数据采集和对比时,数据采集命令会最终下发到端口控制单元,触发 ID 数据采集功能的执行。

Port-ID 映射功能负责生成{Port,ID}映射关系,该映射关系将作为数据源通过 I3 接口上报给上层光纤交叉连接分析功能进行进一步的处理和分析,在此过程中,Port-ID 映射功能可能会和数据库有交互关系。

端口控制功能主要有两个,一个是控制端口指示(如点灯),端口指示是实现智能化现场施工的关键,另一个是响应上层下发的命令,触发 ID 数据采集功能。事实上,这两个功能都依赖于上层端口控制管理功能通过 I2 接口进行控制和触发。

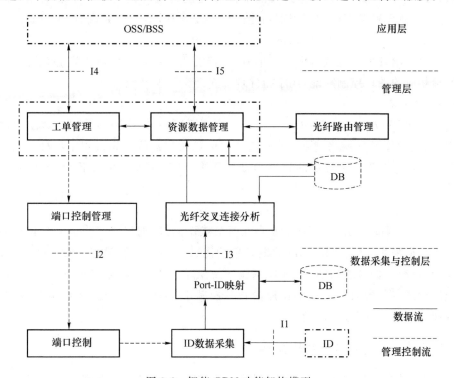

图 9-6　智能 ODN 功能架构模型

2. 管理层

管理层主要建立在数据采集和控制层之上,用于实现核心的光纤连接管理和控制功能,它包括光纤交叉连接功能、资源数据管理功能、光纤路由管理功能、工单管理功能、端口控制功能。

光纤交叉连接分析功能主要用于光纤交叉连接的分析和检验,该分析和校验主要依据从底层上报的{Port,ID}数据和工单下发过程中暂存的工单数据,以确定现场施工过程中进行的跳纤操作是否正确。

资源数据管理功能主要负责资源数据的存储、更新、同步等,智能 ODN 系统中的资源数据有从下层系统上报的{Port,ID}数据,也有从 OSS/BSS 同步的资源数据,如局向光纤连接数据等。这些数据是实现光纤路由管理功能和工单管理功能的基础。资源数据管理功能通过 I5 接口和 OSS/BSS 交互,实现资源数据的同步。

光纤路由管理功能主要实现端到端光纤路由及光纤路由逻辑拓扑,可视化的光纤路由和拓扑对光纤连接故障定位是很有帮助的。

工单管理功能主要从 OSS/BSS 通过 I4 接口接收工单,启动与光纤交叉连接相关的现场施工流程。工单管理功能和资源数据管理功能有交互,该交互涉及两个内容,一个是工单内容会,通知资源数据管理功能暂存,用于后续光纤交叉连接分析和校验;另一个是检查工单内容涉及的资源数据是否有冲突。工单管理功能处理完后,会下发命令触发端口控制管理功能进行后续处理,当工单完成后,工单管理功能会回送工单完成消息给 OSS/BSS。

端口控制管理功能负责解析工单命令,转发成端口控制可以识别和执行的命令下发给相应的端口控制功能,用于指导现场光纤交叉连接施工。

3. 应用层

OSS/BSS 以及与智能 ODN 相关的应用都可以归结为应用层内容,该层可以用于实现智能 ODN 从网络规划、设计、施工、部署、管理和维护全过程中各种不同的应用。该层还包括第三方提供的管理和维护系统,以解决各种场景下 ODN 的管理和维护问题。

4. 工作流

从图 9-6 可以看出,智能 ODN 存在两个工作流:数据采集工作流和管理控制工作流。数据采集工作流涉及 ID 数据采集功能、Port-ID 映射功能、光纤交叉连接分析功能、资源数据管理功能,管理控制流涉及工单管理功能、端口控制管理功能、端口控制功能。其中数据采集工作流由管理控制工作流触发,而管理控制流由 OSS/BSS 通过工单的方式进行触发。

9.3.2 智能 ODN 逻辑架构

依据智能 ODN 功能架构模型,提取智能 ODN 系统中重要的逻辑概念形成了智能 ODN 系统的逻辑架构,逻辑架构模型如图 9-7 所示。智能 ODN 逻辑架构由智能 ODN 管理系统、智能管理终端、智能 ODN 设施、电子标签载体四个功能实体和各个功能实体之间的接口 I1~I6 组成,OSS 是运营支撑系统(Operation Support System)。

1. 功能实体

(1) 智能 ODN 设施

智能 ODN 设施包括用于实现光纤交叉连接和资源数据采集功能的智能光纤配线架、智能光缆交接箱、智能光缆分纤箱等设备,主要完成功能架构模型中数据采集与控制层的功能。智能 ODN 设备通过 I1 接口与电子标签载体通信,通过 I2 接口与智能管理终端通信,或通过 I3 接口直接与智能 ODN 管理系统通信。

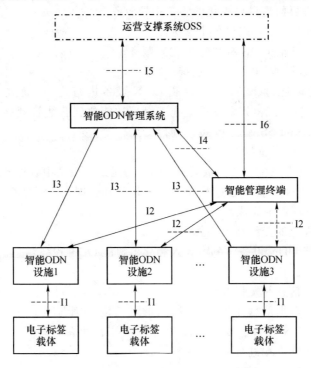

图 9-7　智能 ODN 系统逻辑架构模型

智能 ODN 设备可通过连接稳定的交流或直流电源处于实时供电状态,或由智能管理终端向其短时供电。当无电源输入时,智能 ODN 设备的功能与传统的光配线设备功能相同,主要完成光纤交叉连接功能。

(2)电子标签载体

电子标签载体包括光纤连接头上具有电子标签的光跳纤、尾纤和光分路器等,主要完成承载电子标签和 ID 数据存储的功能。智能 ODN 设施通过 I1 接口与电子标签载体通信用,读取或写入电子标签 ID 信息内容。

(3)智能管理终端

智能管理终端是一种便携式设备,提供管理操作界面,主要完成智能 ODN 设备的接入管理功能和现场施工管理功能。其中,接入管理功能主要的作用是当无源设备无法直接与智能 ODN 管理系统通信时,需要其作为接入代理来完成通信。现场施工管理功能对智能管理终端来说是一个可选功能项,从前面智能 ODN 设备架构模型可以看出,现场施工管理功能对应于工单管理功能和端口控制管理功能,该功能可以放到智能 ODN 管理系统中实现,也可以放到智能管理终端上去实现。

总结起来,智能管理终端完成的主要功能包括:

① 读取电子标签信息。

② 完成下载、导入、导出、查询、删除、反馈工单处理结果等工单处理功能。

③ 通过管理界面提供可视化的施工指导服务。

④ 向智能 ODN 设备提供供电服务。

⑤ 为无源的智能 ODN 提供通信代理服务。

⑥ 与 OSS 或智能 ODN 管理系统进行通信。

智能管理终端通过 I2 接口与智能 ODN 设备进行通信,通过 I4 接口与智能 ODN 管理系统进行通信,如果将现场施工管理功能放到智能管理终端上去实现,智能管理终端和 OSS/BSS 通过 I6 接口进行交互。

(4) 智能 ODN 管理系统

智能 ODN 管理系统主要完成智能 ODN 功能架构模型中管理层的内容,以实现直接管理智能 ODN 设备或通过智能管理终端管理智能 ODN 设备的功能。总结起来,智能 ODN 管理系统完成的主要功能包括:

① 提供可视化的光纤路由拓扑。

② 管理智能 ODN 设备、存储、导入和导出智能 ODN 设备信息。

③ 管理、下发工单。

④ 管理告警信息并发报 OSS。

⑤ 管理资源数据信息并和 OSS 进行同步。

⑥ 与智能 ODN 设备直接进行通信。

⑦ 与智能管理终端进行通信。

⑧ 通过北向接口与 OSS 进行通信。

智能 ODN 管理系统通过 I3 接口与智能 ODN 设备直接进行通信,通过 I4 接口与智能管理终端进行通信,通过北向接口 I5 与 OSS 进行通信。

2. 接口

(1) I1 接口

I1 接口位于电子标签载体与智能 ODN 设备之间,智能 ODN 设备通过该接口读取电子标签载体上的标签信息。

(2) I2 接口

I2 接口位于智能 ODN 设备与智能管理终端之间,智能管理终端通过 I2 接口对智能 ODN 设备进行管理。I2 接口上的交互信息包括:

① 智能管理终端从智能 ODN 设备读取的标签信息、设备全局/板卡/端口等状态信息,设备全局/板卡/端口等告警信息。

② 智能管理终端发送给智能 ODN 设备的与施工工单对应的端口定位信息。

③ 智能 ODN 设备向智能 ODN 管理终端上报的设备告警等信息。

④ 智能管理终端发送给智能 ODN 设备的标签写入信息。

(3) I3 接口

I3 接口位于智能 ODN 设备与智能 ODN 管理系统之间,智能 ODN 管理系统通过 I3 接口直接对智能 ODN 设备进行管理。I3 接口上的交互信息包括：

① 智能 ODN 管理系统从智能 ODN 设备读取的标签信息、设备全局/板卡/端口等状态信息。

② 智能 ODN 设备与智能 ODN 管理系统上报的设备告警等信息。

③ 智能 ODN 管理系统向智能 ODN 设备下发的信息查询等命令，以及工单施工指引等信息。

（4）I4 接口

I4 接口位于智能 ODN 管理系统与智能管理终端之间，智能 ODN 管理系统通过 I4 接口与智能管理终端进行通信。I4 接口上的交互信息包括：

① 智能管理终端向智能 ODN 管理系统批量上传的标签信息、返回工单处理结果。

② 智能管理终端向智能 ODN 管理系统上传的设备告警等信息。

③ 智能 ODN 管理系统向智能管理终端下发的工单信息和端口定位信息。

（5）I5 接口

I5 接口是智能 ODN 的北向接口，位于智能 ODN 管理系统与 OSS 之间。I5 接口上的交互信息包括：

① 智能 ODN 管理系统从 OSS 获取的存量光网络资源信息。

② 智能 ODN 管理系统从智能 ODN 设备或智能管理终端获取的光网络状态信息并上传到 OSS。

③ 智能 ODN 管理系统从 OSS 接收的工单信息。

④ 智能 ODN 管理系统返回给 OSS 工单处理结果。

⑤ 智能 ODN 管理系统向 OSS 上报的设备告警信息。

（6）I6 接口（可选）

I6 接口位于智能 ODN 管理终端和 OSS 之间，I6 接口上的交互信息包括：

① 智能 ODN 管理终端从 OSS 接收的工单信息。

② 智能 ODN 管理终端返回给 OSS 工单处理结果。

9.4　电子标签载体

在传统的尾纤、跳纤和分光器等光器件上嵌入一个标签，这些光器件便具有了身份信息，成为智能光器件。当把这些器件接入到智能 ODN 设备上时，便可以读取其身份信息，对其进行管理。电子标签载体就是指具有电子标签的光跳纤、尾纤或尾纤型光分路器等，其承载的电子标签携带了唯一的编号信息，主要完成承载电子标签的功能，通过 I1 接口与智能 ODN 设备连接。

9.4.1　基本要求

智能 ODN 的核心是采用电子标签取代纸质标签进行链路信息的自动读取，所以电子标签的性能成为智能 ODN 产品的基础。智能 ODN 系统中使用的电子标签载体支持以下基本要求：

（1）电子标签携带的编号信息应唯一。

（2）电子标签携带的信息应能读取，并应支持在受控状态下写入标签信息。

（3）电子标签应很牢固地依附在载体上，不易脱落。

（4）电子标签应能拆卸更换，且更换时应不中断业务。

（5）电子标签的形状和尺寸应不影响其本身及其相关联设施的维护动作。

（6）电子标签对环境的要求应与其依附的光纤连接头保持一致。

（7）电子标签载体（包含电子标签）的机械特性应满足其依附的光纤连接头的机械性能要求。

另外，电子标签还需要满足可靠连接，读写速度快，工艺成熟，低功耗，可校验，尺寸小，支持高密，安全可靠等要求。

9.4.2 分类

电子标签是以集成电路芯片为存储信息的媒介，记录电子编码信息，用来标识和识别物体。电子标签按照读取方式分类可分为接触式和非接触式两类，非接触式的有二维 QR 码标签和 RFID(Radio Frequency ID，如图 9-7 所示)两种技术。

无论是 eID 还是 RFID，其本质都是电子标签，在 ITU-T L.64 中关于 eID 的标准文稿《L.54 ID tag requirement for infrastructure and network elements management》中定义了"contact-tyoe electronic ID"即 eID，以及"non-contact-type electronic ID"即 RFID。在广义上，RFID 也是 eID 的一种，其区别在于接触式或非接触式信号传输。

1. QR 码电子标签

ITU-T L.64 标准提出了一种通过 QR 码标签来识别光纤连接头的方案。这个方案的特点是每一个需要管理的目标都赋予它一个独特的识别码，即每根光纤的断面上都有一个条码，每个分光器上的适配器端口也分别有一个条码标识。这些识别条码在工厂生产并贴到对应的光纤和端口上，并以一种特定的顺序命名，在现场安装时不需要贴上这些条码。施工的时候，跳纤上的条码通过一个电子条码阅读器阅读并传给 OSS，这样但连接器在连接和拔出的时候，OSS 就可以管理每一个连接。

采用二维 QR 码技术，光纤连接头和适配器端口的匹配还需要手工进行，即需要手工针对每个光纤连接头去扫描，显然，这种方法在有大量光纤需要管理的时候操作性并不好。从技术层面讲，只是用 QR 码代替了传统纸质标签，避免了人工录入错误这个问题，但光纤连接光纤的校验和资源信息的自动上传更新仍然需要人工进行，不能实现管理和维护流程上的自动闭环，如图 9-8 所示。在 ODN 资源信息准确性和录入效率方面改善有限，无法彻底解决光纤网络面临的管理和维护问题，目前业界关注的焦点主要集中在 RFID 和 eID。

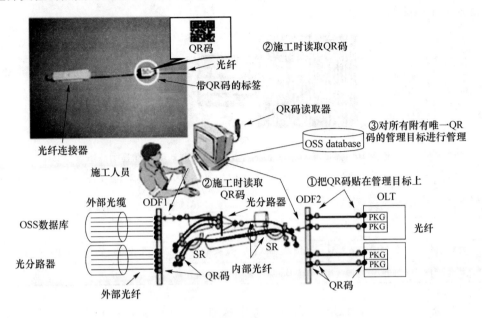

图 9-8 通过 QR 码来标识光纤连接头的方案

2. 接触式电子标签 eID

接触式电子标签 eID 核心是具有存储功能的集成电路芯片,通过有线接触读写信息。该技术已在 IT 以及通信产品中广泛使用,如 PC 内存、SIM 卡、充值卡、银行的 USB-key 等,如图 9-9 所示,相关标准有 ISO/IEC7816。

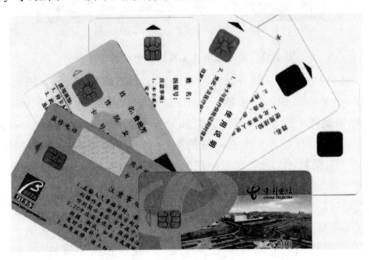

图 9-9 接触式电子标签

接触式电子标签可以采用一线式寄存器来实现,基于一线寄存器两个引脚的接触式电子标签如图 9-10 所示。

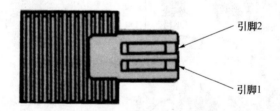

图 9-10　基于一线寄存器两个引脚的接触式电子标签示意图

基于一线寄存器两个引脚的电子标签,引脚可以采用金手指或弹簧片,具体参数如表 9-1 所示。

表 9-1　参数要求

参数	引脚定义	读取速率	协议	工作电压	工作温度
要求	1:地线;2:数据	Max 125 kbit/s	一些寄存器	2.8～5.25 V	−40～85 ℃

在智能 ODN 中,通过在光纤连接器上添加一个 eID 芯片来标识此光纤连接器。跳纤两端的 e ID 之间相互关联,可以标识这两个连接器分别从属于一根跳纤的两个端子,如图 9-11 所示。

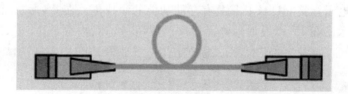

图 9-11　采用接触式 eID 标签的光纤连接器

eID 有三部分信息,第一部分是连接头 ID,这个 ID 是连接头生产出来就拥有的唯一 ID 编号,用来标识 eID 连接器,当 eID 连接器安装到光纤跳纤上时,连接头 ID 就用来唯一标识跳纤上的该连接器;第二部分连接头信息包含此连接头的类型(SC/APC、SC/UPC 或 SC/PC 等),所在跳纤的第一个端口还是第二个端口等信息;第三部分就是跳纤 ID,跳纤 ID 用来代表一根跳纤,有了跳纤 ID,这根跳纤就有了唯一的身份证,不会与其他跳纤混淆。有了这三部分信息后,不管这根跳纤的两端安装到哪里,只要能通过所在的端口读出来,系统就能知道这两个端口是通过这根跳纤连接起来,即自动完成连接关系识别。目前该技术已被 ITU-T 标准采纳。

一套完整的接触式电子标签系统,除了芯片,还包括读写器、数据传输和处理系统,通过电接触读取标签中的信息,实现对信息的识别,如图 9-12 所示。

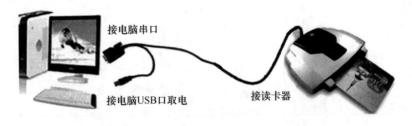

接电脑串口

接电脑USB口取电

接读卡器

图 9-12 接触式电子标签系统

3. 非接触式电子标签 RFID

RFID 主要由存有识别代码的集成电路芯片和收发天线构成,通过无线方式读写信息,根据工作方式可分为主动式(有源)和被动式(无源)两大类。

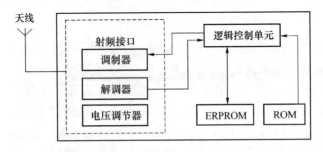

天线

射频接口

调制器

解调器

电压调节器

逻辑控制单元

ERPROM   ROM

图 9-13 RFID 标签组成

目前智能 ODN 系统中主要采用被动式 RFID 标签及系统。被动式 RFID 标签由标签芯片和标签天线或线圈组成,利用电感耦合或电磁反向散射耦合原理实现与读写器之间的通信。RFID 标签中存储一个唯一编码,通常为 64 bit、96 bit 甚至更高,其地址空间大大高于条码所能提供的空间,因此可以实现单品级的物品编码。RFID 标签芯片的内部结构主要包括射频接口、逻辑控制单元和 EEPROM、ROM 存储单元等部分,如图 9-14 所示。相关的标准有 EPC global Class Generation 2、ISO 18000-6C 和 ITU-T L. 64 等。

当 RFID 标签进入读写器的作用区域,就可以根据电感耦合原理(近场作用范围内)或电磁反向散射耦合原理(远场作用范围内)在标签天线两端产生感应电势差,并在标签芯片通路中形成微弱电流,如果这个电流强度超过一个阈值,就将激活 RFID 标签芯片电路工作,从而对标签芯片中的存储器进行读/写操作,RFID 工作原理如图 9-14 所示。微控制器还可以进一步加入诸如密码或防碰撞算法等复杂功能。

相比接触式电子标签系统,RFID 非接触式系统同样需要读写器、数据传输和处理系统。其中读写器是 RFID 系统中最重要的基础设施。读写器也称阅读器、询问器(Reader, Interrogator),是对 RFID 标签进行读/写操作的设备,主要包括射频模块和逻辑控制单元两部分,如图 9-15 所示。一方面,RFID 标签返回的微弱电磁信号

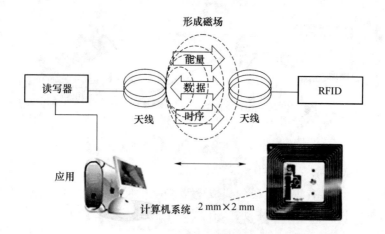

图 9-14 RFID 标签工作原理

通过天线进入读写器的射频模块中转换为数字信号,再经过读写器的数字信号处理单元对其进行必要的加工整形,最后从中解调出返回的信息,完成对 RFID 标签的识别或读/写操作;另一方面,上层中间件及应用软件与读写器进行交互,实现操作指令的执行和数据汇总上传。在上传数据时,读写器会对 RFID 标签原子事件进行去重过滤或简单的条件过滤,将其加工为读写器事件后再上传,以减少与中间件及应用软件之间数据交换的流量,因此在很多读写器中还集成了微处理器和嵌入式系统,实现一部分中间件的功能,如信号状态控制、奇偶位错误校验与修正等。未来的读写器呈现出智能化、小型化和集成化趋势,还将具备更加强大的前端控制功能。例如,直接与工业现场其他设备进行交互甚至是作为控制器进行在线调度。

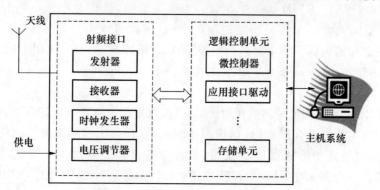

图 9-15 RFID 读写器工作原理示意图

读写器的读取距离取决于以下三个因素:

① 阅读器耦合线圈的尺寸;

② 工作频率;

③ 阅读器的功率。

天线是 RFID 标签和读写器之间实现射频信号空间传播和建立无线通信连接的设备。RFID 系统中包括两类天线,一类是 RFID 标签上的天线,由于它已经和 RFID 标签集成为一体,因此不再单独讨论;另一类是读写器天线,既可以内置于读写器中,也可以通过同轴电缆与读写器的射频输出端口相连。目前的天线产品多采用收发分离技术来实现发射和接收功能的集成,天线在 RFID 系统中的重要性往往被人们所忽视,在实际应用中,天线设计参数是影响 RFID 系统识别范围的主要因素。高性能的天线不仅要求具有良好的阻抗匹配特性,还需要根据应用环境的特点对方向特性、极化特性和频率特性等进行专门设计。

但由于 RFID 采用无线方式,其读写器需要外加读头天线和专用的射频识别电路,在成本上会有额外的增加,且系统实现的技术更为复杂。RFID 应用的范围遍及制造、物流、医疗、运输、零售、国防等。其典型应用包括地铁卡、公交卡、门禁管制、物料管理等,如图 9-16 所示。

图 9-16　RFID 标签的应用

RFID 在智能 ODN 上的应用是主要用于制造智能光纤连接器、智能 ODF、智能 OCC、智能 ODB 等智能 ODN 设施的电子标签,如图 9-17 所示。对智能 ODN 设备上使用的光纤插头和连接器适配器,分别给出固有的 ID,安装 RFID 芯片,另外配备 RFID 阅读器、ID 识别装置以及用于控制插头的带螺线管的触发器等插头插拔工具。安装在插头上的 RFID 芯片不仅可以保存固有的 ID,还可以保存各种用户信息。ID 识别转置还通过使用 USB 连接到操作用的终端上,如图 9-18 所示为 RFID 在智能 ODN 设备上的应用方案。

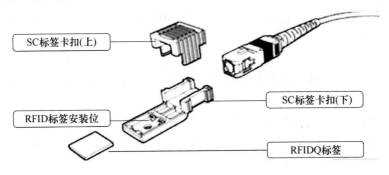

图 9-17　智能 SC 光纤活动连接器

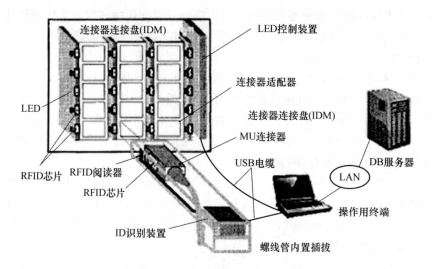

图 9-18　RFID 在智能 ODN 设备上的应用方案

9.4.3　eID 和 RFID 的性能比较

1. 功耗对比

由于 ODN 设备属无源设备,对于智能 ODN 的远端节点来说,功耗越小,供电实现的难度就越小,且端口扫描及信号传输的效率越高。

RFID 的单端口功耗 18 mW。RFID 的电子标签通过天线线圈获取能量,能量转换效率非常低(<20%)。当 RFID 应用在智能 ODN 场景时,其单端口的功耗达到 10 mW;应用在室外智能光交场景下,由于靠外接电池盒供电,会导致供电紧张,系统需要分时供电。操作过程中不能连续供电,除了带来整柜扫描速度慢的问题以外,还会导致端口监控电路不断切换,从而影响器件寿命和系统稳定性。

eID 单端口的功耗仅为 1.9 mW,操作过程中能够持续监控每一个端口,告警能够瞬时上报。

RFID 功耗大概是 eID 的 10 倍左右,在智能 ODN 场景下,影响操作的连贯性和流程监控。从绿色环保及供电能力限制来看,eID 的低功耗特性更适合应用在智能 ODN 远端场景。

2. 读取速率对比

由于涉及海量光纤数据的存取,因此 ID 的信息读取速率指标显得尤为重要,高读取速率能极大提升维护效率及用户使用感知。

根据 ISO 1569 协议,高频 RFID 的读取速率最高是 26 kbit/s,再加上功耗高和分时供电,会进一步导致读取速率下降,eID 在高速模式下,读取速率可以达到 125kbit/s。在实际应用中发现,不考虑供电方式带来的影响,eID 最高读取速率是 RFID 的 5 倍;如果加上供电方式的影响,eID 的读取速率可到 RFID 的 10 倍以上。

在现场大部分情况无法提供稳定市电电源,而电池盒电量有限,过慢的读取速度严重影响施工进程。eID的快速读取更适合应用在无法进行实时供电的室外智能ODN场景。

3. 抗干扰能力对比

对有源设备而言,抗干扰能力是一个非常重要的指标。同样,当智能ODN因电子标签的引入而变为"有源"或"半有源"状态,是否存在信号干扰成为重要的衡量指标。

RFID的频段开放,易被干扰。RFID的天线传输频率为13.56 MHz,是开放频段,公交卡及许多消费领域都是这个频段,而且多次谐波在短波电台的频带范围,都可以干扰RFID读写。如果应用在室外光交箱,易受外部强电磁干扰,会导致读取错误,所以部分厂商为避免干扰,提出使用RFID技术交接箱的位置和环境限制。

eID采用接触式读取,抗干扰强;eID采用稳定安全的"金手指",能够保证不受强电磁环境和无线短波的影响。

在电磁环境复杂的场景下,RFID易受干扰,使用场景受限。eID的抗干扰能力优于RFID,采用eID技术的智能ODN产品受环境限制少。

4. 安全性对比

RFID的读取工具通用,非接触式读取,数据非常容易受到攻击,主要是RFID芯片本身,以及芯片在读或者写数据的过程中都很容易被黑客所利用。由于RFID的读写器只需要靠近标签即可进行数据的读取和修改,且属于较常见和容易买到的公共读写工具。在美国Las Vegas举行的Black Hat会议上,Lukas Grunewald公开展示了一个名为RFDump的工具,它可以利用RFID系统的弱点发动攻击。任何一个人,只要在自己的笔记本电脑中插上一个读卡器,就可以使用RFDump软件获得3英尺内的被动式RFID芯片中的数据。故在智能分纤箱和光交箱等无人监控的场景,RFID设备存在数据被篡改的风险。

eID必须采用专有工具,接触式读取,难被篡改。eID系统采用专有的需系统认证的读写工具,并采用接触式方式读取,很难被非法读取和修改数据,安全性能好。更加适用于无人值守的机房和户外光交箱中。

5. 高密支持对比

为适应业务和资源的增长,智能ODN设备朝着高密的方向发展,ID技术应配合这一趋势。

RFID由于受制于天线尺寸,RFID在高密场景中需要克服相邻标签串扰问题,产品开发难度大,先天特性导致其无法轻易满足高密场景。

eID对高密产品无阻碍,eID标签采用的芯片工艺、金手指结构和工艺成熟,电子标签的微型化极易做到,很容易实现的高密配置。

现有的智能ODN实践证明,从eID和RFID的功耗、读取速率、抗干扰能力、安全性能、高密支持等方面来看，接触式 eID 性能全面优于 RFID，所以对于智能 ODN 新建场景推荐采用 eID 技术。但从系统的角度看，无论是 eID 还是 RFID，都有需要改进的地方，如不能实时收集和监测光纤的连接光纤，这对 eID 而言，如果现场能提供稳定电源，实现起来更为容易一下，但又似乎改变了 ODN 无源网络的特性。另一方面，两者都没有网络管理系统概念，和已有的资源管理系统难以平滑的对接。这些不足是运营商和设备制造商必须面对且亟待解决的问题，这些问题的解决能有效的推动智能 ODN 的发展和应用。

对于 FTTx 改造场景，有观点认为 RFID 技术更容易实现网络改造。从理论上分析，由于 RFID 不需要读头和天线标签接触即可完成信号的收集，可以较为容易地实现不中断业务的设备升级。对于 eID 来讲，由于需保证读头和标签的接续良好，要想实现不中断业务升级似乎比较困难，但是当前暂无利用 RFID 技术实现设备改造的实际项目应用。eID 和 RFID 两类电子标签的对比如表 9-2 所示。

表 9-2　eID 和 RFID 的比较

序号	项目	eID	RFID
1	特点	接触式电子标签	非接触式电子标签
2	数据读取方式	接触式读取	通过天线射频信号读取
3	读取速度	快	慢
4	芯片来源	定制	通用芯片
5	实现难易程度	物理电气连接，实现简单	高密度定向天线，实现复杂
6	可靠性	连接简单，短期可靠性高	无物理连接，可靠性待验证
7	使用寿命	依赖于连接可靠性	依赖于芯片本身的使用寿命
8	理念	新形态	与物联网要求一致
9	结构改动	改动较大（劣势）	改动较小
10	成本	实现成本高	芯片成本低，整体成本高
11	功耗	低（优势）	较高
12	EMC	满足	满足

9.4.4　电子标签编码格式

智能 ODN 系统应支持使用电子标签来标识光纤，按照国家通信行业标准的统一要求，电子标签编码由标准字段和扩展位字段两部分组成，其中标准字段由 256 bit 组成，包括版本号、产品类型、编号、端口号、端口数量、运营商字段和校验码等字段，扩展位字段应不超过 768 bit。各字段的长度和顺序及编码规则应符合表 9-3 中的详细规定。

表 9-3 电子标签编码格式

| 字段 | 版本号 | 产品类型 | 编号 | | 端口序号 | 入端口数 | 出端口数 | 运营商字段 | | 预留 | CRC | 扩展信息 |
			厂商标识	序列号				标识	扩展信息			
字节号	1	2	3-5	6-21	22	23	24	25	26-29	30-31	32	33-128

其中产品类型的具体编码规则如表 9-4 所示。厂商标识字段是区分厂商的唯一性标识,厂商标识采用 SNMP(Simple Network Management Protocol,简单网络管理)中厂商的 OID(Object Identifiers,对象标识符)号。序列号应采用 UUID(Universally Unique Identifier,通用唯一标识符)算法保证唯一性。运营商字段由运营商自行使用,默认值为 0。标识字段用于区分不同的运营商。运营商字段的扩展信息字节由运营商自定义。CRC 取值生产的多项式为 $x^8+x^5+x^4+1$。最后 33～128 bit 的扩展信息字段可以由运营商和设备厂商使用,总长度不超过 768 bit。

表 9-4 产品类型的编码规则

高2位＼低6位	000001	000010	000011	000100	010000～011111	其他
	跳纤	单端标签跳纤	跳缆	光分路器	厂商自定义	预留
00	预留	—	预留	预留	厂商自定义	预留
01	端口1	01	端口1	输入端	厂商自定义	预留
10	端口2	—	端口2	输出端	厂商自定义	预留
11	预留	—	预留	预留	厂商自定义	预留

9.5 智能 ODN 设施

9.5.1 概述

智能 ODN 设施的英文全称为 Intelligent Optical Distribution Network Infrastructure。

智能 ODN 设施指采用电子标签技术实现自动的资源信息采集、存储和传递,并实现端口状态监控以及端口定位指引等功能的光配线连接设施。

智能 ODN 设施包括智能光纤配线架(ODF)、智能光缆交接箱(OCC)、智能光缆分纤箱(ODB)等设备,其智能化功能主要包括采集、存储和上传标签信息、监控端口状态以及端口定位指引等,通过 I1 接口与电子标签载体通信、通过 I2 接口与智能管理终端通信,或通过 I3 接口直接与智能 ODN 管理系统通信。智能 ODN 设施应通过连接稳定的交流或直流电源处于实时供电状态或由智能管理终端向其短时供电，当无电源输入时，智能 ODN 设施的功能与相应的传统 ODN 设施功能应完全相同。

9.5.2 智能 ODN 功能框图

智能 ODN 设备组成如图 9-19 所示，主要由组配单元、控制单元和电源模块三大部分组成，组配单元包括光缆引入模块、光纤存储模块、光纤熔接模块、智能熔配模块、智能配线模块和智能分光模块，根据不同的应用场景可选择一个或多个功能模块组成组配单元完成光配线设备具有的光纤连接、分配和调度等功能，以及智能 ODN 特有的智能化功能。

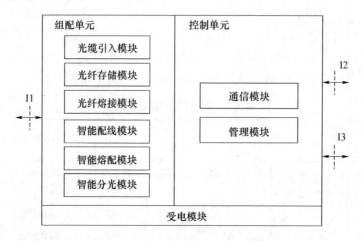

图 9-19　智能 ODN 设施功能组成框图

1. 光缆引入模块

与光配线设施的光缆引入模块功能相同，主要用于光缆的引入、固定和保护。

2. 光纤存储模块

与光配线设施的光纤存储模块功能相同，主要用于冗余尾纤或跳纤的盘储。

3. 光纤熔接模块

与光配线设施相同，主要实现光纤熔接功能。

4. 智能配线模块

主要完成光配线设施具有的配线功能，并在控制单元管理下提供 I1 接口，完成端口电子标签读取与端口定位指引的功能。

5. 智能熔配模块

主要实现光配线设施具有的熔接和配线功能，并在控制单元管理下提供 I1 接口，完成端口电子标签读取与端口定位指引的功能。智能熔配模块可同时实现光纤熔接模块和智能配线模块的功能。

6. 智能分光模块

完成光分路功能,适配器型分光器在控制单元管理下提供 I1 接口,完成端口电子标签读取与端口定位指引的功能。

7. 受电模块

接收外部电源并为智能熔配模块、智能配线模块、智能分光模块以及控制单元提供供电功能。外部电源可以为 220 V 交流电源或 -48 V 直流电源,如果连接 PoE(以太网供电)交换机则可采用 PoE 方式供电。

8. 通信模块

主要完成智能 ODN 设施的对外通信功能,包括通过 I2 接口与智能管理终端通信,通过 I3 接口与智能 ODN 管理系统通信。通信模块应支持将端口管理模块上报的信息通过 I2 接口上报给智能管理终端或通过 I3 接口上报给智能 ODN 管理系统,并将接收到的管理命令下发给端口管理模块。根据应用场景不同,通信模块应至少支持 I2 接口,可选支持 I3 接口,对于支持外部稳压电源实时供电的智能 ODN 设施,通信模块应同时支持 I2、I3 两个接口。

9. 管理模块

主要完成端口状态监视、端口定位指引、端口自检和电子标签信息读取等端口管理功能,以及设施管理功能,可选支持电子标签信息写入功能。管理模块应支持将电子标签信息和端口状态等信息上报给通信模块,并从通信模块接收智能 ODN 管理系统下发的管理命令;设施管理功能应支持设施管理 IP 或 ID 管理、盘卡配置等相关管理功能。

智能光纤配线架、智能光缆交接箱、智能光缆分纤箱这几种设备在部署以及功能上有一定的差异,智能光缆交接箱一般是部署在户外街边,用于实现馈线光缆和配线光缆的接续、成端、跳接功能。光缆引入光缆交接箱后,经固定、成端、配纤后,要使用跳纤将馈线光缆和配线光缆连通;智能光纤配线架一般部署在中心机房或是基站机房,实现光纤通信系统中局端主干光缆的连接、成端、分配和调度功能;户外型智能光缆分纤箱应用于户外抱杆、挂墙场景,室内型智能光缆分纤箱应用于楼道竖井,实现配线光缆与入户光缆的接续、分纤、配线等功能。在 FTTH 网络中,智能光纤配线架、智能光缆交接箱以及智能光缆分纤箱均可以配合光分路器(Optical Splitter)使用,用以实现分光功能。

9.5.3 接口

1. I1 接口

I1 接口位于电子标签载体与智能 ODN 设施之间,智能 ODN 设施通过该接口读取和在受控状态下写入电子标签载体上的标签信息,如图 9-20 所示。

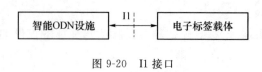

图 9-20　I1 接口

2. I2 接口

I2 接口位于智能 ODN 设施与智能管理终端之间，其物理接口类型应采用 RJ45 接头的 RS 485 接口，其电气特性应符合 TIA-485-A 标准的要求。RS 485 通信方式应为无地址的半双工通信，且同一物理接口应同时支持供电和通信功能。智能管理终端通过 I2 接口对智能 ODN 设施进行管理，如图 9-21 所示。

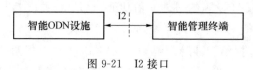

图 9-21　I2 接口

3. I3 接口

I3 接口位于智能 ODN 设施与智能 ODN 管理系统之间，如图 9-22 所示。其物理接口类型应支持 GE 光/电接口或 FE 光/电接口。智能 ODN 管理系统通过 I3 接口直接对稳定供电的智能 ODN 设施进行管理。

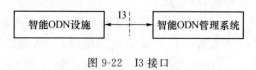

图 9-22　I3 接口

9.5.4　主要功能

智能 ODN 设施除了具有传统光纤配线架、光缆分纤箱和通信光缆交接箱的全部功能要求外，还有智能化的功能要求，具体包括电子标签读写功能、端口管理功能、设施管理功能和通信功能。

1. 电子标签读写功能

当带有电子标签的跳纤或尾纤插入智能 ODN 设施面板上的端口时，端口内置读取装置支持读取插入的跳纤或尾纤所带的电子标签信息。

一般情况下，电子标签应在工厂内写入信息，完成配对，但在现场出现特殊情况时不可避免地需要更换标签，在受控状态下，智能 ODN 设施需要支持电子标签信息现场写入功能。

更重要的是，当智能 ODN 设施的电子标签发生故障时，应支持不中断业务更换电子标签。若拔纤后再增加电子标签，平均会导致业务中断约 30s，因此，不中断业务的更换应为智能 ODN 是否可用的重要指标之一。

2. 端口管理功能

智能 ODN 设施管理的端口指与电子标签载体相适配的光纤连接头适配器端

口。智能 ODN 设施端口管理应支持如下功能：①监视光纤插入或拔出适配器端口过程中的端口状态变化，该状态变化信息可作为告警或事件上报给智能 ODN 管理系统或智能管理终端；②在端口定位时，能通过指示灯给出正确的指引信息；③端口读取插入的光纤电子标签信息并生成关联关系；④响应端口信息（状态、类型等）采集请求；⑤光纤跳接错误检测及指示。

3. 设施管理功能

智能 ODN 设施应支持如下设施管理功能：①管理设施、盘（板卡）、端口的状态；②管理设施、盘（板卡）、端口告警；③管理设施软件的升级、失败回滚、升级告警上报；④管理设施管理 IP 等信息。

4. 通信功能

智能 ODN 设施应支持与智能管理终端的通信功能，当设施支持实时供电功能时，还应支持与智能 ODN 管理系统的通信功能。

9.5.5 智能光纤配线架

1. 概述

光纤配线架（Optical Fiber Distribution Frame，ODF）是指光缆和光通信设备之间或光通信设备之间的配线连接设备，它主要用于光缆终端的光纤熔接、光连接器安装、光路的调接、多余尾纤的存储及光缆的保护等。ODF 是光传输系统中一个重要的配套设备，一般安装在室内机房，它对于光纤通信网络安全运行和灵活使用有着重要的作用。智能光纤配线架（Intelligent ODF）是指采用电子标签技术实现自动的资源信息采集、存储和传递，并实现端口状态监控以及端口定位指引等功能的 ODF。

智能 ODF 主要由组配单元，控制单元和受电模块三大部分组成。组配单元完成光纤连接、分配和调度等以及特有的智能化功能，控制单元完成对外通信以及端口管理等功能，受电模块接收外部电源并为各模块提供供电功能。智能 ODF 的逻辑组成如图 9-23 所示。

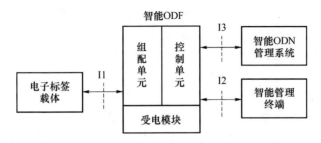

图 9-23 智能 ODF 逻辑组成示意图

2. 外观结构

智能 ODF 主要由传统 ODF 功能部件加上智能化功能部件组成,常见的智能 ODF 外观结构如图 9-24 所示。传统的 ODF 功能部件包括由架体、子框(可选)、光缆引入模块、光纤存储模块、过纤单元、绕纤柱等,智能化功能部件包括单元框、单元框控制板、各种业务模块、主处理单元等。根据应用场景不同,可按实际的现场使用需求选择光纤熔接模块与智能配线模块和智能熔配一体化模块以及分光模块等来设计组配单元的功能。

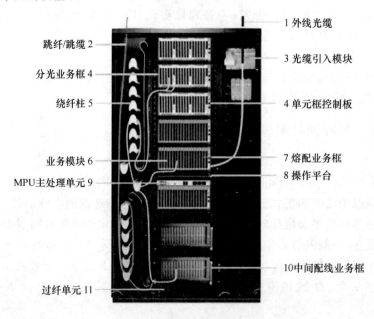

图 9-24   智能 ODF 外观结构

(1)单元框

单元框用于安装固定单元框控制板和业务模块,为单元框控制板和业务模块提供信息传递通道。单元框可安装三种类型的业务模块:熔配一体化模块、配线模块和分光模块。1 个单元框可安装 1 个单元框控制板和多个业务模块。

单元框、单元框控制板和业务模块可组成单元体:安装熔配一体化模块时组成熔配一体化单元体;安装配线模块时组成配线单元体;安装分光模块时组成分光单元体。

(2)MPU 主处理单元

主处理单元(Main Processing Unit,MPU)主要用来实现集中式端口管理,负责处理与智能终端和智能 ODN 管理系统的通信。对内提供管理接口,对外提供通信接口与智能终端或智能 ODN 管理系统相连,接收控制命令和上传资源数据信息。

（3）单元框控制板

单元框控制板采用卡接方式安装在单元框内，对单元框内的业务模块提供管理功能。对内收集各个业务模块的信息，下达控制指令到各个业务模块；对外提供通信接口，可直接通过直连网线与 MPU 相连，接收 MPU 的指令，向 MPU 上传资源信息。

（4）业务模块

智能 ODN 设备中的业务模块有三种类型：熔配一体化模块、配线模块和分光模块。业务模块采用卡接方式安装在智能熔配插框内，实现光纤的熔接、配线和光分路功能，同时可把端口及采集的电子标签 ID 资源信息传递到单元框控制板。业务模块需兼容多种适配器，适配器端口可插入带电子标签和不带电子标签的跳纤。

3．分类和命名

（1）分类

类似于传统的 ODF，智能 ODF 可以按结构型式、操作方式和功能进行分类，如表 9-5 所示。按结构形式智能 ODF 可分为封闭型和敞开型，封闭型指智能 ODF 的正面、背面和侧面都安装有面板或门；敞开型指智能 ODF 的正面、背面和侧面完全暴露。按操作方式可分为全正面操作型和双面操作型，全正面操作型指只能从智能 ODF 的正面操作；双面操作型指能从智能 ODF 的正面和背面进行操作。按功能组成可分为熔接配线型和中间配线型，熔接配线型指智能 ODF 同时具有光纤熔接和光纤配线功能；中间配线型指智能 ODF 只具有光纤中间配线功能。

表 9-5　智能 ODF 分类及代号

分　类		代　号
结构形式	封闭型	F
	敞开型	C
操作方式	全正面操作型	S
	双面操作型	D
功能组成	熔接配线型	R
	中间配线型	Z

（2）命名

智能 ODF 的型号由专业代号（智能 ODN 设施及光通信设备）、主称代号（配线架）、分类代号和规格组成，如图 9-25 所示。

示例：型号为 Z-GPX-CSR-576 时，表示该产品为智能 ODF，结构采用敞开式，全正面操作型，具有熔接配线的功能，最大容量为 576 芯。

4．功能

智能 ODF 除了具有传统 ODF 所具有如光缆引入、固定与保护、光纤终接、调线、标识记录、光纤存储等所有功能之外还具有智能性的一些特殊功能,如电子标签读写功能、告警管理功能、端口管理功能、资源信息采集功能、软件升级功能、现场操作指引功能、巡检功能、通信功能、资源存储功能、光链路监测功能等。

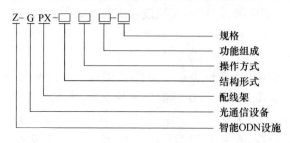

图 9-25　智能 ODF 型号

（1）电子标签读写功能

当带有电子标签的载体插入智能 ODF 上的端口时,其端口应支持读取电子标签载体所携带的电子标签 ID 信息并自动上报。在受控状态下,智能 ODF 应支持写入电子标签信息的功能。

（2）告警管理功能

智能 ODF 应支持告警的管理,并将报警信息上报给智能 ODN 管理系统或智能管理终端。智能 ODF 管理的告警至少应包括如下几种类型:

① 电子标签载体插头异常拔出告警。指电子标签载体插头从端口异常拔出时产生的告警。

② 电子标签载体插头异常插入告警。指电子标签载体插头异常插入到端口时产生的告警。

③ 业务板/盘异常拔出告警。指业务板/盘从架体或子框上异常拔出时产生告警。

④ 业务板/盘异常插入告警。指业务板/盘异常插入架体或子框上时产生的告警。

⑤ 升级失败告警。指软件升级失败时产生的告警。

智能 ODF 特点是可用作传统的 ODF,也可通过平滑地增加智能化光纤管理功能变成智能 ODF。增加智能化光纤管理功能时,不能影响正常的业务通信。通过光纤连接操作智能指示、分光器的智能管理等功能,帮助运营商实现光纤自动化查找及精确操作。自动管理设备资源,为用户提供准确的设备资源使用情况;自动管理光纤连接关系,实现海量光纤精确管理,提高光纤利用率,大大提高了 FTTx 光纤网络的运维效率,为 FTTx 光纤网络的大规模部署扫除了后顾之忧,有效减少了运营商的管理成本和综合建设成本。

（3）端口管理功能

智能 ODF 管理的端口指与电子标签载体相适配的智能端口；智能 ODF 的端口管理应支持如下功能：

① 端口状态的监视。端口状态指光纤插入或拔出适配器端口过程中的状态变化，该状态变化信息应作为告警或事件上报给智能 ODN 管理系统或智能管理终端。

② 端口指引。端口指引指在端口定位时，能给出正确的指引信息，智能 ODF 可采用指示灯等方式实现端口指引。

③ 端口读取插入的电子标签载体上的电子标签信息，并生成端口与电子标签的关联关系。

④ 响应端口信息（端口状态）采集请求。

⑤ 光纤跳接错误指示。光纤跳接错误指电子标签载体插头异常插拔等。智能 ODF 的端口指示灯至少应支持表 9-6 中的几种状态。

表 9-6　智能 ODF 端口指示灯状态定义

状 态		含 义	优先级	备 注
熄灭		端口无现场操作、无告警	最低	包含但不限于：端口操作完毕等
常亮		端口等待现场操作	较低	现场操作指引
闪烁	慢闪（≥1 s/次）	端口定位指示	较高	指示正确端口、在线本端端口、对端端口等
	快闪（≤0.5 s/次）	端口告警指示	最高	指示错误插入、错误拔出、出现故障等

智能 ODF 的业务板/盘（智能配线模块、智能熔配模块）指示灯至少应支持表9-7中的几种状态。

表 9-7　业务板/盘指示灯的状态及含义

状 态	含 义
熄灭	业务板/盘无操作
常亮	业务板/盘有操作，包括端口指示灯的常亮和慢闪
快闪	业务板/盘有告警

可在智能 ODF 上增加机架指示灯，用以支持现场操作指引及告警指示，方便现场操作人员快速找到需要处理的智能 ODF 机架。

（4）资源信息采集功能

智能 ODF 应支持响应智能 ODN 管理系统或智能管理终端的资源采集请求，自动采集架体、子框、业务板/盘、端口、与端口对应的光纤、设备属性等智能 ODN 设施的状态信息，上报给智能管理终端或者智能 ODN 管理系统。

（5）现场施工指导功能

智能 ODF 在智能 ODN 管理系统或智能管理终端配合下应支持单一现场操作指引及批量现场操作指引功能,智能 ODF 现场操作是指智能跳纤、智能尾纤或尾纤型智能光分路器尾纤的架内跳接和架间跳接。智能 ODF 能以明确的端口指示灯指引方式给出需要进行光纤跳接的端口,引导光纤跳接现场操作。如果指引过程中出现错误,端口会出现告警,按告警指示进行操作,在外部稳压电源实时供电场景下,应支持在不使用智能管理终端的情况下,直接利用智能 ODN 管理系统进行现场操作指引。

（6）施工验收和巡检功能

智能 ODF 可实现施工验收和巡检功能,施工验收是指在智能 ODF 光纤跳接完成后,配合智能管理终端,响应资源数据信息采集请求,和施工的工单进行比对校验,实现施工验收功能。巡检是指在智能 ODN 网络维护过程中,采集智能 ODF 的资源数据信息,和智能 ODN 管理系统记录的资源数据信息进行比对校验,实现资源数据的校准。智能 ODF 在实时供电场景下,应支持按指定周期、指定设备等策略进行定期资源自动巡检。

（7）通信管理功能

智能 ODF 应支持与智能管理终端的通信功能。当智能 ODF 支持实时供电功能时,还应支持与智能 ODN 管理系统的通信功能,以实现对智能 ODF 的在线或离线管理。

（8）软件升级功能

智能 ODF 应支持通过智能 ODN 管理系统或智能管理终端进行软件版本的升级以及软件升级回滚。

（9）资源存储功能

智能 ODN 管理系统或智能管理终端配合下,智能 ODF 应可实现端口业务光路信息、局向端口信息、跳纤对端端口信息的存储。

（10）光缆引入、固定与保护功能

和普通型 ODF 一样,智能 ODF 同样具有光缆引入和接地单元。该单元具有以下光缆引入、固定和保护功能:

① 将光缆引入并固定在机架上,保护光缆及缆中纤芯不受损伤;

② 光缆开剥后纤芯有保护装置并固定后引入光纤终接单元;

③ 光缆金属部分与机架绝缘;

④ 固定后的光缆金属护套及加强芯应可靠连接到高压防护接地;

⑤ 引入光缆接入机架时,弯曲半径不宜过小。

（11）光纤终接功能

对于智能型 ODF,和传统 ODF 一样,应具有光纤终接单元。该单元应便于光缆纤芯及尾纤接续操作、施工、安装和维护,能固定和保护接头部位平直而不位移,避免外力影响,保证盘绕的光缆纤芯、尾纤不受损伤。

(12)调线功能

智能ODF机架内应设有垂直走线通道,通过光纤活动连接器插头,能迅速方便地调度光缆中的纤芯序号及改变光传输系统的路序。

(13)光纤存储功能

智能ODF机架及单元内应具有足够的空间,用于存储余留光纤。

(14)光分路器的安装与连接(可选)

如果需要,智能ODF设备应具有光分路器安装的空间,并提供与光分路器接续的功能。

5. 性能指标

(1)光学性能

智能ODF的光学性能主要指其装配的光纤活动连接器插头和对应适配器的光学性能,一般要求适配器的插入损耗不大于0.2 dB,对回波损耗一般不做要求,详见表9-8。

表9-8　单模连接器及适配器光纤性能要求

测试方法 连接器类型	单模连接器插头				适配器	备注
	+标准适配器	+标准插头	+被测插头	+任意适配器	+两个标准插头	
	插入损耗	回波损耗	插入损耗	回波损耗	插入损耗	
FC/PC	≤0.35 dB	>40 dB	≤0.5 dB	>35 dB	≤0.2 dB	YD/T 1272.4—2007
FC/APC	≤0.35 dB	>60 dB	≤0.5 dB	>58 dB	≤0.2 dB	
SC/PC	≤0.35 dB	>40 dB	≤0.5 dB	>35 dB	≤0.2 dB	YD/T 1272.3—2005
SC/APC	≤0.35 dB	>60 dB	≤0.5 dB	>58 dB	≤0.2 dB	
ST/PC	≤0.5 dB	>40 dB	≤0.7 dB	>35 dB	≤0.2 dB	YD/T 987—1998
MU/PC	≤0.35 dB	>40 dB	≤0.5 dB	>35 dB	≤0.2 dB	YD/T 1200—2002
MU/UPC	≤0.5 dB	>50 dB	≤0.5 dB	>48 dB	≤0.2 dB	
LC/PC	≤0.35 dB	>40 dB	≤0.5 dB	>35 dB	≤0.2 dB	YD/T 1272.1—2003
LC/APC	≤0.35 dB	>60 dB	≤0.5 dB	>58 dB	≤0.2 dB	
扇形/PC	≤0.35 dB	≥40 dB	≤0.5 dB	≥40 dB	—	YD/T 1618—2007
扇形/APC	≤0.35 dB	≥60 dB	≤0.5 dB	≥60 dB	—	

(2)资源信息采集时间要求

智能ODF在典型配置(576芯)情况下,智能ODN管理系统下发设备状态整机的资源信息采集命令,到资源采集结束的时间应不大于10 s(不含网络传输时间);智能管理终端下发设备状态整机资源信息采集命令,到资源采集结束的时间应不大于

30 s(不含网络传输时间)。

（3）端口状态变化响应时间

端口状态变化响应时间是指从插拔电子标签载体插头开始到端口指示灯变化的响应时间。在稳定供电场景下,端口状态变化响应时间不大于 3 s;智能管理终端供电场景下,端口状态变化响应时间不大于 2 s。

（4）告警信息上报时间

对于电子标签载体插头异常插拔告警和业务板/盘异常插拔告警,智能 ODF 上报至智能 ODN 管理系统的时间不大于 3 s(不含网络传输时间)。对于电子标签载体插头异常插拔告警和业务板/盘异常插拔告警,智能 ODF 上报至智能管理终端时间不大于 2 s。

（5）端口读取成功率

采用智能 ODN 管理系统或智能管理终端对所有端口进行读取电子标签操作时,端口读取成功率应不低于 99.999%。

（6）功耗

智能 ODF 在典型配置(576 芯)情况下,功耗共分为三个能耗等级,各级能耗要求如表 9-9 所示。

表 9-9 智能 ODF 能耗等级对照表

供电场景	Ⅰ级能耗要求	Ⅱ级能耗要求	Ⅲ级能耗要求
稳定供电	$P \leqslant 6$ W	$P \leqslant 7$ W	$P \leqslant 10$ W
智能管理终端供电	$P \leqslant 3$ W	$P \leqslant 4$ W	$P \leqslant 8$ W

能耗等级判定时,要求资源信息采集时间同时满足前面所述的要求,并且要求功耗为工作功耗,即智能控制模块、业务板/盘稳定工作时的功耗。若智能 ODF 同时满足多个能级要求,应判定为高级别能耗(例如,满足Ⅰ级能耗也满足Ⅱ级能耗要求,则判定为Ⅰ级能耗)。当智能 ODF 的容量递增 576 芯时,Ⅰ级能耗的增加量应不大于 2 W,Ⅱ级能耗的增加量应不大于 3 W,Ⅲ级能耗的增加量应不大于 4 W;智能 ODF 的容量小于 576 芯时,功耗参考 576 芯的能耗要求。

9.5.6　智能光缆交接箱

1. 概述

光缆交接箱(Cross Connecting Cablinet for Communication Optical Cable, OCC)是一种为主干层光缆、配线层光缆提供光缆成端、跳接的交接设备[11],通常又称为街边柜。OCC 一般放置在主干光缆上,光缆引入光缆交接箱后,经固定、端接、配纤后,用跳纤将主干层光缆和配线层光缆连通,在 FTTx 工程中光缆交接箱一般是馈线光缆和配线光缆的分界点。智能型光缆交接箱(Intelligent　OCC)是指在传统 OCC 基础上采用电子标签技术实现的资源信息自动地采集、存储和传递,并实现端口状态监控以及端口定位指引等功能的 OCC。

同智能 ODF 设备逻辑组成一样,智能 OCC 的逻辑组成如图 9-23 所示,主要也由组配单元、控制单元和受电模块三大部分组成。组配单元完成光纤连接、分配和调度等以及特有的智能化功能,控制单元完成对外通信以及端口管理等功能,受电模块接收外部电源并为各模块提供供电功能。

2. 外观结构

智能 OCC 主要由传统 OCC 功能部件加上智能化功能部件组成,常见的智能 OCC 外观结构如图 9-26 所示。传统的 OCC 功能部件包括箱体、熔接业务框、盘纤单元等。智能化功能部件包括智能配线业务框、各种业务模块、主处理单元、单元框控制板等。根据应用场景不同,可按实际的现场使用需求选择光纤熔接模块与智能配线模块和智能熔配一体化模块以及分光模块等来设计组配单元的功能 。

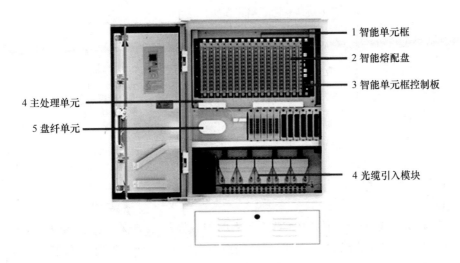

图 9-26　智能 OCC

智能 OCC 的智能化功能部件和智能 ODF 类似,详细介绍可以参照上一章节智能 ODF 的内容。

3. 分类及命名

(1) 分类

传统 OCC 一般按照安装方式(如落地、架空和壁挂)进行分类。智能 OCC 按照箱体材料和使用开门方式进行分类。按箱体材料分类,智能 OCC 可分为金属箱体和非金属(常用塑料)箱体两类;按使用开门方式分类,智能 OCC 可分为单开门、双开门、前后单开门、前后双开门四种,分类代号如表 9-10 所示。

表 9-10   智能 OCC 分类及代号

分 类		代 号
箱体材料	非金属箱体	S
	金属箱体	J
开门方式	单开门	DK
	双开门	SK
	前后单开门	QD
	前后双开门	QS

（2）命名

智能 OCC 的型号由智能符号 Z、专业代号、主称代号、外壳材料、开门方式、规格以及分隔符组成，如图 9-27 所示。

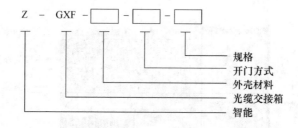

图 9-27   智能 OCC 型号

示例：规格为 288 芯，单开门的金属箱体智能光缆交接箱标记为 Z-GXF-J-DK-288，箱体如图 9-26 所示。

4. 功能

智能 OCC 除了具有传统 OCC 所具有的如光缆固定与保护、光纤终接、调线、光纤熔接接头保护等功能之外还具有智能化的一些特殊功能，如电子标签读写功能、端口管理功能、资源信息采集功能、告警管理功能、软件升级功能、现场操作指引功能、巡检功能、通信功能、资源存储功能等。具体可以参照前面章节对智能 ODF 的详细介绍。

智能 OCC 采用稳定电源供电时，可以采用"太阳能电池板＋蓄电池双电源"模式供电，如图 9-28 所示为智能 OCC 箱体顶部的太阳能电池板。

5. 性能指标

智能 OCC 的性能指标主要包括光学性能指标、资源信息采集时间、端口状态变化响应时间、告警信息上报时间以及端口读取成功率等，其具体指标参数和智能 ODF 类似，可以参照前面智能 ODF 章节的详细介绍。

智能 OCC 的能耗，在典型配置下共分为三个能耗等级，具体要求和智能 OCC 的容量有关，如表 9-11 所示。

图 9-28 智能 OCC 顶部的太阳能电池板

表 9-11 智能 OCC 功耗等级对照表

容　量	Ⅰ级能耗要求	Ⅱ级能耗要求	Ⅲ级能耗要求
288 芯	$P{\leqslant}2\ W$	$P{\leqslant}3\ W$	$P{\leqslant}6\ W$
576 芯	$P{\leqslant}3\ W$	$P{\leqslant}4\ W$	$P{\leqslant}8\ W$
1 152 芯	$P{\leqslant}5\ W$	$P{\leqslant}7\ W$	$P{\leqslant}12\ W$

进行能耗等级判定时,要求智能 OCC 功耗应为工作功耗,即智能控制模块工作、业务板/盘工作时的功耗,且要求资源采集速率同时满足性能要求。若智能 OCC 同时满足多个能级要求,应判定为高级别能耗(例如,满足Ⅰ级能耗也满足Ⅱ级能耗要求,则判定为Ⅰ级能耗)。如果容量不在表中所列芯数的智能 OCC 应采用最近大容量的相应要求。

9.5.7　智能分纤箱

1. 概述

光缆分纤箱(Optical Fiber Cable Distribution Box,ODB)是指用于室外、楼道内或室内连接主干光缆与配线光缆的接口设备[16]。FTTx 实践中光缆分纤箱的一般会安装 1∶16 或 1∶32 分光器,用皮线光缆连接到用户家或下一个节点分纤盒,一般挂在小区楼梯间的墙壁上或立于小区绿化带中。智能光缆分纤箱(Intelligent ODB)是指采用电子标签技术实现自动的资源数据信息采集、存储和传递,并实现端口状态监控以及端口定位指引等功能的 ODB。

同智能 ODF 一样,智能 ODB 的逻辑组成如图 9-23 所示,主要也由组配单元、控制单元和受电模块三大部分组成。组配单元完成光纤连接、分配和调度等以及特有的智能化功能,控制单元完成对外通信以及端口管理等功能,受电模块接收外部电源并为各单元提供供电功能。

2. 外观结构

智能ODB由传统ODB功能部件加上智能化功能模块组成。传统的功能部件包括箱体、光缆引入模块、光纤存储模块、光纤熔接模块等,智能化功能部件包括智能控制模块、智能配线模块、智能熔配模块、智能分光模块(可选)、受电模块等组成。根据应用场景不同,可选择光纤熔接模块与智能配线模块和智能熔配模块完成光纤连接、分配和调度等智能化功能。

常见的智能ODB的外观结构如图9-29所示。与传统的ODB并没有明显区别,一般在产品设计上应兼顾端口密度和传统的施工习惯,设备形态、熔纤、盘纤、配纤均与传统的ODB等ODN设备保持一致,减少施工人员对于新设备的排斥和熟悉时间。

图 9-29 智能 ODB

3. 分类及命名

(1) 分类

智能ODB可按安装方式、箱体材料或使用环境进行分类,按安装方式,可分为落地、抱杆、壁挂或嵌墙式;按箱体材料分类,可分为非金属箱体和金属箱体;按使用环境分类,可分为室外型和室内型。

表 9-12 智能 ODB 分类及代号

分 类		代 号
安装方式	落地	D
	抱杆、壁挂	G
	嵌墙	Q
箱体材料	非金属箱体	S
	金属箱体	J
使用环境	室外型	W
	室内型	N

（2）命名

智能光缆分纤箱型号应反映出产品的专业代号、主称代号、分类代号和规格，产品型号由以下各部分构成，如图9-30所示，其中规格用光缆分纤箱盒能满足的最大用户数量表示。

示例：型号为Z-GF-QSW-24时，表示该产品为室外型智能ODB，采用嵌墙式安装，外壳材料为非金属，最大容量为24芯，实际箱体如图9-29所示。

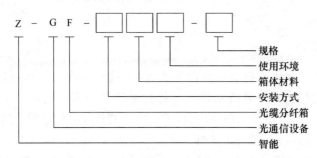

图9-30　智能ODB型号

4. 功能

智能ODB上行连接配线光缆（Distribution Cable），下行连接入户光缆（Drop Cable），除了具有传统ODB所具有如光缆的固定与保护、光缆纤芯的终接、调线、光纤接续保护等功能之外还具有智能性的一些特殊功能，如电子标签读写功能、端口管理功能、资源信息采集功能、告警管理功能、软件升级功能、现场操作指引功能、巡检功能、通信功能、资源存储功能等。具体可以参照前面章节对智能ODF的详细介绍。

5. 性能参数

智能ODB的性能指标主要包括光学性能指标、资源信息采集时间、端口状态变化响应时间、告警信息上报时间以及端口读取成功率等，其具体指标参数和智能ODF类似，可以参照前面智能ODF章节的详细介绍。

智能ODB功耗采用功耗等级方式进行定义，功耗共分为三个等级（Ⅰ、Ⅱ和Ⅲ），各级功耗要求如表9-13所示。

表9-13　智能ODB功耗等级对照表

容量规格	Ⅰ级能耗要求	Ⅱ级能耗要求	Ⅲ级能耗要求
24芯智能光缆分纤箱	$P \leqslant 200$ mW	$P \leqslant 400$ mW	$P \leqslant 800$ mW
48芯智能光缆分纤箱	$P \leqslant 300$ mW	$P \leqslant 500$ mW	$P \leqslant 1\,000$ mW
每增加24芯容量功耗增加值	$P \leqslant 100$ mW	$P \leqslant 100$ mW	$P \leqslant 200$ mW

进行能耗等级判定时，要求智能ODB功耗应为工作功耗，即智能控制模块工

作、业务板/盘工作时的功耗,且要求资源采集速率同时满足性能要求。若智能ODB同时满足多个能级要求,应判定为高级别能耗(例如,满足Ⅰ级能耗也满足Ⅱ级能耗要求,则判定为Ⅰ级能耗)。如果容量不在表中所列芯数的智能ODB应采用最近大容量的相应要求。

9.6 智能管理终端

9.6.1 概述

智能管理终端指用于提供管理操作界面,实现可视化的现场操作指导,为智能ODN设施接入智能ODN管理系统提供传输通道的便携式设备。作为一种便携式设备,智能管理终端提供管理操作界面,主要完成智能ODN设施的接入管理功能和现场操作管理功能,其管理功能框图如图9-31所示。通过I2接口与智能ODN设施进行通信,通过I4接口与智能ODN管理系统进行通信,通过I6接口与OSS进行通信。

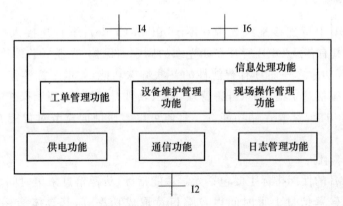

图9-31 智能管理终端功能框图

进行现场操作时,智能管理终端可通过I4接口从智能ODN管理系统下载现场操作工单,如果支持I6接口,还可通过I6接口从OSS下载现场操作工单,并转换成智能ODN设施可以识别的操作命令,通过I2接口下发给智能ODN设施,提供可视化的现场操作指导。对于非稳定供电方式的智能ODN设施,智能管理终端应提供供电服务。现场操作完成以后,智能管理终端可从智能ODN设施采集端口及对应的光纤电子标签信息进行分析,实现自动校验,校验通过后,再把现场操作结果上传给智能ODN管理系统或OSS。

9.6.2　设备形态

智能管理终端的通信管理功能、设备维护功能、施工管理功能和工单管理等功能一般都以 APP 应用的形式体现,供电功能则需要具备供电能力的物理实体来实现。根据 APP 承载的实式和供电实体实现的方式的不同组合,可以将智能管理终端的设备形态分为一体化和分离式两种方式。

（1）分离式

智能管理终端的设备形态采用通用智能终端和电池及通信模块分离式的方式时,其中工单管理功能、现场操作管理功能、设施维护管理功能作为应用程序运行在通用智能终端上,其典型形态为智能手机等,来实现可视化现场操作指导。电池及通信模块为智能 ODN 设施提供临时供电,并支持通用智能终端与智能 ODN 设施之间通信所需要的通信协议转换功能。智能手机一般支持蓝牙和 WiFi 接口,而智能 ODN 设备提供的接口为 USB 或 RS-485,智能手机和智能 ODN 设备之间不能直接连接,需要通过电池盒模块在智能手机和智能 ODN 设备之间进行接口和通信协议的转换。如图 9-32 所示,移动电池盒把无线的蓝牙或 WiFi 接口转换为 USB 或 RS-485 接口。

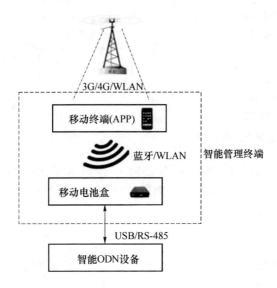

图 9-32　分离式智能管理终端

（2）一体化

移动终端使用的设备和供电电池盒合二为一,同时实现运行 APP 提供管理功能、提供供电功能以及与智能 ODN 管理系统和智能 ODN 设备通信连接等功能。这类一体化的智能管理终端设备主要有定制的 PDA、笔记本电脑、平板电脑等,如图 9-33所示。

9.6.3 接口

1. I2 接口

智能管理终端与智能 ODN 设施之间的 I2 接口如图 9-34 所示。这个接口需要承载两个功能,一个是通信功能,一个是供电功能。该接口一般可以采用 USB 或者是支持供电的混线 RS-485 接口。USB 接口有 USB2.0 和 USB3.0 两种版本,对应的供电功率分别是 2.5 W 和 4.5 W。4.5 W 的供电能力基本能满足 576 芯的 ODN 设备供电,但这个 USB 3.0 的接口还没有标准化,对于更大功率的供电需求,则无法满足要求。RS-485 则能提供 9 W 的供电能力,而且已经是国际标准,通用性好,而且配套电路成本较低。相比而言,采用 RS-485 接口目前更为普遍。以下则以 RS-485 为例介绍智能管理终端和智能 ODN 之间的接口实现方案。

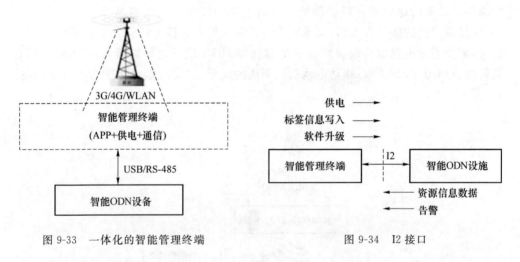

图 9-33　一体化的智能管理终端　　　　　　　图 9-34　I2 接口

当智能管理终端和智能 ODN 设备之间 I2 接口采用混线 RS-485 协议时,物理电气接口一般采用 RJ45 接口,在同一物理接口上同时支持供电和通信功能,此时接口结构如图 9-35 所示。

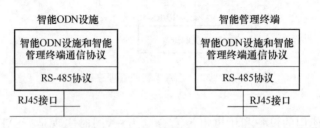

图 9-35　智能管理终端和智能 ODN 之间的 RS-485 接口结构

（1）RJ45 接口引脚定义

RJ45 接口的传输线通过五类或超五类双绞线连接,两端均采用 TIA/EIA568B

接头形式,各引脚定义应满足表 9-14 要求。

表 9-14 RJ45 接口引脚定义

引脚	1	2	3	4	5	6	7	8
定义	设施 连接检测	GND (地)	告警提示 (可选)	RS-485-A	RS-485-B	GND(地)	5 V (电源)	5 V (电源)

引脚定义说明如下:

① 引脚 1:用于智能 ODN 网络设施连接检测,低电平有效,判决条件为输入电平≤0.8 V,输出电平≤0.4 V。当智能管理终端从引脚 1 检测到有效的低电平时,智能管理终端开始向智能 ODN 设备供电,其他情况则不向智能 ODN 设备供电。采用稳定供电的情况下,智能 ODN 设备不能将引脚 1 置为低电平。

② 引脚 2、引脚 6 :电源地。

③ 引脚 3:告警提示,常态下是高电平,电平应大于 2.4 V,该功能是可选的。当智能 ODN 设施检测到自身有新增加的告警信息时,会将该引脚置为低电平,即电平小于 0.4 V。智能管理终端检测到该引脚上的低电平信号后,主动发送告警读取指令给智能 ODN 设施读取告警信息,智能 ODN 设施在告警上报完成后将该引脚置为高电平。

④ 引脚 4、引脚 5:RS-485 传输协议的 A 线和 B 线。

⑤ 引脚 7、引脚 8:电源,标称电压为 5 V,允许有 10% 的波动,最大功率应不小于 8 W。

(2)通信协议

RS-485 通信方式采用无地址的半双工通信,波特率可采用 230 400 bit/s。通信时发送端数据发送完毕后切换到接收状态的最长时间一般应小于 1 ms,命令超时响应时间为 400 ms,即等待 400 ms 还没接收到相应数据,再重新进行数据发送,但最多允许反复传送 3 次。如果 3 次后还没接到响应,则认为对端无响应,命令失败。

① RS-485 通信帧格式

RS-485 通信帧格式定义如表 9-15 所示,保留位取默认值为 0。

表 9-15 RS-485 通信帧格式

功 能	起始位	数据位	保留位	停止位
格式	1 bit	8 bit	1 bit	1 bit

② 报文格式

智能 ODN 设施和智能管理终端之间的通信协议都采用报文交互通信方式,每一个请求都须有一个应答报文作为应答,报文由报文头、报文体和报文尾构成,如图 9-36 所示。报文头包含了报文的最基本信息,其长度是固定的,包括报文帧头、协议版本号、报文帧序号、预留字段、命令码、状态码;报文体是协议报文中承载具体命令和数据的部分,其长度可变,长度依赖报文帧头与帧尾动态计算;报文尾描述了报文的结束格式,包括 CRC 校验和报文帧尾。报文的各个功能字段具体定义见表 9-16。

图 9-36　智能终端和智能 ODN 设施之间的通信报文结构

表 9-16　智能终端和智能 ODN 设施之间的通信报文帧格式

名　称	长　度/B	说　明
报文帧头	1	固定为 0x7E,标识一命令帧的开始
协议版本号	2	0x1000
报文帧序号	2	用于报文信息同步
预留字段	12	默认为 0
命令码	2	标识不同的命令
状态码	1	命令执行的状态
消息体	0～1 024	承载具体命令和数据的部分,数据长度范围可变
CRC 校验	2	CRC16 校验,校验算法为 $x^{16}+x^{12}+x^5+1$,初始值设置为全 0 ,校验范围不包括报文帧头、CRC 校验字段和报文帧尾
报文帧尾	1	固定为 0x7E,标识一命令帧的结束

对于报文格式,还有如下的规定:报文的编码方式采用 UTF-8(8-bit Unicode Transformation Format)格式。如果消息体中出现了 0x7E,则将 0x7E 转换成 2 字节系列(0x7D,0x5E);如果消息体数据中出现了 0x7D,则将 0x7D 转换成 2 字节系列(0x7D,0x5D)。每个报文消息体的长度是动态的,可以根据报文的帧头和帧尾进行计算。报文中各个字节存放的顺序是采用小端模式,即数据的高字节保存在内存的高地址中,而数据的低字节保存在内存的低地址中,这种存储模式将地址的高低和数据位权有效地结合起来,高地址部分权值高,低地址部分权值低,和日常的逻辑方法一致。

报文帧序号从 Ox0000 到 OxFFFF 依次递增和循环计数。智能终端向设备下发命令报文,并成功接收到响应报文后,下一个下发的命令报文的序号加 1,否则维持不变;设备接收到命令报文后,如该条报文的帧序号与上条命令报文序号相同,则表明智能终端未正确接收上条命令报文的响应报文,则设备在智能终端再次下发与上条命令报文类型相同的命令报文时(如告警查询),发送上条响应报文内容与新的响应报文内容。

为了完成智能 ODN 的资源采集、现场施工指导、设备软件升级、告警信息采集等功能,智能 ODN 设备与智能管理终端之间的交互的基本命令如表 9-17 所示。

表 9-17 智能 ODN 设备与智能管理终端之间交互的命令

命令名称	编码	功能说明
读取设施信息	0x1101	读取智能 ODN 设施名称
读取设施 ID、厂商标示信息	0x1102	读取智能 ODN 设施 ID、厂商标示信息
读取单元框信息	0x1103	读取智能 ODN 设施单元框信息
读取板/盘信息	0x1104	读取智能 ODN 设施板/盘信息
读取端口信息	0x1105	读取智能 ODN 设施端口信息
读取软硬件版本号	0x1106	读取智能 ODN 设施软硬件版本号
智能 ODN 软件升级	0x1107	智能 ODN 设施软件升级命令
待写入电子标签信息	0x1108	把待写入的标签信息发送到智能 ODN 设施
读取设施告警/事件信息	0x1109	读取智能 ODN 设施告警信息
操作指示灯	0x110A	操作智能 ODN 设施指示灯
配置写入	0x110B	将配置信息写入智能 ODN 设施

2. I4 接口

智能管理终端与智能 ODN 管理系统之间为 I4 接口。智能管理终端可通过 I4 接口向智能 ODN 管理系统批量上传标签信息、设施告警等信息和工单处理信息,智能管理终端还通过 I4 接口接收智能 ODN 管理系统下发的工单信息、端口定位信息(见图 9-37)。

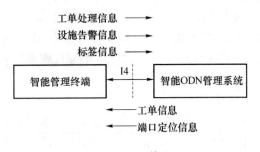

图 9-37 I4 接口

I4 接口的物理接口类型应同时支持标准移动通信网络接口和 WLAN 接口。通信协议可采用基于 Web Services 的通信方式,通信数据应经过加密,通过用户名和密码认证的方式进行管理接入;还应支持采用定时机制与智能 ODN 管理系统进行通信。

3. I6 接口

I6 接口位于智能 ODN 管理终端和运营支撑系统 OSS 之间,智能 ODN 管理终端通过 I6 接口从 OSS 接收工单信息,现场处理结束后,再通过 I6 接口向 OSS 返回工单处理结果信息(见图 9-38)。I6 物理接口类型应同时支持标准移动网络接口和 WLAN 接口。

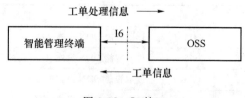

图 9-38　I4 接口

　　I6 接口不是每个智能管理终端都必需要配置的。常规工单信息的下发以及工单处理结果信息的返回都可以通过智能管理终端和智能 ODN 管理系统之间的 I4 接口来实现。

9.6.4　智能管理终端功能

1. 通信功能

(1) 信息读写功能

　　智能管理终端通过智能 ODN 设施读取电子标签信息、ODN 设施全局、盘(板卡)、端口等状态信息以及告警信息,读取的信息经解析后可显示在智能终端显示屏上供操作人员使用。智能管理终端可以在受控状态下通过智能 ODN 设施写入电子标签信息。

(2) 信息下载和回传功能

　　智能管理终端通过 I4 接口从智能 ODN 管理系统接收现场操作过程所需的各类信息,并支持将现场操作结果、智能 ODN 设施端口状态等信息回传至智能 ODN 管理系统。如果支持 I6 接口时,智能管理终端还可通过 I6 接口从 OSS 接收现场操作过程所需的各类信息,并将现场操作结果、智能 ODN 设施端口状态等信息通过 I6 接口回传至 OSS。

(3) 信息临时存储和导出功能

　　智能管理终端在现场操作过程中从智能 ODN 管理系统下载、从智能 ODN 设施采集或现场操作人员编写的信息可以临时存储在终端内部,并能通过 I4 接口批量导出到智能 ODN 管理系统中。

2. 信息处理功能

　　智能管理终端的信息处理功能主要用于为操作人员提供工单信息,以及处理工单流程、辅助定位故障等,信息处理功能具体可分为工单管理功能、设施维护管理功能和现场操作管理功能。

(1) 工单管理功能

　　智能管理终端应具备工单获取、可视化显示、提醒、分类、查询以及结果回传等工单管理功能,智能管理终端也可选择直接从 OSS 获取工单信息并将工单处理结果回传至 OSS。

（2）设施维护管理功能

智能管理终端应具有以下设施维护管理功能：①对光纤资源进行巡检,采集现场设施、盘（板卡）、端口信息和实际光纤资源信息并将信息上传到智能 ODN 管理系统；②可以从智能 ODN 管理系统查找光纤连接信息,协助定位光纤连接故障；③对智能 ODN 设施的软件进行升级。

（3）现场操作管理功能

智能管理终端可通过自身可视化的界面,指引用户操作,进行控制端口定位指引,对现场操作结果能自动校验,并给出异常操作提示信息。

3. 操作日志管理功能

智能管理终端可以记录所有用户操作信息,包括用户名、操作时间、操作类型和操作对象等,并能采用定期和人工两种方式将操作日志上传到智能 ODN 管理系统。

4. 供电功能

智能管理终端内置电池模块,通过 RJ45 接头的 RS485 接口可以为智能 ODN 设施提供所需的电力。

9.7　智能 ODN 管理系统

9.7.1　概述

智能 ODN 管理系统的英文全称为 Intelligent Optical Distribution Network Management System。

如图 9-39 所示,智能 ODN 管理系统在整个智能 ODN 系统中承上启下,是智能 ODN 系统的核心。智能 ODN 管理系统结合智能 ODN 设施和智能管理终端提供光纤基础网络全生命周期内端到端的价值管理,实现智能 ODN 中资源数据管理、施工工单管理、端到端光纤路由管理以及与其他上层系统,如 OSS/BSS 的对接和集成。

智能 ODN 管理系统的主要特点有两点：一是利用智能 ODN 设施的自动识别技术,可实时、准确地管理光纤资源分配及连接关系,提供光纤资源的精确管理及快速校验,支持光路由调度和故障定位,支持业务发放、巡检、现场排障、传统 ODN 网络改造,并可促进客户的光纤接入、光传输、移动回传业务的成网维护能力,降低运营商总体运维成本；二是智能 ODN 管理系统可为客户提供一个智能 ODN 资源管理的闭环流程,为智能 ODN 网络现场施工、巡检、排障提供工具支撑。智能 ODN 管理系统能够协助运营商有效提高 FTTx 网络及 PTP 光网络的运维效率,降低成本。

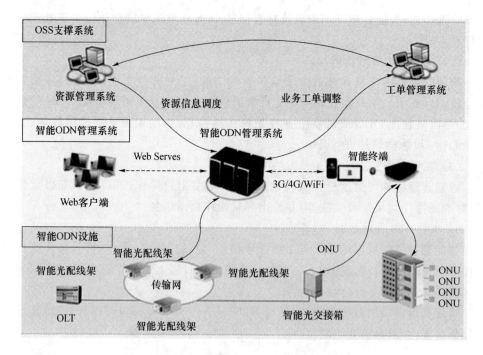

图 9-39　智能 ODN 管理系统在智能 ODN 系统中的位置

9.7.2　智能 ODN 管理系统功能

智能 ODN 管理系统完成的主要功能包括拓扑管理功能、安全管理功能、系统管理功能、评估分析管理功能、实时监测功能、配置管理功能、资源管理功能、故障管理功能、日志管理功能和终端管理功能等,如图 9-40 所示。有的智能 ODN 管理系统还结合 GIS,提供 GIS 信息管理和显示功能。

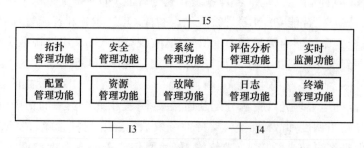

图 9-40　智能 ODN 管理系统功能组成

1. 拓扑管理

智能 ODN 管理系统可根据智能管理终端上报的信息,自动生成包含所有智能 ODN 设施节点信息的光路逻辑拓扑,根据需要随时或定期启动光路由的自动校验。

结合 GIS(Geographic Information System,地理信息系统)地图技术,智能 ODN 管理系统还可以显示局站等物理资源信息,快速查询与定位智能 ODN 设施节点,在GIS 地图上可以直接对资源信息进行手工录入、导入、导出或者进行批量操作。

2. 配置管理

智能 ODN 管理系统可以形象地展现智能 ODN 设施视图、逻辑拓扑,对智能ODN 设施进行管理;可以根据需要随时进行光路由的导入、查询和配置,也可以根据调度的要求自动生成新的光路由;还可以对工单进行处理。

3. 安全管理

安全管理是智能 ODN 管理系统非常重要的功能,应至少支持以下安全管理措施:①通过设定访问权限,提高管理员访问操作系统的安全性,不同级别的管理员应根据工作需要赋予不同的权限,确保访问请求的发起者只能在自己权限范围内执行管理操作。敏感信息、数据库和配置数据等核心资源只能由经过特定授权和认证的个人和管理系统进行访问操作。②支持管理区域划分,将不同资源分配到不同的管理区域,在不同管理区域内对相应资源进行管理。③对系统数据提供备份和灾难恢复功能,可通过双机在线热备份等手段提高系统可靠性和可用性。数据库备份应支持自动备份、定时备份和手动备份等方式。

4. 资源管理

智能 ODN 管理系统应可以实现对智能 ODN 设施的端口状态和光纤连接关系等资源信息的采集、校验,统计智能 ODN 设施资源的使用率,包括端口、盘/框等资源的使用率;还可以按照事先确定的策略定期生成资源自动巡检任务。

5. 系统管理

智能 ODN 管理系统应具备对自身软件和硬件的管理功能,对所管理的稳定供电的智能 ODN 设施进行远程重启,对所管理智能 ODN 设施、智能管理终端的软件进行远程维护,包括软件升级等。

6. 故障管理

智能 ODN 管理系统应支持以下故障管理功能:

① 持续或周期性的监测智能 ODN 设施的各个组成部分,发现故障立即告警;告警信息分为端口告警和设备告警两种。端口告警是指稳定供电时,当插拔智能设备的跳纤时,智能设备监视端口状态,该状态变化可作为告警或事件上报给智能 ODN管理系统和智能管理终端,采用智能管理终端供电时,应支持将告警信息上报到智能管理终端。设备告警是指稳定供电时智能设备本身的控制单元、业务板/盘卡等状态发生变化时,该状态变化可作为告警或事件上报给智能设备管理系统和智能管理终端,智能管理终端供电时,应支持将设备告警上报到智能管理终端。

② 当信息采集性能降低时也能自动产生告警,告警门限可根据需要配置。告警发生时通过告警信号灯指示智能设施的故障,判定故障发生的时间和位置,并显示

故障原因,故障事件恢复后,相应告警信息应能自动清除。

③ 系统告警日志统计列表可对故障类型按照故障严重程度、故障原因、时间段进行分级处理;按照不同级别、不同时间段和产生告警原因等方式对告警进行过滤,按照屏蔽规则屏蔽一些告警事件。

7. 统计评估分析

高端的智能 ODN 管理系统还可以对智能 ODN 设施和光路进行统计、分析和自动生成报表,具体包括对成端光缆、配线设施资源、光路资源利用状况以及资源数据差错率的统计和分析等。统计对象可以是相邻配线设施间的光路、成环光路或端到端光路,统计分析结果可以根据需求导出。

8. 日志管理

智能 ODN 管理系统需要记录所有用户的操作日志,至少包括用户名、操作时间、操作动作、操作对象、操作结果等信息,可对操作日志进行查询、输出、打印等管理操作。

9. 节点设施实时监测

对于可以保持一直在线的智能 ODN 设施,智能 ODN 管理系统应能提供实时监测功能,包括管理智能 ODN 设施的状态、检查智能 ODN 设施的跳纤或跳缆连接状态等。

10. 终端管理

智能 ODN 管理系统可以对接入的智能管理终端的数量以及权限进行设置,对智能管理终端进行操作的现场操作人员的账号进行管理,采集并管理智能管理终端的操作日志。

9.7.3 智能 ODN 管理系统外部接口

智能 ODN 管理系统提供南向接口和北向接口两种外部接口。南向接口又可分为 I3 和 I4 接口两种,通过 I3 接口与智能 ODN 设施直接进行通信,通过 I4 接口与智能管理终端进行通信;通过北向接口 I5 与 OSS 进行通信,实现上层资源数据的更新、业务开通流程的自动流转。接口类型的详细描述如表 9-18 所示。

I3 接口位于智能 ODN 设施与智能 ODN 管理系统之间,智能 ODN 管理系统通过 I3 接口直接对稳定供电的智能 ODN 设施进行管理。I3 接口协议应能提供端口标签信息读取、智能 ODN 设施全局/板/端口状态信息读取、智能 ODN 设施告警上报和智能 ODN 设施软件升级功能。I3 接口的接口协议应使用基于 UDP 协议的简单网络管理协议(SNMP),SNMP 协议的版本宜为 SNMPv2c,SNMPv2c 的定义见 IETF RFC 1901、IETF RFC 1905 和 IETF RFC 1906。

表 9-18　智能 ODN 管理系统外部接口

接口类型		接口描述
南向接口	SNMP(I3)	接入和管理智能 ODN 有源设备
	Web Service(I4)	与智能管理终端连接。网管向智能管理终端下发配置工单、业务工单、巡检工单，智能管理终端上传施工回单、施工结果以及设备信息到网管
北向接口	XML	工单系统通过 XML 北向接口下发工单到智能 ODN 管理系统，智能 ODN 管理系统获取施工工单并存放到数据库中，同时在网管 Web 客户端的工单管理界面上显示
	数据库	智能 ODN 管理系统通过数据库北向接口定时或手动从上层工单系统同步施工班组及施工人员信息； 智能 ODN 管理系统通过数据库北向接口定时或手动从上层资源管理系统同步光设施、光缆段、光路由、熔接和跳接信息
	FTP	智能 ODN 管理系统定时将全局的智能 ODN 存量资源压缩成 ZIP 包上传到 FTP 服务器，存量资源包括智能 ODN 设备、分光器、框、板、端子、调接关系； 上层资源管理系统定期从 FTP 服务器获取最新的智能 ODN 存量资源

　　I4 接口位于智能管理终端和智能 ODN 管理系统之间，实现的功能包括下载施工工单、下载巡检工单、下载设备信息、上报告警信息、智能管理终端软件升级、上传设备信息、上传巡检工单、配置工单、返回施工结果等，智能管理终端和智能 ODN 管理系统之间使用 Web Services 通信方式进行数据交互。智能 ODN 管理系统鉴权参数在 WSDL（WebServices Description Language Web，服务描述语言）文件的 header 中。

　　北向接口主要涉及智能 ODN 管理系统和上层 OSS/BSS 的对接。由图 9-37 可以看出，智能 ODN 管理系统和 OSS/BSS 的接口主要有两类：一类是和施工工单管理系统相关的施工调度接口，包含的内容有施工工单、施工回单、施工退单和调度追单等；另一类是和资源数据相关的综合资源系统数据接口，传递的信息有资源管理系统发出的设备变化通知、网管设备变化通知、网管端子变更通知、查询设备信息、查询设备端子服务、查询设备机框信息、获取设备盘信息、资源管理系统请求获取设备资源文件、网管资源文件就绪通知、网管请求获取设备资源文件、资源管理系统资源文件就绪通知以及查询光路路由等。

9.8　智能 ODN 应用实践

9.8.1　建设策略

1. 总体思路

为了解决传统 ODN 网络资源浪费严重、管理效率低下等问题，建设智能 ODN

是必然趋势,但具体如何建设需要进一步仔细规划。通信业发展到今天,各大运营商目前都已经建设大量的传统 ODN 网络,如何在新建智能 ODN 设备的同时,充分利用现有这些网络资源,保护已有投资,充分利旧,避免因大量的搬迁、替代造成投资浪费,是首先需要考虑的问题。

从技术角度来看,通信网络的演进需要长远的规划,传统 ODN 设备应该能够通过简单升级成为具备大部分功能的下一代 ODN 设备,可由智能 ODN 网管管理并与新建的智能 ODN 共存、共管、共用,最终实现光纤基础网络的全网智能化和统一运维管理。

此外,客观上不同运营商的现网资源管理水平参差不齐,智能 ODN 的建设需要针对具体情况考虑不同的建设策略。比如中国电信建设起步早,运维管理流程较为完善,但现有光纤基础设施存量大,因此要重点考虑智能 ODN 与现网传统 ODN 的融合管理问题;正在全力建设光纤网络的中国移动,存量资源相对较少,现有运维管理流程尚不完善,需要考虑智能 ODN 建设后运维管理流程的优化问题。

简言之,智能 ODN 的建设需要因地制宜,充分考虑现有存量资源及现有流程,制定适合现网的建设策略以最大程度发挥光纤基础网络智能化的价值。通过对我国运营商光纤基础网络现状的分析研究,依据不同的网络基础可以把智能 ODN 的网络建设分为三种典型场景,实施策略上采用三步走的建设方案。

2. 三种典型应用场景

(1) 新建模式

全新的小区或者前期光网络部署薄弱的区域,没有传统 ODN 设备的管理包袱,可以采用全部新建这种最理想的智能 ODN 建设方式。智能 ODN 在建设后可以实现 100% 的智能化特性,传统 ODN 所面临的资源管理难题将不复存在。此种场景建设智能 ODN 最为理想,此种模式主要是考虑建设成本的可行性。

新建智能 ODN 最主要的优势在于光纤端口资源从诞生伊始就自动记录,无须人工干预,可以保证 100% 的资源准确性,其他施工、维护流程与之无异。

(2) 插花模式

对于传统 ODN 已规模建设的用户区域,仅存在扩容或者少量的新建,可采用插花式建设模式,即在后期的扩容以及局部的 ODN 网络建设中采用智能 ODN 设备对网络进行补充,与传统 ODN 混合组网,最后由统一的智能网管进行管理,以体现完整组网拓扑和光路。在智能 ODN 设备自动化管理的同时,通过构筑统一的运维管理流程,帮助传统设备实现资源管理的可视化及业务发放流程的自动化,由传统的人工管理模式逐渐演进为"半自动化"管理,从而进一步提升管理维护效率。

插花式建设由传统 ODN 设备和智能 ODN 设备混合组网。将传统 ODN 设备的资源信息由人工录入网管,即可在业务下发时采用电子化流程提高施工效率,施工完成后直接在智能维护终端上录入数据并及时回传给网管,防止资源数据准确性的持续下降。插花式建设时传统 ODN 设备与智能化设备统一平台、统一流程,同样实现自动化的电子工单下发,但现场施工指导、资源的确认及回单仍需人工完成。与传统 ODN 设备纯人工维护相比,插花式建设一定程度上提高光纤端口资源的准确率和维护效率,属于半自动的资源管理。

（3）改造模式

在大量部署了传统 ODN 网络的区域,运营商可根据各省建设能力和资源的多寡,采取更直接的办法来进行智能 ODN 建设,即对现有网络的 ODN 接口以及设备进行智能化升级改造。考察原有设备是否有足够的空间布放新增主控单元等,继而对不同厂家的 ODN 设备增加相应的电子标签,实现各个厂家的设备的互联互通,最终实现 ODN 的智能化管理。但由于现有不同厂家的传统 ODN 设备类型和结构千差万别,且运营商希望不中断业务,全面改造的实现难度比插花式建设大,花费的时间也多,但是网改完成后,ODN 将具备智能化特性,可实现自动化的管理,这是网络改造相对插花式建设的优势。不过在实际的应用中,网络改造技术实现复杂,而新建场景过于理想,因此插花式建设将会是智能 ODN 建网初期的主流。

智能化网络改造升级主要是在传统 ODN 设备改造的基础上,通过资源梳理,在智能 ODN 网管中完成资源数据的初始化,从而实现整网智能化管理。此过程需要在改造之初进行光纤端口资源普查以确定光路承载业务等信息,完成传统 ODN 的智能化改造后,网管系统将自动获取光路跳接资料,最终实现施工指导的智能化和资源维护的自动化。传统的资源数据录入、端口信息查询、纸质工单打印等工作都不复存在,既提高工作效率,又杜绝人工操作引起的数据错误,真正实现光纤基础网络的透明管理,实现整网的智能化。

3. 实施策略

（1）有线接入网的配线层优先建设

有线接入网的配线层以主配光交环为主,随着宽带中国的提出开始大规模新建,仅中国移动 2016 年光缆交接箱采集数量就高达 72 万套。传统 ODN 设备采用纸标签标识端口信息,施工人员人工记录后手动录入资源管理系统,资源数据准确率无法保证,且配线层设备多为户外场景,难以进行有效的监管,资源管理混乱的现象时有出现。配线层设备数量庞大,资源管理的混乱带来大量的资源浪费,业务发放返工率高阻碍宽带业务的进一步发展,因此,配线层设备的智能化管理刻不容缓,需要优先建设智能 ODN 设备。

（2）城域骨干传送网其次建设

核心汇聚层位于网络的上层,承担大容量业务的传输,其重要性不言而喻。核心汇聚层光纤基础网络主要由机房内的光纤配线架组成,端口资源信息一般会由施工人员反复确认,例行的巡检能够保证,资源数据的准确性普遍比接入层高。目前我国运营商核心汇聚层光纤基础网络基本建设完成,仅存在少量扩容,新建部分可以优先建设智能ODN设备。对于存量资源,智能化以网络改造为主,但考虑承载业务颗粒大,稳定性要求高,可以在成功改造接入层设备的基础上逐步进行改造。

(3)有线接入网的引入段末端最后建设

在光纤宽带的末端,分布着数以百万计的光纤分纤箱,是光纤基础网络主要的组成部分,但是由于处于网络末端,光纤分纤箱多为16芯、32芯的小容量产品,光缆的芯数相对较少,资源管理相对简单。考虑到光纤分纤箱数量庞大,需要投入大量资金,可以根据业务发展和建设投资的实际情况逐渐展开智能化建设。

9.8.2 传统ODN网络智能化改造

随着2013年8月份国务院"宽带中国"战略的实施,各个电信运营商必将在宽带网络上进一步发力,以赶超竞争对手,挖掘新的利润增长点。由于目前运营商的ODN网络设备已经大量部署,现有光纤基础设施建设占FTTx网络建设投资的50%以上,而且光纤网络基础设施具有建设周期长、在网时间长和敷设后难调整的特点。因此,对传统光纤网络基础设施的改造是目前需要解决的关键问题。仅仅改造局端侧ODF等设备无法体现出智能光纤基础设施管理技术的优势,ODN末梢的设备智能化至关重要。而且目前智能ODN网络改造成本还偏高,所以智能ODN网络改造工作将是一个逐步替换传统ODN网络,循序渐进的过程。

ODN智能化演进过程中,现有大量ODN设备需要实现智能化,实现方式包括新建智能化设备和对现有设备进行智能化改造两种方法,从投资效益角度考虑,对传统ODN设备进行智能化改造更加符合企业发展的需要。

智能化改造主要是通过为原有ODN设备加装/更换具备电子标签Eid或RFID的配件,从而实现智能化改造,但是由于ODN设备种类各异、厂家众多,其智能化改造将非常复杂。因此,如何选择现有ODN设备的技术改造方案,并对其进行规范化,以利于智能ODN的大规模推广应用就尤其重要。

1. 改造方案一:更换熔接单元

以现有576/288芯的OBD的标准电信托盘改造方案为例进行介绍,该方案技术特点如下:

(1)保留熔接盘、更换熔配盘的配线部分与上盖板;

(2)采用SC-FC短耳适配器;

(3)保留箱体、绕纤柱、托盘槽道、等主要结构;

(4)无须重新熔接但需中断业务;

(5)保留光缆及开剥整体结构,对于FC光交需更换跳纤。

总体技术改造流程如表9-19所示。

表 9-19　更换熔接单元流程

	开　始	
网改准备	1. 资源收集和信息表完成	
	2. 信息表导入与工单生成（网管派发给 iField）	
网改施工	3. 结构改造（部件安装和托盘改造）	3.1 拆除跳纤和分光器
		3.2 熔接盘搬迁
		3.3 光功率检测
		3.4 安装背板、MPU、柜 ID
		3.5 背板、MPU、柜 ID 连线
	4. iField 登录和施工指导	
	5. 跳纤和分光器光路还原（通过 iField 工单亮灯指导 ）	
	6. 网管中心确认业务全部还原	
	7. 完工回单	
	结　束	

该改造方案的缺点在于：

（1）需更换适配器与跳纤，业务会中断且时间较长（满配 576 光交约 6 小时）；

（2）背板安装占用底座且网线多，会对光缆操作及跳纤、裸纤保护套管造成一定影响；

（3）托盘需定制，可满足 70% 标准电信托盘改造，其他托盘改造需熔接或难改造。

该改造方案由于改造复杂、原有设备利用度低、需要中断业务等原因，已基本被淘汰。

2. 改造方案二：替换盖板

该技术改造方案主要是通过将熔纤托盘的盖板更换为具备插入 eID 器件的智能盖板，从而实现对原有 ODN 设备的智能化改造，该技术改造方案的优点是可以实现不断业务，并且操作简单，便于后期的维护。但是盖板需要根据 ODN 设备形态进行专门的定制，通用性较差，适合应用于 ODN 设备规模大且规格品种相对较少的场景。

该方案的改造流程如表 9-20 所示。

表 9-20　替换熔纤盘盖板流程

	开　始
网改准备	1. 资源收集和信息表完成
	2. 信息表导入与工单生成（网管派发给 iField）

续 表

网改施工	3. 依次改造每个托盘	3.1 整理原机柜中的跳纤,直到托盘至少可抽出三分之二
		3.2 抽出托盘,拆除原盖板
		3.3 换上新的智能盖板,装至原位置
		3.4 安装端口 eID,如图 9-41 所示
	4. 安装主控板和 MPU	
	5. 连通网管,一键收集连接信息	
	6. 网管中心确认改造施工任务完成	
	7. 完工回单	

结 束

图 9-41 更换熔纤托盘盖板

该种方案的风险在于,部分熔配一体化框门会导致智能 ODN 指示灯挡住,影响网改后的施工指导,现有部分 ODF 内部环境极其复杂,甚至会出现托盘无法拔出的情况,此时改造难度较大,可能造成业务中断。

3. 改造方案三:外挂模条

该技术改造方案主要是通过为原有的熔纤托盘加装智能化模条,并在模条上插入 eID 器件来实现对原有 ODN 设备的智能化改造。该技术改造方案的优点是模条的通用性较高,可满足约 80% ODN 设备的改造需求,且改造过程中不需中断业务,后期维护也较方便。但是该改造方案因为需要移动适配器,其改造过程相对较复杂,且加装模条对托盘到机柜门的距离有要求。

该方案的改造流程如表 9-21 所示。

表 9-21 外挂模条流程

开 始		
网改准备	1. 资源收集和信息表完成	
	2. 信息表导入与工单生成(网管派发给 iField)	
网改施工	3. 依次改造每个托盘	3.1 整理原机柜中的跳纤,直到托盘可全部抽出
		3.2 抽出原托盘,整理盘内尾纤,保证适配器可移出 40 mm
		3.3 安装外挂模条,移动适配器到新模条的相应位置
		3.4 插上 Eid,如图 9-42 所示

续　表

网改施工	4. 安装主控板和 MPU
	5. 连通网管,一键收集连接信息
	6. 网管中心确认改造施工任务完成
	7. 完工回单

结　束

图 9-42　托盘外挂模条

4. 改造方案四:中间配线加装模条

该技术改造方案通过为中间配线设备安装具备插入 eID 器件的外挂式模条,从而实现对原有配中间线设备的智能化改造如图 9-43 所示。该技术改造方案的优点同方案二基本一致,即不断业务、操作简便、后期维护方便,但是该技术改造方案实际上主要是面向符合电信 MODF 标准的现网设备,且暂时没有可供交付进行规模应用的产品。

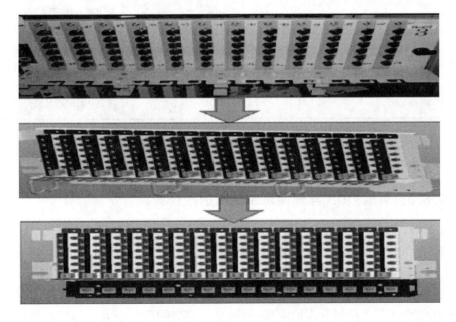

图 9-43　配线设备上加装模条

该方案的改造流程如下：

（1）整理跳纤并理出安装主控板位置。

（2）安装配线外挂模条→安装模条→ 插上 eID。

（3）安装主控板和 MPU。

（4）连通网管，一键收集连接信息。

5. 改造方案比较

改造方案一由于改造复杂、原有设备利用度低、需要中断业务等原因，已不作主要推荐。

对于方案二～方案四，其各自优缺点及适用情况比较如表 9-22 所示。

表 9-22　改造方案比较

	盖板替换方案	外挂模条方案	中间配线加装模条方案
适用范围	已开发的智能托盘：余大左出纤、余大右出纤、科信左出纤、吉品右出纤（适用于亨通、隆兴、余大、普天、科信等主流厂家产品）	原托盘到机柜门的距离要大于 70 mm	模条间距大于 27 mm，适配器间距大于 15 mm
优点	不断业务，操作简单，后期维护方便	适用 80％以上托盘规格，不断业务，后期维护方便	不断业务，操作简单，后期维护方便
局限	需要定制开发，归一化较差	改造过程复杂，需要移动适配器，对托盘到机柜门距离有要求	现网设备符合电信 MODE 标准定制开发
现网用例	浙江温州 ODB；广东广州 ODF；福建福州 ODF、ODB；贵州贵阳 ODB；广东清远 ODF；湖北襄樊 ODF、ODB	广东清远 ODF；福建福州 ODF、ODB；浙江常州 ODF、ODB；四川内江 ODF、ODB	暂无交付产品，可用于宁波和福建宁德，可对华脉、普天（MODF）、普天（ODF）、新海宜（ODF）产品进行改造

从上述对比可以看出，对于托盘式传统 ODN 设备，主要采用方案一和方案二进行技术改造，对于模条式传统 ODN 设备，主要采用方案三进行技术改造。

9.8.3　智能 ODN 与现网运维流程的融合实践

1. 流程融合的重要性

智能 ODN 能将传统 ODN 维护流程中的纸件工单转变为电子工单，将人工记录、上传资源数据转变为自动收集、上报，实现工单自动闭环，从而解决传统 ODN 运维中资源管理难、调配效率低等问题。但如果智能 ODN 流程不能融入现有网络运行维护流程，不仅无法提升维护效率，而且会使智能 ODN 成为空谈，因此如何将智能 ODN 流程融入现网运维流程是智能 ODN 部署的关键。

以温州移动智能 ODN 应用为例,探讨如何从业务开通的光路调度流程和业务维护巡检流程着手,在项目实践中将智能 ODN 与温州移动现网运维流程进行融合,实现运维效率的极大提升。

2. 资源数据准确管理是融合的基础

要实现自动光路调度流程,其基础在于资源数据的准确传递,其中包括施工完成后初始数据的准确录入以及日常维护时资源数据及时、准确地更新。

温州移动原有资源数据由现场施工工程队或设计院提供,数据均依靠人工录入。数据来源的不一致及无校验使得当前资源管理系统的资源数据不完整,且无法确保数据准确性,因而在光路调度期间,经常出现工单下发的资源数据与现场资源数据不一致,导致施工流程无法正常进行。

引入智能 ODN,网管可直接与机房智能配线架连接,进行连接关系 ODN 光路调度流程的对比数据的同步收集及校验,确保数据准确度达到 100%。室内 OCC(光交)设备,因室外无稳定供电电源,可使用现场智能施工工具 iField Boxed 手持终端,进行设备信息收集,然后通过 2G/3G 网络与网管实时通信,保证数据准确性。

温州移动现网已经部署部分传统 ODN 设备,因此在资源数据管理中,除智能 ODN 设备及连接关系的管理外,还包括传统 ODN 设备及其连接关系的管理,智能 ODN 网管可实现对传统 ODN 设备的管理。在网络建设之初,只需将传统 ODN 设备的相关信息手工录入网管,即可实现与智能 ODN 设备一致的可视化管理,且日常维护后,也可以通过智能终端进行施工结果的反馈,最大程度减少人工干预,确保资源数据准确。对智能 ODN 及传统 ODN 设备的统一平台管理,使得光纤网络的所有信息不再是单节点信息呈现,而是能够成网呈现,这为光纤路由的端到端自动调度打下良好基础。

3. 光路调度流程的融合

传统 ODN 光路调度流程涉及 8 个环节,如图 9-44 所示。

其中配置下发、工单打印、施工结果反馈等多个环节均由人工完成,环节烦琐,效率低下,且无法确保反馈结果的准确性。在实际的操作过程中,经常存在由于原资源管理数据不准确,无法进行配置下发的情况,因此业务开通时只能根据现场情况施工,然后将实际配置结果返回系统,完成流程的"倒装机"现象,这严重影响业务发放效率,增大资源管理难度。

引入智能 ODN 后,通过与原有流程的优化及融合实现自动光路调度流程,包括光路自动分配、电子工单自动下发、施工结果自动校验、施工流程自动闭环等,减少原运维流程中的人工操作环节,极大地提升业务发放效率。

客观上大部分运营商现网智能 ODN 设备与传统 ODN 设备共存的现状,温州移动将传统 ODN 的光路调度流程及智能 ODN 光路自动调度流程进行有机融合。

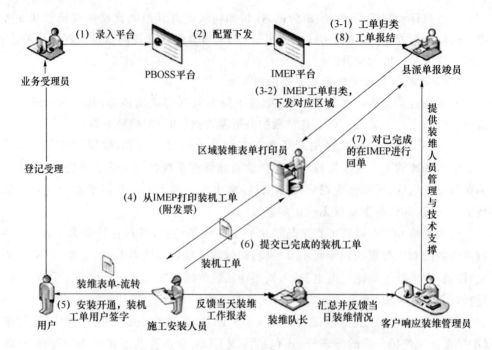

图 9-44 传统 ODN 光路调整工作流程

（1）配置工单下发

需求部门人员在接到用户的光路开通需求后，在 IMEP 工单系统中下发跳纤工单请求给智能 ODN 网管。基于对全网资源的统一管理，智能 ODN 网管可实现传统 ODN 及智能，ODN 无区分的端到端路由自动调度，并下发电子工单给指定的施工人员。

（2）现场施工

施工人员将电子工单下载到智能手机后，利用智能 ODN 设备，通过 iField 软件完成现场施工；传统 ODN 设备虽然无法进行施工指引，但可以通过电子工单进行施工任务的传递，并按传统方式施工。

（3）施工结果反馈

施工完成后，智能 ODN 设备的施工结果会在现场与工单实时校验，并自动将结果反馈回网管系统，实现自动闭环。传统 ODN 设备的施工结果可经人工校验无误后，通过 iField 一键返回网管系统，减少人工记录及录入的工作量，工单电子化便于监控工单状态，避免长期不回单情况。

（4）光路调度异常处理

若光路调度无异常，则不涉及网管前台操作，可通过智能 ODN 网管后台自动进行闭环操作，但当光路调度出现异常时（例如，由于传统 ODN 设备数据录入时存在错误，导致光路配置不通），可以由纤芯管理员经过现场确认给出调整建议，然后重新转网管后台进行自动调配,避免"倒装机"现象发生。

优化融合后的光路调度流程如图9-45所示。可以看出,现有流程可实现自动闭环,不仅确保资源数据与现场数据一致性,降低返工率,而且减少人工传递环节,节约派单员的人力成本,大幅提升光路开通率。

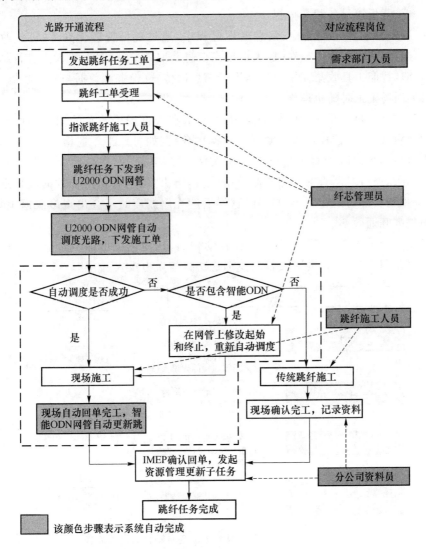

图 9-45 优化融合后的光路调度业务流程

4. 业务维护流程融合

在整个运维流程中,除了故障抢修需要进行外线跳纤,日常运维中施工人员可能存在非法跳纤行为,因此需要通过定期巡检将现场资源信息反馈回资源管理系统,需要大量人力投入。温州移动采用智能ODN优化业务巡检流程,大幅提升运维效率,降低人力投入。

（1）定期巡检

定期巡检原定为每月一次,责任人为分公司巡检队伍,主要内容包括:

- 通过资源信息对比将差异上传网管,包括异常插拔纤,非 eID 跳纤插入,主控板、背板等设备状态审视。
- 温州移动在定期巡检、信息梳理过程中,通过现场智能工具,一键式收集数据,无须人工逐个校对,极大地提高信息获取效率,同时无须人工进行结果反馈,智能工具收集完毕后自动进行信息回传,确保资源数据与现场数据一致。

（2）现场施工时随机巡检

由于智能 ODN 可自动收集数据,施工人员在进行现场施工的同时即可自动收集并比对资源信息,这样可以大幅减少巡检次数（例如可以半年巡检一次）和巡检费用支出（例如,可以减少每个站点人力投入）。另一方面,网管自动生成巡检后的资源对比结果,通过对网管的光路资源数据分析,给出方案,修正网管数据或是现场改纤,确保现场资源与网管资源一致性,这样后续光路调度时不会出现多次返工现象,极大地提高开通效率。

温州移动采用智能 ODN 实现流程自动化后,相应岗位增加少量监督管理人员即可确保流程正常运行,同时大幅减少巡检次数与人力投入,如图 9-46 所示。

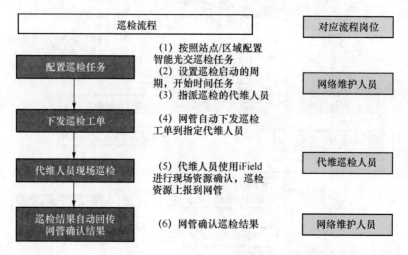

图 9-46 采用智能 ODN 实现流程自动化后巡检流程

5. 系统对接

智能 ODN 网管要融入现有流程必须完成与上层工单系统及资源管理系统等 OSS 的对接,否则智能 ODN 是"无本之木",无法实现其功能,一旦涉及系统对接与梳理,对接时间与定制化能力是首要考虑的因素。

系统对接时间一般需要 1～2 个月,其中涉及大量沟通、验证等工作。为缩短对接时间,首先,要求设备供应商拥有丰富的对接经验,最好已开发完成主流的北向接口以减少实际项目的开发工作;其次,需要设备供应商能够全程提供专业人员与OSS厂商沟通,以提高沟通效率。

在系统对接过程中,不同地市会有不同的定制化需求,例如,城域告警要能够从网管上报至OSS涉及两个系统配合的开发需求。这就要求设备供应商具有一定的定制化开发能力,且能够与OSS厂商协同合作,对定制化需求进行快速响应。

综上所述,智能ODN网管融入现网流程不仅是简单的流程叠加过程,还需要在各个环节进行梳理和融合,提供完善的配套服务,才能真正实现流程智能化、自动化。

9.8.4　光纤链路的监测

1. 链路故障及处理

(1)光纤链路故障表现形式

光纤链路发生故障主要有以下两种表现形式。

① 全程衰减增大

在光接收端尚能接收到光功率,只是比正常值小得多;从设备上能看到相关提示,如误码增加、损耗加大等现象;设备会出现告警。

② 完全中断

接收端输入的光功率为0,设备严重警告,网管上出现全部系统告警,信号完全阻断。

(2)光纤链路故障原因分析

光纤链路损耗增大和阻断的原因主要有以下几个方面。

① 弯曲和微弯

外因造成的光缆变形和弯曲,如光缆受到外力挤压,局部弯曲半径过小等,造成光纤损耗增加。

② 光缆本身的质量问题

光缆的温度特性不好,当温度变化时,损耗增加。另外,光纤在制造过程中不可避免的会产生微裂纹和混入杂质,随时间的延长,裂纹的生长和杂质的存在对光纤损耗增加都有加速效应。

③ 光纤接头故障

光纤接续点的强度比光缆本身的强度低得多,同时接续点的可靠性受外界环境、气候、保护工艺和接续方法等影响,都容易造成光纤接头的故障。

④ 外部因素造成的障碍

光缆线路受到外力影响造成故障,例如,架空光缆被车辆挂断,管道光缆被施工车辆压断或挖断,光缆尾纤被老鼠咬坏等。

(3)故障处理

当光纤链路发生故障后,首先应判断故障的性质和段落,按照先干线后支线,先主用后备用,先抢通后修复的原则实施抢修。

　　一般情况下,光纤链路发生障碍时,传输机房应首先判断故障发生在设备端还是在线路部分。若确定在线路部分,则应同时判断障碍的段落和性质,并立即通知维护部门进行光缆线路故障的查修,这种传统的光缆线路维护模式故障查找困难,排除故障时间长,影响网络的正常工作。其原因在于机房值班人员只能从光端机上知道系统有故障,但无法判断故障点,故障点必须等线务人员到机房用 OTDR 进行测试后才能确定故障点,造成故障历时过长;而且光端机本身不能判断是设备故障还是线路问题,因此常常发生误告警,增加了线路维护人员的工作量。更为不利的是这种维护方式不能预防故障的发生,特别是对光纤的逐步劣化,传统的维护方式没有办法及时发现。

　　理想的光纤链路检测希望能达到以下目标。

　　① 实时检测光缆滚落健康状况

　　运用各种技术手段,在线实时监控环网光缆的工作状态,包括光功率的变化、传输性能变化、光纤接续点接续损耗的变化、通断变化等,建立光纤链路的状态档案,及时快速地发现光缆故障,确认后立即告警,启动故障处理流程。

　　② 准确判断故障类型,精确定位光缆故障地点,缩短鼓掌处理时间

　　光缆故障发生后,能利用专用的设备准确判断是设备故障还是线路问题,如果是线路问题,能快速精确的定位故障地点,并结合 GIS 地图显示,指引排障人员快速地到达故障发生地点实施排障作业。

　　③ 提前预知光缆网络故障隐患,降低光纤链路发生阻断的风险

　　实施对光纤链路的实时检测与管理,动态地观察光缆线路传输性能的劣化情况,及时发现和预报光纤线路隐患,以降低光纤发生阻断的几率。事实上随着光纤网络的普及,缩短光缆的故障处理时间越发显的重要。

　　2. 带有分光器的接入网 ODN 光纤链路监测

　　自 2008 年以来,PON 技术在接入网开始得到大规模应用,光分路器作为 PON独有的关键 ODN 器件,对其的监控与管理是一个重要课题,在智能 ODN 时代,这同样也是需要面对的一个问题。ODN 光纤链路监测存在的主要问题在于:一是OTDR发射的光信号难以穿透分光器,尤其是多级分光的 ODN 系统,如图 9-47 所示;二是反射回来的光无法识别,故传统网管系统中的光网络拓扑分布由人工生成,无法达到 100% 的准确率保障;同时,对每条分支光路的通断状态没有有效的监控手段,维护人员通常都是在收到业务中断投诉后,才会去逐一排查,效率低下,客户体验受损。针对以上问题,当前已有厂商提出智能光分路器的理念,其与传统分光器在部署位置、规格、形态上均相同,通过在光分路器出口利用光纤光栅增加多光谱反射信息,作为每条分支光路的光标签进行区分,最终通过配合智能 ODN 系统以及光链路监测系统,对 PON 光链路质量进行实时监控。

智能光分路器通过光标签标识出光分路器端口以及每一条分支光路的信息,由智能 ODN 系统自动远程完成采集、记录并可视化显示,实现光分路器无源节点的拓扑自动发现及管理的功能,最终完成整个 PON 逻辑拓扑输出,此方案可节省大量人力成本,并实现高效的光网络数据信息处理。

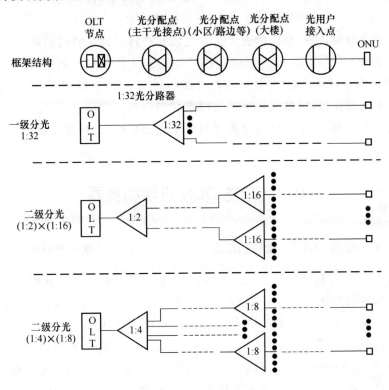

图 9-47 几种分光结构示意图光分路器

智能光分路器可实时将自身状态数据反馈至光链路监测系统,并根据其每条分支光路的光标签准确区分出下接光链路功率数据,解决了 PON 的 ONU 终端或光分路器等距离部署时 OTDR 反射信息重叠无法区分的问题,最终系统通过拓扑关系精确故障分责,同时,系统可根据其光功率衰耗情况进行光链路劣化情况实时分析,并刷新资源管理光分路器状态信息,及时输出预告警,实现接入网层面的主动运维。

3. 城域网场景空闲光纤监测

城域光网络在建设完成后,随着其投入使用,受自然环境以及人为因素的影响,光缆的链路质量会呈持续劣化的状态,通常在进行业务开通之前,需要人工对计划开通的物理链路进行检查,如果链路中断或劣化过多而不可用,便需要施工人员临时变更开通链路并进行故障排查,这不但会造成重复施工、多次进站、耗费人力,同时浪费施工工时,不利于快速开通业务,影响客户感知。

因此,智能 ODN 系统在城域场景可通过在多个网络节点的智能 ODF 上加载光功率监测单板，并将部分空闲纤芯提前接入到该单板。监测单板对其外接光路进行光功率测试，并实时上报测试结果给智能 ODN 网管，网管中心人员根据监测结果配置业务开通与施工，同时对劣化较多的链路进行优化，保障现场人员进行施工时，所使用的光缆纤芯均为健康状态。此方案可以真正实现未雨绸缪，让城域 ODN 处于受控状态，也能大大减少无效进站施工，节省运维成本。

针对快速故障排查，监控单板可实时监控其外接测试光路的通断状态，反馈故障信息至智能 ODN 网管，网管启动 OTDR 对指定光路段进行测试，根据系统分析 OTDR 反射曲线，便可精确定位到该段光路的故障位置，生成排障工单并远程下发给运维人员通知检修，运维人员根据故障定位指引到达现场，排障完成后通知网管中心进行远程复查，整个流程信息传递呈电子化闭环处理，精确高效地在城域网实现及时运维。

9.9 智能 ODN 应用和发展

9.9.1 智能 ODN 的国内试点

伴随着 FTTH 快速增长，传统 ODN 网络故障定位困难，端口利用率低，放装效率不高等问题越发突出的严重。同时，人工成本上升，用户要求快速处理的需求也给运营商带来了运营上的挑战，现网人工管理模式已很难适应光网络发展的需要。为此，运营商迫切地需要将传统 ODN 进行智能化以更好地解决现网部署运维问题。

目前三大运营商在智能 ODN 领域都取得了不小进展，尤其以中国移动动作最快。中国移动在 2014 年率先完成了智能 ODN 相关的几项企业标准的制定与发布，并且在浙江、江苏、广东、福建、云南、四川、黑龙江 7 个省完成了智能 ODN 试点，共 11 家厂商参与，平均每个省份有 3～4 家厂商参与。

中国联通完成了智能 ODN 总体技术要求的企业标准制定与发布，其他相关标准（如智能 ODN 设备规范、接口规范等）也正在编制当中。同时联通正在广东、辽宁、天津、山西等地进行智能 ODN 试点论证工作，每个省份有 1～5 家厂商参与。

中国电信也完成了智能 ODN 总体技术要求和接口规范等的起草和制定工作，并早在东莞电信做了智能 ODN 试点。从标准制定、运营商重视程度、智能 ODN 产品研发能力及厂家数量等各个方面来看，国内市场走在世界前列。

9.9.2 智能 ODN 存在的问题

智能 ODN 在逐渐实施推进过程中，一些问题和挑战也逐渐暴露出来。目前智能 ODN 存在的问题主要分为三大类：一是互联互通问题；二是成本依然偏高；三是缺乏故障监测处理能力,故障检测主要是基于设备的自身 OAM 功能,无法准确定位故障和及时处理故障,造成维护管理效率低下。

现有智能 ODN 厂家较多,缺乏统一的标准,产品质量和形态差异比较大,为部署调试改动带来较大难度。为了解决各厂家的互联互通问题,建议统一电子标签结构,把电子标签制作成通用器件。工单解析、告警上报、电子标签写入等功能实现划分应保持一致,管理终端的电源及通信模块应实现供电及通信协议转换功能,确保终端可通用。I2、I3 和 I4 接口标准化,实现跨厂家管理设备,避免在一个本地网部署多套网管。智能光纤网络系统最终要融入包括综合资源系统,综合服务保障系统以及光链路测量和诊断系统等组成的 OSS 系统架构中,需要建立智能光纤基础设施管理系统与上述系统的接口的数据模型和标准。从网络管理结构上看,资源管理系统(Web 客户端、智能 ODN 网管系统、智能管理终端及施工人员等)、ODN 物理层(OLT、智能 ODF、智能光交、ONU 等)及 ODN 的在线监测系统(OTDR、智能 Splitter),这三个部分的有机结合与信息协同,才是真正意义上的智能 ODN 网络。

成本是影响智能 ODN 规模部署的重要原因,需要进一步降低智能 ODN 网络设备及器件的建设成本,进一步提升 ODN 设备内芯片的集成度。考虑到智能 ODN 盘活了光纤沉淀资源,降低了设备的维护难度,相比传统 ODN 将来还是有成本优势存在。

9.9.3 智能 ODN 的发展趋势

智能 ODN 的发展趋势一个是智能 ODN 与网络设备以及资源系统管理用户已有的管理系统实现的融合,通过与设备网管的融合将原先无法实现管理的 ODN 网络纳入到统一的管理平台中,实现全光网络的真正智能化管理,实现核心、接入网业务的端到端一次性发放,从而提高业务开通效率及网络管理能力;通过与 PON 以及 OTDR 系统的融合,实现端到端光纤在线监测、GIS、网络规划等辅助系统融合,实现对全网资源以及网络质量的实时监控、管理。一旦监测到链路故障,便可以自动通过 ODN 网管下发相应维护工单,实现故障实时发现、故障点精确定位和故障主动快速响应,进一步提升运维效率和用户感知;通过与资源系统融合,提供网络规划、资源分析、地理信息等功能,实现线路资源全网可视化管理。例如,提供故障实时告警并自动下发维护工单提升维护效率,提供现网资源以及地理信息分析功能以协助客户更好地制作网络规划以及开展新的业务等。同时,智能 ODN 的另一个发展趋势是从接入网向核心网发展,成为光网络基础资源的必备设施。

加速新技术在智能 ODN 中的推广应用,推进 IPON 技术、标准和产业链的发展,打造面向未来的新型智能化 ODN 网络。基于波长敏感型光分路器的 IPON 系统支路的分光比具有波长敏感性,可通过选择波长调整其分光比;插入损耗随着分光比的降低成比例降低,可匹配用户数、宽带需求、传输距离等需求差异提供数据接入业务;单个光分路器设备提供多种分光比,且可通过波长选择,降低设备成本和运维成本,实现 PON 网络宽带资源灵活调度。

随着国内外智能 ODN 相关技术标准制定的有序进行,存在的问题不断得到解决,应用不断扩大,智能 ODN 产业也必将蓬勃发展。

参 考 文 献

[1] 张英,罗凯,杜凡. 我国光纤到户新国标实施情况调查[N/OL]. 人民邮电报,2014-12-01. http://cabling. qianjia. com/html/2014-12/01_241762. html.

[2] 林经武. 打通光纤接入的"任督"二脉——浅谈智能 ODN[J]. 中国电子商务,2013(17):44.

[3] 陈淑玲. 终结光纤资源管理困局,智能 ODN 迎来规模部署良机[J/OL]. 网络电信,2014,16(06):35-36. http://www. cnii. com. cn/broadband/2014-06/17/content_1383102. htm.

[4] 将伟民. 智能 ODN 打破"哑资源"窘境[J]. 通信世界周刊,2014,654(32).

[5] 黄海峰. 中国电信建成 iODN 商用实验局欲解决 ODN 故障查找难题[J]. 通信世界周刊,2011,503(8).

[6] 敖立 . 光分配网 ODN[M]. 北京:电子工业出版社,2014.

[7] 中国通信标准化协会. 智能光分配网络总体技术要求:YD/T 2895-2015 [S]. 北京:中华人民共和国工业和信息化部,2015.

[8] 黄丰凡,崔海利. eID 与 RFID 技术对比分析[J]. 电信技术,2013(5).

[9] 饶风华,赵光. 智能光纤配线网络技术及其发展[J]. 价值工程,2014(17).

[10] 中国通信标准化协会. 智能光分配网络 光配线设施:第 1 部分 智能光配线架:YD/T 2795.1-2015 [S]. 北京:中华人民共和国工业和信息化部,2015.

[11] 中国通信标准化协会. 智能光分配网络 光配线设施:第 2 部分 智能光缆交接箱:YD/T 2795.2-2016 [S]. 北京:中华人民共和国工业和信息化部 ,2016.

[12] 中国通信标准化协会. 光纤配线架:YD/T 778-2011 [S]. 北京:中华人民共和国工业和信息化部,2014.

[13] 中国通信标准化协会. 通信光缆交接箱:YD/T 988-2007 [S]. 北京:中华人民共和国工业和信息化部,2014.

[14] 中国通信标准化协会. 光缆分纤箱:YD/T 2150-2010 [S]. 北京:中华人民共和国工业和信息化部,2014.

[15] 中国通信标准化协会. 智能光分配网络 光配线设施:第 3 部分 智能光缆分

纤箱：YD/T2795.3-2015［S］.北京：中华人民共和国工业和信息化部，2015.

［16］　蒋大鹏.关于智能 ODN 网络部署的探讨［J］.信息通信，2014(11)：10-13.

［17］　陈侃.智能 ODN 建设策略探讨［J］.电信技术，2013(5)：15-16.

［18］　孟海强，王晓义.智能 ODN 融入现网运维流程实践［J/OL］.电信技术，2013
(5)：31-34.http://download.ofweek.com/detail-2000-10875.html.